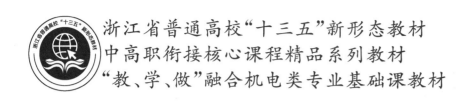

浙江省普通高校"十三五"新形态教材

中高职衔接核心课程精品系列教材

"教、学、做"融合机电类专业基础课教材

# 电工与电子技术

## （第2版）

主　编　谢水英　韩承江

副主编　高奇峰　谢子青

参　编　钱向东　茅小海　王朝灿　麻伟徐

主　审　赵　伟

U0211186

参编学校　浙江工业职业技术学院

新昌技师学院

绍兴市中等专业学校

新昌大市聚职业中学

上虞职教中心

ZHEJIANG UNIVERSITY PRESS

浙江大学出版社

**图书在版编目（CIP）数据**

电工与电子技术 / 谢水英,韩承江主编. —2 版.
—杭州：浙江大学出版社，2020.8
ISBN 978-7-308-20432-3

Ⅰ.①电… Ⅱ.①谢… ②韩… Ⅲ.①电工技术—教材②电子
技术—教材 Ⅳ.①TM②TN

中国版本图书馆 CIP 数据核字（2020）第 139739 号

## 内容简介

本书为"教、学、做"融合特色的中高职衔接、机电类专业基础课精品教材。全书共分 12 个模块,主要内容有电工常识和 EWB 电路仿真软件、直流电路、交流电路、过渡电路、磁路与变压器、异步电动机及其控制、二极管与整流电路、晶体管与放大电路、运算放大器、组合逻辑电路、时序逻辑电路。

本书内容的编排顺序符合中、高职学生对电工电子知识的认知规律。每一模块开始时先由典型案例或学生熟悉的问题引入,以引起学生的学习兴趣。模块末附有 2～5 个实践任务(实验或 EWB 仿真实验),学生运用所学知识技能可以解决包含篇首提出的案例或问题的实验研究任务。全书内含 39 个实践任务,体现"教、学、做"融合特色。每个模块配有大量实用例题,书末附有全书大部分习题答案,便于自学。

全书内容叙述清楚简洁,语言通俗易懂;可作为高职高专院校,中高职一体的中职、技师学院等学校的机电类专业基础课教材,也可以供工程技术人员、电气爱好者的参考或自学教材。

选用此教材的教师可免费索取电子教案、习题详解、EWB 仿真软件等,还可以免费咨询仿真软件的使用方法。咨询电话:0575－88009267。联系邮箱:lbyzxsy@163.com。

**电工与电子技术(第 2 版)**

主编  谢水英  韩承江

---

责任编辑  王元新
责任校对  陈慧慧  汪淑芳  丁佳雯
封面设计  林智广告
出版发行  浙江大学出版社
　　　　  (杭州市天目山路 148 号  邮政编码 310007)
　　　　  (网址:http://www.zjupress.com)
排　　版  杭州中大图文设计有限公司
印　　刷  浙江省邮电印刷股份有限公司
开　　本  787mm×1092mm  1/16
印　　张  22.75
字　　数  612 千
版 印 次  2020 年 8 月第 2 版  2020 年 8 月第 1 次印刷
书　　号  ISBN 978-7-308-20432-3
定　　价  49.00 元

---

# 第 2 版前言

本书是在第 1 版的基础上,根据高职高专电工电子技术课程教育教学基本要求,结合多年来对该课程的教育教学实践与改革经验,响应教学要信息化、"互联网＋教学"的时代号召,进行较大修订与升级而成,为浙江省高校"十三五"第二批新形态教材。

第 2 版《电工与电子技术》保留了第 1 版的理论体系,在保证基础理论知识的前提下,做了如下变动:

1. 内容的调整

(1)内容修改,个别章节内容重新编写,如模块一中仿真软件由 EWB 介绍,调整为 Multisim 介绍;模块三中交流电路的 3.6～3.11 节,内容进行重组,重新进行了编写;模块九增加了对晶体管封装形式的介绍与目前常用的贴片式晶体管外形图,等等。

(2)附录修改,增加了二极管、晶体管在国际上通用的命名方法,增加了 IN 系列产品型号的参数表。

(3)任务实施部分修改,每个模块后面任务实施部分,除了模块七(为实物实验),所有仿真项目全部修改为用 Multisim 软件进行。

(4)将一些较难而非基础性的知识点改为二维码扫一扫显示,以节省本书篇幅。

2. 合理化修改与错误订正

(1)错误的订正,如例题或习题答案的错误修改。

(2)合理化修改,如某个概念的叙述更合理;某个电气元件参数选择范围更接近实际等。

(3)个别物理量字母及规范,图片中线条更规范,图片排版更合理等。

3. 新形态化

这是第 2 版的亮点,也花费了相关编者大量的时间与精力。全书共插入了 78 个二维码,主要是:

(1)微课,主要是针对每模块中的重要知识点或难点内容,利于读者自学。

(2)测试,主要是针对某一节知识点或整个模块的选择题或判断题,以检测学习效果。

(3)补充的知识点,主要是针对内容难度超过本书大纲的或非基础性或拓展性的一些相关知识点,采用 PDF 式的电子文档存于二维码中。

在第 1 版基础上,本书所有内容的调整、修改、新形态化等绝大部分工作由谢水英负责,模块十一、十二的微课和任务实施修改由谢子青负责,韩承江负责附录的修改且进行全书内容调整的安排。

绍兴华汇能源环境技术有限公司赵伟高工,对该版本进行审稿,从企业应用角度提出了许多建议,在此表示诚挚的感谢。

由于编者水平有限和时间比较仓促,书中存在错漏和不妥之处在所难免,恳请读者批评指正。

编　者

2020 年 7 月

# 前　言

本书是中高职衔接教材,根据中央财政支持专业省优势特色专业机电一体化技术的人才培养方案中关于电工电子技术课程要求而编写。

一直以来,电类专业基础课内容相对偏理论、枯燥,即使是例题也常显得抽象,要用到较多的高等数学知识,教师不易教,学生难学。传统教学方式往往教学效果不好,也越来越不受欢迎。跟上时代,大胆进行教学改革,是电类教师迫在眉睫的使命与职责。

编者根据多年的教学经验,结合职业教育的特点和要求,充分利用现代多媒体教学技术,积极尝试在电工电子技术课中开展"教、学、做"融合的教学方式,已经收到了较好的教学效果。本书可算是编者对这几年来教学改革实践的一个总结,也是浙江工业职业技术学院教学改革成果——"教、学、做、工融合"高技能人才培养模式的研究与实践(第六届浙江省教学成果一等奖)的推广。

全书共 12 个内容模块,建议 116 教学学时。每个模块开始由典型案例或常见问题引入,引起学生疑问和兴趣,通过模块中知识技能的学习,通过操作实践模块末的实验任务,学生能解决篇首案例提出的问题。全书设置了 39 个实验项目,可用于培养学生的动手操作能力和理论结合实际能力。教学条件不足的学校,也可以选择使用。本书 Multisim 仿真图中的电阻图形符号为美式,请读者注意。

本书由浙江工业职业技术学院和多所中职学校教师共同编写。模块一至五由谢水英编写,模块六由钱向东编写,模块七由王朝灿编写,模块八由麻伟徐编写,模块九、十由茅小海、谢水英编写,模块十一、十二由谢子青编写,全书图片设计与先期处理由高奇峰完成。

主审韩承江教授对本书的编写提供了指导性、系统性、创新性的建议,并对全书进行了认真、仔细审阅,提出了许多具体、宝贵的意见;宝鸡文理学院安生辉教授对书中电气符号和用电安规等提出了许多宝贵建议,在此一并表示诚挚的感谢。

由于本书编者水平有限,编写时间较紧,书中疏漏和错误在所难免,恳请读者批评指正。

编　者
2016 年 7 月

# 目　录

# 二维码索引 （共 78 个）

# 模块一 电工常识和 Multisim 电路仿真软件

 典型问题

1.电是怎么产生的？又是怎么输送过来的？如何安全用电？怎么测量？电路中的物理量可以仿真测量吗？

2.组织学生观看电的产生、输送和配电视频，安全用电及急救视频。

能力目标

1.了解电的产生及其输送过程。

2.掌握安全用电常识与急救常识。

3.掌握使用万用表测量电阻、电压和电流的方法。

4.掌握 Multisim 电路仿真软件的使用方法，能对电路基本物理量进行仿真测量。

实验研究任务

任务一　安全用电观察、思考、查询问题答案

任务二　万用表测量电阻、电压和电流

任务三　Multisim 软件对电路电压、电流的仿真测量

## 1.1 发电、输电概述

### 1.1.1 电能的产生

随着我国经济的飞速发展和人们生活质量的不断提高,作为绿色能源的电能越来越成为现代人们生产和生活中的重要能量。它具有清洁、无噪声、无污染、易转化(如转化成光能、热能、机械能等)、易传输、易分配、易调节和测试等优点,因此在工矿企业、交通运输、国防科技和人民生活诸方面得到广泛的应用。

电能是二次能源,是通过其他形式的能量转化而来的,如水能、热能、风能、核能、太阳能等,主要通过发电厂来生产,通过电力网来传输与分配。因此,电力工业是国民经济发展的重要部门,是我国现代化建设的基础。

### 1.1.2 电力系统的组成

电能的生产、传输与分配和使用是通过电力系统来实现的。发电厂的发电机发出的电能，经过变压器升压后，再经输电线路传输到用电地区变电所，经降压变压器降压后，由配电线路送到用户端，用户再利用用户变压器降压至所需电压等级进行供电，从而完成了一个发电、输电、配电、用电的全过程。连接发电厂和用户之间的环节称为电力网。发电厂、电力网和用户组成的统一整体称为电力系统，如图1-1所示。下面对电力系统各组成部分作简要介绍。

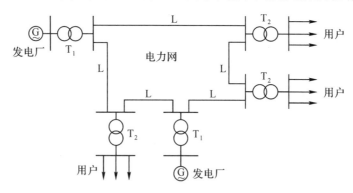

T₁—升压变压器；T₂—降压变压器；L—输电线路。

图1-1 电力系统

**1. 发电厂**

发电厂是产生电能的主要场所，在电力系统中处于核心地位。根据转化电能的一次能源不同，发电厂可分为火力发电厂（一次能源为煤、油、天然气）、水力发电厂（一次能源为水势能）、核电厂（一次能源为核能）、地热发电厂（一次能源为地热）、风力发电厂（一次能源为风能）、太阳能发电厂（一次能源为太阳能）等。

由于我国水利资源丰富，因此，水力发电占据我国电力生产的主导地位。火力发电因节能减排的环保发展需要，近年来逐渐减少。核电相对较清洁且资源丰富、成本低，发展较快。光伏发电作为最节能环保的绿色新能源在世界范围内得到了迅猛的开发和应用。目前中国是光伏技术最先进、光伏发电设备生产能力最强的国家。

**2. 电力网**

电力网是发电厂和用户之间的联系环节，一般由变电所和输电线路构成。其中，变电所是接受电能、变换电压和分配电能的场所，一般可分为升压变电所和降压变电所两大类。升压变电所是将低电压变换为高电压，一般建在发电厂；降压变电所是将高电压变换为一个合理、规范的低电压，一般建在靠近负荷中心的地点。

输电线路是电力系统中实施电能远距离传输的环节，它一般由架空线路及电缆线路组成。架空线路主要由导线、避雷线、绝缘子、杆塔和拉线、杆塔基础及接地装置构成，如图1-2所示。架空线路由于施工简便、建设速度快、检修方便、成本低等优点而广泛应用于电力系统，成为我国电力网的主要输电方式。电缆线路施工较复杂，一般采用直埋方式将电缆埋在地下或采用沟道内敷设方式。电力电缆线路由于电缆价格昂贵、成本高、检修不便等因素而主要用于架空线路不便架设的场合，如大城市中心、过江、跨海、污染严重的地区等。

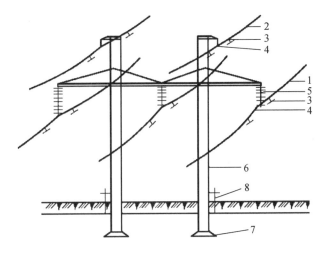

1—导线；2—避雷线；3—防震锤；4—线夹；5—绝缘子；6—杆塔；7—杆塔基础；8—接地
装置。

图 1-2　架空线路的组成元件

为了提高电力系统的稳定性，保证用户的供电质量和供电可靠性，一般通过电力网，把多个发电厂、变电所联合起来，构成一个大容量的电力网进行供电。目前，我国有华东、华中、华北、南方、东北和西北六大电力网。

电力网按其功能可分为输电网和配电网。由 35kV 及以上输电线路和变电所组成的电力网称为输电网。其作用是将电能输送到各个地区的配电网或者直接送到大型工矿企业，是电力网中的主要部分。由 10kV 及以下的配电线路和配电变电所组成的电力网称为配电网，它的作用是将电力分配给各用户。

电力网按其结构形式又可分为开式电力网和闭式电力网。用户从单方向得到电能的电力网称为开式电力网，主要由配电网构成。用户从两个及两个以上方向得到电能的电力网称为闭式电力网，主要由输电网组成或由输电网和配电网共同组成。

3. 用户

用户是指电力系统中的用电负荷。电力的产生和传输最终是为了供用户使用。对于不同的用户，其对供电可靠性的要求也不一样。根据用户负荷的重要程度，把用户分为以下三个等级。

符合下列情况之一时，应为一级负荷：

(1)中断供电将造成人身伤亡的。

(2)中断供电将在政治、经济上造成重大损失的。例如，重大设备损坏，重大产品报废，用重要原料生产的产品大量报废，国民经济中重点企业的连续生产过程被打乱且需要长时间才能恢复等。

(3)中断供电将影响有重大政治、经济意义的用电单位的正常工作。例如，重要交通枢纽、重要通信枢纽、重要宾馆、大型体育场馆、经常用于国际活动的大量人员集中的公共场所等；或当中断供电将发生中毒、爆炸和火灾等情况的负荷，以及特别重要场所的不允许中断供电的负荷，都应视为一级负荷。

符合下列情况之一时，应为二级负荷：

(1)中断供电将在政治、经济上造成较大损失的。例如，主要设备损坏，大量产品报废，连续生产过程被打乱且需较长时间才能恢复,重点企业大量减产等。

(2)中断供电将影响重要用电单位的正常工作。例如,交通枢纽、通信枢纽等用电单位中的重要电力负荷,以及大型影剧院、大型商场等较多人员集中的重要的公共场所。

不属于一级和二级负荷者应为三级负荷。

对于一级负荷,应最少由两个独立电源供电,其中一个电源为备用电源。对于二级负荷,一般由两个回路供电,两个回路电源应尽量引自不同的变电器或两段母线。对于三级负荷,则无特殊要求,采用单电源供电即可。

## 1.2　工厂配电

提高产品质量,增强产品竞争能力,取得良好的经济效益是每个工矿企业的首要任务。在自动化程度日益提高的形势下,工厂对供电的可靠性及电能质量的要求也越来越高。为了保证工厂生产和生活用电的需要,并有效节约能源,工厂供电必须做到安全、可靠、优质、经济。这就需要有合理的工厂配电系统。

工厂配电系统的形式是多种多样的,其基本接线方式有三种:放射式、树干式和环式。各工厂配电网具体采用哪种接线方式,需要根据工厂负荷对供电可靠性的要求、投资的大小、运作维护方便程度及长远规划等原则来分析确定。下面以常见的双回路放射式工厂配电系统来说明工厂配电的结构,如图1-3所示。

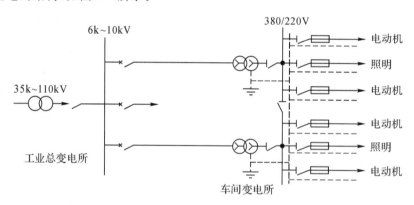

图 1-3　工厂配电系统

工厂总变电所从地区 35k～110kV 电网引入电源进线,经厂总变压器降压至 6k～10kV 电压,然后通过高压配电线路送给车间变电所(或高压用电设备),经车间变电所变压器二次降压至 380/220V 后,经低压配电线路,送给车间负荷;或经低压配电箱分别送给车间负荷,如电动机、照明灯等。在低压配电系统中,一般采用三相四线接线方式。

工厂变电所所址的选择直接影响到供电系统的造价和运作。选择时,应尽量靠近负荷中心,并考虑进出线方便、减少污染、交通方便、远离易燃易爆场所、不妨碍工厂或者车间的发展等因素。

## 1.3　安全用电常识

### 1.3.1　安全用电的意义

1. 安全用电的必要性

电能在生产、输送、分配、使用及控制方面,都较其他形式的能量优越,所以在工农业生产、科学实验及家庭生活等各个领域得到了广泛的应用。但在使用电能的过程中,如果不注意安全用电,可能造成人身触电伤亡事故或电气设备损坏,甚至影响到电力系统的安全运行,造成大面积停电事故,使国家财产遭受损失,给生产和生活造成很大影响。因此,在使用电能的同时,必须注意安全用电,以保证人身、设备、电力系统三方面的安全,防止事故的发生。

2. 电流对人身的伤害

电流对人体的伤害可分为电击、电伤和电磁场三种。电击是指因电流通过人体使内部器官受伤的现象,是最危险的一种伤害,绝大多数(85%以上)的触电死亡事故都是由电击造成的。如果不特别说明,一般所说的触电指的是电击。

电击伤害的程度取决于通过人体电流的大小、持续时间、电流的频率以及电流通过人体的途径等。电流的大小又决定于作用在人体上的电压和人体电阻。不同的人体及人体各个部位电阻相差很大,为 1000 欧到几万欧。一般来说,皮肤的电阻较大,但皮肤表面潮湿会降低阻值。通过人体的工频电流超过 10mA,或直流电流超过 50mA 时,就会产生呼吸困难、肌肉痉挛、中枢神经遭受损害,从而使心脏停止跳动,以至于死亡。

电伤是由电流的热效应、化学效应、机械效应等对人造成的伤害。触电伤亡事故中,纯电伤性质的及带有电伤性质的约占 75%(电烧伤约占 40%)。尽管 85%以上的触电死亡事故是电击造成的,但其中大约 70%的含有电伤成分。对专业电工自身的安全而言,预防电伤具有十分重要的意义。

电磁场生理伤害是指在高频磁场的作用下,人会出现头晕、乏力、记忆力减退、失眠、多梦等神经系统的症状。

### 1.3.2　触电的常见形式

触电形式可以分为低压单相触电、低压双相触电、跨步电压触电和高压电击四种。

1. 低压单相触电

单相触电是指人体的一部分触及电源相线,另一部分碰地而造成的电击事故。根据电源中性点是否接地又可分为以下两种:

(1)电源中性点接地系统的单相触电,如图 1-4(a)所示。这时人体处于相电压下,危险较大,通过人体的电流:

$$I_b = \frac{U_P}{R_0 + R_b} = 219\text{mA} \gg 10\text{mA}$$

式中:$U_P$ 为电源相电压(220V);$R_0$ 是接地电阻(一般为 4Ω);$R_b$ 是人体电阻,设为 1000Ω,则通过人体的电流远远超过人体安全电流上限 10mA。当持续时间较长时,会对人体造成伤害,甚至危及生命。

(2)电源中性点不接地系统的单相触电,如图1-4(b)所示。图中 $R'$ 为输电线的对地绝缘电阻。

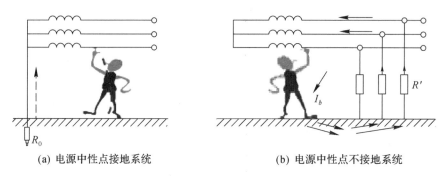

(a) 电源中性点接地系统　　　　　　　　(b) 电源中性点不接地系统

图1-4　单相触电

人体接触某一相导线时,通过人体的电流取决于人体电阻 $R_b$ 与输电线对地绝缘电阻 $R'$ 的大小。若输电线绝缘良好,绝缘电阻 $R'$ 较大,对人体的危害性就会减小。但导线与地面间的绝缘可能不良($R'$ 较小),甚至有一相接地,这时人体中就有较强的电流通过,会对人体造成伤害,甚至危及生命。

**2. 双相触电**

双相触电是指人体的不同部位分别同时接触两条相线所引起的电击事故。如图1-5所示,这时人体处于线电压下,通过人体的电流:

$$I_b = \frac{U_l}{R_b} = \frac{380}{1000} = 0.38\text{A} = 380\text{mA} \gg 10\text{mA}$$

可见,通过人体的电流远大于致人严重伤害的电流值,触电后果更为严重。

**3. 跨步电压触电**

在高压输电线断线落下触地时,有强大的电流流入大地,在触地点周围产生电压降,如图1-6所示。

当人体接近触地点时,会因两脚之间承受跨步电压超过安全电压而触电,如图1-6所示。实际中跨步电压的大小与人和触地点距离、两脚之间的跨距、接地电流大小等因素有关。

一般在20m之外,跨步电压就降为零。如果误入触地点附近,应双脚并拢或单脚跳出危险区。

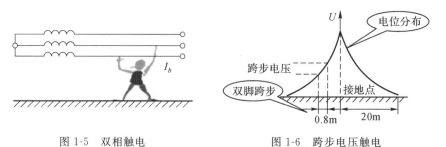

图1-5　双相触电　　　　　　　　　　图1-6　跨步电压触电

**4. 高压电击**

对于高于1000V以上的高压电气设备,当人体过分接近它时,高压电可将空气电离,然后通过空气进入人体,还伴有强电弧,能把人烧伤。

### 1.3.3　保护接地和保护接零

为了人身安全和电力系统工作的需要,要求电气设备采取接地措施。按接地目的的不同,主要分为工作接地、保护接地和保护接零。

1.工作接地

工作接地就是将电源中性点(如发电机和变压器的中性点)及电气设备的某一部分(如避雷针和避雷器的接地引下线)直接与大地进行金属性连接,或者通过特殊装置(如消弧线圈、电阻等)与大地间接相连。其中,电源中性点保护接地如图 1-7 所示。

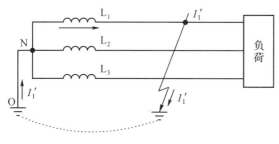

M1-1　输配电与安全
用电常识/测试

图 1-7　电源中性点保护接地

工作接地的作用如下:

(1)降低人体触电电压。在中性点不接地的系统中,当一相接地而人体又触及另一相时,人体将受到线电压。但对中性点接地系统,人体受到的是相电压。

(2)迅速切断故障。在中性点接地的系统中,产生一相接地后的电流较大,保护装置(如熔断器)将迅速动作,断开故障点。

(3)降低电气设备对地的绝缘电阻。

(4)中性点接地的低压系统可以同时向用户提供两种电压,即线电压和相电压。一般线电压主要向三相电动机及大功率负载供电,相电压主要用于照明及其他单相负载。

2.保护接地

保护接地就是将正常情况下不带电,而在绝缘材料损坏后或在其他情况下可能带电的电器金属部分(即与带电部分相绝缘的金属结构部分)用导线与接地体可靠连接起来的一种保护接线方式,如图 1-8 所示。其适用于中性点不接地的三相三线制低压电网,用以保证当电气设备因绝缘损坏而漏电时产生的对地电压不超过安全范围。

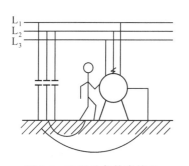

图 1-8　电器设备外壳接地

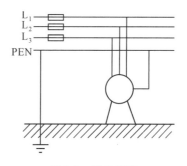

图 1-9　保护接零

在图 1-8 中,当电动机绝缘损坏而使机壳带电时,由于线路与大地之间存在着分布电容,如果人身体接触机壳,则将有电流通过人体与分布电容构成的电路,使人体触电。如果电动机外壳接地了,当人身体触及金属外壳时,人体电阻与接地装置电阻(要求接地电阻不得大于$4\Omega$)是并联的,因为人身体电阻最小值大约为$1000\Omega$,比接地电阻大得多,所以只有很小的电流流过人体,大部分电流被接地电阻分流了,降低了人体触电程度,保证了人身安全。

3. 保护接零

将电气设备的金属外壳或构架与电网的零线相连接的保护方式叫保护接零,如图1-9所示。其适用于中性点接地的三相四线制低压电网。

在中性点接地的电网中,由于单相对地电流较大,保护接地就不能完全避免人体触电的危险,而要采用保护接零。当电气设备绝缘损坏造成一相碰壳时,该相电源短路,其短路电流使保护设备动作,将故障设备从电源切除,防止人身触电。

注意:(1)中性点接地系统,不允许采用保护接地,只能采用保护接零;(2)不准保护接地和保护接零同时使用。

### 1.3.4 安全用电措施

(1)建立健全、安全的管理制度和操作规程,普及安全用电常识。

(2)电气设备采用保护接地或保护接零。

(3)安装漏电保护装置。

(4)安装火线进开关。

(5)对一些特殊电气设备或潮湿场所,采用安全电压供电。我国规定工频有效值42V、30V、24V、12V 和6V 为安全电压。

(6)检修电路时,必须在拉下总电闸或拔下保险盒的插盖后才能操作。必要时要在总电闸位置挂上禁止合闸警示牌。

(7)电工操作前的预防措施:穿上电工绝缘胶鞋;站在干燥的木凳或木板上;使用电工绝缘工具等。

(8)日常生活中的安全用电:

①不用湿抹布擦拭电气装置或家用电器。

②在更换保险丝时应选用同一规格型号,不得随意用大规格或铜丝作替代。

③不可将活动用电器的软线钩挂在电源线上。

④螺口灯头的相线应装在中心舌片上,并应装上安全罩。

⑤电气装置的外壳破损时应及时更换、修复。

⑥大功率家用电器应敷设专用电源线,在停用时,除关掉开关外,还应及时拔掉电源插头。

⑦不要在照明电路上使用大功率用电器,不能把电炉的插头插在普通的插座上,同一个插座上不允许接插多个大功率用电器。

⑧在大扫除或遇到室内火灾时,应及时关掉电闸;未拉总闸前,不要用水或灭火器灭火。

### 1.3.5 触电急救常识

(1)切断电源,有以下3种处理方式:

①若开关不在附近时,可用有绝缘柄的钢丝钳一先一后分别切断两根电线。

②用干燥的木棒或竹竿将触电者身上的电线挑开(千万不能用手去拉触电者)。

③若触电者在高处,还应防止触电者脱离电源后从高处落下摔伤。

（2）急救，方法主要是人工呼吸和人工心外按压法。

# 1.4 万用表

万用表是一种多功能、多量程的便携式电工仪表，一般的万用表可以测量直流电流、直流电压、交流电压和电阻等。有些万用表还可以测量电容、功率、晶体管共射极直流放大系数等。所以，万用表是电工必备的仪表之一。万用表分为指针式和数字式两种。本节着重介绍指针式万用表的结构、工作原理及使用方法。

## 1.4.1 万用表结构

万用表的基本原理是利用一只灵敏的磁电式直流电流表（微安表）做表头，当微小电流通过表头，就会有电流指示。但表头不能通过大电流，所以，必须在表头上并联与串联一些电阻进行分流或分压，从而测出电路中的电流、电压和电阻。

指针式万用表结构由上、下两部分组成。上半部分为表盘部分，包括机械调零和标度盘。下半部分为选择开关部分，包括0Ω旋钮、选择开关（转换开关）、量程、测试笔插孔。如图1-10所示。

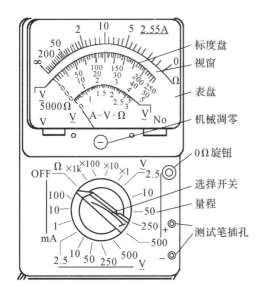

万用表（以105型为例）测量范围如下：

● 直流电压：分5挡——0～2.5V；0～10V；0～50V；0～250V；0～500V

● 交流电压：分5挡——0～2.5V；0～10V；0～50V；0～250V；0～500V

● 直流电流：分3挡——0～1mA；0～10mA；0～100mA

● 电阻：分5挡——×1；×10；×100；×1k；×10k

注：万用表是通过选择开关的转换及量程的选择，用来测量直流电压、电流、电阻，交流电压等

图 1-10 万用表面板

## 1.4.2 万用表测量方法

1. 测量电阻

先将测试笔搭在一起短路，指针将向右偏转，随即调整"Ω"调零旋钮，使指针恰好指到 0。然后将两根测试笔分别接触被测电阻（或电路）两端（见图1-11），读出指针在欧姆刻度线（第一条线）上的读数，再乘以该挡位的倍率，就是所测电阻的阻值。例如，用 $R \times 100$ 挡测量电阻，若指针指在 80 处，则所测得的电阻值为 $80 \times 100 = 8k\Omega$。由于"Ω"刻度线左部读数较密，

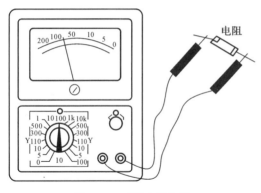

图 1-11　万用表测电阻

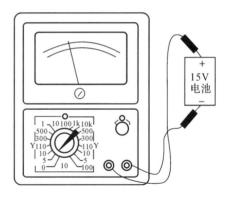

图 1-12　万用表测直流电压

难以看准,所以测量时应选择适当的挡位,使指针在刻度线的中部或右部,这样读数比较清楚准确。每次换挡,都应重新将两根表棒短接,重新调整指针到零位,才能测准。

2.测量直流电压

首先估计一下被测电压的大小,然后将转换开关拨至适当的直流电压量程,将正表笔接被测电压"＋"端,负表笔接被测量电压"－"端(见图 1-12);然后根据该挡量程数字与标有直流符号"DC"刻度线(第二条线)上的指针所指数字来读出被测电压的大小。如用 300V 挡测量,可以直接读 0～300 的指示数值。如用 30V 挡测量,只需将刻度线上 300 这个数字去掉一个"0",看成是 30,再依次把 200、100 等数字看成是 20、10 即可直接读出指针指示数值。例如,用 6V 挡测量直流电压,若指针指在 75 处,则所测得电压为 1.5V。

3.测量直流电流

先估计一下被测电流的大小,然后将转换开关拨至合适的电流量程,再把万用表串接在电路中(见图 1-13)。同时观察标有直流符号"DC"的刻度线,如电流量程选在 3mA 挡,这时,应把表面刻度线上 300 的数字去掉两个"0",看成 3,又依次把 200、100 看成是 2、1,这样就可以读出被测电流数值。例如,用直流 3mA 挡测量直流电流,若指针指在 100 处,则所测得电流为 1mA。

4.测量交流电压

测交流电压的方法与测量直流电压相似,所不同的是因交流电没有正、负极之分,所以测量交流电压时,表笔也就不需分正、负。读数方法与上述的测量直流电压的读法一样,只是数字应看标有交流符号"AC"的刻度线上的指针位置。

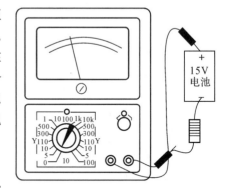

图 1-13　万用表测直流电流

### 1.4.3　万用表测量电压、电流与电阻的原理

1.测直流电流原理

如图 1-14(a)所示,在表头上并联一个适当的电阻(叫分流电阻)进行分流,就可以扩展电流量程。改变分流电阻的阻值,就能改变电流测量范围。

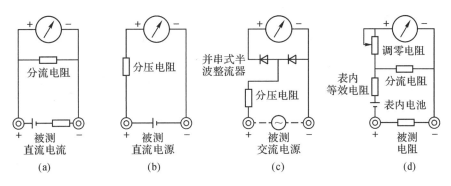

图 1-14　万用表测量电压、电流与电阻的原理

### 2.测直流电压原理

如图 1-14(b)所示,在表头上串联一个适当的电阻(叫分压电阻)进行降压,就可以扩展电压量程。改变分压电阻的阻值,就能改变电压的测量范围。

### 3.测交流电压原理

如图 1-14(c)所示,因为表头是直流表,所以测量交流电压时,需加装一个并串式半波整流电路,将交流进行整流变成直流后再通过表头,这样就可以根据直流电的大小来测量交流电压。扩展交流电压量程的方法与扩展直流电压量程的方法相似。

### 4.测电阻原理

如图 1-14(d)所示,在表头上并联和串联适当的电阻,同时串接一节电池,使电流通过被测电阻。根据电流的大小,就可测量出电阻值。改变分流电阻的阻值,就能改变测电阻挡的量程。

**例 1-1**　某人用万用表按正确步骤测量一电阻阻值,指针指示位置如图 1-15 所示,则该电阻值是_____,如果要用该万用表测量一个约为 $200\Omega$ 的电阻,为了使测量比较精确,选择开关应选的欧姆挡是_____。

**解:** 表盘读数为 12,挡位为"×100",所以电阻值为 $1200\Omega$。若待测电阻约为 $200\Omega$,则电阻测量挡应选"×10"挡。

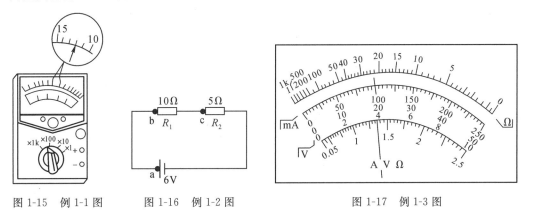

图 1-15　例 1-1 图　　图 1-16　例 1-2 图　　图 1-17　例 1-3 图

**例 1-2**　如图 1-16 所示,电路的三根导线中,有一根是断的,电源、电阻器 $R_1$ 和 $R_2$ 以及另外两根导线都是好的。为了查出断导线,某学生想先将万用表的黑表笔连接在电源的负极,再将红表笔分别点测电源正极 a、电阻器 $R_1$ 的 b 端和 $R_2$ 的 c 端,并观察万用表指针的示数。在

下列选挡中,符合操作规程的是（　　　）

　　A. 直流 10V 挡　　　B. 直流 0.5A 挡　　　C. 直流 2.5V 挡　　　D. 欧姆挡

**解:** 因为该同学是带电操作,不能选择欧姆挡,所以排除 D;又由于是并联在电路中进行测量,不能选择电流挡,所以排除 B;因为电源电压为 6V,而 C 选项为直流 2.5V 挡,小于待测电压值,C 不妥,所以正确选项为 A。

**例 1-3**　用已调零且选择旋钮指向欧姆挡"×10"位置的万用表测某电阻阻值,根据图 1-17 所示的表盘,被测电阻阻值为_____Ω。若将该表选择旋钮置于 1mA 挡测电流,则被电流为_____mA。

M1-2　万用表知识/测试

**解:** 电阻的测量值应在最上边的一条刻度线上读取。表盘示数为"22",倍率为"×10",所以电阻值为 220Ω。电流测量值应在第二条刻度线上读取。因量程为 1mA,所以被测电流为 $\frac{1}{250}\times100\text{mA}=0.4\text{mA}$。

## 1.5　Multisim 软件的用户界面及基本操作

### 1.5.1　Multisim 用户界面

在众多的 EDA 仿真软件中,Multisim 软件界面友好、功能强大、易学易用,受到电类设计开发人员的青睐。Multisim 用软件方法虚拟电子元器件及仪器仪表,将元器件和仪器集合为一体,是原理图设计、电路测试的虚拟仿真软件。

Multisim 来源于加拿大图像交互技术公司(Interactive Image Technologies,简称 IIT 公司)推出的以 Windows 为基础的仿真工具,原名 EWB。

IIT 公司于 1988 年推出一个用于电子电路仿真和设计的 EDA 工具软件 Electronics Work Bench(电子工作台,简称 EWB),以界面形象直观、操作方便、分析功能强大、易学易用而得到迅速推广使用。

1996 年 IIT 推出了 EWB5.0 版本,在 EWB5.x 版本之后,从 EWB6.0 版本开始,IIT 对 EWB 进行了较大变动,名称改为 Multisim(多功能仿真软件)。

IIT 后被美国国家仪器(NI,National Instruments)公司收购,软件更名为 NI Multisim,Multisim 经历了多个版本的升级,已经有 Multisim2001、Multisim7、Multisim8、Multisim9、Multisim10 等版本,9 版本之后增加了单片机和 LabVIEW 虚拟仪器的仿真和应用。

下面以 Multisim12.0 为例介绍其基本操作。图 1-18 是 Multisim12.0 的用户界面,包括菜单栏、标准工具栏、主工具栏、虚拟仪器工具栏、元器件工具栏、仿真按钮、状态栏、电路图编辑区等组成部分。

菜单栏与 Windows 应用程序相似,如图 1-19 所示。

其中,Options 菜单下的 Global Preferences 和 Sheet Properties 可进行个性化界面设置,Multisim12 提供两套电气元器件符号标准:

菜单栏
主工具栏
标准工具栏
仿真开关
Design1 - Multisim - [Design1]
File Edit View Place MCU Simulate Transfer Tools Reports Options Window Help
--- In Use List ---
Design Toolbox
Design1
Design1
元器件工具栏
项目管理器
电路图编辑区
状态栏
虚拟仪器工具栏
Hierarchy
Visibility
Design1
Results
Nets
Components
Copper layers
Simulation

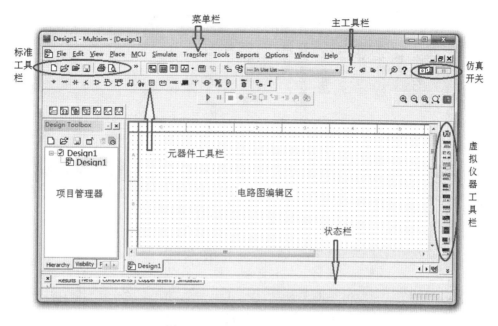

图 1-18　Multisim12.0 用户界面

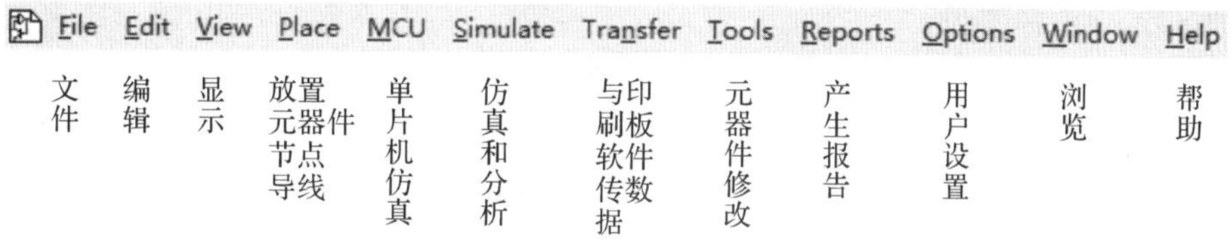

File Edit View Place MCU Simulate Transfer Tools Reports Options Window Help
文件
编辑
显示
放置元器件节点导线
单片机仿真
仿真和分析
与印刷板软件传数据
元器件修改
产生报告
用户设置
浏览
帮助

图 1-19　Multisim 菜单栏

ANSI:美国国家标准学会,美国标准,默认为该标准,本教材采用默认设置;

DIN:德国国家标准学会,欧洲标准,与中国符号标准一致。

工具栏是标准的 Windows 应用程序风格。

标准工具栏:

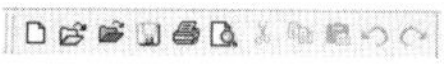

视图工具栏:

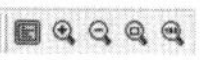

图 1-20 是主工具栏及按钮名称,图 1-21 是元器件工具栏及按钮名称,图 1-22 是虚拟仪器工具栏及仪器名称。

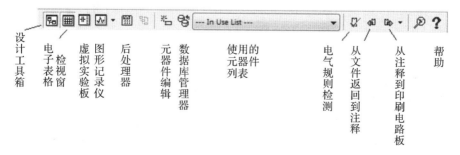

--- In Use List ---
设计工具箱
电子表格
检视窗
虚拟实验板
图形记录仪
后处理器
元器件编辑
数据库管理器
使用的元器件列表
电气规则检测
从文件返回到注释
从注释到印刷电路板
帮助

图 1-20　Multisim 主工具栏

图 1-21　Multisim 元器件工具栏

图 1-22　Multisim 虚拟仪器工具栏

项目管理器位于 Multisim12 工作界面的左半部分,电路以分层的形式展示,主要用于层次电路的显示,3 个标签为:

Hierarchy:对不同电路的分层显示,单击菜单栏的"文件－新建－设计"按钮,将生成 Circuit2 电路;

Visibility:设置是否显示电路的各种参数标识,如集成电路的引脚名;

Project View:显示同一电路的不同页。

## 1.5.2　Multisim 仿真基本操作

Multisim12 仿真的基本步骤为:

(1)建立电路文件;(2)放置元器件和仪表;(3)元器件编辑;(4)连线和进一步调整;(5)电路仿真;(6)输出分析结果。

具体方式如下:

**1.建立电路文件**

具体建立电路文件的方法有以下几种:

● 打开 Multisim12 时自动打开空白电路文件 Design1*,保存时可以重新命名。
● 菜单 File/New。
● 工具栏 New 按钮。
● 快捷键 Ctrl＋N。

**2.放置元器件和仪表**

Multisim12 的元件数据库有主元件库(Master Database)、用户元件库(User Database)、合作元件库(Corporate Database),后两个库由用户或合作人创建,新安装的 Multisim12 中这两个数据库是空的。

放置元器件的方法有以下几种：

● 菜单 Place Component(放置组件)。

● 在元件工具栏，用鼠标直接点到某个器件库，单击左键即可在弹出的元器件符号库中选择需要的器件。

● 在绘图区单击鼠标右键，利用弹出菜单中进行选择的方法，进行放置。

● 快捷键 Ctrl＋W。

放置仪表可以点击虚拟仪器工具栏相应按钮，或者使用菜单方式。

以一个固定电阻和一个可变电阻串联后接到交、直流电源上，测量电路中的电压和电流为例，点击元器件工具栏放置电源按钮(Place Source)，得到如图 1-23 所示界面。点击"确定"，再在软件绘图区空白位置，点一下鼠标左键，则已经将一个直流电源放置在软件绘图区了。

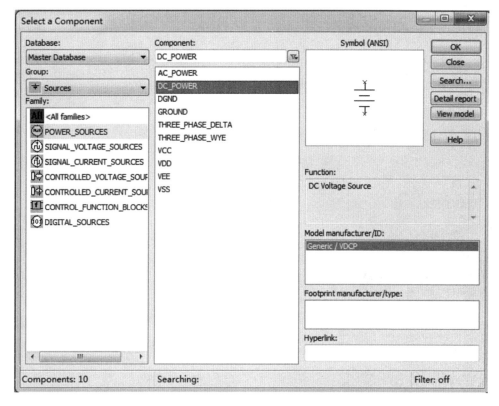

图 1-23　放置电源

鼠标左键点住电源图标，且双击，可以在弹出框中修改电压值(默认为 12V)，还可以修改该电源的标签(如 E)，如图 1-24 所示。

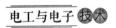
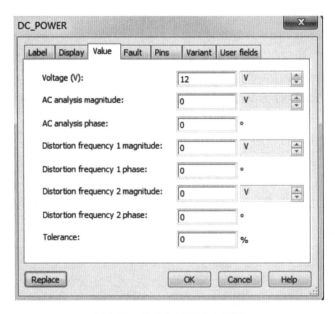

图 1-24　修改电压源的电压值

与放置电源的方法同理,放置接地端。

打开元器件仓库,放置电阻、开关等器件,如图 1-25 所示。

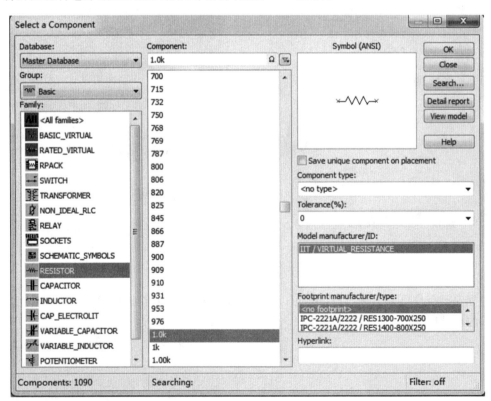

图 1-25　放置电阻

在仪表器件仓库，找到电压表，点 OK，放置电压表，如图 1-26 所示。电流表同理。

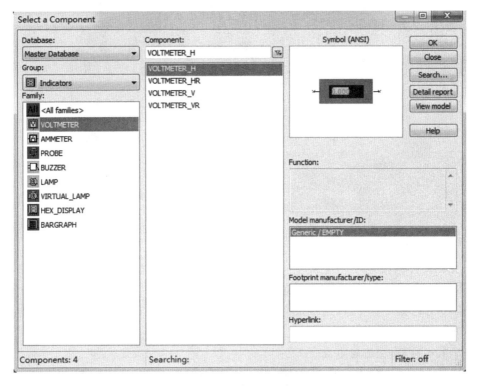

图 1-26　放置电压表

在菜单栏，点开 Simulate/Instrumemts/Oscilloscope，点确定，在编辑区得到双通道示波器 XSC1，如图 1-27、图 1-28 所示。

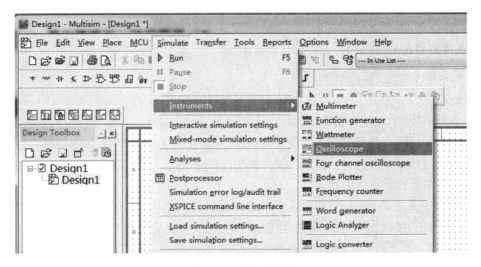

图 1-27　放置示波器

图 1-28 为放置了元器件和仪器仪表的效果图，其中 XSC1 是双通道示波器，U1 是电压表，U2 是电流表，V1 是交流电源，V2 是直流电源，R1 是固定电阻，R2 是个电位器，S1 是单刀双掷开关。

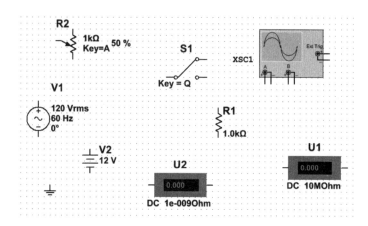

图 1-28  放置元器件和仪器仪表

**3.元器件编辑**

(1)元器件参数设置

双击元器件,弹出相关对话框,选项卡包括:

● Label:标签,Refdes 即编号,由系统自动分配,可以修改,但须保证编号唯一性

● Display:显示

● Value:数值,交流与直流

● Fault:故障设置,None—无故障(默认);Open—开路;Short—短路;选中"Leakage"表示元件漏电

● Pins:引脚,设置各引脚编号、类型、电气状态

(2)元器件向导(Component Wizard)

对特殊要求,可以用元器件向导编辑自己的元器件,一般是在已有元器件基础上进行编辑和修改。方法是:菜单 Tools/ Component Wizard,按照规定步骤编辑,用元器件向导编辑生成的元器件放置在 User Database(用户数据库)中。

**4.连线和进一步调整**

连线:

(1)自动连线:单击起始引脚,鼠标指针变为"十"字形,移动鼠标至目标引脚或导线,单击,则连线完成,当导线连接后呈现丁字交叉时,系统自动在交叉点放节点(Junction);

(2)手动连线:单击起始引脚,鼠标指针变为"十"字形后,在需要拐弯处单击,可以固定连线的拐弯点,从而设定连线路径;

(3)关于交叉点,Multisim12 默认丁字交叉为导通,十字交叉为不导通,对于十字交叉而希望导通的情况,可以分段连线,即先连接起点到交叉点,然后连接交叉点到终点;也可以在已有连线上增加一个节点(Junction),从该节点引出新的连线,添加节点可以使用菜单 Place/ Junction,或者使用快捷键 Ctrl+J。

进一步调整:

(1)调整位置:单击选定元件,移动至合适位置;

(2)改变标号:双击进入属性对话框更改;

(3)显示节点编号以方便仿真结果输出:菜单 Options/Sheet Properties/Sheet visibility/

Net Names,选择 Show All;

（4）导线和节点删除：右击/Delete,或者点击选中,按键盘 Delete 键。

图 1-29 是连线和调整后的电路,

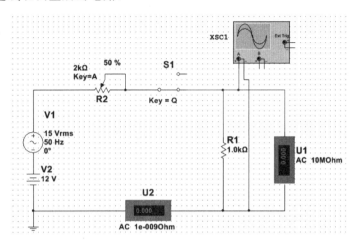

图 1-29　连线和调整后的电路图

分别点 Options/Steet Properties/Sheet visibility/Show all,设置电路节点,如图 1-30 所示。

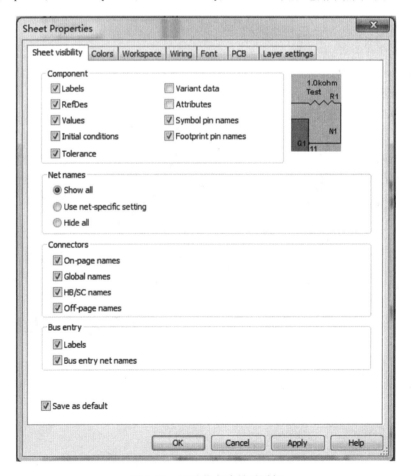

图 1-30　显示节点编号对话框

图 1-31 是显示节点编号后的电路图。

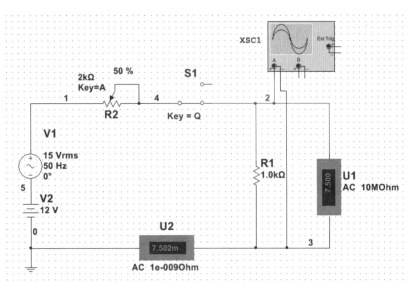

图 1-31　显示节点编号后的电路图

5. 电路仿真

基本方法：

● 按下仿真开关，电路开始工作，Multisim 界面的状态栏右端出现仿真状态指示；

● 双击示波器虚拟仪器符号，进行仪器面板设置，获得可视清晰的仿真结果。

图 1-32 是示波器界面。也可以点击 Reverse 按钮将其背景反色，如图 1-32(b) 所示。使用两个测量标尺，显示区给出对应时间及该时间的电压波形幅值，也可以用测量标尺测量信号周期。

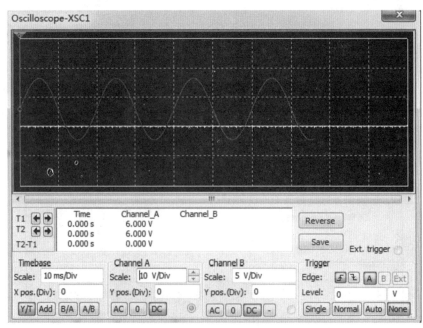

(a)示波器显示界面（背景是黑色）

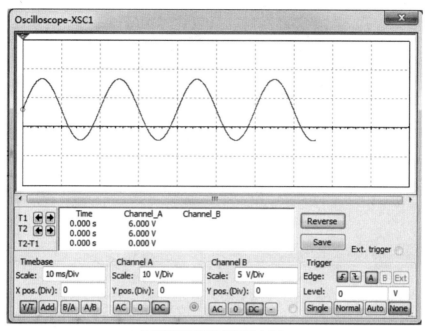

(b)示波器显示界面（背景是白色）

图 1-32　示波器显示界面(点击 Reverse 按钮将背景反色)

6.输出分析结果

使用菜单命令 Simulate/Analyses,以上述交、直流电源供应二个串联电阻为例,步骤如下:

● 菜单 Simulate/Analyses /DC operating point。

● 选择输出节点:选中 V(1),点击 ADD;选中 V(2),点击 ADD;选中 V(3),点击 ADD。弹出图 1-33(a)所示对话框。

● 点击 Simulate,得到分析结果,如图 1-33(b)所示。

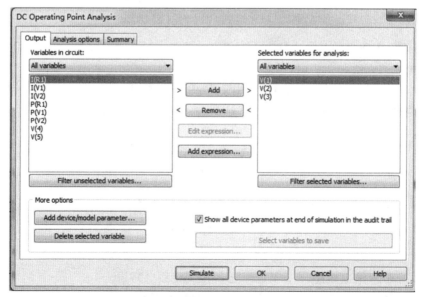

(a)将需要分析直流电压或电流的点加入分析框

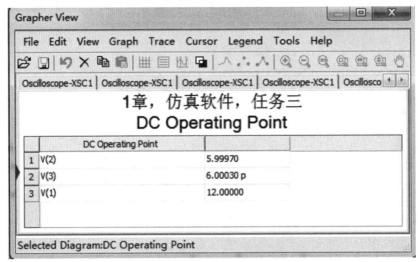

(b)得到电路图上节点1、2、3的电压数值

图 1-33　电路中几个点的直流电压分析

M1-3　Multisim 介绍/微课　　　　M1-4　Multisim 知识点/测试　　　　M1-5　EWB 软件
介绍/PDF

# 模块一小结

本模块重点学习掌握电工基础的入门知识与技能,主要包括如下三方面:

首先,了解电力系统及工厂供电的知识,掌握安全用电常识,包括安全用电措施、触电种类和触电的救护。

其次,了解电工测量的基本工具——万用表的功能、结构、工作原理,掌握使用万用表测量电阻、电压、电流的方法。

最后,学习电路仿真软件——Multisim,了解该软件的作用、包含的元器件等,掌握应用此软件进行电路搭建、仿真测量、显示等。

# 模块一任务实施

## 任务一　安全用电观察、思考和查询问题答案

场地:教室。

资讯:1.1 发电、输电概述,1.2 工厂配电,1.3 安全用电常识。

学习工厂配电与安全用电等方面的知识,思考查询以下问题答案:

1.电是怎么输送到用户的？电力系统包括哪几部分？家庭、学校用电属于几级负荷？

2.家庭用电是交流还是直流？家里墙上的三目插座哪个连接火线？另两个分别连着什么线？家用电器三目插头的其中一只脚若折弯不用有何危险？曾经看见过的危险用电现象有哪些？

3.安全用电的措施有哪些？触电急救方法是怎样的？

### 任务二　万用表测量电阻、电压和电流

场地:实验室。

器材:万用表、色环电阻若干、学生电源(交流、直流)、导线若干。

资讯:1.3 安全用电常识,1.4 万用表。

1.观察万用表面板,思考以下问题答案且动手练习一下。

观察万用表面板包括哪几部分？测量电阻时红表笔插入哪个孔？旋钮开头应该旋到什么位置？测量电流时红表笔又要插入哪个孔？旋钮开头应该旋到什么位置？测量直流电流与交流电流如何切换？

2.测量人身各部分电阻:左右手之间;左手与左脚之间;左手与右脚之间,且将电阻值最小的一个作为 $R$ 值记入表 1-1;计算假设触及表 1-1 中交流电压时的电流;分别说明对人体的伤害,理解安全用电的重要性。

表 1-1　人体触及不同电压时的伤害

| 人体电阻值大约值 | $R$(测量值中的最小值)= | | | | |
|---|---|---|---|---|---|
| 假设触及的交流电压值 | 24 V | 36 V | 42 V | 110 V | 220 V |
| 产生的电流 $I$(计算值) | | | | | |
| 对人体的伤害 | | | | | |

3.观察色环电阻,用万用表电阻挡测量其实际值,填入表 1-2;与标称值相比,计算相对误差;学习色环法判断电阻值。

表 1-2　色环电阻的实际阻值测量

| 标称电阻值 | 5.1Ω | 10Ω | 200Ω | 1kΩ |
|---|---|---|---|---|
| 测量值 | | | | |
| 相对误差 | | | | |
| 色环法计算 | | | | |

4.用万用表电压挡直接测量学生电源中的直流电压、交流电压,填入表 1-3;与标称值相比,计算相对误差。

表 1-3　电源电压的测量

| | 直流电压 | | 交流电压 | | |
|---|---|---|---|---|---|
| 标称值 | 5 V | 12 V | 6 V | 8 V | 10 V |
| 测量值 | | | | | |
| 相对误差 | | | | | |

5.用万用表测量直流电流、交流电流。

搭建最简单的电路如图 1-34 所示,用万用表电流挡测量电路中的电流,填入表 1-4,且与计算值比较,计算相对误差。注意:$E$ 代表直流电源或交流电源,测量时万用表电流挡要进行交、直流切换。

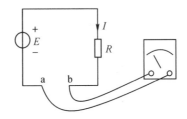

图 1-34  万用表测量电流

表 1-4  电流的测量

| 设电路电阻为1kΩ | 直流电压 | | 交流电压 | | |
|---|---|---|---|---|---|
| 标称值 | 5V | 12V | 6V | 8V | 10V |
| 计算值 $I$ | | | | | |
| 测量值 $I'$ | | | | | |
| 相对误差 | | | | | |

### 任务三  Multisim 软件对电压、电流的仿真测量

场地:机房或多媒体教室。

器材:电脑、Multisim 仿真软件。

资讯:1.5 Multisim 电路仿真软件。

1. Multisim 软件的使用方法。打开 Multisim 仿真软件主窗口,对菜单栏、工具栏、元器件库、仿真开关、暂停按钮等进行熟悉、了解;对元器件性质、参数等进行设置试验;对电路搭建进行练习。

2. 仿真测量直流电路电压、电流。

(1)搭建如图 1-35 所示电路,学习仿真直流电源、直流电流表、直流电压表、电阻、电位器的使用方法且设置好元件性质、参数等。

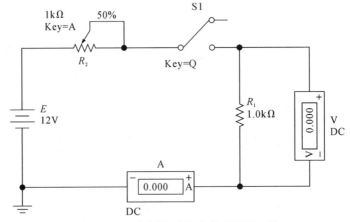

图 1-35  直流电压、电流的仿真测量电路

（2）仿真测量电路中的电压、电流结果，填入表 1-5 相应位置，验证中学学过的部分电阻欧姆定律，且将电位器置 50％时的测量电流与计算电流进行比较，计算相对误差，了解仿真的含义。

**表 1-5　直流电压、电流的仿真测量**

| | 第一次：当 $R_2=1\text{k}\Omega$ 时 | | 第二次：当 $R_2=2\text{k}\Omega$ 时 | |
|---|---|---|---|---|
| | 电压 $U$ | 电流 $I$ | 电压 $U$ | 电流 $I$ |
| 电位器置 50％时，测量值 | | | | |
| 电位器置 75％时，测量值 | | | | |
| 电压、电流计算值 | | | | |
| 相对误差（％） | | | | |

3. 仿真测量交流电路电压、电流。

（1）搭建如图 1-36 所示电路，学习仿真交流电源、交流电流表和交流电压表和示波器的使用方法且设置好元件性质、参数等。

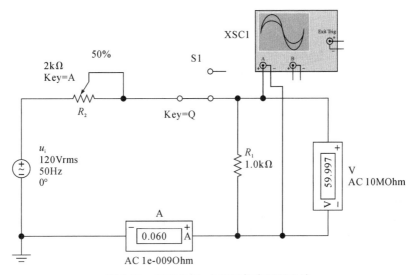

图 1-36　交流电压、电流的仿真测量电路

（2）仿真测量电路中的电压、电流结果，填入表 1-6 相应位置，验证中学学过的部分电路欧姆定律对交流电阻电路也适用。

**表 1-6　交流电压、电流的仿真测量**

| | 第一次：当 $R_2=1\text{k}\Omega$ 时 | | 第二次：当 $R_2=2\text{k}\Omega$ 时 | |
|---|---|---|---|---|
| | 电压 $U$ | 电流 $I$ | 电压 $U$ | 电流 $I$ |
| 电位器置 50％时，测量值 | | | | |
| 电位器置 75％时，测量值 | | | | |
| 电压、电流计算值 | | | | |
| 相对误差（％） | | | | |

4. 重点观察示波器中的交流电流波形，大致了解正弦交流电的最大值、有效值、周期等要素。

## 思考与习题一

1-1 电力系统由哪几部分组成?各部分的作用是什么?

1-2 输电线的作用是什么?它包括哪几种形式?

1-3 工厂供电的基本要求是什么?试说明工厂配电的一般过程。

1-4 试说明安全用电的意义及措施。

1-5 试说明保护接地与保护接零的原理与区别。

1-6 简述触电急救的意义和步骤。

1-7 万用表可以测量哪些物理量?万用表测量电压和电阻时分别应注意哪些步骤?测量电阻时呢?

1-8 如图1-37所示是一个万用表的刻度盘,当万用表选择开关置于"30mA"挡时,测出的电流强度是_____;当选择开关置于"12V"挡时,测出的电压为_____。

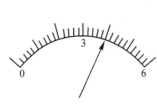

图1-37 题1-8图

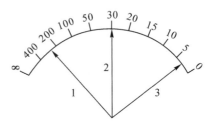

图1-38 题1-9图

1-9 用万用表的欧姆挡测某一电阻的阻值时,分别用×1、×10、×100三个电阻挡测了3次,指针所指的位置如图1-38所示。其中1是用_____挡,2是用_____挡,3是用_____挡。为了提高测量精度应该用_____挡,被测电阻约为_____Ω。

1-10 已知某电路元件两端直流电压在200～300V,现用指针式万用表的直流500V挡测量,测得指针如图1-39所示。问:如果用250V刻度线,读得刻度值是_____,倍率_____,读数_____。若用50V刻度线,读得刻度值是_____,倍率_____,读数_____。

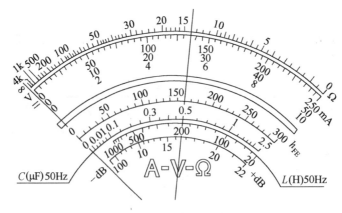

图1-39 题1-10图

1-11    在图 1-40 所示电路中,A、B、C 分别表示理想电流表或电压表,它们的示数以 A 或 V 为单位,当开关 S 闭合后,A、B、C 三块表的示数分别为 1、2、3 时,灯 $L_1$、$L_2$ 恰好正常发光。已知灯 $L_1$、$L_2$ 的功率之比为 1∶3,则可断定                                                                        （      ）

   A.    A、B、C 均为电流表　　　　　　　B.    A、B、C 均为电压表

   C.    A、C 为电压表,B 为电流表　　　　D.    A、C 为电流表,B 为电压表

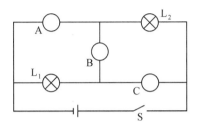

图 1-40    题 1-11 图

1-12    某同学欲采用如图 1-41 所示电路完成相关实验,其中电流表 A 的量程为 0.6A,内阻为 0.1Ω;电压表的量程为 3V,内阻为 6kΩ;电源电动势约为 3V,内阻较小,下列电路正确的是                （      ）

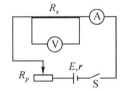

A.测定一段电阻丝(约为5Ω)的电阻

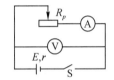

B.测定电源电动势和内阻(约为3Ω)

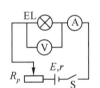

C.描绘小灯泡(额定电压为2.5V)
的伏安特性曲线

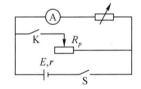

D.测定电流表内阻

图 1-41    题 1-12 图

1-13    功率稍大的电气设备都要使用三脚插头,使其外壳接地,这样做的目的是            （      ）

A.为了延长它的使用寿命　　　　　　B.为了使其正常工作

C.为了节约电能　　　　　　　　　　D.为了防止触电事故的发生

1-14    如图 1-42 所示的三脚插座,与孔 1 相连的是                                            （      ）

A.零线　　　　　　　　B.火线　　　　　　　　C.地线　　　　　　　D.以上三种线都可以

1-15    将图 1-43 中各元件正确接入电路,其中开关只控制电灯,三孔插座带保险盒。

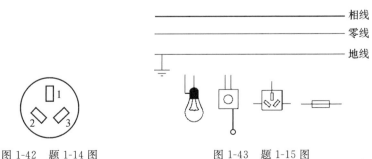

图 1-42    题 1-14 图　　　　　　　　图 1-43    题 1-15 图

1-16　Multisim 有哪些元件库？有几种虚拟仪器？

1-17　在 Multisim 中做仿真实验的步骤一般有哪几步？

1-18　在 Multisim 中练习电阻阻值的设置,可变电阻阻值的设置,电流表或电压表交直流、正负端的设置,交流电源有效值、频率、初相位的设置,并观察波形。

1-19　试用函数信号发生器产生幅度为 12V、频率为 50Hz、占空比为 50％的正弦波信号,并用示波器观察其波形。

1-20　设有一个简单的直流电路,直流电源 $E$ 为 24V,通过一个可变电阻(最大值为 1kΩ)与负载电阻 $R$(500Ω)相连接,电路中串联有一个电流表,负载端并联有电压表。

(1)在 Multisim 中搭建电路,设置好元件性质与参数。

(2)仿真测量电路电流大小,且与计算值比较。

(3)改变可变电阻的大小,观察负载端电压的变化。

# 模块二　直流电路

1.如图 2-1 所示为普通手电筒实物结构图,其照明电路模型是怎样的? 电路中涉及哪些物理量? 小电珠发光强弱与哪些因素有关? 干电池用久后小电珠发光变暗的原因有哪些?

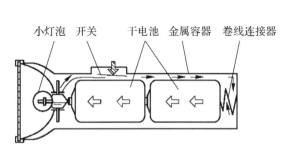

图 2-1　手电筒实物结构

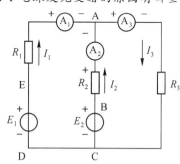

图 2-2　典型复杂电路

2.如图 2-2 所示为一个较基本的典型复杂直流电路,与简单直流电路比有什么区别? 在已知电源与电阻值时,各支路电流怎么求解? 有哪几种方法?

## 能力目标

1.掌握电流、电压、电功率等电路基本物理量含义且能分析计算;掌握关联方向与非关联方向对物理量计算公式的影响。

2.熟练掌握全电路欧姆定律、电阻串并联时电压电流关系等的应用。

3.掌握基尔霍夫定律及求解复杂电路的方法。

4.掌握实际电压源与实际电流源的等效变换方法。

## 实验研究任务

任务一　研究电阻串联、并联电路的特点

任务二　研究电源端电压、输出功率与负载的关系

任务三　验证基尔霍夫定律和探索叠加定理

任务四　探索节点电压法

任务五　探索戴维南定理

## 2.1 电路的基本物理量

### 2.1.1 电路和电路模型

电流通过的路径叫电路。手电筒中电流从电池正极出发,经过小电珠灯丝,到开关,再经过手电筒外壳回到电池负极,形成一个回路,如图 2-3(a)所示。

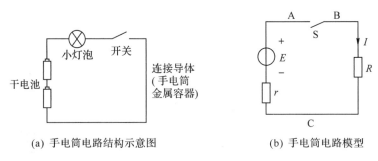

(a) 手电筒电路结构示意图　　　　　　(b) 手电筒电路模型

图 2-3　手电筒电路

分析上面的手电筒电路,它由四部分组成:

(1)干电池,它将化学能转换为电能。此部分即为电源,为负载提供电能。

(2)小电珠,它将电能转换为光能。此部分为负载,将电能转换为其他形式的能。

(3)开关,通过它的闭合与断开,能够控制小电珠的发光情况。此部分为电路控制部分。

(4)金属容器、卷线连接器,相当于传输电能的金属导线,将手电筒中其他元件连接起来。此部分为输电线路,起电能传输与分配作用。

将手电筒电路中各器件用能反映其主要电性能的理想元件来代替,得到电路图 2-3(b),称为电路模型图。一个实际元件往往可以用一个或几个理想元件的组合来表示,这种理想元件或其组合也叫电路模型。

### 2.1.2 电流

电荷的定向移动形成电流。在金属导体中作定向移动的是电子,电解液导电时作定向移动的是正负离子,气体导电时作定向移动的既有电子又有离子。电流的大小规定用单位时间内通过导体横截面的电量多少来表示,即

$$i(t) = \frac{dq}{dt} \tag{2-1}$$

电流基本单位为安培(A)。电流的常用单位有毫安(mA)、微安($\mu$A),$1A = 10^3 mA = 10^6 \mu A$,在电力系统中还用千安(kA),$1kA = 10^3 A$。

规定正电荷移动的方向为电流的实际方向。如果电流方向不随时间变化称为直流电。其定义式:

$$I = \frac{dq}{dt} = \frac{Q}{t} \tag{2-2}$$

当某段电路中电流的方向难以判断时,可先假定一个电流的方向(称为参考方向),然后据

欧姆定律等规律列方程求解。当解得的电流为正值时,说明电流的实际方向与参考方向一致;反之,解得的电流为负值时,说明电流的实际方向与参考方向相反。

测量电流时,利用安培表或万用表电流挡进行。测量时,电表应串联在电路中且注意量程、交直流选择,测量直流电时还要注意正负端子不能接反。

电流不但存在于人为架设的电路中,也经常存在于自然现象与生产生活中,如图2-4至图2-9所示。

图2-4 雷电时的电流

(a) 导线切割磁力线

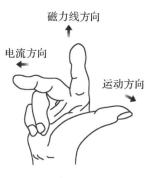

(b) 右手法则

图2-5 磁场中的电流

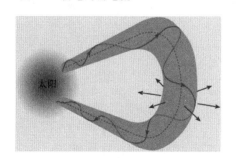

图2-6 太阳持续喷射出的带电粒子流

图2-7 极光中的电流

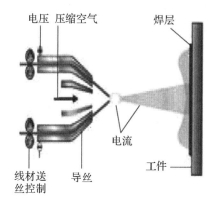

图2-8 弧焊时的电流

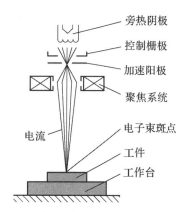

图2-9 电子束加工时的电流

## 2.1.3 电压与电动势

1. 电压与电位

电场力将单位正电荷从电场中的 $a$ 点移到 $b$ 点所做的功,称为 $a$、$b$ 两点间的电压,即

$$u_{ab}=U_{ab}=\frac{W_{ab}}{q} \tag{2-3}$$

电压的基本单位是伏特(V),$1V=1J/C$。电压的常用单位有毫伏(mV)、微伏($\mu V$)、千伏(kV)。$1V=10^3 mV=10^6 \mu V$,$1kV=10^3 V$。

在纯电阻电路中,电压与电流关系为:$U=IR$(参考方向相同)。

在实际使用中,仅仅知道两点间的电压数值往往是不够的,还必须知道这两点中哪一点电位高、哪一点电位低。例如,对于半导体二极管来说,只有其阳极电位高于阴极电位时才导通;对于直流电动机来说,绕组两端的高、低电位不同,电动机的转动方向可能也是不同的。

那么,什么是电位呢?在电路中任选一点作为参考点,且规定参考点的电位为零,则某点的电位就是由该点到参考点的电压,如图 2-10 所示。即

$$V_a=U_{a0} \tag{2-4}$$

电路中某点电位实质上就是将单位正电荷从该点移到参考点,电场力所做的功,单位与电压相同。

图 2-10 电位的参考点

通常参考点选择为地面或仪表机器的外壳,用接地符号"⊥"表示。某点电位为正,说明该点电位比参考点高;某点电位为负,说明该点电位比参考点低。电位是相对的,其大小、正负随电路参考点选择不同而变化。

如果已知 $a$、$b$ 两点的电位各为 $V_a$、$V_b$,则这两点间的电压:

$$U_{ab}=V_a-V_b \tag{2-5}$$

即两点间的电压等于这两点的电位之差。

知道了电路中某两点电位的高低,也就是知道了电压的方向。规定把电位降低的方向作为电压的实际方向,因此电压又称作电压降。

在实际分析中,电路某两点电位高低有时并不知道,为分析计算方便,须先假设一端为高电位,即假定电压的方向,此方向为参考方向。

电压的测量:利用伏特表或万用表伏特挡测量。测量时电表应并联在电路中且注意量程,测量直流电压还要注意接线端子正负不能接反。

在生活中经常可以见到一些与电压相关的图标与大型器具,主要是高低压变配电柜或变压器等,如图 2-11 至图 2-13 所示。

(a) 国外

(b) 国内

图 2-11 高压图标

M2-1 电位的计算/微课

(a) 高配房内的高压配电柜　　(b) 室外的高压变电站　　(c) 高压变压器

图 2-12　高电压变配电实物

(a) 低压变压器　　　　　　(b) 低压配电屏

图 2-13　低电压变配电实物

**2.电动势**

电动势是描述电源性质的重要物理量。在电源内部,非静电力(如蓄电池中是化学力)把单位正电荷从电源负极经电源内部移到正极所做的功,称为电源的电动势,可表示为:

$$E = \frac{W}{q} \tag{2-6}$$

单位:伏特,与电压单位相同。

方向:在电源内部,从负极指向正极。电源电动势的方向在电源内部从负极指向正极。

注意:电源在开路时,两端的电压大小等于电源电动势,方向与之相反。

**例 2-1**　一太阳能电池板,某时刻阳光下测得它的开路电压为 800mV,短路电流为 40mA,若此时将该电池板与一个阻值为 20Ω 的电阻连成一闭合电路,则它的路端电压是　　　　　(　　)

A. 0.10V　　　　　B. 0.20V　　　　　C. 0.30V　　　　　D. 0.40V

**解:**开路电压大小等于电动势,$E = 800\text{mV}$。据短路电流,可知内阻:

$$r = \frac{E}{I_{短}} = \frac{800\text{mV}}{40\text{mA}} = 20\Omega$$

内电阻与外接电阻相等,所以端电压:

$$U_{端} = \frac{1}{2}E = 0.4\text{V}$$

因此,答案应选择 D。

**3.电位的计算**

电位的计算步骤如下:

(1)选择参考点,设其电位为零。

(2)标出电路中各元件上的电流参考方向并计算其电流大小。

（3）计算各点至参考点间的电压，即为各点的电位。

**例 2-2** 如图 2-14 所示电路，求各点电位。

**解：** 选 $a$ 为参考点：$V_a=0$，$V_b=U_{ba}=4\mathrm{V}$，$V_c=U_{ca}=10\mathrm{V}$

选 $b$ 为参考点：$V_b=0$，$V_a=U_{ab}=-4\mathrm{V}$，$V_c=U_{cb}=6\mathrm{V}$

选 $c$ 为参考点：$V_c=0$，$V_a=U_{ac}=-10\mathrm{V}$，$V_b=U_{bc}=-6\mathrm{V}$

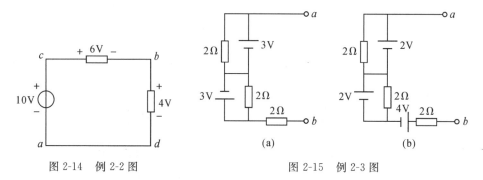

图 2-14　例 2-2 图　　　　　　图 2-15　例 2-3 图

**例 2-3** 求如图 2-15 所示电路中的 $U_{ab}$。

**解：** 图 2-15(a)，$U_{ab}=3-3=0\mathrm{V}$；图 2-15(b)，$U_{ab}=2+2-4=0\mathrm{V}$

注意：

（1）电位值是相对的，选取的参考点不同，电路中各点的电位也将随之改变。

（2）电路中两点间的电压值是固定的，不会因参考点的不同而变化，即与参考点的选取无关。

（3）当电源的一个极接地时，如图 2-16(a)所示，可省略电源不画，而用没有接地极的电位代替电源，如图 2-16(b)所示。

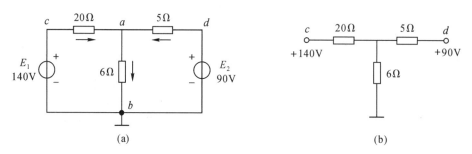

图 2-16　简画电源电路

### 2.1.4　关联与非关联参考方向时电压与电流关系式

**1. 参考方向**

电流的参考方向如图 2-17 所示，若参考正方向与实际方向一致，则 $i>0$，如图(a)所示；参考正方向与实际方向相反，则 $i<0$，如图(b)所示。

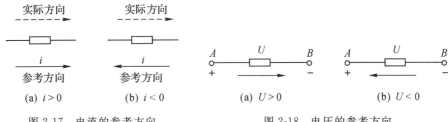

(a) $i > 0$　　(b) $i < 0$　　　　　(a) $U > 0$　　(b) $U < 0$

图 2-17　电流的参考方向　　　　图 2-18　电压的参考方向

电压的实际极性(用"＋""－"表示)和参考方向(用箭头表示)如图 2-18 所示,若参考正方向与实际方向一致,则 $U>0$,如图 2-18(a)所示;若参考正方向与实际方向相反,则 $U<0$,如图 2-18(b)所示。

2.关联与非关联参考方向时电压与电流关系

元件上电流和电压的参考方向一致叫关联参考方向。这时,欧姆定律 $U=IR$。

元件上电流和电压的参考方向不一致叫非关联参考方向。这时,欧姆定律 $U=-IR$。

在关联与非关联参考方向下,含源支路端电压的计算式也是不一样的,如图 2-19(a)至(d)所示。图中箭头均为电压与电流的参考方向。

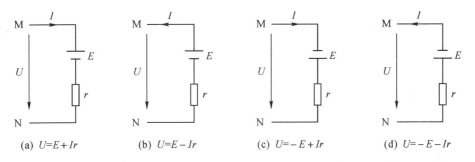

(a) $U=E+Ir$　　(b) $U=E-Ir$　　(c) $U=-E+Ir$　　(d) $U=-E-Ir$

图 2-19　关联、非关联情况下电压的不同计算式

### 2.1.5　电阻与电阻器

1.电阻与电导

物体对电流的阻碍作用,称为该物体的电阻,用符号 $R$ 表示。金属导体的电阻可用电阻定律来计算,即

$$R=\rho \frac{L}{S} \tag{2-7}$$

电阻的基本单位是欧姆($\Omega$),常用单位有千欧($k\Omega$)、兆欧($M\Omega$),它们之间的换算关系是:$1M\Omega=10^3 k\Omega=10^6 \Omega$。

$\rho$ 为电阻率,是反映材料导电性能的物理量。根据物体电阻率的大小,可将物体分为导体、半导体、绝缘体三类。紫铜、铝、银的电阻率较小,属于良导体;硅、锗是半导体;纯净的陶瓷属于绝缘体。

材料的电阻还与温度有关,金属材料的电阻一般随着温度的升高而成正比增大,可用下面公式来计算:

$$R_2=R_1+\alpha(t_2-t_1)R_1 \tag{2-8}$$

式中:$\alpha$ 为电阻温度系数。温度每升高 $1℃$ 时,导体电阻的增加值与原来电阻的比值,叫做电阻温度系数,它的单位是℃$^{-1}$;$R_1$是温度为 $t_1$ 时的电阻值;$R_2$是温度为 $t_2$ 时的电阻值。金属材料据电阻温度系数 $\alpha$ 的大小可作不同用途:$\alpha$ 大,可以制成温度计;$\alpha$ 小,可以制成标准电阻。

有些金属当温度下降到接近绝对零度时,电阻会突然变成零,该现象称为超导现象,此时这种导体称为超导体。实际的超导材料因一定温度下电阻值接近为零而使其在各个领域得到广泛的应用。

当电阻值不变时,其上的电压与电流呈线性关系,此类电阻可称为线性电阻。其伏安特性为一条过原点的直线,如图 2-20(a)所示。非线性电阻的伏安特性是一条曲线,如图 2-20(b)所示为二极管的伏安特性。

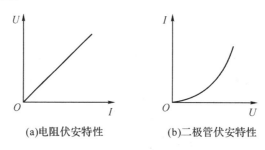

(a)电阻伏安特性　　　　(b)二极管伏安特性

图 2-20　伏安特性图

电阻的倒数称为电导,是表征材料导电能力的一个参数,用符号 $G$ 表示:

$$G = \frac{1}{R}$$

电导的单位:西门子,简称西(S)。

2.电阻器

电阻器是对电流呈现阻碍作用的耗能元件的总称,如电炉、白炽灯、各种成品电阻器等。

电阻器上的主要参数:标称电阻、额定功率和允许误差。标称阻值和允许误差一般会标在电阻体上,体积小的电阻则用色环标注。色环表示一般有四环或五环,从左端开始,相距较近的几环表示阻值,相距最远的色环是误差环,靠近误差环的色环表示零的个数。表 2-1 为色环在不同位置所代表的数字含义。

表 2-1　色环电阻的对照关系

|  | 银 | 金 | 黑 | 棕 | 红 | 橙 | 黄 | 绿 | 蓝 | 紫 | 灰 | 白 | 无 |
|---|---|---|---|---|---|---|---|---|---|---|---|---|---|
| 有效数字 | — | — | 0 | 1 | 2 | 3 | 4 | 5 | 6 | 7 | 8 | 9 |  |
| 倍率 | $10^{-2}$ | $10^{-1}$ | $10^{0}$ | $10^{1}$ | $10^{2}$ | $10^{3}$ | $10^{4}$ | $10^{5}$ | $10^{6}$ | $10^{7}$ | $10^{8}$ | $10^{9}$ |  |
| 误差(%) | ±10 | ±5 | — | ±1 | ±2 |  |  | ±0.5 | ±0.25 | ±0.1 | ±0.05 | — | ±20 |

**例 2-4**　某四环电阻色环依次为:黄橙红金,则其电阻值与误差分别为多少?

**解:**电阻值为 4300Ω=4.3kΩ,误差为±5%。

**例 2-5**　某五环电阻色环依次为:橙白黄红银,则其电阻值与误差分别为多少?

**解:**电阻值为 39400Ω=39.4kΩ,误差为±10%。

在实践中,也可以对比两个边缘端的色彩以判断起始环,因为计算的起始部分即第 1 环色彩不会是金、银、黑 3 种颜色。如果靠近边缘的是这 3 种色彩,则需要倒过来计算。

目前网络上有色环电阻在线计算器(见图 2-21),可以输入色环颜色后直接读出电阻值及误差。

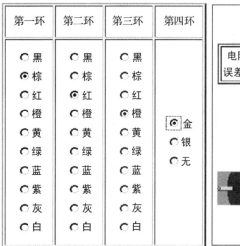

图 2-21　色环电阻在线计算器

电阻器种类很多,按外形结构可分为固定式和可变式两大类;按制造材料可分为膜式(碳膜、金属膜等)和线绕式两类。膜式电阻的阻值范围大,功率一般为几瓦,金属线绕式电阻器正好相反。如图 2-22 所示为几种常用电阻及其外形。

电阻器阻值的大小用万用表的欧姆挡测量。对阻值特别大的(如电器的绝缘电阻)采用绝缘电阻表(也叫兆欧表或摇表)来测量。

电阻器的选用主要是据电路和设备的实际要求,从电气性能到经济价值等方面综合考虑。一般是考虑阻值、额定功率、允许偏差,即电阻的标称阻值应和电路要求相符合,额定功率应该是电阻器在电路中实际消耗功率的 1.5～2 倍,允许偏差在要求的范围内。

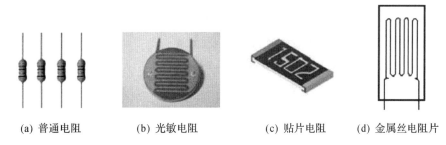

(a) 普通电阻　　　　(b) 光敏电阻　　　　(c) 贴片电阻　　　　(d) 金属丝电阻片

图 2-22　常用电阻及其外形

## 2.1.6　电能与电功率

1. 电能

在电路中,电源将其他形式的能转化为电能,而负载将电能转化成其他形式的能,如机械能、光能、热能等,如图 2-23 所示。

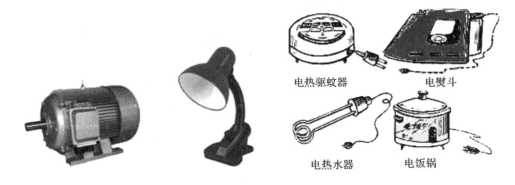

(a) 电能转化为机械能　　(b) 电能转化为光能　　(c) 电能转化为热能

图 2-23　常见电器的电能转化

电能的转化通过电流做功实现,电流做了多少功就有多少电能转化。电流做功(简称电功)计算式:

$$W = UIt \qquad (2\text{-}9)$$

电功的基本单位是焦耳(J)。电功还有一个常用单位:度,1 度 = 1 千瓦·时。电能表(俗称电度表)就是测量电能消耗量的仪表。

若是纯电阻电路(如电炉、电饭煲、电熨斗、白炽灯等),则

$$W = I^2 R t = \frac{U^2}{R} t \qquad (2\text{-}10)$$

### 2. 电功率

单位时间内电能转化为其他能的多少称为电功率,可表示为

$$p = \frac{\mathrm{d}w}{\mathrm{d}t}(交流电路) \quad 或 \quad P = \frac{W}{t}(直流电路) \qquad (2\text{-}11)$$

交流电路:$p = ui$;直流电路:$P = UI$

电功率的基本单位是瓦特(W),$1\mathrm{W} = 1\mathrm{J/s}$。常用单位有:千瓦(kW),$1\mathrm{kW} = 10^3 \mathrm{W}$;马力(俗称匹)是空调、电动机功率的常用单位,1 马力 = 735W。

在计算电功率时,若 $U$ 与 $I$ 为关联参考方向,则 $P = UI$;若 $U$ 与 $I$ 为非关联参考方向,则 $P = -UI$。

注意:

(1)无论是关联参考方向还是非关联参考方向,只要功率 $P > 0$,则此电器设备消耗电功率,为负载;$P < 0$,则此电器设备输出电功率,为电源。

(2)有些电器设备有时为负载,有时为电源,如手机的电池。

(a)　　　　　　　　　　　　(b)

图 2-24　例 2-6 图

M2-2　电路组成和

电路物理量/测试

**例 2-6** (1)在图 2-24 中,若电流均为 2A,$U_1=1V$,$U_2=-1V$,求该两元件消耗或产生的功率。(2)在图 2-24(b)中,若元件产生的功率为 4W,求电流 $I$。

**解:**(1)对图 2-24(a),电流、电压为关联参考方向,元件的电功率为

$$P=U_1 I=1\times2=2W>0$$

表明元件消耗功率,为负载。

对图 2-24(b),电流、电压为非关联参考方向,元件的电功率为

$$P=-U_2 I=-(-1)\times2=2W>0$$

表明元件消耗功率,为负载。

(2)图 2-24(b)中,电流、电压为非关联参考方向,且是产生功率,故

$$P=-U_2 I=-4W$$

所以

$$I=\frac{4}{U_2}=\frac{4}{-1}=-4A$$

即电流大小为 4A,方向与图中参考方向相反。

**例 2-7** 一盏 220V,60W 的电灯接到 220V 电压下工作。试求:(1)电灯的电阻;(2)工作时的电流;(3)如果每晚用 3 小时,问一个月(按 30 天计算)消耗多少电能?

**解:**(1)根据 $P=\frac{U^2}{R}$,得电灯电阻:

$$R=\frac{U^2}{P}=\frac{220^2}{60}=807\Omega$$

(2)根据 $I=\frac{U}{R}$ 或 $P=UI$,得工作电流:

$$I=\frac{P}{U}=\frac{60}{220}=0.273A$$

(3)根据 $W=Pt$,得用电量:

$$W=Pt=60\times3\times30\times3600=1.944\times10^7 J$$

在实际生活中,电量常以"度"为单位,即"千瓦·时"。例如,对 60W 的电灯,每天使用 3 小时,一个月(30 天)的用电量为

$$W=(60/1000)\times3\times30=5.4(kW\cdot h)=5.4 度$$

## 2.2  全电路欧姆定律及电路的三种状态

### 2.2.1  全电路欧姆定律

全电路是指电源(内电路)和电源以外的电路(外电路)之总和。设某电源电动势为 $E$,内电阻为 $r$,外接负载电阻为 $R$,如图 2-25(a)所示。

流过电路的电流 $I$ 与电源的电动势 $E$ 成正比,与外电路的电阻 $R$ 及电源内电阻 $r$ 之和成反比。这就是全电路欧姆定律,公式如下:

$$I=\frac{E}{R+r} \tag{2-12}$$

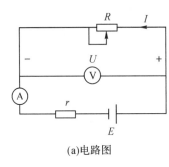
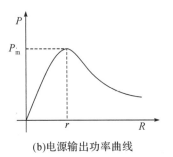

(a)电路图　　　　　　　　(b)电源输出功率曲线

图 2-25　全电路模型与电源输出功率

设电源的端电压为 $U$,负载电阻获得的输出功率为 $P$,则

$$U=E-Ir=IR$$
$$P=UI=EI-I^2r$$

式中:$EI$ 为电源产生的功率;$I^2r$ 为电源内阻上消耗的功率;$P=UI$ 为电路的输出功率,即负载获得的功率,其与负载电阻 $R$ 的大小有关。

$$P=UI=I^2R=\left(\frac{E}{R+r}\right)^2R=\frac{E^2}{(R-r)^2+4Rr}R$$

当 $R=r$ 时,$P$ 有最大值,即

$$P_{\mathrm{m}}=\frac{E^2}{4R}=\frac{E^2}{4r}$$

可见,电源的输出功率并非始终随负载的增大而增大,只有当负载电阻与电源内阻相等时,电源输出最大功率,这称为最大功率输出定理,如图 2-25(b)所示。

最大输出功率也叫峰值功率。一般来说,最大输出功率是电源额定输出功率的 5～8 倍。特别需要注意的是,电源是不能长时间工作在最大输出功率状态下的,否则会损坏电源。

求电源的电动势和内阻,可用如图 2-26 所示电路。改变外电阻 $R$ 的阻值,读出每次电流 $I$ 和端电压 $U$ 的数值,利用全电路欧姆定律来建立方程组:

$$E=U_1+I_1r$$
$$E=U_2+I_2r$$

解方程组求出电源的电动势和内阻的值。多次测量求解,然后求电动势与内阻的平均值。

**例 2-8**　如图 2-26 所示,已知电源的电动势 $E=10\mathrm{V}$,内电阻 $r=1\Omega$,定值电阻 $R_0=4\Omega$,电阻器的总阻值 $R=10\Omega$。求:(1)电源的最大输出功率;(2)滑动变阻器上消耗的功率的最大值。

**解:**(1)电源的输出功率最大值应出现在外电阻和内电阻相等的时候,但现在有定值电阻,可见这个条件已不可能满足。只有在滑动变阻器的电阻 $R$ 为 0 时,输出功率才最大,即

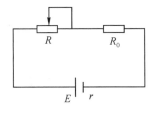

图 2-26　例 2-8 图

$$P_{\max}=\left(\frac{E}{R_0+r}\right)^2R_0=16\mathrm{W}$$

(2)当滑动变阻器的阻值改变时,通过它的电流、两端电压都在改变,可以将定值电阻 $R_0$ 合并到电源内阻中,即 $R=r+R_0=5\Omega$ 时,滑动变阻器上消耗功率最大:

$$P_{R\max}=\left(\frac{E}{R_0+r+R}\right)^2R=\frac{E^2}{4R}=\frac{10^2}{4\times5}=5(\mathrm{W})$$

### 2.2.2　电气设备的额定值

电气设备的额定值,通常有如下几项:

(1)额定电流($I_N$):在额定环境条件(温度、日照、海拔、安装条件等)下,电气设备长期连续工作时允许的最大电流。

(2)额定电压($U_N$):用电器长时间工作时适用的最佳电压。若高于这个电压,用电器容易烧坏,低于这个电压,用电器不能正常工作。对有的用电器,若低于额定电压太多,还可能造成用电器的损坏。

额定电压主要由电气设备所允许的电流和材料的绝缘性能等因素决定。

(3)额定功率($P_N$):电气设备在额定工作状态下所消耗的功率。在直流电路中,额定电压与额定电流的乘积就是额定功率,即 $P_N = U_N I_N$。

电气设备的额定值都标在铭牌上,使用时必须遵守。

**例 2-9**　(1)本模块开头提到的普通手电筒电路中,传统白炽灯小电珠额定电流根据不同规格为 $300 \sim 470\text{mA}$,若使用两节干电池(3V),则小电珠功率多大?电池用久了,电珠发光变暗的原因是什么?

(2)把一个 10V,2W 的用电器 A(纯电阻 $R_1$)接到某一电动势和内阻都不变的电源上,用电器 A 实际消耗的功率是 2W;换上另一个 10V,5W 的用电器 B(纯电阻 $R_2$)接到这一电源上。问:用电器 B 实际消耗的功率有没有可能反而小于 2W?什么条件下可能?(设电阻不随温度改变)

**解:**(1)根据功率计算式:

$$P = UI$$

取小电珠电流 400mA,电压 3V(忽略内阻 $r$ 等的压降损耗),得

$$P = UI = 3 \times 0.4 = 1.2(\text{W})$$

电池用久后,内阻 $r$ 增大,在通电时,两节干电池的端电压远小于电动势 3V,使得小电珠实际得到的电压小于额定电压,产生的实际功率也小于额定功率,因此发光变暗。

(2)有可能。若用电器 A 的电阻刚好等于电源内阻,这时电源输出功率最大。用电器 B 的电阻不等于电源内阻,则其实际消耗功率小于 2W。

### 2.2.3　电路的三种状态

电路在工作时有三种工作状态,分别是通路、断路(或开路)、短路,如图 2-27 所示。

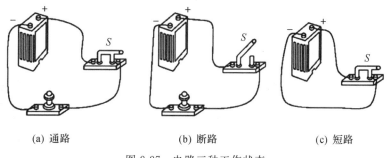

|  (a) 通路 | (b) 断路 | (c) 短路 |

图 2-27　电路三种工作状态

1.通路

如图 2-27(a)所示,当开关 S 闭合,使电源与负载接成闭合回路,电路便处于通路状态,也

称为有载工作状态。

注意：

(1)在实际电路中,负载都是并联的,所谓负载增大,是指并联的电气设备增多或电源输出电流增大,而不是增大负载总电阻;负载减小也同理。

(2)根据负载大小,电路在通路时又分为三种工作状态:当电源输出电流等于额定电流时,称为满载工作状态;当电源输出电流小于额定电流时,称为轻载工作状态;当电源输出电流大于额定电流时,称为过载工作状态。

2.断路

如图 2-27(b)所示,电源与负载未接成闭合电路,电路中没有电流通过,又称为开路状态。外电路电阻对电源来说是无穷大($R \rightarrow \infty$)。

此时,$I=0$,路端电压$U=E$,电源内阻消耗功率$P_E=0$,负载消耗功率$P_L=0$,此种情况,也称为电源的空载。

3.短路

如图 2-27(c)所示,电源未经负载而直接由导线(导体)构成通路,称为短路状态。短路时,电路中电流比正常工作时大许多倍,会烧坏电源和其他设备,应严防电路发生短路。此时:

$$I=I_0=\frac{E}{r}$$

$$U_{端}=0,P_{输出}=0,P_{电源}=EI$$

注意:为了防止短路事故发生,以免损坏电源,常在电路中串接熔断器。熔断器的符号、实物及在电路中的接法如图 2-28 所示。

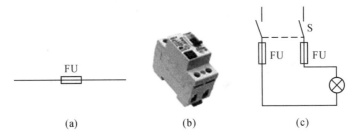

(a)　　　　　　(b)　　　　　　(c)

图 2-28　熔断器的符号、实物及在电路中的接法

**例 2-10**　如图 2-29 所示的电路中,电源电压不变,闭合电键 S 后,$L_1$、$L_2$ 都发光,一段时间后,二盏灯突然熄灭,而电压表 $V_1$ 的示数为 0V,电压表 $V_2$ 的示数为电源电压,则产生这一现象的原因是什么?

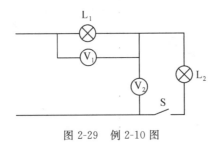

图 2-29　例 2-10 图

M2-3　耗能元件与电路
负载大小/测试

**解:**灯 $L_1$ 与 $L_2$ 是串联关系,从该现象可以判断出,原因是灯 $L_2$ 灯丝烧断呈开路状态。

# 2.3　电阻的串联、并联与混联

电阻元件可按各种不同要求作各种不同方式的连接,主要有串联、并联和混联。

## 2.3.1　电阻的串联

在电路中,若干个电阻元件连成一串,在各连接点都无分支,这种连接方式称为串联。如图 2-30(a)所示是三个电阻的串联电路,图 2-30(b)为其等效电路。

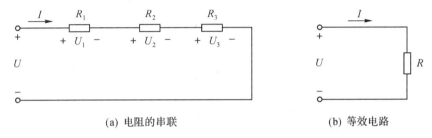

(a) 电阻的串联　　　　　　　　　(b) 等效电路

图 2-30　电阻的串联及其等效电路

电阻串联时有以下几个特点:

(1)流过各电阻的电流相等:

$$I=I_1=I_2=I_3$$

(2)总电压等于各电阻上分电压之和,即

$$U=U_1+U_2+U_3$$

(3)等效电阻(总电阻)等于各分电阻之和,即

$$R=R_1+R_2+R_3 \tag{2-13}$$

等效电阻是指,如果用一个电阻 $R$ 代替串联的所有电阻接到同一电源上,电路中的电流是相同的。

(4)分压系数。在直流电路中,常用电阻的串联来达到分压的目的。各串联电阻两端的电压与总电压间的关系为

$$\begin{cases} U_1=R_1 I=\dfrac{R_1}{R}U \\[2mm] U_2=R_2 I=\dfrac{R_2}{R}U \\[2mm] U_3=R_3 I=\dfrac{R_3}{R}U \end{cases} \tag{2-14}$$

式中:$\dfrac{R_1}{R}$、$\dfrac{R_2}{R}$、$\dfrac{R_3}{R}$ 称为分压系数,由分压系数可直接求得各串联电阻两端的电压。

由式(2-14)还可知:

$$U_1:U_2:U_3=R_1:R_2:R_3$$

即电阻串联时,各电阻两端的电压与电阻的大小成正比。

(5)各电阻消耗的功率与电阻成正比,即

$$P_1 : P_2 : P_3 = R_1 : R_2 : R_3$$

**例 2-11** 多量程直流电压表是由表头、分压电阻和多位开关连接而成的,如图 2-31 所示。如果表头满偏电流 $I_g = 100\mu A$,表头电阻 $R_g = 1k\Omega$,现在要制成量程为 10V、50V、100V 的三量程电压表,试确定分压电阻值。

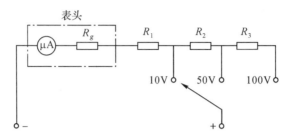

图 2-31 例 2-11 图

**解:** 当电流 $I_g = 100\mu A$ 流过表头时,表头两端的电压:

$$U_g = R_g I_g = 1000 \times 100 \times 10^{-6} = 0.1(V)$$

当量程 $U_1 = 10V$ 时,串联电阻 $R_1$,根据串联电路分压公式:

$$\frac{U_1}{U_g} = \frac{R_1 + R_g}{R_g}$$

得

$$\frac{10}{0.1} = \frac{R_1 + 1}{1}$$

$$R_1 = 99k\Omega$$

当量程 $U_2 = 50V$ 时,串联电阻 $R_1$ 和 $R_2$,根据串联电路分压公式:

$$\frac{U_2}{U_1} = \frac{R_2 + (R_g + R_1)}{(R_g + R_1)}$$

$$\frac{50}{10} = \frac{R_2 + 100}{100}$$

得

$$R_2 = 400k\Omega$$

当量程 $U_3 = 100V$ 时,串联电阻 $R_1$、$R_2$ 和 $R_3$,用上述方法可得 $R_3 = 500k\Omega$。

**例 2-12** 在图 2-32 所示的电路中,已知电池 A 的电动势 $E_A = 24V$,内电阻 $R_{iA} = 2\Omega$;电池 B 的电动势 $E_B = 12V$,内电阻 $R_{iB} = 1\Omega$;外电阻 $R = 3\Omega$。试计算:

(1)电路中的电流;

(2)电池 A 的端电压 $U_{12}$;

(3)电池 B 的端电压 $U_{34}$;

(4)电池 A 内阻消耗的电功率及所输出的电功率;

(5)输入电池 B 的电功率及内阻消耗的电功率;

(6)电阻 R 所消耗的电功率。

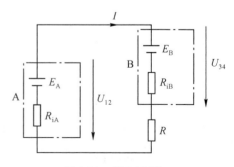

图 2-32 例 2-12 图

**解：**

$$I = \frac{E_A - E_B}{R + R_{iA} + R_{iB}} = \frac{24 - 12}{3 + 2 + 1} = 2\text{A}$$

$$U_{12} = E_A - IR_{iA} = 24 - 2 \times 2 = 20\text{V}$$

$$U_{34} = E_B + IR_{iB} = 12 + 2 \times 1 = 14\text{V}$$

因电池 A 端电压与电流为非关联方向，所以：

$$P_{A输出} = -U_{12}I = 20 \times 2 = -40\text{W}$$

$$P_{B输入} = U_{34}I = 14 \times 2 = 28\text{W}$$

$$P_R = I^2 R = 2^2 \times 3 = 12\text{W}$$

从上述计算可以看出，电源 A 输出功率，电源 B 吸收功率（相当于负载）。电源 A 输出的功率等于电源 B 吸收的功率与电阻 $R$ 消耗的电功率之和。

### 2.3.2　电阻的并联

在电路中，若干个电阻一端连接在一起，另一端也连接在一起，使电阻所承受的电压相同，这种连接方式称为电阻的并联。如图 2-33(a) 所示为三个电阻的并联电路，图 2-33(b) 为其等效电路。

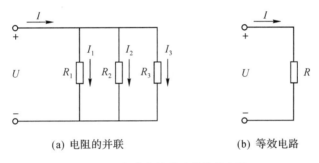

(a) 电阻的并联　　　　　　(b) 等效电路

图 2-33　电路的并联及其等效电路

电路并联时有以下几个特点：

(1) 各并联电阻两端的电压相等：

$$U = U_1 = U_2 = U_3$$

(2) 总电流等于各电阻支路的电流之和，即

$$I = I_1 + I_2 + I_3$$

(3) 等效电阻 $R$ 的倒数等于各并联支路电阻倒数之和，即

$$\frac{1}{R} = \frac{1}{R_1} + \frac{1}{R_2} + \frac{1}{R_3}$$

上式也可写成

$$G = G_1 + G_2 + G_3 \tag{2-15}$$

即并联电路的电导 $G$ 等于各支路电导 $G_1$、$G_2$、$G_3$ 之和。

对于只有两个电阻 $R_1$ 及 $R_2$ 的并联电路，等效电阻为

$$R = \frac{R_1 R_2}{R_1 + R_2}$$

（4）分流系数。在电路中，常用电阻的并联来达到分流的目的。并联电阻各支路的电流与总电流的关系为：

$$\begin{cases} I_1 = G_1 U = \dfrac{G_1}{G} I \\[2mm] I_2 = G_2 U = \dfrac{G_2}{G} I \\[2mm] I_3 = G_3 U = \dfrac{G_3}{G} I \end{cases} \tag{2-16}$$

式中：$\dfrac{G_1}{G}$、$\dfrac{G_2}{G}$、$\dfrac{G_3}{G}$ 称为分流系数，由分流系数可直接求得并联电阻各支路的电流。

由式（2-16）可知：

$$I_1 : I_2 : I_3 = G_1 : G_2 : G_3$$

即电阻并联时，各电阻支路的电流与电导的大小成正比。也就是说，电阻越大，分流作用就越小。

当两个电阻并联时：

$$I_1 = \frac{R_2}{R_1 + R_2} I, \qquad I_2 = \frac{R_1}{R_1 + R_2} I$$

（5）各电阻消耗的功率与电导成正比，即

$$P_1 : P_2 : P_3 = G_1 : G_2 : G_3$$

**例 2-13**　将例 2-11 的表头改制成量程为 10mA 的电流表。

**解：**要将表头改制成量程较大的电流表，可将电阻 $R_f$ 与表头并联，如图 2-34 所示。并联电阻 $R_f$ 支路的电流 $I_f$ 为

$$I_f = I - I_g = 10 \times 10^{-3} - 100 \times 10^{-6} = 9.9 \times 10^{-3} \text{A}$$

因为

$$I_f R_f = I_g R_g$$

所以

$$R_f = \frac{I_g R_g}{I_f} = \frac{100 \times 10^{-6} \times 1000}{9.9 \times 10^{-3}} = 10.1 \Omega$$

即用一个 $10.1\Omega$ 的电阻与该表头并联，即可得到一个量程为 10mA 的电流表。

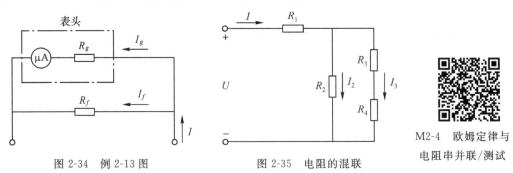

图 2-34　例 2-13 图　　　　图 2-35　电阻的混联　　　M2-4　欧姆定律与电阻串并联/测试

### 2.3.3　电阻的混联

实际应用中经常会遇到既有电阻串联又有电阻并联的电路，称为电阻的混联电路，如图 2-35 所示。

求解电阻的混联电路时，首先应从电路结构入手，即根据电阻串、并联的特征，分清哪些电阻是串联的，哪些电阻是并联的，然后应用欧姆定律、分压和分流的关系求解。

由图 2-35 可知，$R_3$ 与 $R_4$ 串联，然后与 $R_2$ 并联，再与 $R_1$ 串联，其等效电阻：

$$R = R_1 + R_2 // (R_3 + R_4)$$

其中，符号"//"表示并联。电流分别为：

$$I = \frac{U}{R}, \quad I_2 = \frac{R_3 + R_4}{R_2 + R_3 + R_4} I, \quad I_3 = \frac{R_2}{R_2 + R_3 + R_4} I$$

各电阻两端的电压的计算读者可自行完成。

# *2.4　电阻 Y—△ 连接等效变换

　　如图 2-36 所示，有些实际电路，电阻之间既非串联关系又非并联关系，若要求其等效电阻怎么办呢？

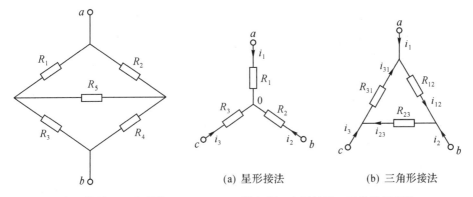

图 2-36　电阻的星—三角联接　　图 2-37　电阻的星—三角联接变换

(a) 星形接法　　　　　　(b) 三角形接法

　　当三个电阻首尾相连，并且三个连接点又分别与电路的其他部分相连时，这三个电阻的连接关系称为三角形（△）连接。在图 2-36 电路中，电阻 $R_1 R_2 R_5$、$R_3 R_4 R_5$ 均为三角形（△）连接。

　　当三个电阻的一端接在公共结点上，而另一端分别接在电路的其他三个结点上时，这三个电阻的连接关系称为星形（Y）连接。在图 2-36 电路中，电阻 $R_1 R_3 R_5$、$R_2 R_4 R_5$ 的连接形式就是星形（Y）连接。

　　在电路分析中，如果将电阻 Y 形连接（见图 2-37(a)）等效为 △ 连接（见图 2-37(b)），或者将 △ 形连接等效为 Y 形连接，就会使电路变得简单而易于分析。

## 2.4.1　电阻 Y—△ 连接的等效变换

　　电阻的 Y 形连接与 △ 形连接等效变换原则、变换前后，对应端钮间的电压不变，流入对应端钮的电流也不变，即必须保持外部特性相同。

　　应用基尔霍夫定律列电流、电压方程，可以求得电阻 Y—△ 等效变换规律。

　　Y—△ 各电阻的关系式：

$$\begin{cases} R_{12} = \dfrac{R_1 R_2 + R_2 R_3 + R_3 R_1}{R_3} \\[2mm] R_{23} = \dfrac{R_1 R_2 + R_2 R_3 + R_3 R_1}{R_1} \\[2mm] R_{31} = \dfrac{R_1 R_2 + R_2 R_3 + R_3 R_1}{R_2} \end{cases} \quad (2\text{-}17)$$

△—Y 各电阻关系式：

$$\begin{cases} R_1 = \dfrac{R_{31} \cdot R_{12}}{R_{12}+R_{23}+R_{31}} \\[2mm] R_2 = \dfrac{R_{12} \cdot R_{23}}{R_{12}+R_{23}+R_{31}} \\[2mm] R_3 = \dfrac{R_{23} \cdot R_{31}}{R_{12}+R_{23}+R_{31}} \end{cases} \tag{2-18}$$

互换公式的规律性：

$$Y形电阻 = \frac{△形相邻电阻的乘积}{△形电阻之和}$$

$$△形电阻 = \frac{Y形电阻两两乘积之和}{Y形不相邻电阻}$$

**记忆口诀**：星变角时求某边,两两积和除对面；角变星时求某枝,两臂之积除三和。

当△形连接的三个电阻相等,即都等于 $R_△$ 时,那么由上式可知,等效为 Y 形连接的三个电阻也必然相等,记为 $R_Y$。反之亦然,并有 $R_Y = (1/3)R_△$。

两者相互等效的电路如图 2-38 所示。

**例 2-14** 求如图 2-39(a)所示电路的等效电阻 $R_{ab}$。

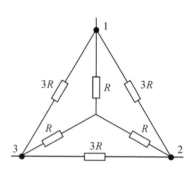

图 2-38 相等电阻的 Y—△变换

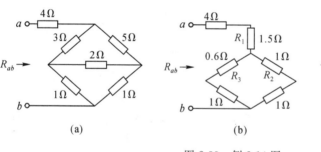 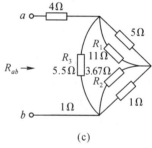

图 2-39 例 2-14 图

**解一**：将图 2-39(a)电路上面的△连接部分等效为 Y 连接,如图 2-39(b)所示。其中：

$$R_1 = \frac{3 \times 5}{3+5+2} = 1.5\Omega$$

$$R_2 = \frac{2 \times 5}{3+5+2} = 1\Omega$$

$$R_3 = \frac{2 \times 3}{3+5+2} = 0.6\Omega$$

$$R_{ab} = 4+1.5+\frac{2 \times 1.6}{2+1.6} = 5.5+0.89 = 6.39\Omega$$

**解二**：可以将原电路图 2-39(a)中 1Ω、2Ω 和 3Ω 三个 Y 连接的电阻变换成△连接,如图 2-39(c)所示。其中：

$$R_1 = \frac{1 \times 2+2 \times 3+3 \times 1}{1} = 11\Omega$$

$$R_2 = \frac{1 \times 2+2 \times 3+3 \times 1}{3} = 3.67\Omega$$

$$R_3 = \frac{1 \times 2 + 2 \times 3 + 3 \times 1}{2} = 5.5\Omega$$

$$R_{ab} = 4 + \frac{5.5 \times 4.224}{5.5 + 4.224} = 6.39\Omega$$

两种方法求出的结果完全相等。

**例 2-15**　如图 2-40(a)所示电路,已知输入电压 $U_S = 32V$,求电压 $U_0$。

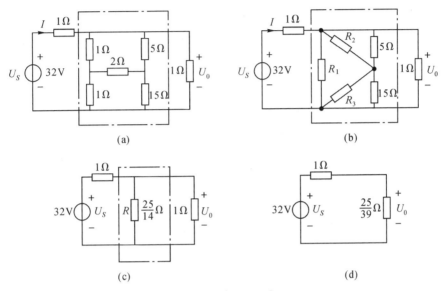

图 2-40　例 2-15 图

**解:**先将如图 2-40(a)所示电路中,虚线框内 1Ω、1Ω、2Ω 三个星形连接的电阻等效变换为 $R_1$、$R_2$、$R_3$ 三个三角形连接的电阻,如图 2-40(b)所示,其中:

$$R_1 = 1 + 1 + \frac{1 \times 1}{2} = \frac{5}{2}\Omega, \quad R_2 = 1 + 2 + \frac{1 \times 2}{1} = 5\Omega, \quad R_3 = 1 + 2 + \frac{1 \times 2}{1} = 5\Omega$$

再将图 2-40(b)虚线框内部等效成图 2-40(c)虚线框部分,得

$$R = R_1 /\!/ [R_2 /\!/ 5 + R_3 /\!/ 15] = \frac{25}{14}\Omega$$

再将图 2-40(c)等效成图 2-40(d),得

$$U_0 = \frac{32}{1 + \frac{25}{39}} \times \frac{25}{39} = 12.5V$$

### 2.4.2　电阻 Y—△ 连接的应用——电桥电路

电桥是一种用比较法进行测量的仪器。电桥法测量通常用于在平衡态下将待测量与同种标准量进行比较,从而确定待测量的数值。

根据电源的不同,电桥可分为直流电桥和交流电桥。直流电桥主要用来测电阻,交流电桥主要用来测交流等效电阻、电感和电容等物理量。根据其测量电阻范围的不同,直流电桥又可分为单臂电桥(惠斯通电桥)和双臂电桥(开尔文电桥)。前者适用于测中值电阻($1 \sim 10^6 \Omega$),后者适用于测低值电阻($1 \sim 10^{-3} \Omega$)。

测量电阻常用的方法是伏安法和电桥法。用伏安法测电阻时,由于所用电表的准确度不够高以及电表内阻等因素的影响,会带来不可避免的系统误差。而电桥法测电阻时,从测量的方法、线路的设计和仪器的选择上均能消除伏安法测电阻时诸因素造成的误差,测量结果的准确度较伏安法有很大提高。电桥测试灵敏,准确度高,使用方便,已被广泛用于电工技术、电磁测量和自动控制技术中。

下面介绍直流电桥在平衡时的转换方法。

如图 2-41(a)所示,五个电阻 $R_1$、$R_2$、$R_3$、$R_4$、$R$ 既非串联又非并联,而是组成一个桥式结构,再与外电源相连接。电阻 $R_1$、$R_2$、$R_3$、$R_4$ 是电桥的四个桥臂,电桥的一组对角顶点 $a$、$b$ 之间接电阻 $R$;电桥的另一组对角顶点 $c$、$d$ 之间接电源 $E$。如果所接电源为直流电源,则这种电桥称为直流电桥。

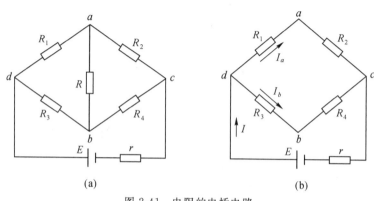

(a)　　　　　　　　　(b)

图 2-41　电阻的电桥电路

### 1. 直流电桥平衡的条件

电桥电路的主要特点是:当四个桥臂电阻的阻值满足一定关系时,会使接在对角线 $a$、$b$ 间电阻 $R$ 中没有电流通过,这种情况称为电桥的平衡状态。显然,要使 $R$ 中无电流,就必须满足 $a$、$b$ 两点电位相同的条件。在平衡状态下,可以把 $R$ 从电路中拿掉而不会影响电路的其他部分,这时电路就成为图 2-41(b)。设这时总电流是 $I$,流过 $R_1$ 及 $R_2$ 的电流为 $I_a$,流过 $R_3$ 及 $R_4$ 的电流为 $I_b$,而各电阻两端的电压分别为

$$U_{da}=I_aR_1,\quad U_{ac}=I_aR_2,\quad U_{db}=I_bR_3,\quad U_{bc}=I_bR_4$$

因为 $a$ 点和 $b$ 点等电位,所以有

$$U_{da}=U_{db},\quad U_{ac}=U_{bc}$$

$$I_aR_1=I_bR_3,\quad I_aR_2=I_bR_4$$

将以上两式相除后可得

$$\frac{R_1}{R_2}=\frac{R_3}{R_4}\text{或 }R_1R_4=R_2R_3 \tag{2-19}$$

从式(2-19)可知,电桥平衡条件是:对臂电阻的乘积相等。

### 2. 直流电桥电路应用举例

电桥电路有多种应用,现以直流电桥测量电阻为例,说明用电桥测量元件参数的原理。

如图 2-42 所示的直流电桥由 $R_1$、$R_2$、$R_3$、$R_x$ 组成四臂,桥路上接灵敏度较高的零中心检流计。其中,$R_x$ 为被测电阻,当电桥不平衡时,有电流通过检流计,表针偏离零点。调整 $R_1$、$R_2$、$R_3$,

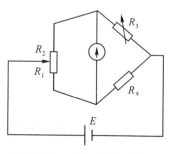

图 2-42　电桥法测量电阻

使检流计表针指零,电桥平衡。此时有:$R_1R_3=R_2R_x$,即

$$R_x=\frac{R_1}{R_2}R_3$$

式中:$R_1$、$R_2$ 称为比例臂,借此可调整各挡已知比例值。$R_3$ 称为比较臂,为直读的可变电阻。利用电桥原理能够方便、精确地计算出被测电阻 $R_x$ 的数值。

# 2.5　基尔霍夫定律和支路电流法

前面介绍的电路几乎都是简单电路,可以用欧姆定律与电阻的串并联关系进行化简与求解。实际电路中,经常会遇到一些复杂电路,无法用上述方法进行分析与求解。复杂电路是指含有两个及以上的既非串联又非并联关系的电源,无法用串并联关系简化的电路。如本模块开头图 2-2 中提到的电路。

求解复杂电路的基本定律是基尔霍夫定律,包括基尔霍夫电流定律(KCL)与基尔霍夫电压定律(KVL)。分析求解复杂电路最基本的方法是支路电流法。本节将详细介绍这两部分内容。

## 2.5.1　复杂电路中涉及的概念

复杂电路经常用到的概念有支路、节点、回路和独立回路等。下面以图 2-43 为例来说明。

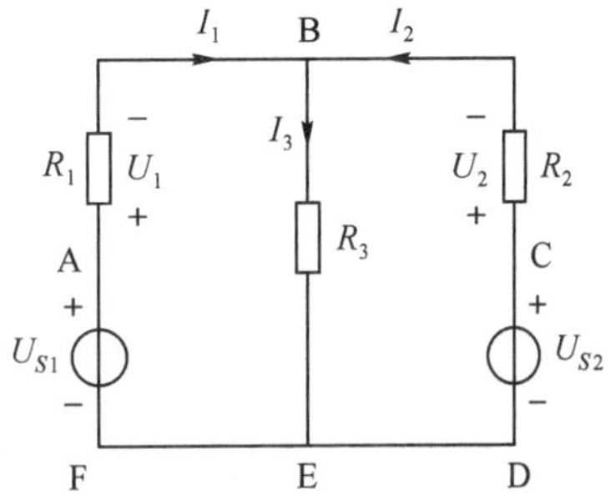

### 1.支路

支路是指电路中通过同一个电流的每一个分支。如图 2-43 所示有三条支路,分别是 BAF、BCD 和 BE。支路 BAF、BCD 中含有电源,称为含源支路;支路 BE 中不含电源,称为无源支路。

图 2-43　复杂电路

### 2.节点

节点是指电路中三条或三条以上支路的汇交点。在图 2-43 中 B 为节点,E、F、D 为同一个节点。

### 3.回路

回路是指电路中的任一闭合路径。在图 2-43 中有三个回路,分别是 ABEFA、BCDEB、ABCDEFA。

### 4.网孔

网孔是指内部不含支路的回路,也称独立回路。在图 2-43 中 ABEFA 和 BCDEB 都是网孔,而 ABCDEFA 则不是网孔。

## 2.5.2　基尔霍夫定律

### 1.基尔霍夫电流定律(KCL)

基尔霍夫电流定律指出:任一时刻,流入电路中任一节点的电流之和等于流出该节点的电

流之和。基尔霍夫电流定律反映了连接于同一节点上的各支路电流之间的关系。

在图 2-43 电路中,对于节点 B 可以写出:
$$I_1 + I_2 = I_3$$
或改写为
$$I_1 + I_2 - I_3 = 0$$
即
$$\sum I = 0 \tag{2-20}$$

由此,基尔霍夫电流定律也可表述为:任一时刻,流入电路中任一节点电流的代数和恒等于零。这里说代数和是因为式(2-20)中有的电流是流入节点,而有的是流出节点的。在应用式(2-20)列基尔霍夫电流方程时,如果规定流向节点的电流取"+"号,则背离节点的电流取"-"号。

注意:

(1)基尔霍夫电流定律不但适用于直流电路,而且适用于交流电路,只是电流要用瞬时式或相量式。

(2)KCL 不仅适用于节点,也可推广应用到广义的节点。如图 2-44 所示的电路中,可以把三极管看作广义的节点,用 KCL 可列出:
$$I_B + I_C = I_E$$
或
$$I_B + I_C + (-I_E) = 0$$
可见,在任一时刻,流入任一闭合面电流的代数和恒等于零。

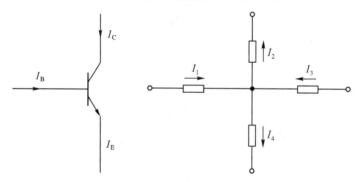

图 2-44  KCL 的推广          图 2-45  例 2-16 图

**例 2-16**  如图 2-45 所示电路中,电流的参考方向已标明。若已知 $I_1 = 2A$,$I_2 = -4A$,$I_3 = -8A$,试求 $I_4$。

**解:**根据 KCL 可得
$$I_1 - I_2 + I_3 - I_4 = 0$$
$$I_4 = I_1 - I_2 + I_3 = 2 - (-4) + (-8) = -2A$$

2.基尔霍夫电压定律(KVL)

基尔霍夫电压定律指出:在任何时刻,沿电路中任一闭合回路,各段电压的代数和恒等于零。基尔霍夫电压定律反映了处于同一回路中的各段电压之间的关系。其一般表达式为
$$\sum U = 0 \tag{2-21}$$

应用式(2-21)列电压方程时,首先假定回路的绕行方向,然后选择各部分电压的参考方向,凡参考方向与回路绕行方向一致者,该电压前取"+"号;凡参考方向与回路绕行方向相反者,该电压前取"-"号。

在图 2-43 中,对于回路 ABCDEFA,若按顺时针绕行方向,根据 KVL 可得

$$U_1 - U_2 + U_{S2} - U_{S1} = 0$$

根据欧姆定律,上式还可表示为

$$U_{S1} - U_{S2} = I_1 R_1 - I_2 R_2$$

即
$$\sum U_S = \sum IR \tag{2-22}$$

式(2-22)表示,沿回路绕行方向,各电源电动势升的代数和等于各电阻电压降的代数和。

注意:

(1)基尔霍夫电压定律不但适用于直流电路,而且适用于交流电路,只是电压要用瞬时式或相量式。

(2)KVL 不仅应用于回路,也可推广应用于一段不闭合电路。如图 2-46 所示电路中,$A$、$B$ 两端未闭合,若设 $A$、$B$ 两点之间的电压为 $U_{AB}$,据式(2-21)按逆时针绕行方向可得

$$U_{AB} - U_S - U_R = 0$$

则
$$U_{AB} = U_S + RI$$

上式表明,开口电路两端的电压等于该两端点之间各段电压降之和。

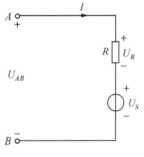

图 2-46　KVL 的推广

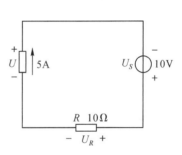

图 2-47　例 2-17 图

**例 2-17**　求如图 2-47 所示电路中的 $U$ 及 $U_R$。

**解**:据欧姆定律可得

$$U_R = 5 \times 10 = 50 \text{V}$$

按顺时针绕行方向,对回路列 KVL 方程:

$$-U_S + U_R - U = 0$$

得
$$U = -U_S + U_R = -10 + 50 = 40 \text{V}$$

**例 2-18**　在图 2-48 中,已知 $R_1 = 4\Omega$,$R_2 = 6\Omega$,$U_{S1} = 10\text{V}$,$U_{S2} = 20\text{V}$,试求 $U_{AC}$。

**解**:选回路绕行方向为顺时针方向,列 KVL 方程得

$$IR_1 + U_{S2} + IR_2 - U_{S1} = 0$$

解得
$$I = \frac{U_{S1} - U_{S2}}{R_1 + R_2} = \frac{-10}{10} = -1 \text{A}$$

由 KVL 的推广形式得

$$U_{AC} = IR_1 + U_{S2} = -4 + 20 = 16 \text{V}$$

或
$$U_{AC} = U_{S1} - IR_2 = 10 - (-6) = 16 \text{V}$$

由本例可见,电路中某段电压和计算选择的路径无关。因此,计算时应尽量选择较短或方便计算的路径。

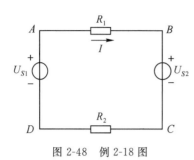

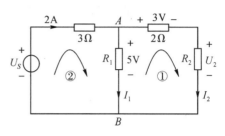

图 2-48　例 2-18 图　　　　　　　图 2-49　例 2-19 图

**例 2-19**　求如图 2-49 所示电路中的 $U_2$、$I_2$、$R_1$、$R_2$ 及 $U_S$。

**解:**对 $2\Omega$ 电阻应用欧姆定律,求得电流:

$$I_2 = \frac{3}{2} = 1.5\text{A}$$

对回路①按顺时针绕行方向,应用 KVL 列方程:

$$U_2 - 5 + 3 = 0$$

可得

$$U_2 = 2\text{V}$$

对电阻 $R_2$ 应用欧姆定律,得

$$R_2 = \frac{U_2}{I_2} = \frac{2}{1.5} = 1.33\Omega$$

对节点 $A$ 处列 KCL 方程:

$$I_1 + I_2 = 2$$

解得

$$I_1 = 2 - 1.5 = 0.5\text{A}$$

在 $R_1$ 上应用欧姆定律,得

$$R_1 = \frac{5}{0.5} = 10\Omega$$

选回路②的绕行方向为顺时针,列 KVL 方程:

$$3 \times 2 + 5 - U_S = 0$$

可得

$$U_S = 11\text{V}$$

### 2.5.3　支路电流法

支路电流法是以支路电流为未知量,应用 KCL 和 KVL 分别对节点和回路列出所需方程,组成方程组,然后求解出各支路电流的方法。

一般来说,具有 $n$ 个节点的电路,只能列出 $(n-1)$ 个独立的 KCL 方程;具有 $m$ 个独立回路,能列出 $m$ 个独立的 KVL 方程。如图 2-43 所示,有 2 个节点、2 个独立回路,则可列独立电流方程 1 个、独立电压方程 2 个,组成方程组刚好可以求出 3 条支路电流。

支路电流法求解电路的步骤为:

(1)标出支路电流参考方向和回路绕行方向。

(2)根据 KCL 列写节点的电流方程式。

(3)根据 KVL 列写回路的电压方程式。

(4)联立方程组,求取未知量。

M2-5　支路法/微课

**例 2-20** 如图 2-50 所示,为两个电源并联共同向负载 $R_L$ 供电。已知 $E_1=130\text{V}$,$E_2=117\text{V}$,$R_1=1\Omega$,$R_2=0.6\Omega$,$R_L=24\Omega$,求各支路的电流及电源两端的电压。

**解:** (1)选各支路电流参考方向如图 2-50 所示,回路绕行方向均为顺时针方向。

(2)对节点 $A$ 列写 KCL 方程,得

$$I_1+I_2=I$$

(3)对 $ABCDA$ 回路、$AEFBA$ 回路分别列 KVL 方程,得

$$E_1-E_2=R_1I_1-R_2I_2$$

$$E_2=R_2I_2+R_LI$$

将上面三个方程联立,得方程组为

$$\begin{cases} I_1+I_2=I \\ E_1-E_2=R_1I_1-R_2I_2 \\ E_2=R_2I_2+R_LI \end{cases}$$

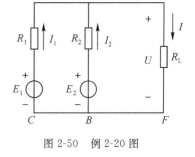

图 2-50　例 2-20 图

将数据代入上述方程组,得

$$\begin{cases} I_1+I_2=I \\ 130-117=I_1-0.6I_2 \\ 117=0.6I_2+24I \end{cases}$$

解此方程组,得

$$I_1=10\text{A},\quad I_2=-5\text{A},\quad I=5\text{A}$$

电源两端电压 $U$ 为

$$U=R_LI=24\times5=120\text{V}$$

从该例的计算数据可知,$I_2$ 为负值,表示电流的实际方向与参考方向相反。由此可得,第一个电源产生电功率,相当于发电机;第二个电源消耗(或吸收)电功率,相当于电动机。此例说明两个电源同时向负载供电是不科学的,很有可能其中一个电源变成了负载,吸收电能。企业里有些电气设备要用双电源供电,指的是一个电源供电,另一个电源备用,以保证设备不断电。

**例 2-21** 如图 2-51 所示电路,用支路电流法列写出求解各支路电流的方程组。

**解:** 支路数为 6 条,应列方程数为 6 个,结点数为 3 个,可列独立的节点电流方程数为 2 个,网孔数为 4 个,可列独立的 KVL 方程数为 4 个。

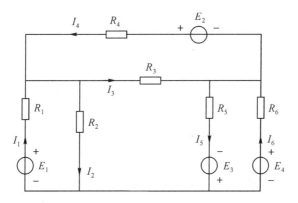

图 2-51　例 2-21 图

设备支路电流及其方向如图 2-51 所示，对电路节点、独立回路列 KCL、KVL 方程（此处略去详细过程），最后可得方程组为

$$I_1 + I_4 = I_2 + I_3$$
$$I_3 + I_6 = I_4 + I_5$$
$$E_1 = I_1 R_1 + I_2 R_2$$
$$E_2 = I_4 R_4 + I_3 R_3$$
$$E_3 = I_3 R_3 + I_5 R_5 - I_2 R_2$$
$$E_3 + E_4 = I_5 R_5 + I_6 R_6$$

# 2.6  实际电源的等效变换

电源是电路中提供电能的元件。实际使用的电源种类繁多，但按照它们的特点可以将实际电源用两种不同的电路模型来表示，一种是用电压的形式来表示，称为电压源；一种是用电流的形式来表示，称为电流源。

## 2.6.1  实际电压源模型

任何一个实际电源，例如发电机、电池或各种信号源，都含有电动势 $U_S$ 和内阻 $R_S$。在分析与计算电路时，可看成由 $U_S$ 和 $R_S$ 串联的电源电路模型，此即电压源，如图 2-52(a) 所示。

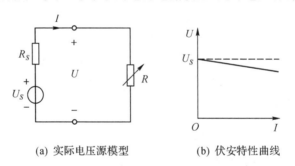

(a) 实际电压源模型          (b) 伏安特性曲线

图 2-52  实际电压源

图 2-52(a) 中，$R_S$ 为实际电压源的内阻，$U_S$ 为电压源的开路电压，在数值上等于电源电动势，方向与电动势方向相反。

电压源端电压与输出电流的伏安关系：

$$U = U_S - I R_S \tag{2-23}$$

式中：$R_S$ 是电压源内阻，即 $U\text{-}I$ 关系曲线的斜率，如图 2-52(b) 所示。

注意：

(1) 实际电压源内阻很小，当外电路短路时产生很大的短路电流，会烧坏电源，所以不允许将电源两输出端直接短接。

(2) 两个实际电压源顺向串联等效于一个实际电压源：

$$U_S = U_{S1} + U_{S2}, R = R_1 + R_2$$

(3) 内阻为零或接近于零的实际电压源，称为理想电压源，其伏安特性曲线是平行电流轴的一条直线，如图 2-52(b) 虚线所示。

## 2.6.2　实际电流源模型

实际电路中,有些电源如晶体管集电极输出电流,某些集成电路中的电流,可等效为一个恒定电流 $I_S$ 和电阻 $R_S$ 的并联组合,即电流源,如图 2-53(a)所示。

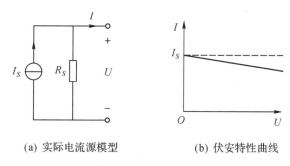

(a) 实际电流源模型　　　　(b) 伏安特性曲线

图 2-53　实际电流源

电流源的伏安关系

$$I = I_S - \frac{U}{R_S} = I_S - UG_S \qquad (2\text{-}24)$$

式中: $G_S$ 是电阻的倒数,称为电导,即 $I\text{-}U$ 关系曲线的斜率,如图 2-53(b)所示。

注意:

(1)当实际电流源的内阻非常大时,可以作为理想电流源,其伏安特性曲线是平行于电压轴的一条直线,如图 2-53(b)虚线所示。

晶体管的集电极输出电流可近似地认为是一个理想电流源。因为从它的输出特性曲线可见,当基极电流 $I_B$ 为某个常数时,即使输出电压 $U_{CE}$ 在一定范围内变化,其输出电流 $I_C$ 几乎不随电压 $U_{CE}$ 而变,是一个恒流源,即理想电流源。

(2)两电流源并联时,等效于一个总的电流源。总的电流源的电流等于两分电流源电流的代数和,其电导为 $G = G_1 + G_2$ 。

(3)理想电流源与其他器件串联时,这些器件对电流源的电流不会产生任何影响,所以在分析电流源对外电路的电流效应时,这些器件是多余的,可以不考虑。

## 2.6.3　实际电源的等效变换

实际电压源与实际电流源等效变换条件:保持端口伏安关系相同。如图 2-54(a)和(b)所示。

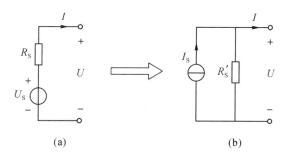

(a)　　　　　　　　　　(b)

图 2-54　实际电压源与实际电流源变换

图 2-54(a)伏安关系：

$$U = U_s - IR_s$$

图 2-54(b)伏安关系：

$$U = (I_s - I)R'_s = I_s R'_s - IR'_s$$

等效变换关系：

$$U_s = I_s R'_s, \quad R_s = R'_s$$

即

$$I_s = \frac{U_s}{R_s}, R'_s = R_s \tag{2-25}$$

注意：

(1)"等效"仅指对外电路而言是等效的(等效互换前后对外伏安特性一致)，即这两种模型具有相同的外特性，它们向外电路提供的电压和电流是相同的，对外吸收或发出的功率总是一样的。

但对内部不等效，如开路时，在电压源与电阻串联的这个整体内部，电压源不发出功率，电阻也不吸收功率；而电流源与电阻并联的这个整体内部，电流源发出功率，且全部为电导所吸收。但在开路时，这两种组合对外都既不发出功率，也不吸收功率。

(2)一般来说，电压源与电流源在电路中是作为提供功率的元件出现的，但是，有时也可能以吸收功率的负载出现在电路中(如手机电池充电时)。我们可以根据电压源和电流源的电压、电流参考方向，应用功率计算公式，由算得功率的正负值来判定它是消耗功率还是产生功率。

**例 2-22** 已知电源的电压、电流参考方向如图 2-55 所示，求各电源的功率，说明是产生功率还是消耗功率。

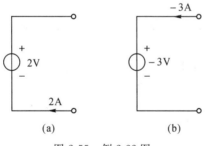

图 2-55 例 2-22 图

**解：**在图 2-55(a)中，电流从电源负极性端流入，从正极性端流出，电压、电流的参考方向为非关联参考方向，应用 $P = -UI$ 可得

$$P = -UI = -2 \times 2 = -4(\text{W})$$

可见 $P < 0$，故电源产生功率。

在图 2-55(b)中，电压电流的参考方向为关联参考方向，故有

$$P = UI = -3 \times (-3) = 9(\text{W})$$

可见 $P > 0$，故电源消耗功率，实际上是负载。

**例 2-23** 将图 2-56(a)所示电压源化为等效电流源；将图 2-56(c)所示电流源化为等效电压源。

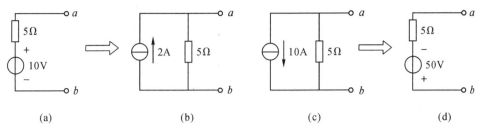

(a)       (b)       (c)       (d)

图 2-56 例 2-23 图

**解:** 在图 2-56(a)中,根据式(2-25)有:

$$I_S = \frac{E_1}{R_S} = \frac{10}{5} = 2(\text{A})$$

$$R'_S = R_S = 5(\Omega)$$

等效成图 2-56(b)所示的电流源。

图 2-56(c)所示的电流源,同理可得

$$E_S = I_S R'_S = 10 \times 5 = 50(\text{V})$$

$$R_S = R'_S = 5(\Omega)$$

等效成图 2-56(d)所示的电压源。

故可把图 2-56(a)所示的电压源等效成图 2-56(b)所示的电流源,可把图 2-56(c)所示的电流源等效成图 2-56(d)所示的电压源。

**例 2-24** 如图 2-57(a)所示,在二端网络中,已知 $U_S = 6\text{V}$,$i_S = 2\text{A}$,$R_1 = 2\Omega$,$R_2 = 3\Omega$,求二端网络的 VCR 方程,并画出二端的等效电路。

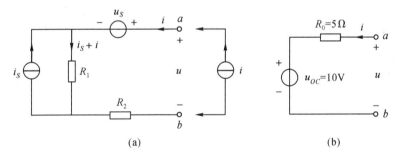

(a)                 (b)

图 2-57 例 2-24 图

**解:** 在图 2-57(a)端口外加电流源 $i$,写出端口电压的表达式:

$$u = u_S + R_1(i_S + i) + R_2 i = (R_1 + R_2)i + u_S + R_1 i_S = R_0 i + U_{OC}$$

式中:
$$u_{OC} = u_S + R_1 i_S = 6\text{V} + 2\Omega \times 2\text{A} = 10\text{V}$$

$$R_0 = R_1 + R_2 = 2\Omega + 3\Omega = 5\Omega$$

故 VCR 方程为

$$u = 5i + 10$$

等效电路如图 2-57(b)所示。

# 2.7 叠加定理

## 2.7.1 叠加定理

实践证明,在线性电路中,若有几个电源共同作用时,任何一条支路的电流(或电压)等于各个电源单独作用时在该支路中所产生的电流(或电压)的代数和,这个定理叫叠加定理。

使用叠加定理时应注意以下几点:

(1)叠加定理只适用于线性电路。

(2)某个电源单独作用是指电路中只有这个电源作用,其他电源不作用。不作用的理想电压源用短路线代替,理想电流源用开路代替。

(3)将各个电源单独作用所产生的电流(或电压)叠加时,必须注意各电流(或电压)的方向。当分量的参考方向和总量的参考方向一致时,该分量取"+",反之则取"−"。

(4)在线性电路中,叠加定理只能用来计算电路中的电压和电流,不能用来计算功率。这是因为功率与电压、电流之间不是线性关系。

## 2.7.2 叠加定理的应用

叠加定理可以把一个含有多电源的复杂电路分解为只含单个电源的简单电路进行计算,简化了计算过程。特别是电路中有不同频率电流同时作用时,把电路的分析简化为不同频率电源单独作用时的电路分析,使问题得以简化。例如在电子线路中,由直流电源向晶体管提供静态工作点,在静态工作点的基础上放大交流信号,就是交、直流同时存在的电路。用直流通路和交流通路分别分析直、交流单独作用时的情况,依据的就是叠加定理。为了满足叠加定理对电路的线性要求,规定在晶体管电路中交流信号必须是小信号,而且晶体管用微变等效电路来代替。

**例 2-25** 电路如图 2-58(a)所示,已知 $U_{S1}=24\text{V}$, $I_{S2}=1.5\text{A}$, $R_1=200\Omega$, $R_2=100\Omega$。应用叠加定理计算各支路电流。

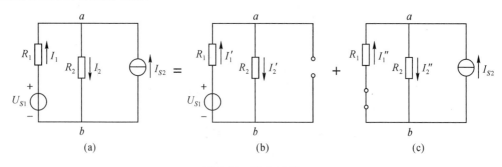

图 2-58 例 2-25 图

**解:** 图示电路中含有两个电源,故可以采用叠加定理进行计算。

(1)当电压源 $U_{S1}$ 单独作用时,电流源 $I_{S2}$ 不作用,以开路替代,如图 2-58(b)所示,则

$$I_1' = I_2' = \frac{U_{S1}}{R_1+R_2} = \frac{24}{200+100} = 0.08(\text{A})$$

（2）当电流源 $I_{S2}$ 单独作用时，电压源 $U_{S1}$ 不作用，以短路线替代，如图 2-58(c) 所示，则

$$I_1'' = \frac{R_2}{R_1 + R_2} I_{S2} = -\frac{100}{200 + 100} \times 1.5 = -0.5(\text{A})$$

$$I_2'' = \frac{R_1}{R_1 + R_2} I_{S2} = \frac{200}{200 + 100} \times 1.5 = 1(\text{A})$$

（3）应用叠加定理，得各支路电流：

$$I_1 = I_1' + I_1'' = 0.08 - 0.5 = -0.42(\text{A})$$

$$I_2 = I_2' + I_2'' = 0.08 + 1 = 1.08(\text{A})$$

**例 2-26**　用叠加定理重求例题 2-20。

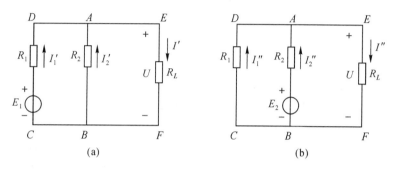

图 2-59　例 2-26 图

**解：**（1）当电压源 $E_1$ 单独作用时，电压源 $E_2$ 不作用，以短路线替代，如图 2-59(a) 所示，则

$$I_1' = \frac{E_1}{R_2 /\!/ R_L + R_1} = \frac{130}{0.6 /\!/ 24 + 1} = \frac{15990}{195} = 82(\text{A})$$

$$I_2' = -\frac{R_L}{R_2 + R_L} I_1' = -\frac{24}{24.6} \times \frac{15990}{195} = -\frac{3120}{39} = -80(\text{A})$$

$$I' = \frac{R_2}{R_2 + R_L} I_1' = \frac{0.6}{24.6} \times \frac{15990}{195} = \frac{78}{39} = 2(\text{A})$$

$$U' = I' R_L = \frac{78}{39} \times 24 = 48(\text{V})$$

（2）当电压源 $E_2$ 单独作用时，电压源 $E_1$ 不作用，以短路线替代，如图 2-59(b) 所示，则

$$I_2'' = \frac{E_2}{R_1 /\!/ R_L + R_2} = \frac{117}{1 /\!/ 24 + 0.6} = \frac{2925}{39} = 75(\text{A})$$

$$I_1'' = -\frac{R_L}{R_1 + R_L} I_2'' = -\frac{24}{25} \times \frac{2925}{39} = \frac{2808}{39} = -72(\text{A})$$

$$I'' = \frac{R_1}{R_1 + R_L} I_2'' = \frac{1}{25} \times \frac{2925}{39} = \frac{117}{39} = 3(\text{A})$$

$$U'' = I'' R_L = \frac{117}{39} \times 24 = 72(\text{V})$$

（3）采用叠加定理得

$$I_1 = I_1' + I_1'' = 82 - 72 = 10(\text{A})$$

$$I_2 = I_2' + I_2'' = -80 + 75 = -5(\text{A})$$

$$I = I' + I'' = 2 + 3 = 5(\text{A})$$

$$U = U' + U'' = 48 + 72 = 120(\text{V})$$

从结果可知，采用叠加定理算的结果与采用支路电流法算得的结果一致。

# 2.8 节点电压法

当电路中的独立节点数少而支路数较多时,采用节点电压法来求解电路的各支路电流及其他物理量比较简单。

### 2.8.1 定义与解题步骤

节点电压法是指以电路中各节点对参考点的电压(称为节点电压)为未知量,列 KCL 方程求解电路的方法。

以图 2-60 所示电路为例,用节点电压法求解电路的步骤如下。

(1)选定一个节点为参考点(零电位点),如图 2-60 所示 $B$ 点,并标上符号"⊥"。节点 $A$ 与参考点之间电压 $U_A$ 作为未知量。

(2)设各支路电流方向如图 2-60 所示,据 KCL 列出节点电流方程:

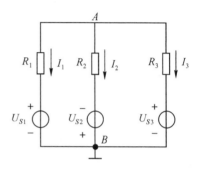

图 2-60 多支路少节点复杂电路

$$I_1 + I_2 + I_3 = 0$$

(3)利用欧姆定律和 KVL 列写支路电流表达式:

$$I_1 = \frac{U_A - U_{S1}}{R_1}, \quad I_2 = \frac{U_A - (-U_{S2})}{R_2}, \quad I_3 = \frac{U_A - U_{S3}}{R_3}$$

将各支路电流表达式代入节点电流方程:

$$\frac{U_A - U_{S1}}{R_1} + \frac{U_A + U_{S2}}{R_2} + \frac{U_A - U_{S3}}{R_3} = 0$$

整理后得节点电压方程:

$$\left(\frac{1}{R_1} + \frac{1}{R_2} + \frac{1}{R_3}\right)U_A = \frac{U_{S1}}{R_1} + \frac{-U_{S2}}{R_2} + \frac{U_{S3}}{R_3}$$

(4)由上面求出的节点电压 $U_A$,据电流表达式,求出各支路电流。

上面公式适用于所有只有一个独立节点的电路,其节点电压方程一般式为

$$U_{AO} = \frac{\sum (U_s G)}{\sum G} \tag{2-26}$$

上式也称为弥尔曼定理。分母为各支路电导之和;分子为各支路电源电压与本支路电导积之代数和。注意:"代数和"是指当电源电压与节点电压同方向时,取"+";反之,取"-"。

### 2.8.2 应用举例

**例 2-27** 在图 2-60 中,设 $U_{S1} = 10\text{V}$, $U_{S2} = 20\text{V}$, $U_{S3} = 30\text{V}$, $R_1 = 10\Omega$, $R_2 = 20\Omega$, $R_3 = 30\Omega$。采用节点电压法求各支路电流。

**解:** 应用上面讨论得出的公式,可得节点电压:

$$U_{AB} = \frac{\sum U_{Si} G}{\sum G} = \frac{U_{S1} G_1 + U_{S2} G_2 + U_{S3} G_3}{G_1 + G_2 + G_3}$$

$$= \frac{10 \times \frac{1}{10} - 20 \times \frac{1}{20} + 30 \times \frac{1}{30}}{\frac{1}{10} + \frac{1}{20} + \frac{1}{30}} = \frac{60}{11}(\mathrm{V})$$

各支路电流：

$$I_1 = \frac{-U_{S1} + U_{AB}}{R_1} = \frac{-10 + \frac{60}{11}}{10} = -\frac{5}{11}(\mathrm{A})$$

$$I_2 = \frac{U_{S2} + U_{AB}}{R_2} = \frac{20 + \frac{60}{11}}{20} = \frac{14}{11}(\mathrm{A})$$

$$I_3 = \frac{-U_{S3} + U_{AB}}{R_3} = \frac{-30 + \frac{60}{11}}{30} = -\frac{9}{11}(\mathrm{A})$$

**例 2-28**　采用节点电压法，重求例题 2-20。

**解**：节点电压 $U_{AB}$ 为

$$U_{AB} = \frac{\sum U_S G}{\sum G} = \frac{E_1 G_1 + E_2 G_2 + 0 \times G_3}{G_1 + G_2 + G_3}$$

$$= \frac{130 \times \frac{1}{1} + 117 \times \frac{1}{0.6} + 0 \times \frac{1}{24}}{\frac{1}{1} + \frac{1}{0.6} + \frac{1}{24}} = 120(\mathrm{V})$$

各支路电流：

$$I_1 = \frac{E_1 - U_{AB}}{R_1} = \frac{130 - 120}{1} = 10(\mathrm{A})$$

$$I_2 = \frac{E_2 - U_{AB}}{R_2} = \frac{117 - 120}{0.6} = -5(\mathrm{A})$$

$$I_3 = \frac{0 + U_{AB}}{R_3} = \frac{120}{24} = 5(\mathrm{A})$$

$$U = IR_L = 5 \times 24 = 120(\mathrm{V})$$

求得的各支路电流、电压与前面采用支路法、叠加定理求得的结果一致。

# 2.9　戴维南定理

## 2.9.1　戴维南定理的概念

戴维南定理：任何一个线性有源二端网络，对外电路来说，总可以用一个电压源与电阻的串联模型来替代。电压源的电压等于该有源二端网络的开路电压 $U_{OC}$，与电压相串联的电阻则等于该有源二端网络中所有电压源短路、电流源开路时的等效电阻 $R_{eq}$。

戴维南定理可用如图 2-61 所示框图表示，图(d)中电压源 $U_{OC}$ 串电阻 $R_{eq}$ 支路称戴维南等效电路，所串电阻 $R_{eq}$ 则称为戴维南等效电阻，也称输出电阻。

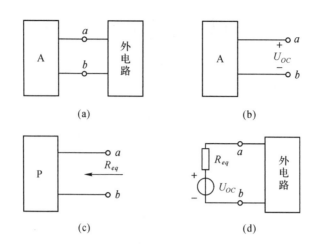

(a)　　　　　　　　　(b)

(c)　　　　　　　　　(d)

图 2-61　戴维南定理

## 2.9.2　戴维南定理的应用

**应用一:**将复杂的有源二端网络化为最简形式。

**例 2-29**　用戴维南定理化简如图 2-62(a)所示电路。

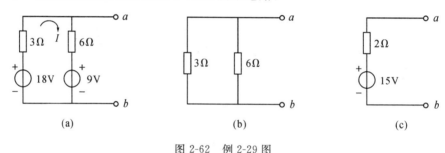

(a)　　　　　　　　　(b)　　　　　　　　　(c)

图 2-62　例 2-29 图

**解:**(1)求开路端电压 $U_{OC}$。

在图 2-62(a)所示电路中应用 KVL:

$$(3+6)I+9-18=0$$

$$I=1(\text{A})$$

$$U_{OC}=U_{ab}=6I+9=6\times1+9=15(\text{V})$$

或

$$U_{OC}=U_{ab}=-3I+18=-3\times1+18=15(\text{V})$$

(2)求等效电阻 $R_{eq}$。

将电路中的电压源短路,得无源二端网络,如图 2-62(b)所示。由此可得

$$R_{eq}=R_{ab}=\frac{3\times6}{3+6}=2(\Omega)$$

(3)作等效电压源模型。

作图时,应注意使等效电源电压的极性与原二端网络开路端电压的极性一致,等效电路如图 2-62(c)所示。

**应用二:**计算电路中某一支路的电压或电流。

当计算复杂电路中某一支路的电压或电流时,采用戴维南定理比较方便。

**例 2-30**　用戴维南定理计算如图 2-63(a)所示电路中电阻 $R_L$ 上的电流。

**解:**(1)把电路分为待求支路和有源二端网络两个部分。断开待求支路,得有源二端网络,如图 2-63(b)所示。

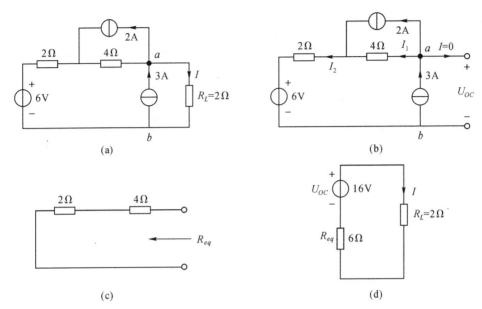

图 2-63　例 2-30 图

(2)求有源二端网络的开路端电压 $U_{OC}$。因为此时 $I=0$,由图 2-63(b)可得

$$I_1 = 3 - 2 = 1(A)$$
$$I_2 = 2 + 1 = 3(A)$$
$$U_{OC} = 1 \times 4 + 3 \times 2 + 6 = 16(V)$$

(3)求等效电阻 $R_{eq}$。

将有源二端网络中的电压源短路、电流源开路,可得无源二端网络,如图 2-63(c)所示,则

$$R_{eq} = 2 + 4 = 6(\Omega)$$

(4)画出等效电压源模型,接上待求支路,电路如图 2-63(d)所示。所求电流为

$$I = \frac{U_{OC}}{R_{eq} + R_L} = \frac{16}{6 + 2} = 2(A)$$

**应用三:**分析负载获得最大功率的条件。

**例 2-31**　试求例 2-30 中负载电阻 $R_L$ 的功率。若 $R_L$ 为可调电阻,问: $R_L$ 为何值时获得的功率最大? 其最大功率是多少? 由此总结出负载获得最大功率的条件。

**解:**(1)利用例 2-30 的计算结果可得

$$P_L = I^2 R_L = 2^2 \times 2 = 8(W)$$

(2)若负载 $R_L$ 是可变电阻,由图 2-63(d),可得

$$I = \frac{U_{OC}}{R_{eq} + R_L}$$

则 $R_L$ 从网络中所获得的功率为

$$P_L = \left(\frac{U_{OC}}{R_{eq} + R_L}\right)^2 R_L$$

上式说明:负载从电源中获得的功率取决于负载本身的情况。据 2.2 节可知:

当 
$$R_L = R_{eq} = 6(\Omega)$$

得 
$$P_{max} = \frac{U_{OC}^2}{4R_{eq}} = \frac{16^2}{4 \times 6} = 10.7(W)$$

综上所述,负载获得最大功率的条件是负载电阻等于等效电源的内阻,即 $R_L = R_{eq}$。电路的这种工作状态称为电阻(或阻抗)匹配。电阻匹配的概念在电子技术中有着重要的应用,有关内容可参阅变压器中的相关内容。

M2-6 复杂电路的定律
和定理/测试

M2-7 含受控源电路的
等效变换/PDF

# 模块二小结

1.电路与电路模型 电流的通路称为电路。最简单的电路由三部分组成:电源、连接导线和负载。由理想元件组成的足以表征实际电路电性能的模型图称为电路模型。

2.电路的基本物理量 有电流、电压、电位、电动势、电功、电功率等。

3.全电路欧姆定律

(1)全电路欧姆定律:电路中的电流与电路的电动势成正比,与内外电阻之和成反比。即:$I = \frac{E}{R+r}$;电源的端电压:$U_端 = E - I_r = IR$。

(2)电路的三种状态:通路、短路、断路。通路据负载大小分为轻载、满载和过载。

4.电阻串、并联的应用:

(1)电阻串联时,每个电阻上分得的电压与电阻大小成正比:$U_i = \frac{R_i}{R}U$,其应用是作分压器或扩大电压表量程。

(2)电阻并联时,每个电阻上流过的电流与电阻的大小成反比:$I_i = \frac{U}{R_i}$,其应用是作分流器或扩大电流表量程。

5.电阻的星—三角连接等效变换规律:

$$Y \text{ 形电阻} = \frac{\triangle \text{形相邻电阻的乘积}}{\triangle \text{形电阻之和}}$$

$$\triangle \text{形电阻} = \frac{Y \text{ 形电阻两两乘积之和}}{Y \text{ 形不相邻电阻}}$$

6.基尔霍夫定律:包括基尔霍夫电流定律(KCL)和基尔霍夫电压定律(KVL)。

(1)KCL:任一瞬间,通过电路中任一节点的各支路电流的代数和恒等于零。

(2)KVL:任一瞬间,作用于电路中任一回路各段电压的代数和恒等于零。

7. 支路电流法：以电路中的支路电流为未知量，应用基尔霍夫定律列出电流、电压方程，通过解方程组得到各支路电流。

8. 电源模型：包括电压源模型和电流源模型。(1)电压源模型是理想电压源和电阻的串联组合。(2)电流源模型是理想电流源和电阻的并联组合。(3)电压源模型和电流源模型可以等效变换。

9. 叠加定理：在线性电路中，有几个电源共同作用时，在任一支路所产生的电流(或电压)等于各个电源单独作用时在该支路所产生的电流(或电压)的代数和。

10. 节点电压法：以节点电压为未知量，据 KCL 列出节点电流方程，求出节点电压，进而求出各支路电流的方法。

11. 戴维南定理：任何一个有源二端线性网络，都可用一个电压源模型来等效代替。此电压源电压 $U_S$ 等于有源二端网络的开路电压，内阻 $R_0$ 等于有源二端网络中所有电源均除去后的等效内阻。

# 模块二任务实施

## 任务一　研究电阻串联、并联电路的特点

场地：机房或多媒体教室。

器材：电脑、Multisim 仿真软件。

资讯：2.3 电阻的串联、并联与混联。

在 Multisim 中分别搭建电阻串联、并联电路，仿真测量电路中的总电阻，研究其与各分电阻的关系；仿真测量电路的电流，研究相互间关系；仿真测量电路的总电压，研究其与各电阻上的电压关系。

1. 研究电阻串联电路特点

(1)在 Multisim 软件中搭建电阻串联电路如图 2-64 所示，设置好元件性质与参数(包括电流表、电压表量程)，测量表 2-2 中各物理量。

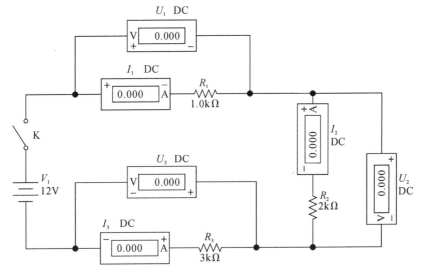

图 2-64　电阻串联电路仿真

注意:测量电阻要将上面电路的电源断开,用 Multisim 中的数字万用表电阻挡(见图 2-65)测量。

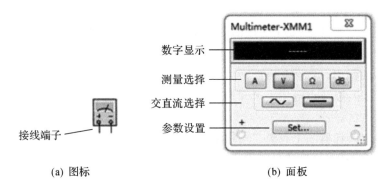

数字显示

测量选择

交直流选择

参数设置

接线端子

(a) 图标　　　　　　　　　　　　(b) 面板

图 2-65　Multisim 数字万用表

表 2-2　研究电阻串联时的规律

| 串联时 | $R_1$ | $R_2$ | $R_3$ | 总电阻或总电流或总电压 |
|---|---|---|---|---|
| 电阻 | | | | |
| 相应的电流 | | | | |
| 相应的电压 | | | | |

(2)分析表 2-2 数据,总结电阻串联时总电阻与分电阻的关系;总电流与各电阻电流的关系;总电压与各电阻上电压的关系。重复测量几次,验证结果的正确性。

2.研究电阻并联电路特点

在 Multisim 软件中搭建电阻并联电路如图 2-66 所示,设置好元件性质与参数(包括电流表、电压表量程),测量表 2-3 中各物理量。

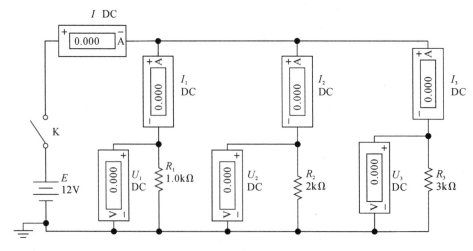

图 2-66　电阻并联电路仿真

（1）分析电阻并联时总电流与各电阻电流的关系、总电压与各电阻电压的关系。

（2）将上面电路的电源断开，用 Multisim 中的数字万用表电阻挡测量总电阻大小，得出电阻并联时总电阻与各分电阻的关系。

表 2-3　研究电阻并联时的规律

| 并联时 | | $R_1$ | $R_2$ | $R_3$ | 测量总电阻或总电流或总电压 |
|---|---|---|---|---|---|
| 测量项目 | 记录各电阻值 | | | | |
| | 测量相应电阻上的电流 | | | | |
| | 测量相应电阻上的电压 | | | | |

（3）分析以上数据，总结电阻并联时总电阻与分电阻的关系、总电流与各电阻电流的关系、总电压与各电阻上电压的关系。重复测量几次，验证结果的正确性。

### 任务二　研究电源端电压、输出功率与负载的关系

场地：机房或多媒体教室。

器材：电脑、Multisim 仿真软件。

资讯：2.2 全电路欧姆定律及电路的三种状态。

改变图 2-25(a)电路中负载大小，测量不同负载时电路中的物理量，得出电源端电压随负载变化关系、电源输出最大功率的条件及此时功率传输效率。

1.仿真测量电源端电压与电路电流

在图 2-25(a)中，设电源电动势 $E=10\text{V}$，内阻 $r=1\Omega$。在电路通路状态下，改变负载电阻 $R$（见表 2-4 中的负载取值），测量不同 $R$ 时电路中的电流、电源端电压、负载电压等且填入表 2-4 中，计算电源输出功率 $P$、电源功率传输效率 $\eta$。

表 2-4　不同负载时的电流、电压

| 测量值 | | $I$ | 电源电压 $U_端$ | 负载电压 $U_R$ | 计算负载功率 $P_R$ | 计算效率 $\eta=\dfrac{P_R}{EI}\times100\%$ |
|---|---|---|---|---|---|---|
| 负载取值 | $R=500\Omega$ | | | | | |
| | $R=100\Omega$ | | | | | |
| | $R=4\Omega$ | | | | | |
| | $R=r=1\Omega$ | | | | | |
| | $R=0.5\Omega$ | | | | | |
| | $R=0.1\Omega$ | | | | | |

2.分析与总结电源最大输出功率定理

用图线表示电源端电压随负载变化关系；列出电源输出功率最大时负载条件及此时功率传输效率 $\eta$。

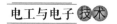

### 任务三　验证基尔霍夫定律和探索叠加定理

场地：机房或多媒体教室。

器材：电脑、Multisim仿真软件。

资讯：2.5基尔霍夫定律和支路电流法，2.7叠加定理。

1.验证基尔霍夫定律

在Multisim中搭建最简单的复杂直流电路（见图2-2），调节电路中的电阻，测量各支路电流，比较相互之间的关系，得出KCL定律；按同一时针方向测量ABCDEA回路中的各段电压且求代数和，寻找规律，得出KVL定律。

（1）测量与计算表2-5中各物理量

表2-5　电路中的电流关系及电压关系

| 物理量 | | $I_1$ | $I_2$ | $I_3$ | $U_{AB}$ | $U_{BC}$ | $U_{DE}$ | $U_{EA}$ | 回路 ABCDEA 中的各段电压之和（$\sum U$） |
|---|---|---|---|---|---|---|---|---|---|
| 次序 | 1（选取适当的 $R_1$、$R_2$、$R_3$ 值） | | | | | | | | |
| | 2（改变 $R_3$ 值） | | | | | | | | |
| | 3（改变 $R_1$ 值） | | | | | | | | |

（2）据表2-5数据，计算 $I_1+I_2=I_3$ 的值，总结基尔霍夫第一定律。

（3）计算回路 ABCDEA 中沿顺时针方向的各段电压之和，即 $\sum U = U_{AB} + U_{BC} + U_{DE} + U_{EA} = ?$ 总结基尔霍夫第二定律。

2.探索叠加定理

测量电路（见图2-2）中只含一个电源时的各支路电流，再测量电路中只含另一个电源时的各支路电流，将同一支路的各次测量电流值代数和，与任务一中测得的相应支路总电流值比较，得出叠加定理。

（1）保持表2-5中次序1时的各电阻值，按表2-6要求测量各物理量。

（2）计算分析表2-6数据，总结叠加定理的主要思想。思考叠加定理对某段电路上的电压是否适用？

表2-6　电路中的电流关系及电压关系

| 物理量 | $I_1$ | $I_2$ | $I_3$ |
|---|---|---|---|
| 所有电源均在时 | | | |
| 只含电源 $E_1$ | | | |
| 只含电源 $E_2$ | | | |

## 任务四　探索节点电压法

场地:机房或多媒体教室。

器材:电脑、Multisim 仿真软件。

资讯:2.8 节点电压法。

在图 2-2 中,选择 C 作为电位参考点,测量节点 A 电压 $U_A$,列 KVL 方程求解各支路电流;或将节点电压 $U_A$ 作为未知量,列 KCL 电流方程求解此未知量,再求出各支路电流。比较两种方法,掌握节点电压法。

1.测量与计算表 2-7 中各物理量。

表 2-7　电路中的电流关系及电压关系

| 物理量 | $U_{AC}$ | 用端电压 $U_{AC}$ 计算 $I_1$ | 用端电压 $U_{AC}$ 计算 $I_2$ | 用端电压 $U_{AC}$ 计算 $I_3$ |
|---|---|---|---|---|
| $V_C = 0$ 时 | | | | |
| $V_A = 0$ 时 | | | | |
| 任务一中测得的各支路电流 | | | | |

2.分析计算表 2-7 数据,得出结论:节点电压法包括哪些内容? 节点电压要通过计算得出,如何计算?

## 任务五　探索戴维南定理

场地:机房或多媒体教室。

器材:电脑、Multisim 仿真软件。

资讯:2.9 戴维南定理。

将图 2-2 电路中的 $R_3$ 支路断开,剩下一个二端网络,测量二端网络端电压 $U_{OC}$ 与输入端电阻 $R_{eq}$,再将它们组成的等效电源与 $R_3$ 接成回路,测量或计算 $I_3$,并将此值与表 2-5 次序中的 $I_3$ 比较,寻找规律。

1.测量与计算表 2-8 中各物理量。

表 2-8　测量二端网络数据

| 物理量 | 原电路的 $I_3$ | 二端网络端电压 $U_{OC}$ | 二端网络接入端电阻 $R_{eq}$ | 待求支路接入等效电源时的 $I_3$ |
|---|---|---|---|---|
| 1(电阻值如表 2-5 中的次序 1) | | | | |
| 2(改变 $R_3$ 值时) | | | | |
| 3(改变 $R_1$ 值时) | | | | |

2.计算分析表 2-8 数据,总结戴维南定理。

# 思考与习题二

2-1 如图 2-67 所示,若 $U=10V$,$I=-2A$。试求各元件的功率,它们是吸收还是输出电功率?

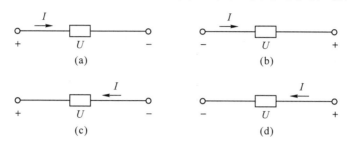

图 2-67 题 2-1 图

2-2 求图 2-68 所示支路的未知量。

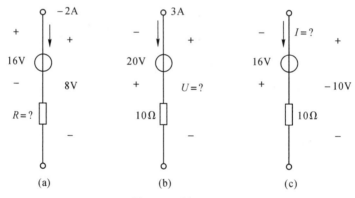

图 2-68 题 2-2 图

2-3 电路如图 2-69 所示,$A$ 点的电位 $V_A=$ _____ V。

2-4 电路如图 2-70 所示,求 $A$ 点的电位。

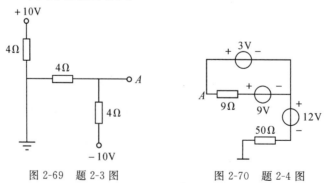

图 2-69 题 2-3 图            图 2-70 题 2-4 图

2-5 某一微安表表头满刻度电流 $I_g$ 是 $100\mu A$(即允许通过的最大电流),内阻 $r_g$ 是 $2k\Omega$。若改装成量程(即测量范围)为 5V 的电压表,应串联多大的电阻?

2-6 若把题 2-5 中表头改装成量程为 5A 的电流表,问应并联多大的电阻?

2-7 如图 2-71 所示电阻电路中,已知 $R_1=60\Omega$,$R_2=40\Omega$,$R_3=40\Omega$,$U=80V$。求电路总电阻,电流 $I_1$、$I_2$、$I_3$,电压 $U_1$、$U_2$。

2-8 如图 2-72 所示，$U_{AB}=6\text{V}$，$R_1=1\Omega$，$R_2=2\Omega$，$R_3=3\Omega$，当开关 $S_1$、$S_2$ 同时开或同时合上时，求 $\sum R$ 和 $I$。

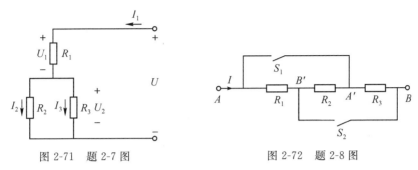

图 2-71 题 2-7 图　　　　　　　图 2-72 题 2-8 图

2-9 在图 2-73 所示三个电路中，已知电珠 EL 的额定值都是 6V、50mA，试问哪个电珠能正常发光？

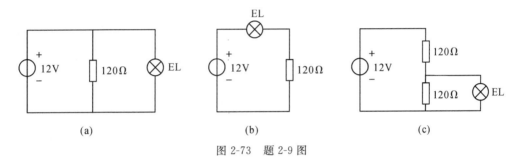

图 2-73 题 2-9 图

2-10 如图 2-74 所示的电路中，已知电压 $U_1=U_2=U_4=5\text{V}$，求 $U_3$ 和 $U_{CA}$。

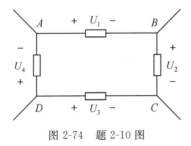

图 2-74 题 2-10 图

2-11 现有两个功率不同的灯泡，使用两个开关 $S_1$、$S_2$ 来分别控制灯泡的通与断，如图 2-75 所示。计算以下三种情况下总电功率的大小。

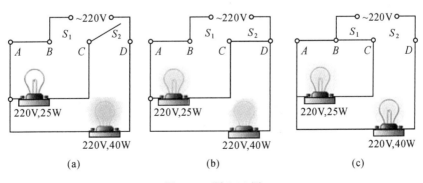

图 2-75 题 2-11 图

2-12 某电路中的安培表和伏特表的示数如图 2-76 所示,如果该电流与电压值都作用于一个电阻器上,此时电阻器两端的电压是多少,电流是多少,电功率是多少?

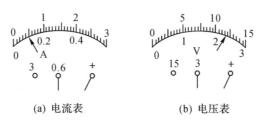

(a) 电流表　　　　(b) 电压表

图 2-76 题 2-12 图

2-13 用一只标有 3000r/(kW·h) 的电能表测量一盏灯泡的功率值,发现在 3 分钟内电度表的转盘(盘的边缘有个红点)转了 15 圈,所测灯泡的功率值为多大?

2-14 某直流电源的额定功率为 200W,额定电压为 50V,内阻为 0.5Ω,负载电阻可以调节。求:(1)额定状态下的电流及负载电阻;(2)空载状态下的端电压;(3)短路状态下的电流。

2-15 求如图 2-77 所示电路的等效电阻。

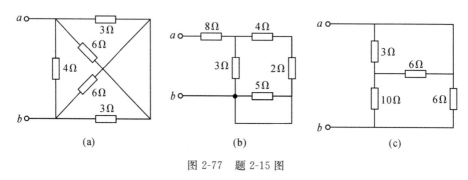

(a)　　　　　(b)　　　　　(c)

图 2-77 题 2-15 图

2-16 求图 2-78 所示电路的等效电阻。

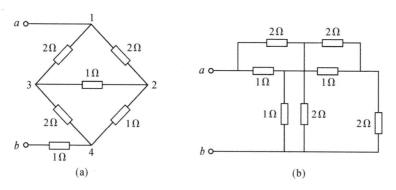

(a)　　　　　　　　　(b)

图 2-78 题 2-16 图

2-17 计算如图 2-79 所示电路中的电流 $I_1$。

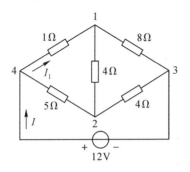

图 2-79 题 2-17 图

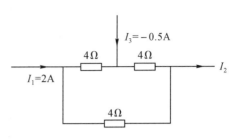

图 2-80 题 2-18 图

2-18 如图 2-80 所示电路,列写 KCL 方程求 $I_2$。

2-19 在如图 2-81 所示电路中,选取顺时针方向为回路的绕行方向,试用 KVL 列写回路的电压方程式。

2-20 如图 2-82 所示电路,用支路电流法求各支路电流。

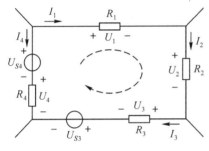

图 2-81 题 2-19 图

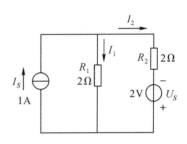

图 2-82 题 2-20 图

2-21 在如图 2-83 所示电路中,已知 $U_{S1}=9\text{V}$,$U_{S2}=4\text{V}$,电阻 $R_1=1\Omega$,$R_2=2\Omega$,$R_3=3\Omega$,用支路电流法求各支路电流。

2-22 用叠加定理重新计算题 2-21 中的各支路电流。

2-23 试用叠加定理计算图 2-84 所示电路中的 $I$ 和 $U$。

2-24 用节点电压法重新求解题 2-21 中的各支路电流。

2-25 如图 2-85 所示电路,试用节点电压法求 $I$ 和 $U$。

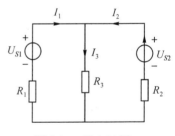

图 2-83 题 2-21 图

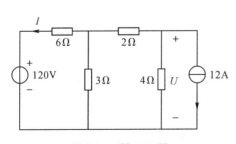

图 2-84 题 2-23 图

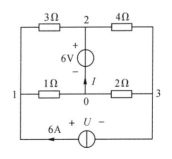

图 2-85 题 2-25 图

2-26 在如图 2-86 所示电路中,已知 $U_A=12V$,$U_B=10V$,$U_C=8V$,$R_1=1\Omega$,$R=5\Omega$,试用节点电压法分析 4 条支路上的电流。

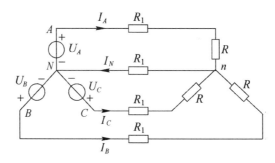

图 2-86 题 2-26 图

2-27 如图 2-87 所示电路,试求戴维南等效电路。

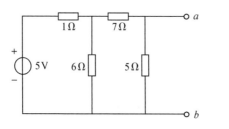

图 2-87 题 2-27 图

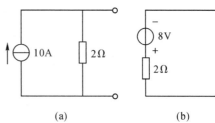

(a)　　　　(b)

图 2-88 题 2-30 图

2-28 某含源二端网络的开路电压为 10V,如在网络两端接以 $10\Omega$ 的电阻,二端网络端电压为 8V,分析此网络的戴维南等效电路。

2-29 用戴维南定理重新求解题 2-21 中电流 $I_3$。

2-30 将图 2-88(a)和(b)中的电流源和电压源进行互换。

2-31 如图 2-89 所示电路,求单口网络的 VCR 方程,并画出单口网络的等效电路。

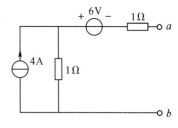

图 2-89 题 2-31 图

2-32 如图 2-90 所示电路,用多种方法求电流 $I_1$。

2-33 求图 2-91 所示单口网络等效电路。

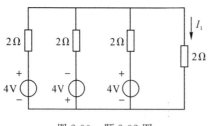

图 2-90 题 2-32 图

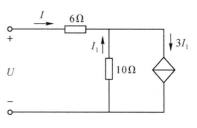

图 2-91 题 2-33 图

# 模块三　单相正弦交流电路

## 典型问题

1.我们在生产和生活中为什么普遍使用交流电？这种交流电是按怎样的规律变化的？常说的交流电 220V 是指它的什么值？要用哪些物理量才能完整地描述一个交流电？直流电路得出的一些规律也适用于交流电路吗？交流电路如何分析计算？

2.观看单相交流电产生的视频,了解交流电是怎么产生的、怎么变化的,增强感性认识。

## 能力目标

1.掌握正弦交流电路的三要素,能熟练使用正弦量的几种表示方法。

2.掌握 R、L、C 三种元件的电压、电流关系以及它们串、并联时的分析方法。

3.掌握正弦交流电路中的功率计算,掌握提高功率因数的方法。

4.了解谐振现象的应用;掌握串、并联谐振条件和特点。

5.了解非正弦周期电流电路的有效值、平均值及有功功率的计算。

## 实验研究任务

任务一　用示波器观察正弦交流电波形,研究其三要素。

任务二　用示波器观察和测量 RL 或 RC 串联电路电压与电流间的相位差。

任务三　探索 RLC 串联电路电压、电流、阻抗计算式。

任务四　研究日光灯电路功率因数的提高。

## 3.1　正弦交流电的基本概念

大小和方向随时间作有规律变化的电压和电流称为交流电,又称交变电流。正弦交流电是指大小和方向都随着时间按正弦函数规律变化的电流、电压或电动势。在生产和生活中,广泛使用正弦交流电,是基于它的许多优点。

(1)正弦交流电可以通过变压器变换电压,在远距离输电时,通过升高电压,以减少线路损耗,获得最佳经济效果;而当使用时,又可以通过降压变压器把高压变为低压,这既有利于安全用电,又能降低设备的绝缘要求。

(2)正弦交流电变化平滑且不易产生高次谐波,这有利于保护电气设备的绝缘性能和减少电气设备运行中的能量损耗。

(3)各种非正弦交流电都可由不同频率的正弦交流电叠加而成(用傅立叶分析法),因此可用正弦交流电的分析方法来分析非正弦交流电。

(4)交流电动机与直流电动机相比,具有构造简单、造价低廉、维护简便等优点。

### 3.1.1 正弦交流电及其三要素

随时间按正弦规律变化的交流电称为正弦交流电,包括正弦交流电流、电压、电动势等。这些按正弦规律变化的物理量也常简称为正弦量。我们生活、生产中用的电基本上都是正弦交流电。下面以正弦电流为例研究正弦交流电的表达方式及三要素,其方法对正弦电压、正弦电动势都是适用的。

正弦电流的一般表达式(解析式)为

$$i(t) = I_m \sin(\omega t + \varphi_i) \tag{3-1}$$

式(3-1)表示电流 $i$ 是时间 $t$ 的正弦函数,不同时间有不同的量值,称为瞬时值,用小写字母 $i$ 表示。正弦电流 $i$ 还可以用时间函数曲线表示,如图 3-1 所示,称为波形图。

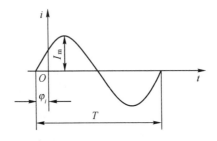

图 3-1　正弦电流波形

在式(3-1)中,$I_m$ 为正弦电流的最大值(幅值),即正弦量的振幅,用大写字母加下标 m 表示正弦电流的最大值,它反映了正弦电流变化的幅度。

$(\omega t + \varphi)$ 随时间变化,称为正弦电流的相位,它描述了正弦电流变化的进程或状态。$\varphi$ 为 $t=0$ 时刻的相位,称为初相位(初相角),简称初相。习惯上取 $|\varphi| \leqslant 180°$。图 3-2(a)、(b)分别表示初相位为正、负值时正弦电流的波形图。

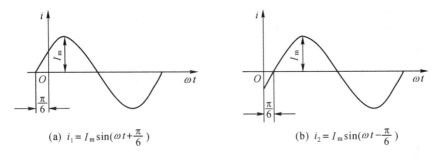

(a) $i_1 = I_m \sin(\omega t + \frac{\pi}{6})$　　　　(b) $i_2 = I_m \sin(\omega t - \frac{\pi}{6})$

图 3-2　正弦电流的初相位

正弦电流每变化一次所经历的时间即为它的周期,用 $T$ 表示,单位为秒(s)。正弦电流每经过一个周期 $T$,对应的角度变化了 $2\pi$ 弧度,所以:

$$\omega T = 2\pi$$

$$\omega = \frac{2\pi}{T} = 2\pi f \tag{3-2}$$

式中：$\omega$ 为角频率，表示正弦电流在单位时间内变化的角度，反映正弦电流变化的快慢，单位是弧度/秒（rad/s）。$f$ 是频率，表示单位时间内正弦电流变化的周期数，单位是赫兹（Hz），我国电力系统用的交流电的频率（工频）为 50Hz。频率与周期互为倒数关系，即 $f=\dfrac{1}{T}$，所以我国交流电周期为 0.02s。

最大值、角频率和初相位称为正弦电流的三要素。知道了这三个要素就可确定一个正弦电流。例如，若已知一个正弦电流 $I_m=10A,\omega=314rad/s,\varphi=60°$ 就可以写出表达式：

$$i(t)=10\sin(314t+60°)A$$

正弦电流的初相位 $\varphi$ 的大小与所选的计时时间起点有关。计时起点选择不同，初相位就不同。若选 $t=0$ 时，$\varphi=0$，则此正弦电流表达式为

$$i(t)=I_m\sin\omega t$$

称为参考正弦电流。

### 3.1.2　相位差

在正弦交流电路分析中，经常要比较两个同频率正弦量之间的相位关系。设两个同频率的正弦电流：$i_1(t)=I_{m1}\sin(\omega t+\varphi_1),i_2(t)=I_{m2}\sin(\omega t+\varphi_2)$，则它们的位差是：

$$\varphi_{12}=(\omega t+\varphi_1)-(\omega t+\varphi_2)=\varphi_1-\varphi_2 \tag{3-3}$$

式（3-3）说明，同频率的两个交流电相位差与时间无关，等于它们初相位之差。习惯上取 $|\varphi_{12}|\leqslant180°$。

如果 $\varphi_1-\varphi_2>0$，则称 $i_1$ 超前 $i_2$，意指 $i_1$ 比 $i_2$ 先到达正峰值，反过来也可以说 $i_2$ 滞后 $i_1$（见图 3-3 中的 $i_1$ 与 $i_2$）。特殊情况是：若相位差为零，即 $\varphi_{12}=0$，则称这两个正弦电流为同相位，如图 3-3 中的 $i_1$ 与 $i_3$。如果两个正弦电流的相位差为 $\varphi_{12}=\pm\pi$，则称这两个正弦电流为反相。如果 $\varphi_{12}=\pm\dfrac{\pi}{2}$，则称这两个正弦电流为正交。

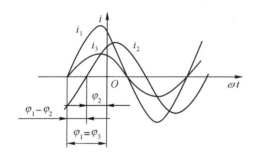

M3-1　正弦交流电
概念/测试

图 3-3　正弦交流电的相位关系

超前或滞后有时也需指明超前或滞后多少时间，如 $i_1$ 与 $i_2$ 的相位差为 $\varphi_{12}$，则对应的时间差为 $\dfrac{\varphi_{12}}{\omega}$。

### 3.1.3　有效值

正弦交流电的瞬时表达式或波形图，能完整地描述它们随时间的变化情况，可求得每一瞬时值。但在电工技术中，往往并不需要知道每一瞬时的大小，只需要知道它在做功或发热方面所相当的直流量——有效值即可。以电流的热效应为依据，作出有效值的定义如下：若交流电

流 $i$ 流过电阻 $R$ 在一个周期 $T$ 内所产生的电功,与某一直流电 $I$ 流过电阻 $R$ 在相同时间 $T$ 内所产生的电功相等,则此直流电流的量值 $I$ 称为此交流电流 $i$ 的有效值。

交流电 $i$ 和直流电 $I$,分别流过电阻 $R$,在时间 $T$ 内所产生的电功分别为

$$W_1 = \int_0^T i^2 R \mathrm{d}t, \quad W_2 = I^2 R t$$

当两个电流在一个周期 $T$ 内所做的电功相等时,有

$$I^2 R T = \int_0^T i^2 R \mathrm{d}t$$

于是,得

$$I = \sqrt{\frac{1}{T} \int_0^T i^2 \mathrm{d}t}$$

将电流 $i(t) = I_m \sin(\omega t + \varphi)$ 代入式(3-4),可求得

$$I = \frac{I_m}{\sqrt{2}} \approx 0.707 I_m \tag{3-4}$$

同理可得,正弦电压与电动势的有效值为

$$U = \frac{U_m}{\sqrt{2}}, \quad E = \frac{E_m}{\sqrt{2}}$$

在工程上凡谈到交流电流、电压或电动势等量值时,凡无特殊说明总是指有效值。一般电气设备铭牌上所标明的额定电压和电流值都是指有效值,如电器铭牌上注明"220V,100W"字样,220V 就是指额定电压的有效值;交流电表测量的电压、电流也是指有效值。但是,电气设备的绝缘水平——耐压,则是按最大值考虑的。

正弦交流电的平均值与有效值有什么关系?正弦交流电是对称于横轴的,在一个周期内其平均值为零。一般所说的平均值是指半个周期内的平均值,用 $E_{av}$ 表示。据计算:

$$E_{av} = 0.637 E_m, \quad U_{av} = 0.637 U_m, \quad I_{av} = 0.637 I_m$$

因此,正弦交流电的平均值与有效值在定义上有本质区别,在数值上也不相等。

**例 3-1**　正弦电压初相位为 $30°$,$t=0$ 时为 220V,$t = \frac{1}{300}$s 时,第一次达到 400V,求 $U_m$ 和 $f$。

**解:**设 $u = U_m \sin(\omega t + \varphi)$,

(1)已知 $\varphi = 30°$,$t = 0$,$u_0 = 220$V,即

$$220 = U_m \sin(0 + 30°)$$

所以:

$$U_m = 440\text{V}$$

(2)已知 $\varphi = 30°$,$t = \frac{1}{300}$,$u_0 = 400$V,$U_m = 440$V,即

$$400 = 440 \sin(\frac{\omega}{300} + 30°)$$

所以,

$$\omega = 185.4\text{rad/s}, \quad f = \frac{\omega}{2\pi} = 29.5\text{Hz}$$

**例 3-2**　正弦交流电压 $u = 311\sin(314t + 30°)$V,求其有效值 $U$、频率 $f$ 和最大值 $U_m$。

**解：**

$$U=\frac{U_{\mathrm{m}}}{\sqrt{2}}=\frac{311}{\sqrt{2}}=220\,\mathrm{V}$$

$$f=\frac{\omega}{2\pi}=\frac{314}{2\pi}=50\,\mathrm{Hz}$$

$$U_{\mathrm{m}}=311\,\mathrm{V}$$

**例 3-3** 已知两个正弦交流电的数学表达式为 $i_1=3\sqrt{2}\sin(314t+60°)\,\mathrm{A}$，$i_2=10\sqrt{2}\sin(314t-135°)\,\mathrm{A}$，求两电流的相位差。

**解：** $i_1$ 的初相角为 $60°$，$i_2$ 的初相角为 $-135°$，同频率的两个交流电的相位差等于初相位之差，但两者相减超过了 $180°$，不符合初相位的规定范围。

可以将 $i_2$ 的初相位化为 $+225°$，这样 $i_2$ 与 $i_1$ 的相位差：

$$\varphi=\varphi_2-\varphi_1=225°-60°=165°$$

因此，$i_2$ 超过 $i_1$ 相位 $165°$。

# 3.2　正弦量的相量表示法

正弦交流电用解析式（三角函数式）表示时，容易计算瞬时值；用正弦曲线表示时，变化趋势很清楚形象。但这两种表示方法在分析计算交流电路时都非常麻烦。有没有适合分析计算交流电路的表示方法呢？

研究表明，正弦量与复数一一对应，正弦量之间计算可以转化为复数之间的计算。用来表示正弦量的复数叫相量，通过复数的运算来计算正弦量的方法叫相量法。

## 3.2.1　复数及其表示形式

平面上的点可以用复数表示，如图 3-4(a)所示，$A$ 点可以表示为

$$A=a+\mathrm{j}b \tag{3-5}$$

其中，$a$ 和 $b$ 分别为复数 $A$ 的实部和虚部；$\mathrm{j}=\sqrt{-1}$ 为虚数单位。式(3-6)的形式称为复数的代数形式。

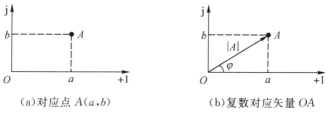

(a)对应点 $A(a,b)$　　　　(b)复数对应矢量 $OA$

图 3-4　复数在复平面上的表示

复数 $A$ 还可以用原点指向点 $(a,b)$ 的矢量来表示，如图 3-4(b)所示。该矢量 $OA$ 的长度称为复数 $A$ 的模，记作 $|A|$。

$$|A|=\sqrt{a^2+b^2}$$

复数 $A$ 的矢量与实轴正向间的夹角称为 $A$ 的辐角 $\varphi$，记作：

$$\varphi=\arctan\frac{b}{a}$$

从图 3-4(b)中可得如下关系:
$$\begin{cases} a = |A|\cos\varphi \\ b = |A|\sin\varphi \end{cases}$$

因此,复数 $A$ 又可表示为

$$A = a + jb = |A|(\cos\varphi + j\sin\varphi) \tag{3-6}$$

式(3-7)称为复数的三角形式。

再利用欧拉公式 $e_{j\varphi} = \cos\varphi + j\sin\varphi$,可得

$$A = |A|e^{j\varphi} \tag{3-7}$$

式(3-8)称为复数的指数形式。在工程上简写为 $A = |A| \angle \varphi$。

### 3.2.2 复数运算

1. 复数的加减

进行复数相加或相减,要先把复数化为代数形式。设有两个复数:

$$A_1 = a_1 + jb_1$$
$$A_2 = a_2 + jb_2$$

则它们的和、差为

$$A_1 \pm A_2 = (a_1 + jb_1) \pm (a_2 + jb_2) = (a_1 \pm a_2) + j(b_1 \pm b_2)$$

即复数的加减运算就是把它们的实部和虚部分别相加减。

复数相加减也可以在复平面上进行。容易证明:两个复数相加的运算在复平面上是符合平行四边形的求和法则的。两个复数相减时,可先作出 $(-A_2)$ 矢量,然后把 $A_1 + (-A_2)$ 用平行四边形法则相加,即得差值复数所对应的矢量。如图 3-5 所示。

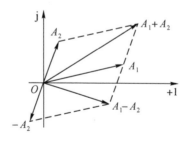

图 3-5 复数的加减

2. 复数的乘、除

复数的乘、除运算,一般采用指数形式。如前述两个复数先化成指数形式:

$$A_1 = a_1 + jb_1 = |A_1| \angle \varphi_1$$
$$A_2 = a_2 + jb_2 = |A_2| \angle \varphi_2$$

则复数相乘时,将模和模相乘,辐角相加,得

$$A_1 A_2 = |A_1||A_2| \angle (\varphi_1 + \varphi_2)$$

复数相除时,将模相除,辐角相减,得

$$\frac{A_1}{A_2} = \frac{|A_1|}{|A_2|} \angle (\varphi_1 - \varphi_2)$$

### 3. 复数相等和共轭复数

若两个复数的模相等,辐角也相等,或实部和虚部分别相等,称这两个复数相等。上述两个复数,若 $|A_1|=|A_2|$，$\varphi_1=\varphi_2$，或 $a_1=a_2$，$b_1=b_2$，则

$$A_1=A_2$$

若两个复数的实部相等,虚部大小相等但异号,称这两个复数为共轭复数。与 $A$ 共轭的复数记作 $A^*$。设 $A=a+\mathrm{j}b=|A|\angle\varphi$，则其共轭复数为

$$A^*=a-\mathrm{j}b=|A|\angle-\varphi$$

可见,一对共轭复数的模相等,辐角大小相等且异号,在复平面上对称于横轴。

复数 $e^{\mathrm{j}\varphi}=1\angle\varphi$，是一个模等于 1，辐角等于 $\varphi$ 的复数。任意复数 $A=|A|e^{\mathrm{j}\varphi_1}$ 乘 $e^{\mathrm{j}\varphi}$ 等于:

$$|A|e^{\mathrm{j}\varphi_1}\times e^{\mathrm{j}\varphi}=|A|e^{\mathrm{j}(\varphi_1+\varphi)}=|A|\angle(\varphi_1+\varphi)$$

即复数的模不变,辐角变化了 $\varphi$ 角。此时复数矢量按逆时针方向旋转了 $\varphi$ 角,所以 $e^{\mathrm{j}\varphi}$ 称为旋转因子。

使用最多的旋转因子是 $e^{\mathrm{j}90°}=\mathrm{j}$ 和 $e^{\mathrm{j}(-90°)}=-\mathrm{j}$。任何一个复数乘以 $\mathrm{j}$，相当于将该复数矢量按逆时针旋转 90°，即幅角增大 90°；而乘以 $-\mathrm{j}$，则相当于将该复数矢量按顺时针旋转 90°，即幅角减小 90°。

## 3.2.3 正弦量的相量表示法

当长度为 $I_\mathrm{m}$、$t=0$ 时刻与横轴正向夹角为 $\varphi_1$ 的矢量(称为旋转矢量),在复平面上以角速度 $\omega$ 旋转时,其某一时刻在纵轴上的投影,与最大值为 $I_\mathrm{m}$、初相角为 $\varphi_1$ 的交流电:

$$i(t)=I_\mathrm{m}\sin(\omega t+\varphi_i) \tag{3-8}$$

在该时刻的瞬时值相等,如图 3-6 所示,所以该交流电与该旋转矢量一一对应。

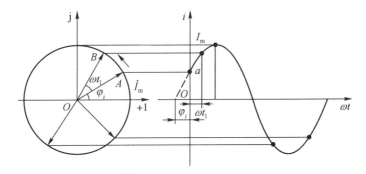

图 3-6　旋转矢量与交流电瞬时值的对应

研究表明,受同一个交流电作用的电路中,不同元件上产生的电流和电压的频率都是相同的。因此,分析、计算交流电路时,频率可以不参加运算,只要确定交流电的最大值(或有效值)、初相角这两要素就确定该交流电。

因此,交流电的二要素——最大值(或有效值)、初相角,分别对应一个复数的模和幅角,如上面交流电 $i(t)$ 可以对应为复数:

$$\dot{I}_\mathrm{m}=I_\mathrm{m}e^{\mathrm{j}\varphi_i}(或\ \dot{I}=\dot{I}e^{\mathrm{j}\varphi_i}) \tag{3-9}$$

式(3-9)称为 $i(t)$ 的最大值相量(或有效值相量)。交流电之间的运算只要转化为对应复数之间的运算就行了,这种方法称为相量法。

注意,用相量表示正弦量时,必须把正弦量和相量加以区分。正弦量是时间的函数,而相量只包含了正弦量的有效值和初相位,正弦量和相量之间存在着一一对应关系,而不是相等关系。

将相量表示成复平面上的矢量,这种图称为相量图。如上面相量 $\dot{I}_m$ 可以表示成图 3-7 所示。为了清楚起见,图上可省去虚轴 $+j$,有时实轴也可以省去。

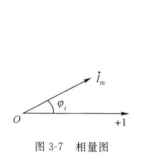

图 3-7 相量图

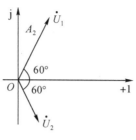

图 3-8 例 3-4 图

M3-2 正弦交流电的
相量法/微课

**例 3-4** 请写出下面两个交流电的对应的相量式,画出相量图。
$$u_1 = 100\sqrt{2}\sin(\omega t + 60°)\,\text{V}, u_2 = 50\sqrt{2}\sin(\omega t - 60°)\,\text{V}$$
**解**:相量式分别为:$\dot{U}_1 = 100\angle 60°, \dot{U}_2 = 50\angle -60°$。相量图如图 3-8 所示。

**例 3-5** 已知两频率均为 50 Hz 的电压,表示它们的相量分别为 $\dot{U}_1 = 380\angle 30°\,\text{V}, \dot{U}_2 = 220\angle -60°\,\text{V}$,试写出这两个电压的解析式。

**解**:因为 $\omega = 2\pi f = 2\pi \times 50 = 100\pi = 314\,\text{rad/s}$,所以这两个电压的解析式为
$$u_1 = 380\sqrt{2}\sin(314t + 30°)\,\text{V}$$
$$u_2 = 220\sqrt{2}\sin(314t + 60°)\,\text{V}$$

**例 3-6** 已知流入节点 $A$ 的电流为 $i_1 = 100\sqrt{2}\sin\omega t\,\text{A}, i_2 = 100\sqrt{2}\sin(\omega t - 120°)\,\text{A}$,试求流出节点 $A$ 的总电流。

**解**:采用相量法,将电流瞬时表达式转换成相量式:
$$\dot{I}_1 = 100\angle 0°\,\text{A}, \dot{I}_2 = 100\angle -120°\,\text{A}$$
据 KCL 定律得
$$\dot{I}_1 + \dot{I}_2 = 100\angle 0° + 100\angle -120° = 100\angle -60°\,\text{A}$$
所以流出节点 $A$ 的总电流为
$$i_1 + i_2 = 100\sqrt{2}\sin(\omega t - 60°)\,\text{A}$$
由此可见,正弦量用相量表示,可以使正弦量之间的运算简化。

## 3.3 RLC 单元件交流电路

电阻 $R$、电感 $L$、电容 $C$ 是交流电路中的基本电路元件。本节研究这三种元件的一种组成的单元件交流电路中的电压和电流的关系及功率问题。

### 3.3.1　电阻元件交流电路

**1.电阻元件上电压与电流的关系**

研究表明,电阻元件上的电压与电流的瞬时值仍然遵循欧姆定律。

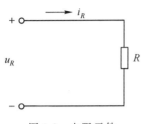

图 3-9　电阻元件

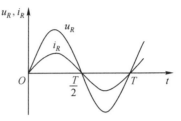

图 3-10　电阻元件上的电压、电流波形

在图 3-9 中,电压与电流为关联参考方向,则电阻上的电流为

$$i_R = \frac{u_R}{R} \tag{3-10}$$

若加在电阻两端的是正弦交流电压:$u_R = U_{Rm}\sin(\omega t + \varphi_u)$,则电路中的电流为

$$i_R = \frac{u_R}{R} = \frac{U_{Rm}\sin(\omega t + \varphi_u)}{R} = I_{Rm}\sin(\omega t + \varphi_i)$$

式中:$I_{Rm} = \dfrac{U_{Rm}}{R}$,$\varphi_i = \varphi_u$。写成有效值关系为

$$I_R = \frac{U_R}{R} \quad 或 \quad U_R = RI_R \tag{3-11}$$

其波形图关系如 3-10 所示(设 $\varphi_i = 0$)。

从以上分析可知:

(1)电阻两端的电压与流过它的电流同频率、同相位。

(2)电阻两端的电压与流过它的电流的瞬时值、有效值及最大值的数值关系均符合欧姆定律。

若用相量式表示,则电阻元件上电压与电流的相量关系为

$$\dot{U}_R = R\dot{I}_R \tag{3-12}$$

式(3-12)是电阻元件上的电压、电流相量形式的欧姆定律。

图 3-11 给出了电阻电路的相量模型及相量图。

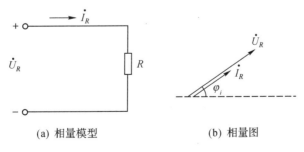

(a) 相量模型　　　　　　　　　(b) 相量图

图 3-11　电阻电路的相量模型及相量图

### 2.电阻元件的功率

在交流电路中,任意电路元件上的电压瞬时值与电流瞬时值的乘积称作该元件的瞬时功率,用小写字母 $p$ 表示。当 $u_R$、$i_R$ 为关联参考方向时,有

$$p = ui \tag{3-13}$$

设电阻两端的电压、电流(设初相角为0°)为

$$u_R = U_{Rm}\sin\omega t, i_R = I_{Rm}\sin\omega$$

则正弦交流电路中电阻元件上的瞬时功率为

$$
\begin{aligned}
p &= u_R i_R = U_{Rm}\sin\omega t \times I_{Rm}\sin\omega t \\
&= U_{Rm}I_{Rm}\sin^2\omega t \\
&= U_R I_R(1 - \cos2\omega t)
\end{aligned} \tag{3-14}
$$

其电压、电流、功率的波形图如图 3-12 所示。

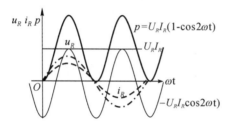

M3-3 电阻元件交流电路/微课

图 3-12 电阻元件的功率波形

从图 3-12 中可知:只要有电流流过电阻,电阻 $R$ 上的瞬时功率 $p$ 就大于0,即总是吸收功率(消耗功率)。其吸收功率的大小在工程上都用平均功率来表示。交流电路中的平均功率就是瞬时功率在一个周期的平均值,即

$$P = \frac{1}{T}\int_0^T p\,\mathrm{d}t = \frac{1}{T}\int_0^T U_R I_R(1 - \cos2\omega t)\,\mathrm{d}t = U_R I_R$$

又因 $U_R = RI_R$,所以

$$P = U_R I_R = I_R^2 R = U_R^2/R \tag{3-15}$$

由于平均功率反映了元件实际消耗电能的情况,所以又称有功功率。习惯上常简称功率。

**例 3-7** 一额定电压为 220V、功率为 100W 的电烙铁,误接在 380V 的交流电源上,问:此时它消耗的功率是多少? 会出现什么现象?

**解**:已知额定电压和功率,可求出电烙铁的等效电阻:

$$R = \frac{U_R^2}{P} = \frac{220^2}{100} = 484\Omega$$

当误接在 380V 电源上时,电烙铁实际消耗的功率为

$$P_1 = \frac{380^2}{484} = 300\text{W}$$

可见,实际功率远大于额定功率,若时间稍长一点,电烙铁内的电阻会被烧断。

### 3.3.2 电感元件交流电路

1. 电感元件上电压和电流的关系

设一电感 $L$ 中通入正弦电流，其参考方向如图 3-13 所示。

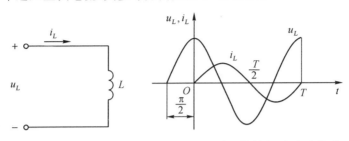

图 3-13　电感元件　　图 3-14　电感元件的电压、电流波形

设 $i_L = I_{Lm}\sin(\omega t + \varphi_i)$，则电感两端的电压为

$$u_L = L\frac{\mathrm{d}i_L}{\mathrm{d}t} = L\frac{\mathrm{d}I_{Lm}\sin(\omega t + \varphi_i)}{\mathrm{d}t}$$
$$= I_{Lm}\omega L\cos(\omega t + \varphi_i)$$
$$= U_{Lm}\sin\left(\omega t + \varphi_i + \frac{\pi}{2}\right)$$
$$= U_{Lm}\sin(\omega t + \varphi_u) \tag{3-16}$$

式中：$U_{Lm} = \omega L I_{Lm}$，$\varphi_u = \varphi_i + \dfrac{\pi}{2}$。

写成有效值关系式为

$$U_L = \omega L I_L \quad 或 \quad \frac{U_L}{I_L} = \omega L \tag{3-17}$$

电感元件的电压、电流波形图如图 3-14 所示（设 $\varphi_i = 0$）。

从以上分析可知：

(1)电感两端的电压与电流同频率。

(2)电感两端的电压在相位上超前电流 90°。

(3)电感两端的电压与电流有效值（或最大值）之比为 $\omega L$，相当于电阻，称为感抗。

令

$$X_L = \omega L = 2\pi f L \tag{3-18}$$

式中：$X_L$ 是用来表示电感元件对电流阻碍作用的一个物理量，它与角频率成正比，单位是欧姆。在直流电路中，$\omega = 0$，$X_L = 0$，所以电感在直流电路中视为短路；频率越高，感抗越大，即电感元件具有"通直流阻交流"作用。

将式(3-18)代入式(3-17)得

$$U_L = X_L I_L \tag{3-19}$$

元件上电压与电流的相量关系为

$$\dot{U}_L = \omega L I_L \angle(\varphi_i + 90°) = \mathrm{j}\omega L \dot{I}_L = \mathrm{j}X_L \dot{I}_L$$

即

$$\dot{U}_L = \mathrm{j}X_L \dot{I}_L \tag{3-20}$$

如图 3-15 所示给出了电感电路的相量模型及相量图。

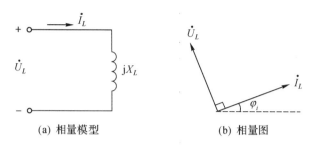

(a) 相量模型　　　　　　　(b) 相量图

图 3-15　电感电路的相量模型及相量图

2.电感元件的功率

在电压与电流参考方向一致的情况下,电感元件的瞬时功率为

$$p = u_L i_L$$

若电感两端的电流、电压为 $i_L = I_{Lm}\sin\omega t$(设 $\varphi_i = 0$):$u_L = U_{Lm}\sin\left(\omega t + \dfrac{\pi}{2}\right)$,则正弦交流电路中电感元件上的瞬时功率为

$$\begin{aligned}
p &= u_L i_L = U_{Lm}\sin\left(\omega t + \frac{\pi}{2}\right) \times I_{Lm}\sin\omega t \\
&= U_{Lm} I_{Lm}\sin\omega t\cos\omega t \\
&= U_L I_L \sin 2\omega t
\end{aligned}$$
(3-21)

瞬时功率的波形图如图 3-16 所示。由式(3-21)或波形图都可以看出,此功率是以两倍角频率作正弦变化的。

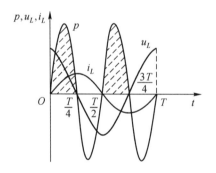

图 3-16　电感元件的功率波形

M3-4　电感元件交流电路/微课

电感在通以正弦电流时,一个周期内所吸收的平均功率为

$$P = \frac{1}{T}\int_0^T p\,\mathrm{d}t = \frac{1}{T}\int_0^T U_L I_L \sin 2\omega t\,\mathrm{d}t = 0$$
(3-22)

式(3-22)表明电感元件是不消耗能量的,它是储能元件。电感吸收的瞬时功率不为零,在第一和第三个 1/4 周期内,瞬时功率为正值,电感吸取电源的电能,并将其转换成磁场能量储存起来;在第二和第四个 1/4 周期内,瞬时功率为负值,将储存的磁场能量转换成电能返送给电源。

为了衡量电源与电感元件间的能量交换的大小,把电感元件瞬时功率的最大值称为无功功率,用 $Q_L$ 表示:

$$Q_L = U_L I_L = I_L^2 X_L = \frac{U_L^2}{X_L}$$
(3-23)

无功功率的单位为乏(var),工程中有时也用千乏(kvar),1kvar=$10^3$var。

**例 3-8** 若将 $L=20$mH 的电感元件,接在 $U_L=110$V 的正弦高频电源上,通过的电流是 1mA,求:(1)电感元件的感抗及电源的频率;(2)若把该元件接在直流 110V 电源上,会出现什么现象?

**解:**(1)感抗:

$$X_L=\frac{U_L}{I_L}=\frac{110}{1\times 10^{-3}}=110(\text{k}\Omega)$$

电源频率:

$$f=\frac{X_L}{2\pi L}=\frac{110\times 10^3}{2\pi\times 20\times 10^{-3}}=8.76\times 10^5(\text{Hz})$$

(2)在直流电路中,$X_L=0$,电路中只有很小的一点导线电阻,电流会很大,电感元件会很快烧坏。

### 3.3.3 电容元件交流电路

1.电容元件上电压和电流的关系

设一电容 $C$ 中接入正弦交流电,其参考方向如图 3-17 所示。

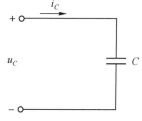
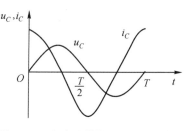

图 3-17 电容元件 　　图 3-18 电容元件的电压、电流波形

设外接正弦交流电压为 $u_C=U_{Cm}\sin(\omega t+\varphi_u)$,则电路中电流为

$$
\begin{aligned}
i_C &= C\frac{\mathrm{d}u_C}{\mathrm{d}t}=C\frac{\mathrm{d}U_{Cm}\sin(\omega t+\varphi_u)}{\mathrm{d}t}\\
&= U_{Cm}\omega C\cos(\omega t+\varphi_u)\\
&= U_{Cm}\omega C\sin\left(\omega t+\varphi_u+\frac{\pi}{2}\right)\\
&= I_{Cm}\sin(\omega t+\varphi_i)
\end{aligned}
\tag{3-24}
$$

式中:$I_{Cm}=U_{Cm}\omega C$,$\varphi_i=\varphi_u+\dfrac{\pi}{2}$。写成有效值为

$$I_C=\omega CU_C \quad 或 \quad \frac{U_C}{I_C}=\frac{1}{\omega C} \tag{3-25}$$

电容元件的电压、电流波形图如图 3-18 所示($\varphi_u=0$)。

从以上分析可知:

(1)电容两端的电压与电流同频率。

(2)电容两端的电压在相位上滞后电流 90°。

(3)电容两端的电压与电流有效值之比 $\dfrac{1}{\omega C}$,相当于电阻,称为容抗。

令

$$X_C = \frac{1}{\omega C} = \frac{1}{2\pi fC} \tag{3-26}$$

其中，$X_C$ 是用来表示电容元件对电流阻碍作用的一个物理量。它与角频率成反比，单位是欧姆。对直流来说，频率 $f=0$，所以容抗 $X_C \rightarrow \infty$；频率越高，容抗越小，即电容量有"隔直流通交流"作用。

将式(3-26)代入式(3-25)，得

$$U_C = X_C I_C \tag{3-27}$$

设电容元件上的电压：$\dot{U}_C = U_C \angle \varphi_u$，电容元件上的电流的相量式为

$$\dot{I}_C = \omega C U_C \angle (\varphi_u + 90°) = j\omega C \dot{U}_C = j\frac{\dot{U}_C}{X_C}$$

则电容元件上电压与电流的相量关系为

$$\dot{U}_C = -jX_C \dot{I}_C \tag{3-28}$$

如图 3-19 所示给出了电容电路的相量模型及相量图。

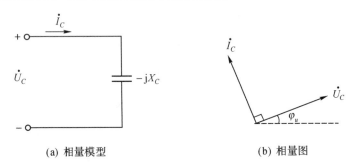

(a) 相量模型　　　　　　　　(b) 相量图

图 3-19　电容电器的相量模型及相量图

**2.电容元件的功率**

在电压与电流参考方向一致的情况下，设 $u_C = U_{Cm}\sin\omega t$，则电容元件的瞬时功率为

$$\begin{aligned}
p &= u_C i_C = U_{Cm}\sin\omega t \times I_{Cm}\sin\left(\omega t + \frac{\pi}{2}\right) \\
&= U_{Cm} I_{Cm}\sin\omega t\cos\omega t \\
&= U_C I_C \sin 2\omega t \tag{3-29}
\end{aligned}$$

瞬时功率的波形图如图 3-20 所示。由式(3-29)或波形图都可以看出，此功率是以两倍角频率作正弦变化的。

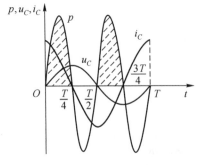

图 3-20　电容元件的瞬时功率波形

M3-5　电容元件交流
电路/微课

M3-6　*RLC* 单元件
交流电路/测试

电容在通以正弦电流时,一个周期内所吸收的平均功率为

$$P = \frac{1}{T}\int_0^T U_C I_C \sin 2\omega t \, dt = 0 \qquad (3-30)$$

与电感元件相同,电容元件也是不消耗能量的,它也是储能元件。电容吸收的瞬时功率不为零,在第一和第三个 1/4 周期内,瞬时功率为正值,电容吸取电源的电能,并将其转换成电场能量储存起来;在第二和第四个 1/4 周期内,瞬时功率为负值,将储存的电场能量转换成电能返送给电源。

用无功功率 $Q_C$ 表示电源与电容间的能量交换:

$$Q_C = U_C I_C = I_C^2 X_C = \frac{U_C^2}{X_C} \qquad (3-31)$$

**例 3-9**　设加在一电容器上的电压 $u(t)=6\sqrt{2}\sin(1000t-60°)$ V,其电容 $C$ 为 $10\,\mu$F,求:(1)流过电容的电流 $i(t)$,并画出电压、电流的相量图。(2)若接在 6V 直流电源上,则电流为多少?

**解:**(1)据题意,得 $\qquad \dot{U}=6\angle-60°$ V

$$X_C = \frac{1}{\omega C} = \frac{1}{1000\times 10\times 10^{-6}} = 100\,\Omega$$

$$\dot{I}_C = \frac{\dot{U}_C}{-jX_C} = \frac{6\angle-60°}{-j100} = 0.06\angle(-60°+90°) = 0.06\angle 30°\,\text{A}$$

所以,电容电流:$\qquad i(t)=0.06\sqrt{2}\sin(1000t+30°)$ A

电容电压、电流的相量图如图 3-21 所示。

(2)若接在 6V 直流电源上,则 $X_C=\infty,I=0$。

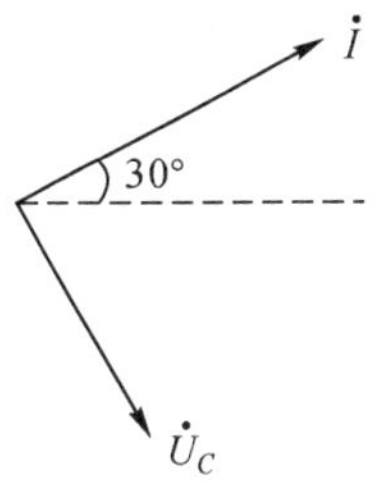

图 3-21　例 3-9 图

# 3.4　*RLC* 串联交流电路

## 3.4.1　*RLC* 串联电路的计算

电阻、电感和电容串联电路如图 3-22(a)所示,以电流为参考相量画各电压相量图如图 3-22(b)所示。

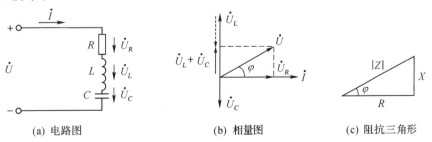

(a) 电路图　　　　　(b) 相量图　　　　　(c) 阻抗三角形

图 3-22　*RLC* 串联电路

1.瞬时值与有效值

设:$i=I_m\sin\omega t$

则:$u_R=U_{Rm}\sin\omega t$,$u_L=U_{Lm}\sin(\omega t+90°)$,$u_C=U_{Cm}\sin(\omega t-90°)$

根据 KVL 可列出总电压与分电压的瞬时值关系式：

$$u = u_R + u_L + u_C \tag{3-32}$$

图 3-22(b)中电压有效值 $U_R$、$U_X(=U_L-U_C)$、$U$ 组成直角三角形，称为电压三角形，相互关系为：

$$U = \sqrt{U_R^2 + (U_L - U_C)^2}$$
$$= I\sqrt{R^2 + (X_L - X_C)^2} \tag{3-33}$$

**2. 相量与复阻抗**

将式(3-32)各电压用相量来表示，得：

$$\dot{U} = \dot{U}_R + \dot{U}_L + \dot{U}_C$$
$$= \dot{I}[R + j(X_L - X_C)] = \dot{I}Z \tag{3-34}$$

其中，$Z$ 称为复阻抗，即：

$$Z = R + j(X_L - X_c) = |Z|e^{j\varphi} \tag{3-35}$$

式(3-35)中，$|Z|$ 称为阻抗的模，$\varphi$ 称为阻抗角，即：

$$|Z| = \sqrt{R^2 + (X_L - X_C)^2} \tag{3-36}$$

$$\varphi = \arctan \frac{X_L - X_C}{R} \tag{3-37}$$

公式(3-36)中的三个阻抗 $R$、$X(=X_L-X_C)$、$Z$ 组成阻抗三角形，与电压三角形为相似三角形，如图 3-22(c)所示。

**3. 总电压与总电流的相位差角 $\varphi$**

从图 3-22(b)(c)可知，总电压与总电流的相位差角 $\varphi$：

$$\varphi = \arctan \frac{U_L - U_C}{R} = \arctan \frac{X_L - X_C}{R} \tag{3-38}$$

复阻抗的模 $|Z|$ 等于电压的有效值 $U$ 与电流的有效值 $I$ 之比，辐角 $\varphi$ 等于电压与电流的相位差角，即

$$|Z| = \frac{U}{I},\ \varphi = \varphi_u - \varphi_i \tag{3-39}$$

由此可见，复阻抗 $Z$ 决定了电压、电流的有效值大小和相位间的关系，所以复阻抗是正弦交流电路中一个十分重要的概念，为了简明，复阻抗可简称为阻抗。

$RLC$ 串联电路，若电容 $C$ 为零，则成为 $RL$ 串联电路，如日光灯电路，可以看成电感（镇流器）与电阻（灯管）的串联电路，如图 3-23 所示。

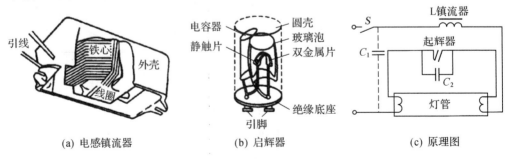

|(a) 电感镇流器 | (b) 启辉器 | (c) 原理图|

图 3-23　日光灯电路

工作原理:闭合开关 $S$,启辉电压加在启辉器动、静触片之间产生辉光放电,U 形双金属片受热膨胀,与静触片接触,电流流过灯丝预热。由于动、静触片的接触,辉光放电停止,U 形双金属片冷却而收缩,动、静触片突然断开,在镇流器线圈上产生很高的自感电动势,与电源电压叠加后加在灯管两端,使灯管内的惰性气体与水银蒸气电离产生辉光放电而导通。

**例 3-10** 如图 3-24(a)所示为日光灯的等效电路,已知灯管电阻 $R_1=300\Omega$,镇流器电阻 $R_2=40\Omega$,电感 $L_2=1.3\mathrm{H}$,电源电压 $U=220\mathrm{V}$,$f=50\mathrm{Hz}$。求:

(1)灯管中电流有效值 $I$;

(2)电流滞后于电压的相位差;

(3)灯管电压有效值 $U_1$,镇流器电压有效值 $U_2$;

(4)画出电压、电流相量图。

**解:**总电阻 $R=R_1+R_2=340\Omega$,感抗 $X_L=\omega L_2=408\Omega$,因此电路总阻抗:

$$Z=\sqrt{R^2+X_L^2}=532\Omega$$

(1)灯管中电流有效值 $I=\dfrac{U}{Z}=\dfrac{220}{532}=0.414\mathrm{A}$

(2)电流滞后于电压的相位差:$\varphi=\arctan\dfrac{X_L}{R}=\arctan\dfrac{408}{340}=50.2°$

(3)灯管电压有效值 $U_1=IR_1=124.2\mathrm{V}$,镇流器电压有效值:

$$U_2=IZ_2=I\sqrt{R^2+X_L^2}=169\mathrm{V}$$

由此可见:$U_1+U_2>U=220\mathrm{V}$,即 $U_1+U_2\neq U$,而应该是 $\dot{U_1}+\dot{U_2}=\dot{U}$ 的矢量和。

(4)电压、电流矢量图,如图 3-24(b)所示。

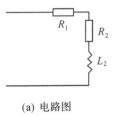

(a) 电路图

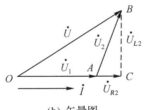

(b) 矢量图

M3-7　RLC 串联电路的计算/微课

图 3-24　例 3-10 图

**例 3-11** 如图 3-25 所示为实验电路测量线圈参数 $R$、$L$ 的一种方法。由实验测得 $I=5\mathrm{A}$,$P=400\mathrm{W}$,$U=110\mathrm{V}$,且已知 $f=50\mathrm{Hz}$。试求线圈的参数 $R$、$L$。

**解:**功率表读数就是线圈电阻所吸收功率,即 $P=I^2R$,

所以,线圈电阻 $R=\dfrac{P}{I^2}=\dfrac{400}{5^2}=16\Omega$;

线圈阻抗 $Z=\dfrac{U}{I}=\dfrac{110}{5}=22\Omega$;

线圈感抗 $X_L=\sqrt{Z^2-R^2}=\sqrt{22^2-16^2}=15\Omega$;

线圈电感 $L=\dfrac{X_L}{2\pi f}=\dfrac{15}{2\pi\times50}=0.48\mathrm{H}$。

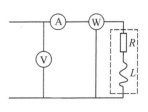

图 3-25　例 3-11 图

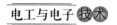

### 3.4.2 *RLC* 串联电路的性质

下面我们讨论电路参数对电路性质的影响。根据电路参数可得出 *RLC* 串联电路的性质:

(1)当 $X_L > X_C$ 时,$\varphi = \arctan \dfrac{X_L - X_C}{R} > 0$,即电压超前电流 $\varphi$ 角,电路呈感性。

(2)当 $X_L < X_C$ 时,$\varphi < 0$,即电压滞后电流,电路呈容性。

(3)当 $X_L = X_C$ 时,$\varphi = 0$,即电压与电流同相位,电路呈阻性。

三种情况的相量图如图 3-26 所示。

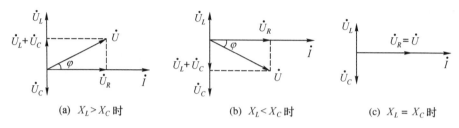

(a) $X_L > X_C$ 时　　　　　(b) $X_L < X_C$ 时　　　　　(c) $X_L = X_C$ 时

图 3-26　*RLC* 串联电路相量

由上面分析可知:$-90° \leqslant \varphi \leqslant 90°$。当电源频率不变时,改变电路参数 $L$ 或 $C$ 可以改变电路的性质;若电路参数不变,也可以通过改变电源频率来改变电路的性质。

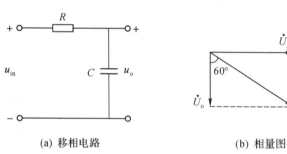

(a) 移相电路　　　　　(b) 相量图

M3-8　*RLC* 串联电路的性质/微课

图 3-27　例 3-12 图

**例 3-12**　如图 3-27(a)所示是一移相电路,已知输入电压 $u_{in} = 1V$,$f = 1000\,\mathrm{Hz}$,$C = 0.01\,\mu\mathrm{F}$,欲使输出电压 $u_o$ 较输入电压 $u_{in}$ 的相位滞后 $60°$,试求电路的电阻。

**解法一:**
$$X_C = \frac{1}{2\pi f C} = \frac{1}{2\pi \times 1000 \times 0.01 \times 10^{-6}} = 15.9\,(\mathrm{k}\Omega)$$

$$\dot{U}_o = -\mathrm{j}\dot{I}X_C$$

$$\dot{U}_{in} = \dot{I}(R - \mathrm{j}X_C)$$

$$\frac{\dot{U}_o}{\dot{U}_{in}} = \frac{-\mathrm{j}X_C\dot{I}}{\dot{I}(R - \mathrm{j}X_C)} = \frac{-\mathrm{j}X_C}{R - \mathrm{j}X_C} = \frac{X_C \angle -90°}{\sqrt{R^2 + X_C^2} \angle -\arctan(X_C/R)}$$

$$\varphi = 90° + \arctan\frac{X_C}{R} = -60°$$

欲使输出电压 $u_o$ 较输入电压 $u_{in}$ 的相位滞后 $60°$,则

$$\arctan\frac{X_C}{R} = 30°$$

即
$$\frac{X_C}{R} = \frac{\sqrt{3}}{3}$$

$$R=\sqrt{3}X_C=\sqrt{3}\times 15.9=27.6(\text{k}\Omega)$$

**解法二:** 以电流 $\dot{I}$ 为参考正弦量,画出相量图如图 3-27(b) 所示。从相量图得

$$\tan 60°=\frac{U_R}{U_C}=\frac{R}{X_C}$$

所以

$$R=X_C\tan 60°=\frac{1}{2\pi fC}\tan 60°$$

$$=\frac{\sqrt{3}}{2\times 3.14\times 1000\times 0.01\times 10^{-6}}$$

$$=27.6(\text{k}\Omega)$$

由例 3-12 可以看出,在交流电路的计算中,有些电路可借助于相量图的分析方法,使解题过程变得简便。

**例 3-13** 如图 3-28(a) 所示为正弦交流电路中的一部分,已知电压表 $V_1$ 的读数为 6V,$V_2$ 的读数为 8V,试求端口电压 $U$。

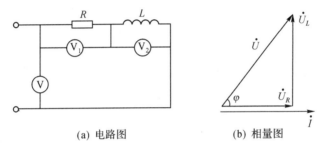

(a) 电路图            (b) 相量图

图 3-28    例 3-13 图

**解:** 以电流为参考相量(在串联电路中,一般取电流相量为参考相量),画出相量图如图 3-28(b) 所示。由相量图可见,$\dot{U}_R$、$\dot{U}_L$、$\dot{U}$ 三者组成一直角三角形,故得

$$U=\sqrt{U_R^2+U_L^2}=\sqrt{6^2+8^2}=10(\text{V})$$

$$\varphi=\arctan\frac{U_L}{U_R}=\arctan\frac{8}{6}=53.1°$$

本例也可用相量的代数方法计算。设电流相量为 $\dot{I}=I\angle 0°$,则

$$\dot{U}_R=6\angle 0°=6(\text{V})$$

$$\dot{U}_L=8\angle 90°=\text{j}8(\text{V})$$

由 KVL 得:

$$\dot{U}=\dot{U}_R+\dot{U}_L=6+\text{j}8=10\angle 53.1(\text{V})$$

因此,端口电压大小为 10V,相位比电流超前 $53.1°$。

## 3.5 *RLC* 并联交流电路

电阻 $R$、电感 $L$ 和电容 $C$ 并联电路如图 3-29(a) 所示,以电压为参考相量画出各支路电流相量图,如图 3-29(b) 所示。

设:$u=U_m\sin\omega t$

则:$i_R=I_{Rm}\sin\omega t$,$i_L=I_{Lm}\sin(\omega t-90°)$,$i_C=I_{Cm}\sin(\omega t+90°)$

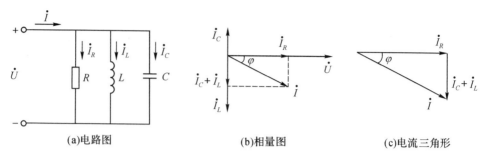

(a)电路图　　　　　　　(b)相量图　　　　　　　(c)电流三角形

图 3-29　*RLC* 并联电路

根据 KCL 可列出总电流与各支路电流的瞬时值关系式：

$$i = i_R + i_L + i_C \tag{3-40}$$

将式(3-40)中电流用相量表示，得并联电路的总电流相量 $\dot{I}$ 与各支路电流相量关系为：

$$\dot{I} = \dot{I}_R + \dot{I}_L + \dot{I}_C = \frac{\dot{U}}{R} + \frac{\dot{U}}{jX_L} + \frac{\dot{U}}{-jX_c} \tag{3-41}$$

从图 3-29(b)可知，*RLC* 并联电路，电流 $\dot{I}_R$、$\dot{I}_L + \dot{I}_C$ 及 $\dot{I}$ 三个相量组成一个直角三角形，称电流三角形，图 3-29(c)。因此，总电流的有效值 $I$ 与各支路电流有效值关系为：

$$I = \sqrt{I_R^2 + (I_C - I_L)^2} \tag{3-42}$$

从图 3-29(b)可知，总电压 $\dot{U}$ 与总电流 $\dot{I}$ 的相位差角 $\varphi$，可用下式计算：

$$\tan\varphi = \frac{I_L - I_C}{I_R} = \left(\frac{1}{\omega L} - \omega C\right) R \tag{3-43}$$

式(3-43)中，当 $\varphi > 0$ 时，电压超前电流，电路呈电感性；当 $\varphi < 0$ 时，电压滞后电流，电路呈电容性；当 $\varphi = 0$ 时，电流与电压同相，电路呈电阻性。

三种情况的相量图如图 3-30 所示。

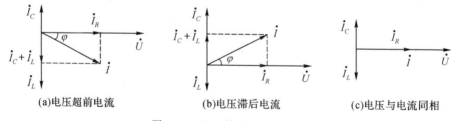

(a)电压超前电流　　　　　(b)电压滞后电流　　　　　(c)电压与电流同相

图 3-30　*RLC* 并联电路的相量

**例 3-14**　如图 3-31(a)所示为正弦交流电路的一部分，已知电流表 $A_1$ 的读数为 3A，$A_2$ 的读数为 4A，求电流表 A 的读数。

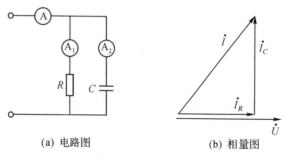

(a) 电路图　　　　　　　　(b) 相量图

图 3-31　例 3-14 图

**解:**以电压为参考相量(在并联电路中,一般取电压相量为参考相量),画出相量图如图 3-32(b)所示。由相量图可见,$\dot{I}_R$、$\dot{I}_C$、$\dot{I}$ 三者组成一直角三角形,故得

$$I=\sqrt{I_R^2+I_C^2}=\sqrt{3^2+4^2}=5(A)$$

本例也可用相量法计算,设电压相量为 $\dot{U}=U\angle 0°$,则

$$\dot{I}_R=3\angle 0°=3(A)$$
$$\dot{I}_C=4\angle 90°=j4(A)$$

由 KCL 得

$$\dot{I}=\dot{I}_R+\dot{I}_C=3+j4=5\angle 53.1°(A)$$

所以,电流表的读数为5A。

# *3.6　阻抗的连接

## 3.6.1　阻抗的串联

阻抗串联电路如图 3-32 所示,根据相量形式的 KVL 可得

$$\dot{U}=\dot{U}_1+\dot{U}_2+\dot{U}_3$$
$$=(Z_1+Z_2+Z_3)\dot{I}$$
$$=Z\dot{I} \tag{3-44}$$

式中:$Z$ 为全电路的等效阻抗,它等于各复阻抗之和,即:

$$Z=Z_1+Z_2+Z_3 \tag{3-45}$$

此阻抗串联电路的计算与直流电路相似,所不同的是电压、电流均为相量,$Z$ 为复数。

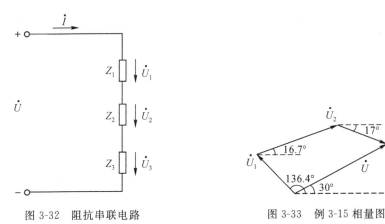

图 3-32　阻抗串联电路　　　　　图 3-33　例 3-15 相量图

**例 3-15**　设三个复阻抗串联电路如图 3-32 所示,已知 $Z_1=5+j10\Omega$,$Z_2=10-j15\Omega$,$Z_3=-j9\Omega$,电源电压 $\dot{U}=40\angle 30°V$,试求等效复阻抗 $Z$,电流 $\dot{I}$ 和电压 $\dot{U}_1$、$\dot{U}_2$、$\dot{U}_3$,并画出相量图。

**解:**复阻抗:

$$Z=Z_1+Z_2+Z_3$$
$$=5+j10+10-j15-j9$$
$$=15-j14$$
$$=20.5\angle -43°(\Omega)$$

$$\dot{I}=\frac{\dot{U}}{Z}=\frac{40\angle30°}{20.5\angle-43°}=1.95\angle73°(A)$$

$$\dot{U}_1=Z_1\dot{I}=(5+j10)\times1.95\angle73°=21.8\angle136.4°(V)$$

$$\dot{U}_2=Z_2\dot{I}=(10-j15)\times1.95\angle73°=35.2\angle16.7°(V)$$

$$\dot{U}_3=Z_3\dot{I}=-j9\times1.95\angle73°=17.6\angle17°(V)$$

相量图如图 3-33 所示。

### 3.6.2 阻抗的并联

阻抗并联电路如图 3-34 所示。根据相量形式的 KCL,得：

$$\dot{I}=\dot{I}_1+\dot{I}_2+\dot{I}_3$$

将电流计算式代入上式中,且约掉公式左右相同物理量,得

$$\frac{1}{Z}=\frac{1}{Z_1}+\frac{1}{Z_2}+\frac{1}{Z_3} \qquad (3-46)$$

几个复阻抗并联时,全电路的等效复阻抗的倒数等于各复阻抗的倒数之和。若用导纳表示,则为

$$Y=Y_1+Y_2+Y_3$$

也就是说,几个复导纳并联时,等效复导纳等于各复导纳之和。当两个复阻抗并联时,其等效阻抗也可用下式计算：

$$Z=\frac{Z_1\cdot Z_2}{Z_1+Z_2} \qquad (3-47)$$

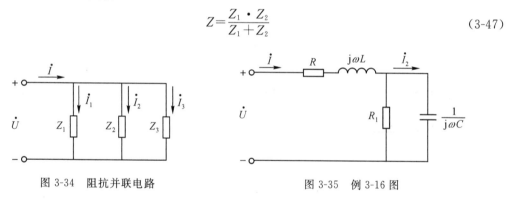

图 3-34　阻抗并联电路　　　　　　　图 3-35　例 3-16 图

### 3.6.3 阻抗的混联

在正弦交流电路中的电压与电流用相量表示,引用导纳及阻抗的概念后,阻抗的串联与并联电路计算方法在形式上与直流电路中的相应公式相似,因此阻抗混联电路的分析方法可按照直流电路的方法进行。

**例 3-16** 在图 3-35 中,已知 $R=10\Omega,L=40\mathrm{mH},C=10\mu\mathrm{F},R_1=50\Omega,\dot{U}=100\angle0°V,\omega=100\mathrm{rad/s}$,试求各支路电流。

**解**:(1)计算全电路的等效阻抗 $Z$:

$$X_L=\omega L=1000\times40\times10^{-3}=40\Omega$$

$$X_C=\frac{1}{\omega C}=\frac{1}{1000\times10\times10^{-6}}=100\Omega$$

$$Z = R + \mathrm{j}X_L + \frac{R_1(-\mathrm{j}X_C)}{R_1 - \mathrm{j}X_C}$$

$$= 10 + \mathrm{j}40 + \frac{50 \times (-\mathrm{j}100)}{50 - \mathrm{j}100}$$

$$= 10 + \mathrm{j}40 + 40 - \mathrm{j}20$$

$$= 50 + \mathrm{j}20$$

$$= 53.9\angle 21.8°(\Omega)$$

（2）计算电路总电流：

$$\dot{I} = \frac{\dot{U}}{Z} = \frac{100\angle 0°}{53.9\angle 21.8°} = 1.86\angle -21.8°(\text{A})$$

利用分流公式计算各支路电流：

$$\dot{I}_1 = \frac{-\mathrm{j}X_C}{R_1 - \mathrm{j}X_C}\dot{I} = \frac{-\mathrm{j}100}{50 - \mathrm{j}100} \times 1.86\angle 21.8° = 1.66\angle -48.4°(\text{A})$$

$$\dot{I}_2 = \frac{R_1}{R_1 - \mathrm{j}X_C}\dot{I} = \frac{50}{50 - \mathrm{j}100} \times 1.86\angle 21.8° = 0.83\angle 41.6°(\text{A})$$

或　　　　$$\dot{I}_2 = \dot{I} - \dot{I}_1 = 1.86\angle 21.8° - 1.66\angle -48.4° = 0.83\angle 41.6°(\text{A})$$

从例 3-16 可以看出，阻抗串、并联交流电路的计算同直流电路的电阻串、并联方法相同，所不同的是电阻用复阻抗来代替，电压、电流用相量代替，且计算比较复杂。读者可借助函数计算器中的复数计算（CPLX）功能来进行。

# 3.7　RLC 电路中的谐振

电路中的谐振是电路的一种特殊的工作状况，谐振现象在无线电和电工技术中得到广泛的应用，但谐振在有些场合下又有可能破坏系统的正常工作，因此研究谐振现象有重要的意义。谐振按发生电路的不同可分为串联谐振和并联谐振。

## 3.7.1　串联谐振

1.谐振条件

图 3-36 所示为 RLC 串联电路。

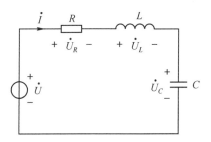

图 3-36　RLC 串联电路

电路的复阻抗为

$$Z = R + \mathrm{j}X = R + \mathrm{j}\left(\omega L - \frac{1}{\omega C}\right)$$

当 $X = \omega L - \dfrac{1}{\omega C} = 0$ 时,整个电路的阻抗等于电阻 $R$,电压与电流同相,这种工作状态称为串联谐振。$X = 0$ 时对应的角频率称为串联谐振角频率,记作 $\omega_0$,即有

$$\omega_0 L - \frac{1}{\omega_0 C} = 0$$

所以:

$$\omega_0 = \frac{1}{\sqrt{LC}} \tag{3-48}$$

谐振频率为

$$f_0 = \frac{1}{2\pi \sqrt{LC}} \tag{3-49}$$

式(3-50)即为 $RLC$ 串联电路发生谐振的条件。这一谐振频率与电路中的电阻无关,仅决定于电路中的 $L$ 和 $C$ 的数值。改变 $\omega$、$L$、$C$ 中的任何一个量都可使电路达到谐振。

**2. 串联谐振的特点**

(1)谐振时电路为纯电阻性质,电路中的电流有效值 $I = \dfrac{U}{|Z|} = \dfrac{U}{R} = I_0$ 达到最大,且 $R$ 越小,$I$ 将越大。

(2)谐振时,电感电压 $\dot{U}_L$ 和电容电压 $\dot{U}_C$ 相等,且等于电源电压 $U$ 的 $Q$ 倍。

谐振时感抗和容抗的绝对值称为串联谐振电路的特性阻抗,用符号 $\rho$ 表示,它由电路的 $L$、$C$ 参数决定,即

$$\rho = \omega_0 L = \frac{1}{\omega_0 C} = \sqrt{\frac{L}{C}} \tag{3-50}$$

式中:$L$ 单位为 H,$C$ 单位为 F,$\rho$ 单位为 $\Omega$。

电工技术中将谐振电路的特性阻抗与回路电阻的比值定义为该谐振电路的品质因数,即

$$Q = \frac{\rho}{R} \tag{3-51}$$

$Q$ 是个无量纲的量,其大小可反映谐振电路的性能,它与电感、电容及电源上电压的关系为

$$\begin{cases} \dot{U}_L = jQ\dot{U} \\ \dot{U}_C = -jQ\dot{U} \end{cases} \tag{3-52}$$

(3)谐振时,电源提供的能量全部消耗在电阻上,电容和电感之间进行能量交换,两者和电源无能量交换。

**3. 串联谐振的应用**

在具有电感和电容元件的电路中,电路两端的电压与其中的电流一般是不同相的,如果我们调节电路的参数或电源的频率而使它们同相,这时电路中就发生谐振现象。

在电力工程中会发生串联谐振时,过高的电压可能会击穿线圈、电容器甚至绝缘子等的绝缘,所以一般应避免发生串联谐振。

在无线电工程中则常利用串联谐振以获得较高电压,电容或电感元件上的电压常高于电源电压几十倍或几百倍。

无线电技术中常应用串联谐振的选频特性来选择信号。例如,收音机通过接收天线,接收到各种频率的电磁波,每一种频率的电磁波都会在天线回路中产生相应的微弱的感应电流。

为了达到选择信号的目的,通常在收音机里采用如图 3-37 所示的谐振电路,把调谐回路中的电容 $C$ 调节到某一值,电路就具有一个固有的频率 $f_0$。如果这时某电台的电磁波的频率正好等于调谐电路的固有频率,就能收听该电台的广播节目,其他频率的信号被抑制掉,这样就实现了选择电台的目的。

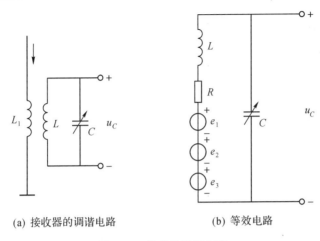

(a) 接收器的调谐电路　　　　　　(b) 等效电路

图 3-37　收音机谐振电路

**例 3-17**　将电容器($C=320\mu\text{F}$)与一线圈($L=8\text{mH},R=100\Omega$)串联,接在 $U=50\text{V}$ 的电源上。试:(1)当 $f_0=100\text{kHz}$ 时发生谐振,求电流与电容器的电压;(2)当频率增加 $10\%$ 时,求电流与电容器上的电压。

**解:**(1)当 $f_0=100\text{kHz}$,电路发生谐振时:

$$X_L=2\pi f_0 L=2\times 3.14\times 100\times 10^3\times 8\times 10^{-3}=5024(\Omega)$$

$$X_C=\frac{1}{2\pi f_0 C}=\frac{1}{2\times 3.14\times 100\times 10^3\times 320\times 10^{-12}}=5000(\Omega)$$

$$I_0=\frac{U}{R}=\frac{50}{100}=0.5(\text{A})$$

$$U_C=I_0 X_C=0.5\times 5000=2500(\text{V})(>U)$$

(2)当频率增加 $10\%$ 时:

$$X_L=2\pi f_0 L=2\times 3.14\times 100\times 10^3\times 110\%\times 8\times 10^{-3}=5500(\Omega)$$

$$X_C=\frac{1}{2\pi f_0 C}=\frac{1}{2\times 3.14\times 100\times 10^3\times 110\%\times 320\times 10^{-12}}=4545(\Omega)$$

$$|Z|=\sqrt{R^2+(X_L-X_C)^2}=\sqrt{100^2+(5500-4545)^2}\approx 960(\Omega)$$

$$I_0=\frac{U}{|Z|}=\frac{50}{960}\approx 0.05(\text{A})$$

$$U_C=I_0 X_C=0.05\times 4545\approx 227(\text{V})(<2500\text{V})$$

由此可见,当频率调整,偏离谐振频率时,电流和电压就大大减小。

**例 3-18**　收音机的输入回路可用 $RLC$ 串联电路为其模型,其电感为 $0.233\text{mH}$,可调电容的变化范围为 $42.5\sim 360\text{pF}$。试求该电路谐振频率的范围。

**解:**$C=42.5\text{pF}$ 时的谐振频率为

$$f_{01}=\frac{1}{2\pi\sqrt{LC}}=\frac{1}{2\pi\sqrt{0.233\times 10^{-3}\times 42.5\times 10^{-12}}}$$

$$=1600(\text{kHz})$$

$C=360\text{pF}$ 时的谐振频率为

$$f_{02}=\frac{1}{2\pi\sqrt{LC}}=\frac{1}{2\pi\sqrt{0.233\times10^{-3}\times360\times10^{-12}}}$$

$$=550(\text{kHz})$$

所以,此电路的调谐频率为 550k～1600kHz。

### 3.7.2 并联谐振

并联谐振电路有 $RLC$ 并联电路和电容 $C$ 与线圈(电阻与电感串联)并联电路两种,本书以第一种为例介绍,电路如图3-38 所示。

**1.谐振条件**

分析 $R$、$L$、$C$ 并联电路可得,等效复阻抗的表达式为

$$Z=\frac{1}{\frac{1}{R}+\text{j}\left(\omega C-\frac{1}{\omega L}\right)}$$

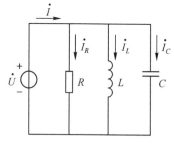

图 3-38 RLC 并联电路

与串联谐振相同,当电路中 $\dot{U}$ 与 $\dot{I}$ 同相时,称电路发生并联谐振,即上式分母的虚部为零时发生并联谐振,此时 $Z=R$,$\dot{U}$ 与 $\dot{I}$ 同相。满足这一条件的角频率为 $\omega_0$,这时:

$$\omega_0 C=\frac{1}{\omega_0 L}$$

即:

$$\omega_0=\frac{1}{\sqrt{LC}} \tag{3-53}$$

或

$$f=f_0=\frac{1}{2\pi\sqrt{LC}} \tag{3-54}$$

式(3-53)和式(3-54)与串联谐振电路的角频率、频率计算式相同。

**2.并联谐振的特点**

(1)谐振时电路为纯电阻性质,且阻抗最大;在电源电压 $U$ 一定的情况下,电路中的电流 $I$ 最小。

(2)电源电压 $\dot{U}$ 与电路中总电流 $\dot{I}$ 同相($\varphi=0$)。

(3)谐振时并联支路的电流近似相等,比总电流大 $Q$ 倍。并联谐振也称电流谐振。

**3.并联谐振的应用**

并联谐振在电子技术中经常应用。例如利用并联谐振时阻抗高的特点来选择信号或消除干扰。

**例 3-19** 如图 3-38 所示的并联电路中,若 $C=0.002\mu\text{F}$,$L=20\mu\text{H}$,$R=5\text{k}\Omega$,试求谐振角频率 $\omega_0$ 和品质因数 $Q$。

**解:**

$$\omega_0=\frac{1}{\sqrt{LC}}=\frac{1}{\sqrt{20\times10^{-6}\times2\times10^{-9}}}=5\times10^6(\text{rad/s})$$

$$Q=\frac{I_L}{I}=\frac{I_L}{I_R}=\frac{R}{\omega_0 L}=\frac{5\text{k}\Omega}{100\Omega}=50$$

# 3.8 交流电路的功率及功率因数提高

在3.3中分析了电阻、电感及电容单一元件的功率,本节将分析正弦交流电路中功率的一般情况。

### 3.8.1 有功功率、无功功率、视在功率和功率因数

设有一个二端网络,取电压、电流参考方向如图3-39所示,则网络在任一瞬间时吸收的功率即瞬时功率为

$$p = u(t) \cdot i(t)$$

设 $u(t) = \sqrt{2}U\sin(\omega t + \varphi)$, $i(t) = \sqrt{2}I\sin\omega t$,其中 $\varphi$ 为电压与电流的相位差。则

$$
\begin{aligned}
p &= u(t) \cdot i(t)\\
&= \sqrt{2}U\sin(\omega t + \varphi) \cdot \sqrt{2}I\sin\omega t\\
&= UI\cos\varphi - UI\cos(2\omega t + \varphi)
\end{aligned}
\tag{3-55}
$$

其波形图如图3-40所示。

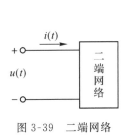

图 3-39 二端网络

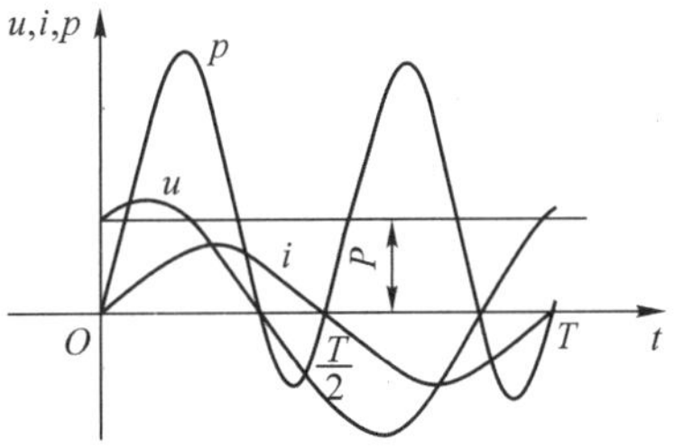

图 3-40 瞬时功率波形

瞬时功率有时为正值,有时为负值,表示网络有时从外部接受能量,有时向外部发出能量。如果所考虑的二端网络内不含有独立源,这种能量交换的现象就是网络内储能元件所引起的。二端网络所吸收的平均功率 $P$,为瞬时功率 $p$ 在一个周期内的平均值,即

$$P = \frac{1}{T}\int_0^T p\,\mathrm{d}t$$

将式(3-55)代入上式得

$$P = \int_0^T [UI\cos\varphi - UI(\omega t + \varphi)]\mathrm{d}t = UI\cos\varphi \tag{3-56}$$

式中:$\cos\varphi$ 称为二端网络的功率因数,工程上常用 $\lambda$ 表示,即 $\lambda = \cos\varphi$,$\varphi$ 称为功率因数角。

可见,正弦交流电路的有功功率等于电压、电流的有效值和电压、电流相位差角余弦的乘积。在二端网络为纯电阻情况下,$\varphi = 0$,功率因数 $\cos\varphi = 1$,网络吸收的有功功率 $P_R = UI$;当二端网络为纯电抗情况下,$\varphi = \pm 90°$,功率因数 $\cos\varphi = 0$,则网络吸收的有功功率 $P_X = 0$,这与前面3.3节的结果完全一致。一般情况下,二端网络的 $Z = R + jX$,$\varphi = \arctan\dfrac{X}{R}$,$\cos\varphi \neq 0$,即 $P = UI\cos\varphi$。

二端网络两端的电压 $U$ 和电流 $I$ 的乘积 $UI$ 也是功率的量纲,因此,把乘积 $UI$ 称为该网络的视在功率,用符号 $S$ 来表示,即

$$S = UI \tag{3-57}$$

为了与有功功率区别,视在功率的单位用伏安(VA)表示。视在功率也称容量,例如一台变压器的容量为 4000kVA,表示变压器能输出的最大有功功率为 4000kW。至于变压器实际能输出多少有功功率,要视它所带负载的功率因数而定。

在正弦交流电路中,除了有功功率和视在功率外,无功功率也是一个重要的量。电力系统正常运行与无功功率有着密切的关系,例如,电动机的磁场、变压器的磁场都是靠无功功率建立的。在 3.3 节中,已对电感元件、电容元件分析过无功功率,即无功功率是用来衡量电源与储能元件间的能量交换,因此无源二端网络的无功功率等于等效电抗中的无功功率,即

$$Q = U_X I$$

而 $U_X = U\sin\varphi$,所以无功功率:

$$Q = UI\sin\varphi \tag{3-58}$$

当 $\varphi = 0$ 时,二端网络为一个等效电阻,电阻总是从电源获得能量,没有能量的交换,$Q = 0$。

当 $\varphi \neq 0$ 时,说明二端网络中必有储能元件,因此,二端网络与电源间有能量的交换。对于感性负载,电压超前电流,$\varphi > 0$,$Q > 0$;对于容性负载,电压滞后电流,$\varphi < 0$,$Q < 0$。

### 3.8.2 功率因数的提高

提高功率因数的意义主要有以下几点:

(1)提高电源设备利用率。当电源容量 $S = UI$ 一定时,功率因数 $\cos\varphi$ 越高,其输出的功率 $P = UI\cos\varphi$ 越大。因此,为了充分利用电源设备的容量,应该设法提高负载网络的功率因数。

(2)降低线路损耗。当负载的有功功率 $P$ 和电压 $U$ 一定时,$\cos\varphi$ 越大,输电线上的电流越小,线路上能耗($P_{耗} = I^2 R_{线}$)就越少。因此,提高功率因数具有经济效益。

(3)节约铜材。在线路损耗一定时,提高功率因数可以使输电线上的电流减小,从而可以减小导线的横截面,节约铜材。

(4)提高供电质量。线路损耗减少,可以使负载电压与电源电压更接近,电压调整率更高。

功率因数不高的原因,主要是由于大量电感性负载的存在。工厂生产中广泛使用的三相异步电动机就相当于电感性负载。为了提高功率因数,可以从两个基本方面来着手:一方面是改进用电设备的功率因数,但这主要涉及更换或改进设备;另一方面是在感性负载的两端并联适当大小的电容器。

下面分析利用并联电容器来提高功率因数的方法。

原负载为感性负载,其功率因数为 $\cos\varphi$,电流为 $\dot{I}_1$,在其两端并联电容器 $C$,电路如图 3-41所示,并联电容以后,并不影响原负载的工作状态。从相量图可知,由于电容电流补偿

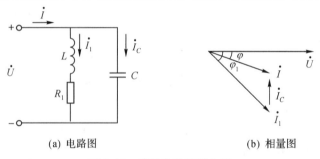

(a) 电路图                    (b) 相量图

图 3-41  感性负载并联电路

了负载中的无功电流,使总电流减小,电路的总功率因数提高了。

设有一感性负载的端电压为 $U$,功率为 $P$,功率因数为 $\cos\varphi_1$,为了使功率因数提高到 $\cos\varphi$,可推导所需并联电容 $C$ 的计算公式:

$$I_1\cos\varphi_1 = I\cos\varphi = \frac{P}{U}$$

流过电容的电流:

$$I_C = I_1\sin\varphi_1 - I\sin\varphi = \frac{P}{U}(\tan\varphi_1 - \tan\varphi)$$

又因为:

$$I_C = U\omega C$$

所以:

$$C = \frac{P}{\omega U^2}(\tan\varphi_1 - \tan\varphi) \tag{3-59}$$

**例 3-20** 已知 40W 日光灯额定电压 108V,与一镇流器串联,接于 $f=50\text{Hz}$,电压为 220V 的电源上,设镇流器电阻不计,日光灯为纯电阻。试求:

(1)串联镇流器后,总功率因数为多少?

(2)镇流器阻抗为多少?

(3)为使功率因数提高到 1,需要并联多大的电容器? 这时线路电流为多少?

**解:**(1)日光灯端电压:

$$U_R = U\cos\varphi_1 = 108\text{V}$$

$$\cos\varphi_1 = \frac{U_R}{U} = \frac{108}{220} = 0.491,$$

$\varphi_1 = \cos^{-1} 0.491 = 60.6°$,即电流较电压滞后 60.6°

(2)因为:

$$U_L = U\sin\varphi_1 = 220\sin 60.6° = 191(\text{V})$$

$$I_1 = \frac{P}{U\cos\varphi_1} = \frac{40}{108} = 0.371(\text{A})$$

所以:

$$X_L = \frac{U_L}{I_1} = \frac{191}{0.371} = 515(\Omega)$$

(3)据公式:

$$C = \frac{P}{\omega U^2}(\tan\varphi_1 - \tan\varphi)$$

可得

$$C = \frac{40}{2\pi \times 50 \times 220^2}(\tan 60.6° - \tan 0°)$$

$$= 4.7 \times 10^{-6}\text{F} = 4.7(\mu\text{F})$$

并联 $C$ 后,线路电流为 $I = \dfrac{P}{U\cos\varphi} = \dfrac{40}{220 \times 1} = 0.182(\text{A}) < I_1$

在实际生产中并不需要把功率因数提高到 1,因为这样做需要并联的电容较大。功率因数提高到什么程度为宜,只能在做具体的技术和经济比较之后才能决定,通常只将功率因数提高到 0.9~0.95。

M3-9 用相量法分析 复杂交流电路/PDF

M3-10 正弦交流电路 负载获得最大功率的 条件/PDF

M3-11 非正弦周期 电流电路/PDF

# 模块三小结

本模块着重理解和掌握单相正弦交流电的概念、交流电路的分析和计算方法。具体有：

1.正弦交流电的三要素：有效值、频率、初相位。

2.描述正弦交流的方法：瞬时表达式，如 $i = I_m \sin(\omega t + \varphi_i)$；波形图；相量式，如 $\dot{I} = I e^{j\varphi}$。

3.用相量法分析计算交流电路时，直流电路的所有定律公式均适用于交流电路。

相量法：将正弦交流电表示成一个对应的复数，用复阻抗表示电阻、电感、电容对电流的阻碍作用，分析计算交流电路的方法。

单元件电路欧姆定律的相量式：纯电阻电路 $\dot{U} = \dot{I}R$；纯电感电路 $\dot{U} = jX_L\dot{I}$；纯电容电路 $\dot{U} = -jX_C\dot{I}$。

4.$RLC$ 串联电路中，电路的复阻抗为 $Z = R + jX = R + j\left(\omega L - \dfrac{1}{\omega C}\right)$。

当复阻抗的虚部为零，即 $\omega L = \dfrac{1}{\omega C}$ 时，电路发生谐振。这时电路阻抗最小，$\dot{Z} = R$；电流最大（电压不变情况下），$\dot{I} = \dfrac{\dot{U}}{R}$；电压与电流同相。

5.正弦交流电路的功率。

有功功率 $P = UI\cos\varphi$，即电路实际消耗的功率，其中 $\cos\varphi$ 称为功率因数，反映了电路电能的利用率；无功功率 $Q = UI\sin\varphi$，即电路元件之间相互交换的功率；视在功率 $S = UI$。三者之间关系为 $S^2 = P^2 + Q^2$。

# 模块三任务实施

### 任务一 用示波器观察正弦交流电的波形，研究其三要素

场地：机房或多媒体教室。

器材：电脑、Multisim 仿真软件。

资讯：3.1 正弦交流电的基本概念；3.2 正弦量的相量表示法。

1. 在 Multisim 中搭建电路如图 3-42 所示,设置好电阻、信号源、示波器等元件参数。

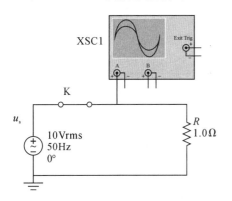

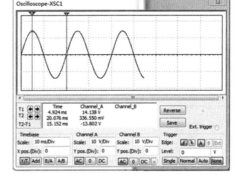

图 3-42　研究交流电三要素电路仿真图　　图 3-43　示波器设置及交流电的波形仿真图

2. 双击示波器,弹出示波器视窗,合上电路开关且进行仿真,在视窗中观察交流电 $u=10\sqrt{2}\sin(2\pi+0°)$ 波形(见图 3-43);在视窗扩展图中(见图 3-44)中,利用两根指针,估算此交流电起始点的值、周期、最大值后将结果填入表 3-1 中,且与理论计算值进行比较。

表 3-1　研究交流电的三要素

| 初相位 | | 初相位为以下值时,交流电在 $t=0$ 时值 | | | | 初相位为 0° | |
| --- | --- | --- | --- | --- | --- | --- | --- |
| | | 0° | 60° | 90° | 120° | 周期 | 最大值 |
| 项目 | 据波形估算值 | | | | | | |
| | 理论计算值 | | | | | | |
| | 相对误差 | | | | | | |

3. 将交流电初相位分别设置为 0°、60°、90°、120° 重复以上步骤 2 前半步骤,观察相应交流电波形起始点的不同,研究初相位的含义;估算起始点的值后填入表 3-1 中,且理论计算值进行比较。

## 任务二　用示波器观察和测量 *RL* 或 *RC* 串联电路中电压与电流间的相位差

场地:机房或多媒体教室。

器材:电脑、Multisim 仿真软件。

资讯:3.3 *RLC* 单元件交流电路;3.4 *RLC* 串联交流电路。

1. Multisim 中搭建电路如图 3-44 所示,合上开关 S 得到 *RC* 串联电路,设置好电路基本元件、信号源、示波器的参数,如图 3-60 至图 3-45 所示。

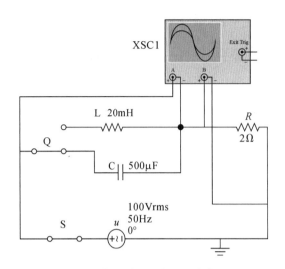

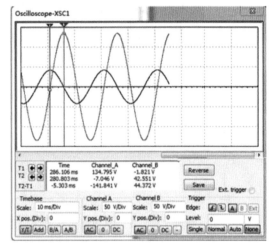

图 3-44 *RL* 或 *RC* 串联电路串联　　　　图 3-45 *RC* 电路电容(红色)、

电阻(黑色)的电压波形

2.双击示波器,弹出示波器视窗,开始仿真,在视窗中观察电路电压(用黑色图线显示)与电流波形(用绿色图线显示)。如图 3-45 所示。

3.在示波器视窗扩展图中,利用两根指针与波形线交点处显示的读数,估算 *RC* 串联电路电压与电流的相位差后填入表 3-2 中,且与理论计算值 $\tan\varphi=\dfrac{X_C}{R}$ 进行比较,计算相对误差,对结果进行分析。

表 3-2　*RL* 或 *RC* 串联电路电压与电流相位差

| 测量次数 | *RC* 串联电路给定值 | | *RL* 串联电路给定值 | | 波形图上估算相位差 $\varphi'$ | 利用 $\tan\varphi=\dfrac{X_C}{R}$ 或 $\tan\varphi=\dfrac{X_L}{R}$ 计算相位差 $\varphi'$ | 相对误差 |
|---|---|---|---|---|---|---|---|
| | *R* | *C* | *R* | *L* | | | |
| 1 | | | — | — | | | |
| 2 | | | — | — | | | |
| 3 | — | — | | | | | |
| 4 | | | | | | | |

4.将开关设置成 *RL* 串联电路,重复上面步骤 2、3,估算 *RL* 串联电路电压与电流的相位差后填入表 3-2 中,且与理论计算值 $\tan\varphi=\dfrac{X_L}{R}$ 进行比较,计算相对误差,对结果进行分析。

5.在 *RL* 串联电路仿真中,电路电流波形幅度的负半周较正半周小,解释其原因;实验中当电感或电容阻抗远大于电阻值时,相位差接近多少度? 推算纯电感电路、纯电容电路电压与电流的相位差。

## 任务三  探索 *RLC* 串联电路电压、电流、阻抗计算式

场地：机房或多媒体教室。

器材：电脑、Multisim 仿真软件。

资讯：3.3 *RLC* 单元件交流电路；3.4 *RLC* 串联交流电路。

1. 在 Multisim 中搭建电路如图 3-46 所示，设置好元件参数与性能，注意电压表、电流表要设置在交流挡。接上电源进行仿真，将各段电压测量值记入表 3-3 中相应栏目。

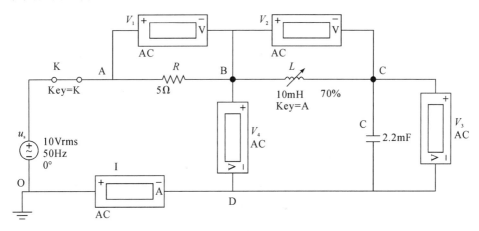

图 3-46  *RLC* 串联电路总电压与各分电压关系仿真电路

2. 改变电感线圈的电感量，重复上面步骤两次，且使其中一次的电感量调到 $U_{BD}$ 为零，将测得的电压值填入表 3-3，且与计算值进行比较。

**表 3-3  *RLC* 串联电路总电压与各分电压关系**

| 测量次数 | $R$、$L$、$C$ 值 | 设定值 | 测量值 | | | | 计算值 | |
|---|---|---|---|---|---|---|---|---|
| | | $U$ | $U_R$ | $U_L$ | $U_C$ | $U_{BD}$ | $U_L-U_C$ | $\sqrt{U_R^2+(U_L-U_C)^2}$ |
| 1 | | | | | | | | |
| 2 | | | | | | | | |
| 3 | | | | | | | | |

3. 分析思考：

(1) 表 3-3 中 $U_{BD}$ 与 $U_L-U_C$ 是什么关系？$U$ 与 $\sqrt{U_R^2+(U_L-U_C)^2}$ 又是什么关系？据此可以得出总阻抗计算式是怎样的？总电流计算式是怎样的？

(2) 使 $U_{BD}$ 为零的电路现象，称为 *RLC* 串联电路的谐振，说明谐振电路的特点；若电阻 $R$ 值较小，可以发现 $U_C$(或 $U_L$)远大于 $U$，解释原因并说明电力系统发生谐振的危害性。

## 任务四  研究日光灯电路功率因数的提高

场地：机房或多媒体教室。

器材：电脑、Multisim 仿真软件。

资讯：3.8 正弦交流电路中的功率及功率因数的提高。

1. 搭建电路，其中 $R$ 代表日光灯灯管电阻，$L$ 代表镇流器电感，$r$ 为线路电阻，$C$ 为补偿电

容,电源为 220V、50Hz,如图 3-47 所示,设置好电路元件参数。

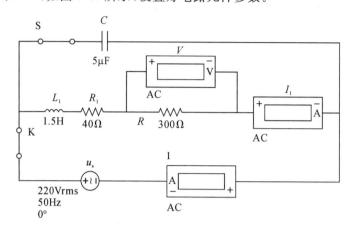

图 3-47　日光灯电路的功率因数的提高

2. 在未并联补偿电容时,仿真测量日光灯电流、线路上的电流,计算灯的有功功率、视在功率、功率因数和线路损耗功率,并将结果填入表 3-4。

3. 接上并联补偿电容,调节电容 $C$ 值,测量三次(注意:寻找使线路总电流最小的电容值,作为第 2 次的补偿电容),重复上面步骤 2 进行测量与计算,并将结果填入表 3-4。

表 3-4　日光灯电路功率因数的提高

| 测量或计算 项目 | 测量值 | | 计算日光灯 有功功率 $P_R$ | 计算日光灯 视在功率 $S$ | 计算日光灯 功率因数 | 计算线路损耗 功率 $P_r$ |
| --- | --- | --- | --- | --- | --- | --- |
| | $I$ | $I_R$ | | | | |
| 并联电容前 | | | | | | |
| 并联电容后 $C_1=$ | | | | | | |
| $C_2=$ | | | | | | |
| $C_3=$ | | | | | | |

4. 分析表 3-4 中的数据,说明感性负载提高功率因数的方法和电力系统提高功率因数的意义。

# 思考与习题三

3-1　有两个正弦量:$u=10\sqrt{2}\sin(314t+30°)$V,$i=0.5\sqrt{2}\sin(314t-60°)$A。

试求:(1)它们各自的幅值、有效值、角频率、频率、周期、初相位;

(2)它们之间的相位差,并说明其超前与滞后关系;

(3)绘出它们的波形图。

3-2　已知两个正弦量:$i_1=10\sqrt{2}\sin(\omega t+60°)$A,$i_2=10\sqrt{2}\sin(\omega t+120°)$A。

(1)写出两电流的相量形式;(2)试求 $i_1+i_2$;$i_1-i_2$。

3-3  已知正弦电压和电流的波形图如图 3-48 所示,频率为 50Hz。

(1)试指出它们的最大值和初相位以及它们的相位差,并说明哪个正弦量超前,超前多少角度?

(2)写出电压、电流的瞬时值表达式。

(3)画出相量图。

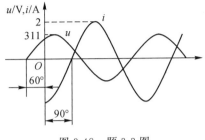 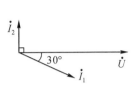

图 3-48  题 3-3 图　　　　　　　图 3-49  题 3-4 图

3-4  在图 3-49 所示的相量图中,已知:$U=220\text{V}$,$I_1=5\text{A}$,$I_2=3\text{A}$,它们的角频率为 $\omega$,试写出各正弦量的瞬时值表达式 $u,i_1,i_2$ 以及其相量 $\dot{U},\dot{I}_1,\dot{I}_2$。

3-5  某电路只具有电阻,$R=2\Omega$,电源电压 $u=14.1\sin(314t-30°)\text{V}$,试写出电阻的电流瞬时值表达式;如果用电流表测量该电路的电流,其读数应为多少? 电路消耗的功率是多少? 若电源频率增大一倍,电源电压值不变,又会如何?

3-6  某线圈的电感为 0.5H(电阻可忽略),接于 220V 的工频 $f=50\text{Hz}$ 电源上,设电压的初相位为 $30°$,求电路中电流的有效值及无功功率,画出相量图;若电源频率为 100Hz,其他条件不变,又会如何?

3-7  某电容 $C=2\mu\text{F}$,接于 220V 的工频电源上,设电压的初相角为 $30°$,求电路中的电流有效值及无功功率,并画出相量图;若电源的频率为 100Hz,其他条件不变,又会如何?

3-8  如图 3-50 所示电路,已知 $u=220\sqrt{2}\sin314t\text{V}$,$i_1=22\sin(314t-45°)\text{A}$,$i_2=11\sqrt{2}\sin(314t+90°)$ A。试求各仪表的读数。

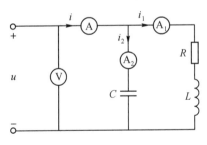

图 3-50  题 3-8 图

3-9  如图 3-51 所示电路,电压表的读数 $V_1$ 为 6V,$V_2$ 为 8V,$V_3$ 为 14V,电流表的读数 $A_1$ 为 3A,$A_2$ 为 8A,$A_3$ 为 4A。求电压表 ⓥ 和电流表 Ⓐ 的读数。

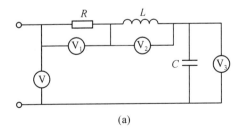 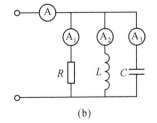

(a)　　　　　　　　　　　　　(b)

图 3-51  题 3-9 图

3-10 一台 1.7kW 的异步电动机用串联电抗器的方法来限制起动电流,电路如图 3-52 所示。已知电源 $U=127V$,$f=50Hz$。要求起动电流限制为 16A,并知电动机起动时,电阻 $R_2=1.9\Omega$,$X_2=3.4\Omega$,求电抗器的感抗 $X_1$ 和电感值 $L_1$。

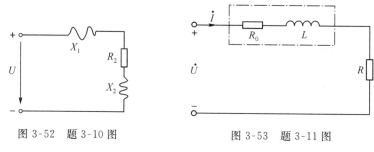

图 3-52 题 3-10 图　　　　　　　图 3-53 题 3-11 图

3-11 如图 3-53 所示为日光灯电路示意图,已知灯管电阻 $R=530\Omega$,镇流器电感 $L=1.9H$,镇流器电阻 $R_0=120\Omega$,工频交流电作用下,电源电压为 220V。求电路的电流、镇流器两端的电压、灯管两端的电压。

3-12 在 RLC 串联电路中,已知 $R=10\Omega$,$X_L=15\Omega$,$X_C=5\Omega$,电源电压 $u=10\sqrt{2}\sin(314t+30°)V$。求此电路的复阻抗 $Z$,电流 $\dot{I}$,电压 $\dot{U}_R$、$\dot{U}_L$、$\dot{U}_C$,并画出相量图。

3-13 在 RLC 串联电路中,已知 $U=10V$,$R=50\Omega$,$L=300mH$,在 $f_0=100Hz$ 时电路发生谐振。试求:

(1)电容 $C$ 值及电路特性阻抗 $\rho$ 和品质因数 $Q$。

(2)若谐振时电路两端电压有效值 $U=20V$,求电路中电流 $I_0$ 及电阻、电感、电容上的电压。

(3)若改变电路 $R$ 大小,电路的谐振频率是否改变。

3-14 RLC 串联电路中,已知端电压 $u=5\sqrt{2}\cos2500t V$,当电容 $C=10\mu F$ 时,电路吸收的功率 $P$ 达到最大值 $P_{max}=150W$。求电感 $L$ 和电阻 $R$ 的值,以及电路的 $Q$ 值。

3-15 RLC 并联电路中,$R=100k\Omega$,$L=40mH$,$C=10.5pF$,试求:(1)电路谐振频率及品质因数 $Q$;(2)若谐振时外加电压 $U=10V$,计算各支路电流及总电流,画出相量图。

3-16 已知 RLC 并联电路如图 3-54 所示,已知 $R=10\Omega$,$X_L=20\Omega$,$X_C=5\Omega$,电源电压 $\dot{U}=120\angle0°$ V,$f=50Hz$。试求:(1)各支路电流及总电流;(2)电路的功率因数,并指出电路呈电感性还是电容性?

3-17 某线圈接入正弦交流电路中,其电阻 $R=6\Omega$,感抗 $X_L=8\Omega$,通过电路的电流为 $i=5\sqrt{2}\sin(\omega t+30°)A$,在电压和电流取关联参考方向时,求:(1)总阻抗 $Z$;(2)电阻电压 $\dot{U}_R$、感抗电压 $\dot{U}_L$;(3)电路的功率因数和有功功率 $P$;(4)作出全部电压、电流相量图。

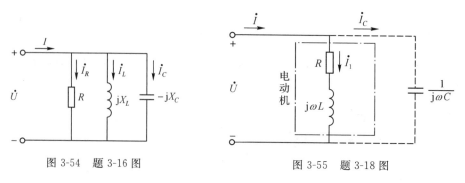

图 3-54 题 3-16 图　　　　　　　图 3-55 题 3-18 图

3-18 一台额定功率为 1.1kW 的交流异步电动机,接到电压有效值为 220V,频率 $f=50Hz$ 的电源上,电动机需要的电流为 10A,求:

(1)电动机的功率因数。

(2)若在电动机两端并联一只 $80\mu F$ 的电容(见图 3-55),电路的功率因数为多少?

3-19 日光灯电路中,已知 $U=220\text{V}$,$R=300\Omega$,$L=1.65\text{H}$。求:

(1)电路中的 $P$、$Q$、$S$ 和 $\cos\varphi$;

(2)日光灯连续使用 3 小时,求所消耗的电能 W。(3)若功率因数要提高到 0.9,需并联多大电容?

3-20 电路如图 3-56 所示,已知 $R_1=10\Omega$,$R_2=50\Omega$,$X_L=10\Omega$,$X_C=20\Omega$,电压 $\dot{U}_2=20\angle0°\text{V}$,试求:

(1)电路的总阻抗 $Z$、总电流 $\dot{I}$、总电压 $\dot{U}$。

(2)电路的 $P$、$Q$、$S$。

(3)画出各电压、电流相量图。

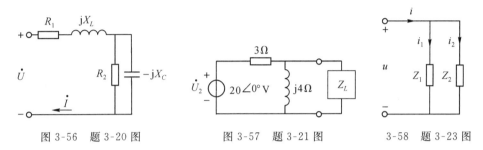

图 3-56 题 3-20 图        图 3-57 题 3-21 图        3-58 题 3-23 图

\* 3-21 电路如图 3-57 所示,已知 $Z_L$ 的实部和虚部皆可改变,求使 $Z_L$ 获得最大功率的条件和最大功率值。

\* 3-22 什么叫非正弦周期电流?请画图举例说明。

\* 3-23 如图 3-58 所示电路中,两支路电流:$i_1(t)=10+15\sin(\omega t-30°)\text{A}$,$i_2(t)=8\sin(\omega t-30°)\text{A}$。求 $i$ 的有效值。

\* 3-24 设上题图 3-58 端电压为 $u(t)=50+300\sin(\omega t+30°)$ V。试求 $u$ 的有效值以及电路总共消耗了多少功率。

\* 3-25 设某无源二端网络的电压电流(方向关联)如下:
$$u=10+14.14\sin(\omega t+30°)+7.075\sin(3\omega t-90°)\text{V}$$
$$i=3+1.414\sin\omega t+0.707\sin(3\omega t-30°)\text{A}$$

求电压的有效值和平均功率。

\* 3-26 在 $RLC$ 串联电路中,外加电压 $u=100+66\sin\omega t+40\sin2\omega t$ V,已知 $R=30\Omega$,一次频率时,$X_L=40\Omega$,$X_C=80\Omega$,试写出电路中电流 $i$ 的瞬时值表达式。

3-27 测量电流的有效值、整流平均值、平均值(直流分量)各应使用什么类型的仪表?

# 模块四 三相交流电路

## 典型问题

在模块一我们已经知道,电厂生产的是三相交流电。照明、洗衣机等家用电器用的是几相电?与三相电是怎样一种关系?家里墙上的三目插座电压是三相交流吗?电压380V、220V分别指的是什么电压?相互间是什么关系?

观看三相交流电产生、输送和入户使用视频,了解单相电与三相电的关系。

## 能力目标

1.了解三相交流电的产生,掌握对称三相电源的特点和优点。

2.掌握三相对称负载星形或三角形连接时,线电压、相电压、线电流、相电流的关系及计算。

3.掌握三相四线制不对称电路的计算;了解中线的作用。

## 实验研究任务

任务一 探索三相对称电源星形、三角形连接时线电压与相电压的关系

任务二 测量三相负载星形连接时负载的电压与电流

任务三 测量三相负载三角形连接时负载的电压与电流

# 4.1 三相对称电源

## 4.1.1 三相对称电源表示方法

三相交流电源是由频率相同、振幅相等、相位差互差120°的三个交流电动势组成,也称三相对称电源,其产生的电称为三相交流电。目前,我国生产、配送的都是三相交流电。三相交流电与单相交流电相比,在发电、输配电以及使用上有许多优点:

(1)三相交流发电机比功率相同的单相交流发电机体积小、重量轻、成本低。

(2)当输送功率相等、电压相同、输电距离一样,用三相制输电比单相制输电可大大节省输电线有色金属的消耗量,三相输电用铜量仅为单相输电用铜量的75%;线路电能损耗也少得多,即输电成本较低。

(3)目前获得广泛应用的三相异步电动机,是以三相交流电作为电源,它与单相电动机或

其他电动机相比,具有结构简单、价格低廉、性能良好和使用维护方便等优点。

因此在现代电力系统中,三相交流电获得广泛应用。

1.三相对称电源的表示方法

三相交流电的产生是指三相交流电动势的产生。三相交流电动势由三相交流发电机产生,它是在单相交流发电机的基础上发展而来的,如图 4-1 所示。

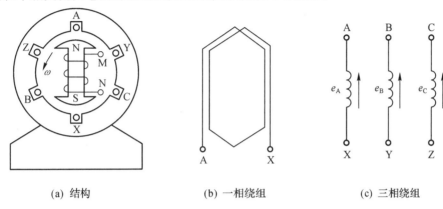

(a) 结构　　　　　(b) 一相绕组　　　　　(c) 三相绕组

图 4-1　三相交流发电机

三相交流发电机转子上的励磁线圈 MN 内通有直流电流,使转子成为一个电磁铁。在定子内侧面、空间相隔 120° 的槽内装有三个完全相同的线圈 A-X、B-Y、C-Z。转子与定子间磁场被设计成正弦分布。当转子由水轮机或汽轮机带动以角速度 $\omega$ 转动时,三个线圈中便感应出频率相同、幅值相等、相位互差 120° 的三个电动势 $e_A$、$e_B$、$e_C$。

三相发电机中三个线圈的首端分别用 A、B、C 表示,尾端分别用 X、Y、Z 表示。三相电源端电压的参考方向为首端指向尾端。三相电源的电压源模型如图 4-2 所示。

三相对称电源的表示方法有瞬时值表达式、波形图、相量式和相量图等几种。

三相对称电源的瞬时值表达式(以 $u_A$ 为参考正弦量)为

$$\begin{cases} u_A = \sqrt{2}U\sin\omega t \\ u_B = \sqrt{2}U\sin(\omega t - 120°) \\ u_C = \sqrt{2}U\sin(\omega t + 120°) \end{cases} \tag{4-1}$$

它们的相量形式为

$$\begin{cases} \dot{U}_A = U\angle 0° \\ \dot{U}_B = U\angle -120° \\ \dot{U}_C = U\angle 120° \end{cases} \tag{4-2}$$

三相对称电源的波形图和相量图如图 4-3 和图 4-4 所示。

三相对称电压的瞬时值之和为零,即

$$u_A + u_B + u_C = 0 \tag{4-3}$$

三相对称电压的相量之和亦为零,即

$$\dot{U}_A + \dot{U}_B + \dot{U}_C = 0 \tag{4-4}$$

这是三相对称电源的重要特点。

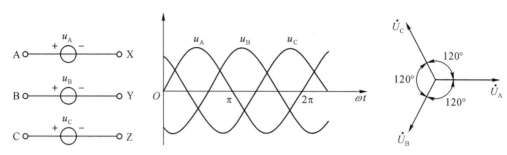

图 4-2 三相电源的电压源模型　　图 4-3 三相对称电源波形　　图 4-4 三相对称电源相量关系

2. 相序

三相电源中每一相电压经过同一值(如正的最大值)的先后次序称为相序。从图 4-3 可以看出,其三相电压到达最大值的次序依次为 $u_A, u_B, u_C$,其相序为 A—B—C—A,称为顺序或正序。三相电压的表达式如式(4-1)所示。若将发电机转子反转,则相序为 A—C—B—A,称为逆序或负序。

工程上常用的相序是顺序,如果不加以说明,都是指顺序。工业上通常在交流发电机的三相引出线及配电装置的三相母线上,涂有黄、绿、红三种颜色,分别表示 A、B、C 三相。

### 4.1.2 三相电源的连接

三相发电机的每一相绕组产生的电动势都是独立的电源,将三相电源的三个绕组以一定的方式连接起来就构成三相电路的电源。通常的连接方式是星形(也称 Y 形)连接和三角形(也称△形)连接。三相发电机通常采用星形连接。

1. 三相电源的星形(Y 形)连接

将对称三相电源的尾端 X、Y、Z 连在一起,首端 A、B、C 引出作输出线,这种连接称为三相电源的星形(Y 形)连接。如图 4-5 所示。

连接在一起的 X、Y、Z 点称为三相电源的中点,用 N 表示,从中点引出的线称为中线。三个电源首端 A、B、C 引出的线称为端线(俗称火线)。

电源每相绕组两端的电压称为电源的相电压,电源相电压用符号 $u_A$、$u_B$、$u_C$ 表示;而端线之间的电压称为线电压,用 $u_{AB}$、$u_{BC}$、$u_{CA}$ 表示。规定线电压的方向是由 A 线指向 B 线,B 线指向 C 线,C 线指向 A 线。下面分析星形连接时对称三相电源线电压与相电压的关系。

根据图 4-5,由 KVL 可得,三相电源的线电压与相电压有以下关系:

$$\begin{cases} u_{AB} = u_A - u_B \\ u_{BC} = u_B - u_C \\ u_{CA} = u_C - u_A \end{cases} \tag{4-5}$$

用相量式计算,且假设 $\dot{U}_A = U\angle 0°$,$\dot{U}_B = U\angle -120°$,$\dot{U}_C = U\angle 120°$,则线电压为

$$\begin{cases} \dot{U}_{AB} = \dot{U}_A - \dot{U}_B = \sqrt{3}U\angle 30° = \sqrt{3}\dot{U}_A\angle 30° \\ \dot{U}_{BC} = \dot{U}_B - \dot{U}_C = \sqrt{3}U\angle 90° = \sqrt{3}\dot{U}_B\angle 30° \\ \dot{U}_{CA} = \dot{U}_C - \dot{U}_A = \sqrt{3}U\angle 150° = \sqrt{3}\dot{U}_C\angle 30° \end{cases} \tag{4-6}$$

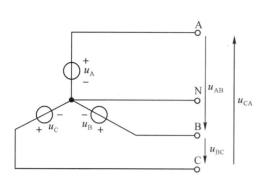

图 4-5　三相电源的星形连接

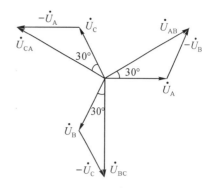

图 4-6　相量关系

由式(4-6)可以看出,星形连接的对称三相电源的线电压也是对称的。线电压的有效值 $U_L$ 是相电压有效值 $U_P$ 的 $\sqrt{3}$ 倍,即 $U_L = \sqrt{3}U_P$,其中各线电压的相位超前相应的相电压 $30°$,其相量图如图 4-6 所示。

三相电源星形连接的供电方式有两种:一种是三相四线制(三条端线和一条中线),另一种是三相三线制,即无中线。目前电力网的低压供电系统(又称民用电)为三相四线制,此系统供电的线电压为 380V,相电压为 220V,通常写作电源电压 380/220V。

**例 4-1**　已知对称星形连接的三相电源,A 相电压为 $u_A = 311\sin(\omega t - 30°)$V,试写出各线电压瞬时值表达式,并画出各相电压和线电压的相量图。

**解:**由于电源是对称星形连接,所以线电压的有效值为

$$U_L = \sqrt{3}U_P = \sqrt{3} \times \frac{311}{\sqrt{2}} = 380\text{V}$$

又因为线电压在相位上超前相应的相电压 $30°$,所以 AB 相线电压的解析式为

$$u_{AB} = \sqrt{2}U_L\sin(\omega t + \varphi_{AB}) = 380\sqrt{2}\sin(\omega t - 30° + 30°)\text{V} = 380\sqrt{2}\sin\omega t\,\text{V}$$

根据电压的对称性:

$$u_{BC} = \sqrt{2}U_L\sin(\omega t + \varphi_{BC}) = 380\sqrt{2}\sin(\omega t - 120°)\text{V}$$

$$u_{CA} = \sqrt{2}U_L\sin(\omega t + \varphi_{CA}) = 380\sqrt{2}\sin(\omega t + 120°)\text{V}$$

各相电压和线电压的相量图如图 4-7 所示。

**例 4-2**　一台同步发电机定子三相绕组星形连接。带负载运行时,三相电压和三相电流均对称,线电压 $u_{AB} = 6300\sqrt{2}\sin 100\pi t\,\text{V}$,线电流 $i_A = 115\sqrt{2}\sin(100\pi t - 60°)\text{A}$,试写出三相相电压和三相相电流的解析表达式。

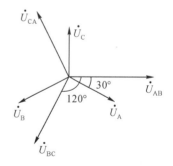

图 4-7　例 4-1 各相电压和线电压的相量关系

**解:**因为星形连接:$U_L = \sqrt{3}U_P$,所以相电压的有效值为

$$U_P = \frac{U_L}{\sqrt{3}} = \frac{U_{AB}}{\sqrt{3}} = \frac{6300}{\sqrt{3}}\text{V} = 3637.3\text{V}$$

又因为相电压在相位上滞后于相应的线电压 $30°$,所以 U 相电压的解析式为

$$u_A = \sqrt{2}U_P\sin(\omega t + \varphi_{0A}) = 3637.3\sqrt{2}\sin(100\pi t - 30°)$$

根据电压的对称性,B 相电压滞后于 A 相电压 $120°$,C 相电压滞后于 B 相电压 $120°$,因此 B、C 相的相电压解析式为

$$u_B = 3637.3\sqrt{2}\sin(100\pi t - 30° - 120°)\text{V}$$
$$= 3637.3\sqrt{2}\sin(100\pi t - 150°)\text{V}$$
$$u_C = 3637.3\sqrt{2}\sin(100\pi t - 150° - 120°)\text{V}$$
$$= 3637.3\sqrt{2}\sin(100\pi t + 90°)\text{V}$$

又因为星形连接：$I_P = I_L$，所以相电流解析式为

$$i_a = i_A = 115\sqrt{2}\sin(100\pi t - 60°)\text{A}$$

根据电流的对称性，可得 B、C 相电流的解析式为

$$i_b = 115\sqrt{2}\sin(100\pi t - 60° - 120°) = -115\sqrt{2}\sin 100\pi t\,\text{A}$$
$$i_c = 115\sqrt{2}\sin(100\pi t - 60° - 120° - 120°)$$
$$= 115\sqrt{2}\sin(100\pi t + 60°)\text{A}$$

### 2. 三相电源的三角形连接

将三相对称电源中的三个单相电源首尾相接，由三个连接点引出三条端线就形成三角形连接的三相对称电源。如图 4-8 所示。

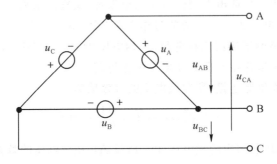

图 4-8    三相电源的三角形连接

对称三相电源三角形连接时，只有三条端线，没有中线，它一定是三相三线制。在图 4-8 中可以明显地看出，线电压就是相应的相电压，即

$$\left\{ \begin{aligned} u_{AB} &= u_A \\ u_{BC} &= u_B \\ u_{CA} &= u_C \end{aligned} \right. \quad \text{或} \quad \left\{ \begin{aligned} \dot{U}_{AB} &= \dot{U}_A \\ \dot{U}_{BC} &= \dot{U}_B \\ \dot{U}_{CA} &= \dot{U}_C \end{aligned} \right. \tag{4-7}$$

式(4-7)说明三角形连接的对称三相电源，线电压等于相应的相电压。

三相电源三角形连接时，形成一个闭合回路。由于三相对称电源 $\dot{U}_A + \dot{U}_B + \dot{U}_C = 0$，所以回路中不会有电流。但若有一相电源极性接反，造成三相电源电压之和不为零，将会在发电机三相绕组构成的回路中产生很大的电流，烧坏发电机。所以，三相电源作三角形连接时，一般先接成开口进行三角形试验，测得开口处电压接近于零时，才可以闭合电路投入运行。

M4-1    三相对称电源的产生
与表示方法/微课

M4-2    三相对称电源
的联接/微课

M4-3    三相对称电源
知识/测试

## 4.2　三相负载的 Y 形连接

发电站由三相交流发电机发出的三相交流电,通过三相输电线传输、分配给不同的用户。一般发电站与用户之间有一定的距离,采用高压传输,而不同用户用电设备不同。例如,工厂的用电设备一般为三相低压用电设备,且功率较大;家庭用电设备一般为单相低压用电设备,功率小。照明电路中负载的联接方式一般为星(Y)形联接,采用三相四线制供电;工厂用三相电动机负载可以是 Y 形联接,也可以是三角(△)形联接,采用三相三线制供电。

那么,Y 形联接和△联接分别是怎么样的? 三相四线制供电方式和三相三线制供电方式有何不同? 如何分析计算?

我们先学习三相负载的 Y 形联接

在图 4-9 中,三相电源作星形连接(三相电源一般均作星形连接),三相负载也作星形连接,且有中线。这种连接称 Y—Y 连接的三相四线制电路。

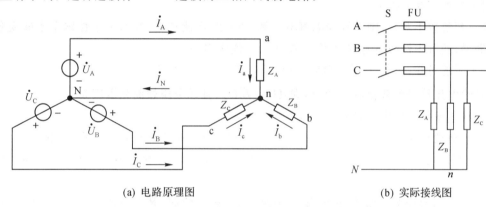

(a) 电路原理图　　　　　　　　　(b) 实际接线图

图 4-9　三相四线制电路

$N$ 为电源中点,$n$ 为负载的中点,$N_n$ 为中线。每相负载上的电压称为负载相电压,在忽略输电线电阻损耗时,等于电源相电压,用 $\dot{U}_A$、$\dot{U}_B$、$\dot{U}_C$ 表示,他们的有效值常用 $U_P$ 表示。

负载端线之间的电压称为负载的线电压,在忽略输电线电压损耗时,等于电源线电压,分别用 $\dot{U}_{AB}$、$\dot{U}_{BC}$、$\dot{U}_{CA}$ 表示,它们的有效值常用 $U_L$ 表示。线电压与相电压关系,如式(4-8)所示。

各相负载中的电流称为相电流,用 $\dot{I}_a$、$\dot{I}_b$、$\dot{I}_c$ 表示,它们的有效值常用 $I_P$ 表示。火线中的电流称为线电流,用 $\dot{I}_A$、$\dot{I}_B$、$\dot{I}_C$ 表示,他们的有效值常用表示 $I_L$。中线电流用 $\dot{I}_N$ 表示。参考方向如图 4-9(a)所示。

对于负载 Y 形连接的电路,有

$$\begin{cases} U_L = \sqrt{3}\,U_P \\ I_P = I_L \end{cases} \tag{4-8}$$

设三相负载的阻抗分别为 $Z_A$、$Z_B$、$Z_C$,则

$$\begin{cases} \dot{I}_{A} = \dot{I}_{a} = \dfrac{\dot{U}_{A}}{Z_{A}} \\[2ex] \dot{I}_{B} = \dot{I}_{b} = \dfrac{\dot{U}_{B}}{Z_{B}} \\[2ex] \dot{I}_{C} = \dot{I}_{c} = \dfrac{\dot{U}_{C}}{Z_{C}} \end{cases} \tag{4-9}$$

中线电流为

$$\dot{I}_{N} = \dot{I}_{A} + \dot{I}_{B} + \dot{I}_{C} \tag{4-10}$$

当三相电路中的负载对称时,在任意一个瞬间,三个相电流中,总有一相电流与其余两相电流之和大小相等,方向相反,正好互相抵消。所以,流过中性线的电流等于零,即

$$\dot{I}_{N} = \dot{I}_{A} + \dot{I}_{B} + \dot{I}_{C} = 0 \tag{4-11}$$

因此,当负载采用星形联接,又是对称负载时,由于流过中性线的电流为零,故三相四线制就可以改成三相三线制供电。如三相异步电动机及三相电炉等负载,当采用星形连接时,电源对该类负载就不需接中性线。通常在高压输电时,由于三相负载都是对称的三相变压器,所以都采用三相三线制供电。

若三相负载不对称,则中性线电流不为零,中性线不能省略,并且在中性线上不能安装开关、熔断器,而且中性线本身强度要好,接头处应连接牢固。

综上所述可知:负载 Y 形联接的三相对称电路,有以下特点:

(1)线电压等于负载相电压的 $\sqrt{3}$,即:$U_L = \sqrt{3} U_P$,且线电压超前相电压 30°。

(2)线电流等于相电流,即:$I_L = I_P$。

(3)当负载为对称时,三相电流的相量和等于零,即中性线电流为零,可以去掉中性线,即三相三线制供电;但当负载不对称时,中性线电流可能很大,不能去掉中性线,即三相四线制供电。

**例 4-3** 某三相对称电路,负载为 Y 形连接,三相三线制,其电源线电压为 380V,每相负载阻抗 $Z = 8 + j6\ \Omega$,忽略输电线路阻抗。求负载每相电流,并画出负载电压和电流相量图。

**解:**电源线电压为 380V,则无论其电源绕组是三角形连接还是星形连接,负载线电压都是380V,即

$$U_L = 380\ (\mathrm{V})$$

现负载为 Y 形连接,则负载得到的相电压:

$$U_P = \frac{380}{\sqrt{3}} = 220\ (\mathrm{V})$$

设负载 A 相相电压初相位为零,即

$$\dot{U}_{a} = 220\angle 0°\ (\mathrm{V})$$

则负载 A 相相电流为

$$\dot{I}_{a} = \frac{\dot{U}_{a}}{Z} = \frac{220\angle 0°}{8 + 6j} = 22\angle -36.9°\ (\mathrm{A})$$

根据对称性可得 B、C 相相电流为

$$\dot{I}_{b} = 22\angle(-36.9° - 120°) = 22\angle -156.9°\ (\mathrm{A})$$

$$\dot{I}_{c} = 22\angle(-36.9° + 120°) = 22\angle 83.1°\ (\mathrm{A})$$

相量图如图 4-10 所示。

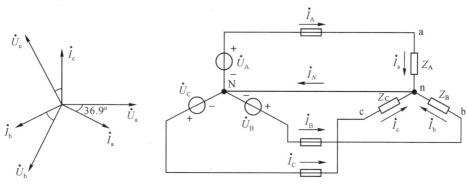

图 4-10　例 4-3 图　　　　　　　　　　图 4-11　例 4-4 电路

**例 4-4**　在如图 4-11 所示的三相四线制电路中,电源线电压 $U=380\text{V}$,$Z_A=4+\text{j}3\Omega$,$Z_B=5\Omega$,$Z_C=6-\text{j}8\Omega$,试求各相负载电流及中线电流。

**解:**相电压

$$U_P=\frac{U_L}{\sqrt{3}}=\frac{380}{\sqrt{3}}=220\text{V}$$

设 $\dot{U}_A$ 为参考相量,则

$$\dot{I}_A=\frac{\dot{U}_A}{Z_A}=\frac{220}{4+\text{j}3}=\frac{220}{5\angle36.9°}=44\angle-36.9°\text{A}$$

$$\dot{I}_B=\frac{\dot{U}_B}{Z_B}=\frac{220\angle-120°}{5}=44\angle-120°\text{A}$$

$$\dot{I}_C=\frac{\dot{U}_C}{Z_C}=\frac{220\angle120°}{6-\text{j}8}=\frac{220\angle120°}{10\angle-53.1°}=22\angle173.1°\text{A}$$

$$\dot{I}_N=\dot{I}_A+\dot{I}_B+\dot{I}_C$$
$$=44\angle-36.9°\text{A}+44\angle-120°\text{A}+22\angle173.1°$$
$$=62.5\angle-97.1°\text{A}$$

**例 4-5**　图 4-12 中电源电压对称,线电压 $U=380\text{V}$,负载为电灯组,每相电灯(额定电压 220V)负载的电阻为 $400\Omega$。试计算:

(1)负载相电压、相电流;

(2)如果 A 相断开时,其他两相负载相电压、相电流;

(3)如果 A 短路时,其他两相负载相电压、相电流;

(4)如果采用了三相四线制,当 A 相断开、短路时其他两相负载相电压、相电流。

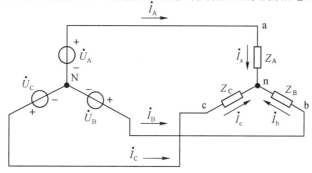

图 4-12　例 4-5 电路图

**解**:(1)负载对称时,可以不接中线,负载的相电压与电源的相电压相等(在额定电压下工作)。

$$U_a = U_b = U_c = \frac{380}{\sqrt{3}} = 220V$$

$$I_a = I_b = I_c = \frac{220}{400} = 0.55A$$

(2)如果 A 相断开时,其他两相负载串联了,相电压、相电流为

$$I_a = 0$$

$$U_a = U_b = \frac{380}{2} = 190V(串联)$$

$$I_b = I_c = \frac{190}{400} = 0.475A(灯暗)$$

(3)如果 A 短路时,其他两相负载都直接承受线电压,相电压、相电流为

$$U_a = U_b = 380V$$

$$I_b = I_c = \frac{380}{400} = 0.95A$$

超过了额定电压,灯将被损坏。

(4)如果采用了三相四线制,当 A 相断开、短路时,其他两相负载相电压、相电流因有中线未受影响,电压仍为 220V,但 A 相短路电流很大将熔断器熔断,所以,中线上不允许接开关或熔断器!

## 4.3　三相负载的△形连接

三相对称负载作三角形联接,一般应用在三相电动机上。有些电动机的定子绕组在启动时接成 Y 形的,这样可以减小启动电流;当启动后切换成△形连接,这样可以增大功率。那么,当负载△形连接时,线电压与相电压关系如何? 线电流与相电流关系如何呢?

设三相对称负载每相阻抗为 Z,按△形连接电路,如图 4-13(a)所示。由图可以看出,三相负载上承爱的电压是线电压。

设三相负载相同,$Z = |Z| \angle \varphi$,负载相电流为 $\dot{I}_a$、$\dot{I}_b$、$\dot{I}_c$,线电流为 $\dot{I}_A$、$\dot{I}_B$、$\dot{I}_C$。

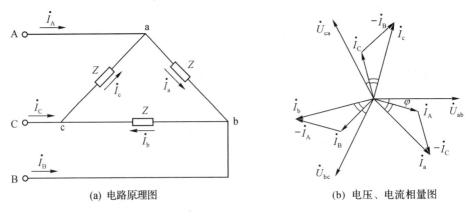

(a) 电路原理图　　　　　　　　　(b) 电压、电流相量图

图 4-13　三相对称负载三角形连接

设电源线电压 $\dot{U}_{AB}=U_L\angle 0°V$,负载相电压等于电源线电压,所以,各相负载的相电流为

$$\begin{cases} \dot{I}_a=\dfrac{\dot{U}_{ab}}{Z}=\dfrac{\dot{U}_{AB}}{Z}=\dfrac{U_L}{|Z|}\angle -\varphi \\[3mm] \dot{I}_b=\dfrac{\dot{U}_{bc}}{Z}=\dfrac{\dot{U}_{BC}}{Z}=\dfrac{U_L}{|Z|}\angle (-\varphi-120°) \\[3mm] \dot{I}_c=\dfrac{\dot{U}_{ca}}{Z}=\dfrac{\dot{U}_{CA}}{Z}=\dfrac{U_L}{|Z|}\angle (-\varphi+120°) \end{cases} \qquad (4\text{-}12)$$

线电流为

$$\begin{cases} \dot{I}_A=\dot{I}_a-\dot{I}_c=\sqrt{3}\dot{I}_a\angle -30° \\[2mm] \dot{I}_B=\dot{I}_b-\dot{I}_a=\sqrt{3}\dot{I}_b\angle -30° \\[2mm] \dot{I}_C=\dot{I}_c-\dot{I}_b=\sqrt{3}\dot{I}_c\angle -30° \end{cases} \qquad (4\text{-}13)$$

综上所述可知:负载△连接的三相对称电路,其负载电压、电流有以下特点:

(1)每相负载上的相电压等于电源线电压,且对称。

(2)三相负载的相电流对称,线电流也对称。

(3)线电流有效值等于负载相电流有效值的 $\sqrt{3}$ 倍,即 $I_L=\sqrt{3}I_P$,且线电流相位滞后相应的相电流 30°。电压、电流相量图如图 4-13(b)所示。

在三相三线制电路中,根据 $KCL$,把整个三相负载看成一个广义节点的话,则不论负载的接法如何,以及负载是否对称,三相电路中的三个线电流的瞬时值之和或三个线电流的相量和总是等于零,即

$$i_A+i_B+i_C=0 \text{ 或 } \dot{I}_A+\dot{I}_B+\dot{I}_C=0$$

**例 4-6** 已知三相对称电源为 Y 形连接,其相电压为 110V。负载△形连接,负载每相阻抗 $Z=4+j3\Omega$。求负载的相电流和线电流。

**解:**电源线电压为:

$$U_L=\sqrt{3}U_P=\sqrt{3}\times 110=190V$$

由于负载线电压等于电源线电压,所以负载线电压也是 190V。设 AB 端线间线电压为参考相量,即

$$\dot{U}_{AB}=190\angle 0°V$$

则负载相电流:

$$\dot{I}_a=\frac{\dot{U}_{AB}}{Z}=\frac{190\angle 0°}{4+3j}=38\angle -36.9°A$$

根据对称性得:

$$\dot{I}_b=38\angle -156.9°$$
$$\dot{I}_c=38\angle 83.1°$$

据对称负载线电流与相电流关系,负载线电流:

$$\dot{I}_A=\sqrt{3}\dot{I}_a\angle -30°=\sqrt{3}\times 38\angle (-36.9°-30°)=66\angle -66.9°A$$

同理得: $\qquad\qquad \dot{I}_B=66\angle 173.1°A$
$$\dot{I}_C=66\angle 53.1°A$$

负载三角形连接的电路,还可以利用阻抗的 Y—△ 等效变换,将负载变换为星形连接,再按 Y—Y 连接的电路进行计算。

**例 4-7** 已知三相对称交流电路每相负载的电阻为 $R=8\Omega$,感抗为 $X_L=6\Omega$。求下列几种

情况下负载相电流、线电流：

(1)设电源线电压为 380V,负载 Y 形连接。

(2)设电源线电压为 220V,负载△形连接。

(3)设电源线电压为 380V,负载△形连接。

**解**:由题意:

(1)电源线电压为 380V,负载 Y 形连接。负载相电压小于线电压,即相电压:

$$U_P = \frac{U_L}{\sqrt{3}} = \frac{380}{\sqrt{3}} = 220\text{V}$$

相电流等于线电流:

$$\dot{I}_A = \dot{I}_a = \frac{220}{8+j6} = 22\angle -36.9°\text{A}$$

$$\dot{I}_B = \dot{I}_b = 22\angle -156.9°\text{A}$$

$$\dot{I}_C = \dot{I}_c = 22\angle 83.1°\text{A}$$

(2)电源线电压为 220V,负载△形连接。负载相电压等于电源线电压,即相电压:

$$U_P = U_L = 220\text{V}$$

A 相相电流:

$$\dot{I}_a = \frac{220}{8+j6} = 22\angle -36.9°\text{A}$$

由于为△形连接,所以 A 相线电流:

$$\dot{I}_A = \sqrt{3}\dot{I}_a \angle -30° = 38\angle -66.9°\text{A}$$

同理可得 B、C 相相电流与线电流(此处略)。

(3)电源线电压为 380V,负载△形连接,则负载相电压:

$$U_P = U_L = 380\text{V}$$

A 相相电流:

$$\dot{I}_a = \frac{380}{8+j6} = 38\angle -36.9°\text{A}$$

由于为△形连接,所以 A 相线电流:

$$\dot{I}_A = \sqrt{3}\dot{I}_a \angle -30° = 66\angle -66.9°\text{A}$$

同理可得 B、C 相相电流与线电流(此处略)。

比较上面例题(1)、(2)两种情况,可知:负载相电流相等,线电流相差 $\sqrt{3}$ 倍。比较上面例题(1)、(3)两种情况,可知:负载相电流相差 $\sqrt{3}$ 倍,线电流相差 3 倍。大功率三相电动机起动时,由于起动电流较大而采用降压起动。其方法之一是起动时将电动机三相绕组接成星形,而在正常运行时改接为三角形,其目的是减小起动时线电流。

**例 4-8** 负载△形连接的三相对称电路,如图 4-14(a)所示,电源相电压 $\dot{U}_A = 220\angle 0°\text{V}$。每相负载阻抗 $Z = 90\angle 30°\Omega$,线路阻抗 $Z_L = 1+j2\Omega$,求负载的相电压、相电流和线电流。

**解**:将△形连接的对称三相负载变换成 Y 形连接的对称三相负载。取经变换后的电路中的一相等效电路,如图 4-14(b)所示。线电流:

$$\dot{I}_A = \frac{\dot{U}_A}{\frac{Z}{3}+Z_L} = \frac{220\angle 0°}{30\angle 30°+1+2j} = \frac{220\angle 0°}{31.9\angle 32.2°} = 6.9\angle -32.2°\text{A}$$

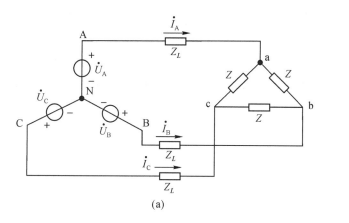
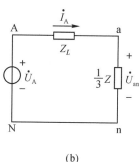

图 4-14 例 4-8 图

由于负载星—三角等效变换,不影响外部电流,即线电流不变;因此负载三角形联接时的相电流:

$$\dot{I}_{ab}=\frac{1}{\sqrt{3}}\dot{I}_A\angle30°=\frac{1}{\sqrt{3}}\times6.9\angle-32.2°\angle30°=3.89\angle-2.2°A$$

负载三角形连接的相电压等于负载的线电压,根据图 4-14(a)可得

$$\dot{U}_{ab}=Z\dot{I}_{ab}=90\angle30°\times3.89\angle-2.2°=358.2\angle27.8°A$$

根据对称性可得其他两相的相电压、相电流和线电流(此处略)。

M4-4　三相电路　　　　　　　M4-5　电路故障引起的
知识/测试　　　　　　　　三相不对称电路/PDF

## 4.4　三相电路的功率

单相电路中有功功率的计算公式是:

$$P=UI\cos\varphi$$

三相交流电路中,三相负载消耗的总电功率为各相负载消耗功率之和,即

$$P=P_1+P_2+P_3$$
$$=U_{1P}I_{1P}\cos\varphi_1+U_{2P}I_{2P}\cos\varphi_2+U_{3P}I_{3P}\cos\varphi_3$$

当三相电路对称时,三相交流电路的功率等于 3 倍的单相功率,即

$$P=3P_P=3U_PI_P\cos\varphi$$

在一般情况下,相电压和相电流不容易测量。因此,通常我们用线电压和线电流来计算功率。

$$P=\sqrt{3}U_LI_L\cos\varphi$$

必须注意,$\varphi$ 仍是相电压与相电流之间的相位差,而不是线电压与线电流间的相位差。

同样的道理,对称三相负载的无功功率和视在功率也一样,即

$$Q=\sqrt{3}U_LI_L\sin\varphi,\quad S=\sqrt{3}U_LI_L=\sqrt{P^2+Q^2}$$

若三相负载不对称,则应分别计算各相功率,三相总功率等于三个单相功率之和。

**例 4-9** 已知某三相对称负载接在线电压为 380V 的三相电源中,其中每一相负载的阻值 $R_P=6\Omega$,感抗 $X_P=8\Omega$。试分别计算该负载作星形连接和三角形连接时的相电流、线电流以及有功功率。

**解:**(1)负载作 Y 形连接时,每一相的阻抗

$$Z_P=\sqrt{P_P^2+Q_P^2}=\sqrt{6^2+8^2}=10(\Omega)$$

而负载作 Y 形连接时

$$U_L=\sqrt{3}U_P,U_P=\frac{U_l}{\sqrt{3}}=\frac{380}{\sqrt{3}}=220(\text{V})$$

$$I_L=I_P=\frac{U_P}{R_P}=\frac{220}{10}=22\text{A},\cos\varphi=\frac{R_P}{Z_P}=\frac{6}{10}=0.6$$

$$P=\sqrt{3}U_LI_L\cos\varphi=\sqrt{3}\times380\times22\times0.6=8.7(\text{kW})$$

(2)负载作形连接时

$$U_L=U_P=380(\text{V})$$

$$I_P=\frac{U_P}{Z_P}=\frac{380}{10}=38(\text{A})$$

$$I_L=\sqrt{3}I_P=\sqrt{3}\times38=66(\text{A})$$

$$P=\sqrt{3}U_LI_L\cos\varphi=\sqrt{3}\times380\times66\times0.6\approx26(\text{kW})$$

由以上计算我们可以知道,负载作三角形结连接时的相电流、线电流及三相功率均为作星形连接时的 3 倍。

**例 4-10** 一台三相异步电动机接在线电压为 380V 的对称三相电源上运行,测得线电流为 202A,输入功率为 110kW,试求电动机的功率因数、无功功率及视在功率。

**解:**三相异步电动机属于对称负载,故:

$$P=\sqrt{3}U_LI_L\cos\varphi \tag{4-14}$$

$$\cos\varphi=\frac{P}{\sqrt{3}U_LI_L}=\frac{110\times10^3}{\sqrt{3}\times380\times202}=0.83 \tag{4-15}$$

$$S=\frac{P}{\cos\varphi}=\frac{110\times10^3}{0.83}=132530(\text{VA}) \tag{4-16}$$

$$Q=S\sin\varphi=132530\sqrt{1-0.83^2}=73920(\text{Var})$$

**例 4-11** 已知电路如图 4-15 所示。电源电压 $U_L=$ 380V,每相负载的阻抗为 $R=X_L=X_C=10\Omega$。

(1)该三相负载能否称为对称负载? 为什么?

(2)计算中线电流和各相电流;

(3)求三相总功率。

**解:**(1)该三相负载不能称为对称负载,因为三个相的负载阻抗 $Z_A=10\Omega,Z_B=\text{j}10\Omega,Z_C=-\text{j}10\Omega$,可见各相参数并不相同,故不能称为对称负载。

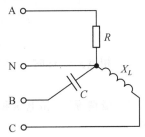

图 4-15  例 4-11 电路原理图

（2）$U_L=380\mathrm{V}$，可得：$U_P=220\mathrm{V}$，

据对称性可得：$\dot{U}_A=220\angle0°\mathrm{V},\dot{U}_B=220\angle-120°\mathrm{V},\dot{U}_C=220\angle120°\mathrm{V}$

则

$$\dot{I}_A=\frac{\dot{U}_A}{R}=22\angle0°\mathrm{A}$$

$$\dot{I}_B=\frac{\dot{U}_B}{-jX_C}=\frac{220\angle-120°}{-j10}=22\angle-30°\mathrm{A}$$

$$\dot{I}_C=\frac{\dot{U}_C}{jX_L}=\frac{220\angle120°}{j10}=22\angle30°\mathrm{A}$$

所以：

$$\dot{I}_N=\dot{I}_A+\dot{I}_B+\dot{I}_C=22\angle0°+22\angle-30°+22\angle30°$$
$$=60.1\angle0°\mathrm{A}$$

（3）由于 B 相负载为电容，C 相负载为电感，其有功功率为 0，故三相总功率即 A 相电阻负载的有功功率，即

$$P=RI_A^2=10\times22^2=4840\mathrm{W}=4.48\mathrm{kW}$$

# 模块四小结

## 1.三相对称电源

三个频率相同、幅值相等、相位互差 120°的电动势组成的电源，称为三相对称电源。三相对称电源的端电压瞬时值表达式（以 $u_A$ 为参考正弦量）为

$$u_A=\sqrt{2}U\sin\omega t$$
$$u_B=\sqrt{2}U\sin(\omega t-120°)$$
$$u_C=\sqrt{2}\sin(\omega t+120°)$$

三相对称电压的瞬时值之和为零，即 $u_A+u_B+u_C=0$。

## 2.三相对称电源的连接

三相对称电源有两种连接方式：星形连接和三角形（△）连接。

星形连接时对外可提供两种电压：线电压和相电压，线电压的有效值是相电压有效值的 $\sqrt{3}$ 倍，线电压初相位超前对应相电压 30°，即 $\dot{U}_L=\sqrt{3}\dot{U}_Pe^{j30°}$。

三角形连接时只能提供一种电压：线电压等于相电压，即 $\dot{U}_L=\dot{U}_P$。

## 3.三相对称电路

由三相对称电源和三相对称负载组成的电路，叫三相对称电路。

当对称负载三角形连接时，电源线电压等于负载相电压，线路线电流是负载相电流的 $\sqrt{3}$ 倍，相位滞后对应相电流 30°。

当对称负载星形连接时，电源线电压等于负载相电压的 $\sqrt{3}$ 倍，线路线电流等于负载相电流。

照明电路三相不对称负载，采用三相四线制供电，必须有中线，中线电流为

$$\dot{I}_N=\dot{I}_A+\dot{I}_B+\dot{I}_C$$

### 4.三相电路的功率

三相负载的有功功率、无功功率、视在功率可用下列公式进行计算:

$$P = P_A + P_B + P_C,$$
$$Q = Q_A + Q_B + Q_C$$
$$S = \sqrt{P^2 + Q^2}$$

当三相负载对称时,三相负载的有功功率、无功功率和视在功率分别表示为

$$P = 3P_A = 3U_P I_P \cos\varphi = \sqrt{3} U_L I_L \cos\varphi$$
$$Q = 3Q_A = 3U_P I_P \sin\varphi = \sqrt{3} U_L I_L \sin\varphi$$
$$S = \sqrt{P^2 + Q^2} = \sqrt{3} UI \cos\varphi$$

# 模块四任务实施

### 任务一 探索三相对称电源星形、三角形连接时线电压与相电压的关系

场地:机房或多媒体教室。

器材:电脑、Multisim仿真软件。

资讯:4.1 三相对称电源。

1.搭建电路如图4-16所示,使三只开关联动动作,且在两种不同情况下对应电源的星形连接与三角形连接;设置好电路元件参数,注意三相电源为对称电源。

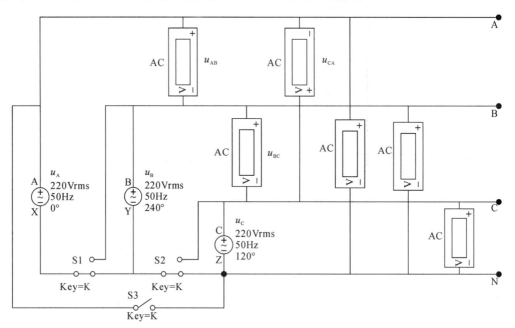

图4-16　测量三相对称电源星形、三角形连接时线电压与相电压电路

2.当电源星形连接时,测出各相电源端的相电压、每两相电源之间的线电压,记入表 4-1。

表 4-1　三相对称电源 Y、△连接时线电压与相电压

| 电源连接方式 | 线电压 | | | 相电压 | | |
|---|---|---|---|---|---|---|
| | $U_{AB}$ | $U_{BC}$ | $U_{CA}$ | $U_{AX}$ | $U_{BY}$ | $U_{CZ}$ |
| Y 连接 | | | | | | |
| △连接 | | | | | | |

3.将开关联动打到位置 2,使电源三角形连接,重复步骤 2 的测量工作。

4.分析表 4-1 中的数据,得出当电源星形连接时,线电压与相电压是怎样的关系?对外电路能提供几种电压?当电源三角形连接时,线电压与相电压是怎样的关系?

### 任务二　测量三相负载星形连接时负载的电压与电流

场地:机房或多媒体教室。

器材:电脑、Multisim 仿真软件。

资讯:4.2 三相负载的 Y 形连接。

1.搭建电路如图 4-17 所示,使三相对称负载星形连接,设置好元器件参数。

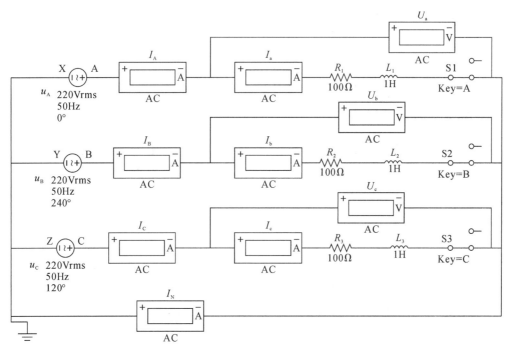

图 4-17　测量三相负载星形连接时负载的电压与电流电路

2.仿真测量负载对称、负载不对称（其中一相或二相开关打开）时电路的各相线电流、相电流、相电压,且将读数填入表 4-2 中。

**表 4-2　三相负载星形连接时负载的电压与电流**

| 负载接法<br>测量数据 | | 对称负载 | | 不对称负载（假设 A 相断开） | |
|---|---|---|---|---|---|
| | | 有中线 | 无中线 | 有中线 | 无中线 |
| 相电压 | $U_a$ | | | | |
| | $U_b$ | | | | |
| | $U_c$ | | | | |
| 线电流 | $I_A$ | | | | |
| | $I_B$ | | | | |
| | $I_C$ | | | | |
| 相电流 | $I_a$ | | | | |
| | $I_b$ | | | | |
| | $I_c$ | | | | |
| 中线电流 | $I_N$ | | | | |
| 总功率 | $I_a^2 R_A + I_b^2 R_B + I_c^2 R_C$ | | | | |
| | $\sqrt{3} U_L I_L \cos\varphi$ | | | | |

3.分析实验结果:

(1)说明负载星形连接电路中三线制供电和四线制供电的特点,照明电路中中线的作用。

(2)计算三相电路的有功功率,比较用公式 $P = P_A + P_B + P_C = I_a^2 R_A + I_b^2 R_B + I_c^2 R_C$ 计算总功率与用公式 $P = \sqrt{3} U_L I_L \cos\varphi$ 计算总功率的联系与区别。

### 任务三　测量三相负载三角形连接时负载的电压与电流

场地:机房或多媒体教室。

器材:电脑、Multisim 仿真软件。

资讯:4.3 三相负载的△形连接。

1.搭建电路如图 4-18 所示,使三相对称负载三角形连接,设置好元器件参数。

2.仿真测量负载对称、负载不对称（其中一相或二相开关打开）时电路的各相线电流、相电流、相电压,且将读数填入表 4-3 中。

**表 4-3　三相负载三角形连接时负载的相电压与相电流**

| 负载接法<br>数据测量 | 线电流 | | | 相电流 | | | 相电压 | | |
|---|---|---|---|---|---|---|---|---|---|
| | $I_A$ | $I_B$ | $I_C$ | $I_a$ | $I_b$ | $I_c$ | $U_a$ | $U_b$ | $U_c$ |
| 负载对称 | | | | | | | | | |
| 负载不对称<br>(设 A 相断开) | | | | | | | | | |

3.分析思考:负载作三角形连接时,若负载对称,$I_p$ 与 $I_l$ 之间关系如何? 若不对称呢?

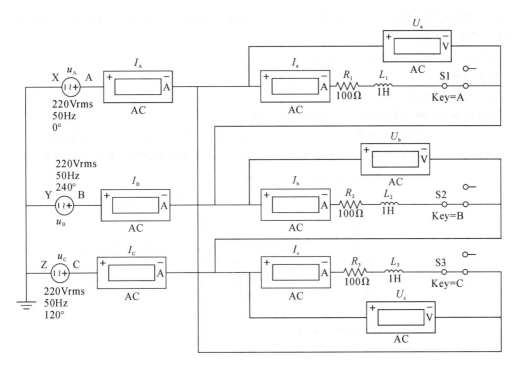

图 4-18　测量三相负载三角形连接时负载的电压与电流

# 思考与习题四

4-1　对称三相电源 $u_A=311\sin(\omega t+30°)$V，试写出正序及负序时的 $u_B$ 和 $u_C$。

4-2　有三个 $100\Omega$ 的电阻，将它们连成星形或三角形，分别接到线电压为380V的三相对称电源上。试求：线电压、相电压、线电流和相电流各是多少。

4-3　三相对称负载作三角形连接，每相阻抗为 $Z=200+j150\Omega$，接到线电压为380V的电源上，设U相相电压初相位为 $0°$。试求各相电流和线电流，并画出相量图。

4-4　三相对称负载三角形连接，线路阻抗为零，A相电源电压 $u_A=220\sqrt{2}\sin(\omega t+30°)$V，每相负载的电阻 $R=34.64\Omega$，感抗 $X=20\Omega$。试求负载的相电压，相电流及线电流瞬时式。

4-5　在图 4-19 三相四线制电路中，电源电压为 $220/380$V，三相负载为 $Z_A=10\Omega$，$Z_B=10j\Omega$，$Z_C=-10j\Omega$。试求各相电流和中线电流，并作出相量图。

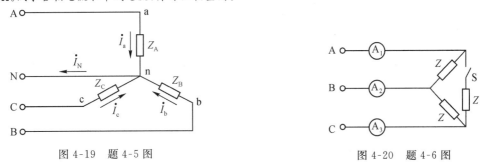

图 4-19　题 4-5 图　　　　　　　　　图 4-20　题 4-6 图

4-6　对称三相电路如图 4-20 所示，三个电流表读数均为5A。当开关S断开后，求各电流表读数。

4-7 额定电压为 220V 的三个相同的单相负载,其复阻抗都是 $Z=8+j6\Omega$,接到 220/380V 的三相四线制电网上。试求:

(1)负载应如何接入电源,画出电路图;

(2)各相电流;

(3)作电压、电流相量图。

(4)若因事故中线断开,各相负载还能否正常工作?

4-8 一个三相对称电路如图 4-21 所示。电源线电压是 380V,星形连接的对称负载每相阻抗 $Z_1=30\angle30°\Omega$。三角形连接的对称负载每相阻抗 $Z_2=60\angle60°\Omega$,求各电压表和电流表的读数(有效值)。

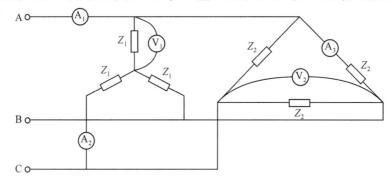

图 4-21 题 4-8 图

4-9 某三相对称负载,每相阻抗 $Z=8+j6\Omega$。试求在下列情况下,负载的线电流和有功功率:

(1)负载作△连接,接在线电压 $U_L=200V$ 电源上;

(2)负载作 Y 连接,接在线电压 $U_L=380V$ 电源上。

从本题可得到什么结论? 它与 $P_\triangle=3P_Y$ 矛盾吗?

4-10 一个对称负载星形连接的三相电路,每相阻抗为 $R=6\Omega$,$X_L=8\Omega$,电源电压 $U_L=380V$,求相电压 $U_P$、相电流 $I_P$、线电流 $I_L$,以及有功功率 $P$、功率因数 $\cos\varphi$。

4-11 在六层楼房中单相照明电灯均接在三相四线制电路上,若每两层为一相,每相装有 220V、40W 的白炽灯 30 盏,线路阻抗忽略不计,对称三相电源的线电压为 380V,试求:

(1)当照明灯全部点亮时,各相电压、相电流及中线电流。

(2)当 B 相照明灯只有一半点亮,而 A、C 两相照明灯全部点亮时,各相电压、相电流及中线电流。

(3)当中线断开时,在上述两种情况下的各相电压为多少? 由此说明中线的作用。

# 模块五　过渡电路

1.曾有学生问：在旧教室晚自修下课后关日光灯时，突然发现开关处墙壁破洞里有亮光闪了下，是怎么回事？

2.如图 5-1 所示的实验电路，三个"12V，10W"的灯泡 $EL_1$、$EL_2$、$EL_3$ 分别与电阻 1Ω 电阻、30mF 电容 $C$ 和 10H 电感 $L$ 串联后接到 12V 电源上。S 闭合前，三个灯泡都不亮。当 S 闭合后，$EL_1$ 灯立刻变亮；$EL_2$ 灯先闪亮一下，然后逐渐变暗，直至熄灭；而 $EL_3$ 灯则是先不亮，后逐渐变亮。这是什么原因？三只相同的灯泡点亮的过程怎么会不一样呢？

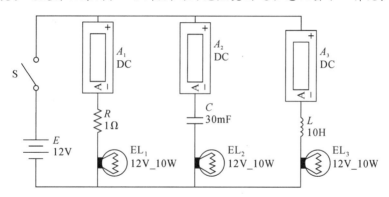

图 5-1　$R$、$L$、$C$ 并联电路在开关闭合时的过渡现象

## 能力目标

1.了解过渡电路的相关概念及其产生的场合、应用，掌握换路定则。

2.掌握 $RC$ 电路、$RL$ 电路的零输入响应和零状态响应规律。

3.掌握分析一阶线性过渡电路的三要素法。

## 实验研究任务

任务一　观察与分析含 $RLC$ 元件电路在过渡电路中的不同现象

任务二　研究 $RC$ 电路在过渡响应时电容器电压 $u_C$ 的变化规律及时间常数

任务三　研究 $RL$ 电路在过渡响应时电路电感线圈上电压 $u_L$ 的变化规律及时间常数

# 5.1 过渡电路概念及换路定律

## 5.1.1 过渡电路概念及其作用

1.过渡电路概念

在线性电路中,当电源电压(激励)为恒定值或作周期性变化时,电路中各部分电压或电流(响应)也是恒定的或按周期性规律变化,即电路中响应与激励的变化规律完全相同,称电路的这种工作状态为稳定状态,简称稳态。

如图 5-2 所示电路,当开关 S 断开时,电路电流 $I=0A$;当开关 S 闭合时,电路电流 $I=1A$。这类电路无论是通或是断,电路的电流、电压等为一确定的值,电路只有两个稳定状态。

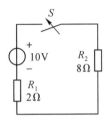

5-2 电路的稳态

M5-1 换路定律与电路
初始值的求解/微课

M5-2 过渡电路概念
与换路定律/测试

含有储能元件(主要是电感 $L$、电容 $C$)的电路,电路在接通或断开后,电量从一个稳定值变化到另一个稳定值需要一段时间,此时的电路称为过渡电路。由于过渡电路时间非常短(最多几秒),所以也叫暂态电路,这段时间的电量处于不稳定状态,也称为动态电路。

2.产生过渡电路的原因

观察如图 5-1 所示的实验电路,S 闭合前,三个灯泡都不亮,这是一种稳定状态。当 S 闭合后,A 灯立刻变亮;B 灯先闪亮一下,然后逐渐变暗,直至熄灭;而 C 灯则是逐渐变亮。实验表明,电阻支路的 A 灯,从一种稳态到达另一种稳态不需要过渡过程,而电容和电感支路的 B 灯和 C 灯则需要过渡过程,即存在过渡电路。

通过以上分析可知,电路发生过渡过程的原因:一是电路中含有储能元件电容或电感,由于其中的能量不能跃变,由一个稳态过渡到另一个稳态需要时间;二是换路,即电路的通断、改接、电路参数的突然变化。

3.过渡过程对电路的作用

电路的过渡过程一般比较短暂,但它的作用和影响十分重要。优点:有的电路专门利用其过渡特性实现延时、波形产生等功能。缺点:在电力系统中,过渡过程的出现可能产生比稳态大得多的过电压或过电流,若不采取一定保护措施,会损坏电气设备,引起不良后果。因此,研究电路的过渡过程,掌握有关规律,是非常重要的。

### 5.1.2 换路定律与电路的初始值

#### 1.换路定律

由于储能元件的能量不能跃变,即电容的储能 $W_C = \frac{1}{2}Cu_C^2$ 和电感的储能 $W_L = \frac{1}{2}Li_L^2$ 不能跃变。因此,当电路发生过渡过程时,由于 $C$、$L$ 为常数,则反映其能量的物理量 $u_C$ 和 $i_C$ 必然不能跃变。

若设 $t = 0$ 时换路,用"$0_-$"表示换路前一瞬间,用"$0_+$"表示换路后一瞬间,则换路前后有

$$\begin{cases} u_C(0_+) = u_C(0_-) \\ i_L(0_+) = i_L(0_-) \end{cases} \tag{5-1}$$

称为过渡电路的换路定律。

#### 2.初始值的确定

根据换路定律可以确定换路后瞬间电容电压、电感电流以及电路中其他各元件的电压和电流,统称为电路的初始值。初始值也称初始条件,是研究过渡过程的重要依据。确定初始值的步骤如下:

(1)据换路前($t = 0_-$)的稳态电路,计算 $u_C(0_-)$ 和 $i_L(0_-)$。

(2)据换路定律,确定 $u_C(0_+)$ 和 $i_L(0_+)$。

(3)据 $u_C(0_+)$ 和 $i_L(0_+)$ 的值,确定电容和电感的状态,并画出 $t = 0_+$ 时的等效电路图。

电容和电感的状态有两种情况:一是零初始状态,即 $u_C(0_+) = 0$,$i_L(0_+) = 0$。在等效电路图中,视电容为短路,电感为开路;二是非零初始状态,即 $u_C(0_+) = U_0$,$i_L(0_+) = I_0$。在等效电路图中,电容用 $U_S = U_0$ 的电压源替代,电感用 $I_S = I_0$ 的电流源替代。

(4)按换路后的等效电路,应用电路的基本定律和基本分析方法,计算各元件电压和电流的初始值。

**例 5-1** 如图 5-3(a)所示电路,原处于稳态,$t = 0$ 时开关 S 闭合。若 $R_1 = 2\Omega$,$R_2 = 3\Omega$,$R_3 = 6\Omega$,$U_S = 18\text{V}$,求开关 S 闭合后瞬时 $i_1$、$i_2$、$i_3$、$i$、$u_C$ 及 $u_L$ 的值。

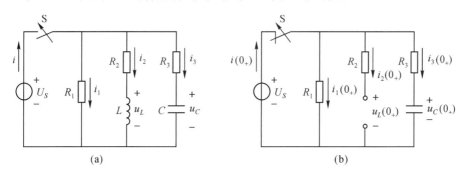

图 5-3 例 5-1 图

**解**:换路前,$u_C(0_-) = 0$,$i_L(0_-) = 0$,由换路定律得开关 S 闭合后瞬时电容上电压与电感中的电流:

$$u_C(0_+) = u_C(0_-) = 0$$

$$i_L(0_+) = i_L(0_-) = 0$$

将电容短路,电感开路,得 $t = 0_+$ 时的等效电路如图 5-3(b)所示,则有

$$i_1(0_+) = \frac{U_S}{R_1} = \frac{18}{2} = 9\text{A}$$

$$i_2(0_+) = i_L(0_+) = 0$$

$$i_3(0_+) = \frac{U_S}{R_3} = \frac{18}{6} = 3\text{A}$$

$$i(0_+) = i_1(0_+) + i_2(0_+) + i_3(0_+) = 12\text{A}$$

$$u_L(0_+) = U_S = 18\text{V}$$

**例 5-2** 如图 5-4(a)所示电路,$R_1 = 3\Omega$,$R_2 = 9\Omega$,$U_S = 24\text{V}$,换路前电路已处于稳态,$t = 0$ 时开关 S 打开,求换路后 $u_C$、$u_{R_1}$、$u_{R_2}$、$i_C$ 及 $i_{R_1}$ 的初始值。

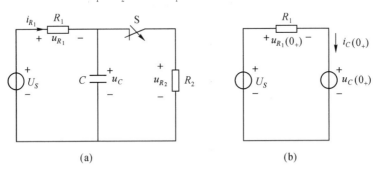

(a)　　　　　　　　(b)

图 5-4 例 5-2 图

**解:** 由于换路前电路已处于稳态,电容相当于开路,则

$$u_C(0_-) = u_{R_2}(0_-) = \frac{R_2}{R_1 + R_2} U_S = \frac{9}{3+9} \times 24 = 18\text{V}$$

换路后,由换路定律可得

$$u_C(0_+) = u_C(0_-) = 18\text{V}$$

将电容用 $U_S = u_C(0_+) = 18\text{V}$ 的电压源代替,可得 $t = 0_+$ 的等效电路如图 5-4(b)所示,由图可求得

$$u_{R_1}(0_+) = U_S - u_C(0_+) = 24 - 18 = 6\text{V}$$

$$u_{R_2}(0_+) = 0$$

$$i_C(0_+) = i_{R_1}(0_+) = \frac{u_{R_1}(0_+)}{R_1} = \frac{6}{3} = 2\text{A}$$

**例 5-3** 如图 5-5(a)所示的电路,已知 $R_1 = 1.6\text{k}\Omega$,$R_2 = 6\text{k}\Omega$,$R_3 = 4\text{k}\Omega$,$U_S = 10\text{V}$,换路前电路已处于稳态。$t = 0$ 时开关 S 打开,求换路后 $i_L$、$u_L$ 及 $u_{R_2}$ 的初始值。

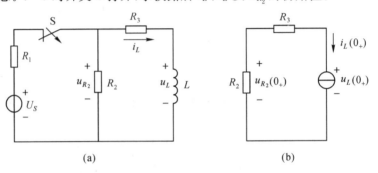

(a)　　　　　　　　(b)

图 5-5 例 5-3 图

**解:** 换路前电路已处于稳态,电感相当于短路,则

$$i_L(0_-)=\frac{U_S}{R_1+\dfrac{R_2R_3}{R_2+R_3}}\times\frac{R_2}{R_2+R_3}=\frac{10}{1.6+\dfrac{6\times4}{6+4}}\times\frac{6}{6+4}=1.5\text{mA}$$

由换路定律可得

$$i_L(0_+)=i_L(0_-)=1.5\text{mA}$$

将电感用 $i_L(0_+)=1.5\text{mA}$ 的电流源代替,可得 $t=0_+$ 时的等效电路如图 5-5(b)所示,由图可求得

$$u_L(0_+)=-i_L(0_+)\times(R_2+R_3)=-1.5\times(6+4)=-15\text{V}$$

$$u_{R_2}(0_+)=-i_L(0_+)R_2=-1.5\times6=-9\text{V}$$

## 5.2 一阶电路的零输入响应

### 5.2.1 RC 电路的零输入响应

电路中分别只含有一个储能元件($C$ 或 $L$),在直流电源作用下,其电路方程均为一阶线性微分方程,故称一阶电路。

当电路中储能元件只有一个已经充有电压的电容 $C$,进行电路切换且使 $C$ 放电,此时电路中的电压、电流随时间变化过程称为一阶 $RC$ 电路的零输入响应,如图 5-6 所示。

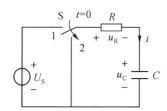

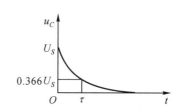

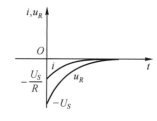

图 5-6  RC 电路的零输入响应　　　　图 5-7　$u_C$ 的变化曲线　　　　图 5-8　$i$、$u_R$ 的变化曲线

在图 5-6 电路中,换路前,开关 S 置于"1"位,电源对电容充电。当电路达到稳态时,$u_C(0_-)=U_0=U_S$。在 $t=0$ 时,将开关 S 换到"2",使电路脱离电源,电容则通过电阻放电,直到 $u_C=0$,过渡过程结束。

1. 电压和电流的变化规律

在放电回路中,由 KVL 得

$$u_R+u_C=0$$

将 $u_R=R_i$,$i=C\dfrac{\text{d}u_C}{\text{d}t}$ 代入上式得

$$RC\frac{\text{d}u_C}{\text{d}t}+u_C=0 \tag{5-2}$$

式(5-2)为一阶常系数线性齐次微分方程,解此方程,代入初始条件可得

$$u_C=U_0\text{e}^{-\frac{1}{RC}t}=U_S\text{e}^{-\frac{1}{RC}t} \tag{5-3}$$

式(5-3)表明,电容放电时,电压 $u_C$ 随时间按指数规律衰减,直至为零,其变化曲线如图5-7

所示。

按图示参考方向可分别求得放电电流和电阻上的电压为

$$i=C\frac{\mathrm{d}u_C}{\mathrm{d}t}=C\frac{\mathrm{d}}{\mathrm{d}t}(U_S\mathrm{e}^{-\frac{t}{RC}})=-\frac{U_S}{R}\mathrm{e}^{-\frac{1}{RC}t} \tag{5-4}$$

$$u_R=R\cdot i=-U_S\mathrm{e}^{-\frac{1}{RC}t} \tag{5-5}$$

式(5-4)和式(5-5)中的负号表示放电电流的实际方向与图中的参考方向相反。如图5-8所示为$i$、$u_R$随时间变化的曲线。

2. 时间常数

式(5-3)中,若令:

$$\tau_C=RC \tag{5-6}$$

则有

$$u_C=U_S\mathrm{e}^{-\frac{t}{\tau_C}} \tag{5-7}$$

显而易见,$\tau_C$ 具有时间的量纲,$\tau_C$ 愈大,$u_C$ 变化愈慢;反之,$u_C$ 变化愈快。因此,$\tau_C$ 表征了过渡过程持续的时间,称为 $RC$ 电路的时间常数。当 $R$ 和 $C$ 的单位分别为 $\Omega$ 和 $F$ 时,$\tau_C$ 的单位为 $s$。

由式(5-7)可知,当 $t=\tau_C$ 时,电容电压为

$$u_C=U_S\mathrm{e}^{-\frac{t}{\tau_C}}=U_S\mathrm{e}^{-1}=0.368U_S=0.368u_C(0_+)$$

因此,$\tau_C$ 的值实际上是电容电压衰减到初始值的 36.8% 时所需要的时间。表5-1给出了其余各时刻 $u_C$ 的值。

由式(5-7)还可以看出,理论上需经过 $t\rightarrow\infty$ 的时间后放电过程才能结束,电路达到新的稳态。而由表5-1可知,经过 $5\tau_C$ 后,$u_C$ 已下降到初始值的 0.7%,因此,工程上一般认为经过 $(4\sim5)\tau_C$ 的时间,过渡过程已基本结束。

表 5-1 电容器放电后端电压随时间下降

| $t$ | 0 | $\tau_C$ | $2\tau_C$ | $3\tau_C$ | $4\tau_C$ | $5\tau_C$ | $6\tau_C$ |
|---|---|---|---|---|---|---|---|
| $u_C$ | $U$ | $0.368U$ | $0.135U$ | $0.050U$ | $0.018U$ | $0.007U$ | $0.002U$ |

时间常数 $\tau_C$ 分别与电容 $C$ 和电阻 $R$ 成正比,这是因为在一定的初始电压下,$C$ 愈大,储存的电荷愈多,放电所需的时间就愈长。而 $R$ 愈大,放电电流愈小,放电所需要的时间也愈长。因此,改变 $R$ 或 $C$,即改变电路的时间常数,也就改变了电容放电的速度。

例5-4 如图5-9(a)所示电路中,开关 S 原接通"1",电路处于稳态。$t=0$ 时将开关 S 换到"2"。已知 $U_S=10\mathrm{V}$,$R=1\Omega$,$R_1=R_2=2\Omega$,$C=5\mu\mathrm{F}$。试求换路后电容电压 $u_C$ 和电流 $i_C$。

解:此过渡电路为 $RC$ 电路的零输入响应。

图5-9(a)换路前电路已处于稳态,电容相当于开路,则

$$u_C(0_-)=U_S=10\mathrm{V}$$

$t=0$ 时,由换路定律可得

$$u_C(0_+)=u_C(0_-)=10\mathrm{V}$$

换路后电容经电阻 $R_1$、$R_2$ 放电(见图5-9(b)),则电路的时间常数:

$$\tau=RC=(R_1+R_2)C=(2+2)\times5\times10^{-6}=2\times10^{-5}(\mathrm{s})$$

由 $RC$ 电路零输入响应公式式(5-3)和式(5-4)得

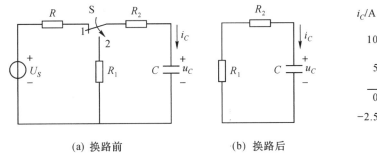

(a) 换路前　　　　　　(b) 换路后　　　　　　(c) 波形图

图 5-9　例 5-4 图

$$u_C = U_S e^{-\frac{1}{\tau}t} = 10 e^{-\frac{t}{2 \times 10^{-5}}} = 10 e^{-5 \times 10^4 t} \text{V}$$

$$i_C = C \frac{\mathrm{d}u_C}{\mathrm{d}t} = -\frac{U_S}{R_1 + R_2} e^{-\frac{t}{\tau_C}} = -\frac{10}{2+2} e^{-5 \times 10^4 t} = -2.5 e^{-5 \times 10^4 t} \text{(A)}$$

波形图如图 5-9(c)所示。

### 5.2.2　*RL* 电路的零输入响应

当电路中储能元件只有一个已经充有电流的电感 $L$，进行电路切换且使 $L$ 放电，此时电路中的电压、电流随时间变化过程称为一阶 *RL* 电路的零输入响应，如图 5-10 所示。

在图 5-10 电路中，换路前，开关 S 置于"1"位，电感相当于短路，其电流：

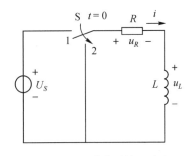

图 5-10　*RL* 电路的零输入响应

$$i(0_-) = I_0 = \frac{U_S}{R}$$

在 $t=0$ 时将开关合到"2"，使电路脱离电源，RL 被短路。此时，电感 $L$ 的能量便通过 $R$ 逐步释放，直到 $i_L = 0$，过渡过程结束。在放电回路中，由 KVL 得

$$u_R + u_L = 0$$

将 $u_R = Ri$ 和 $u_L = L \dfrac{\mathrm{d}i}{\mathrm{d}t}$ 代入上式得

$$\frac{L}{R} \frac{\mathrm{d}i}{\mathrm{d}t} + i = 0 \tag{5-8}$$

式(5-8)为一阶线性常系数齐次微分方程，解此方程，代入初始条件可得

$$i = I_0 e^{-\frac{R}{L}t} = \frac{U_S}{R} e^{-\frac{t}{\tau_L}} \tag{5-9}$$

式(5-9)中，令：

$$\tau_L = \frac{L}{R} \tag{5-10}$$

则 $\tau_L$ 为具有时间的量纲，其意义与 $\tau = RC$ 相同，称为 *RL* 电路的时间常数。由于 $\tau_L$ 正比于 $L$，反比于 $R$，故改变电路的 $R$ 或 $L$ 值，都可以改变过渡过程的时间。与 *RC* 电路相似，工程上认为经过 $(4 \sim 5)\tau_L$ 的时间，过渡过程已基本结束。

由式(5-9)可以分别求出 $u_L$、$u_R$ 为

$$u_L = L\frac{\mathrm{d}i}{\mathrm{d}t} = -U_S \mathrm{e}^{-\frac{t}{\tau_L}} \qquad (5\text{-}11)$$

$$u_R = R \cdot i = U_S \mathrm{e}^{-\frac{t}{\tau_L}} \qquad (5\text{-}12)$$

图 5-11 分别为 $i$、$u_L$、$u_R$ 随时间变化的曲线。$u_L$ 为负值，表示此时电感电压的实际极性与参考极性相反。

**例 5-5** 如图 5-12(a)所示测量电路中，换路前，电流表的读数为 4A，电压表的读数为 10V。已知电流表的内阻为 $R_A$ =0.05Ω，电压表的内阻为 $R_V = 10\mathrm{k}\Omega$，电感为 $L=5\mathrm{H}$。若开关 S 在 $t=0$ 打开，求：

(1) $i_L(0_+)$；

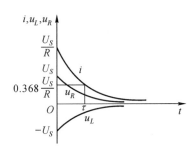

图 5-11　$i$、$u_L$、$u_R$ 的变化曲线

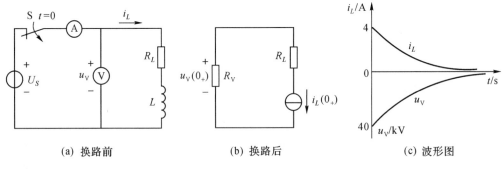

(a) 换路前　　　　　　　(b) 换路后　　　　　　(c) 波形图

图 5-12　例 5-5 图

(2) $i_L(t)$ 的表达式，并画出其波形；

(3) 电压表上的电压 $U_V(0_+)$；

(4) $u_V(t)$ 的表达式，并画出其波形。

**解**：图 5-12(a)中，将开关 S 打开，电路过渡过程为 $RL$ 电路零输入响应。

(1) 根据换路定律：

$$i_L(0_+) = i_L(0_-) = 4\mathrm{A}$$

(2) 由 $u_V(0_-) = 10\mathrm{V}$，得

$$R_L = \frac{10}{4} = 2.5\Omega$$

画 $t=0_+$ 时的等效电路如图 5-12(b)所示，此时电路的时间常数为

$$\tau_L = \frac{L}{R_L + R_V} = \frac{5}{2.5 + 10^4} = 5 \times 10^{-4}\mathrm{s}$$

据 $RL$ 电路零输入响应公式(5-9)得

$$i_L = i_L(0_+)\mathrm{e}^{-\frac{t}{\tau_L}} = 4\mathrm{e}^{-2 \times 10^3 t}\mathrm{A}$$

其波形图如图 5-12(c)所示。

(3) 由图 5-12(b)得

$$u_V(0_+) = -R_V i_L(0_+) = -10^4 \times 4 = -40\mathrm{kV}$$

(4) 据 $i_L$ 可得 $u_V(t)$：

$$u_V(t) = -R_V i_L = -10^4 \times 4\mathrm{e}^{-2 \times 10^3 t} = -4 \times 10^4 \mathrm{e}^{-2 \times 10^3 t}$$

其波形图如图 5-12(c)$u_V$ 所示。

由以上计算可见,在换路瞬间电压表的电压从 10V 突变到 40kV,这会造成电压表烧坏,因此,在这种情况下,应先拆除电压表,然后再断开电路。除此之外,电感两端产生的高压还会击穿开关的两个触点之间的空气,产生火花放电,烧坏开关触头;或者击穿线圈本身的绝缘层,使线圈匝间短路而损坏。所以在实际应用中需采取保护措施,例如采用防护罩或增加保护环节等。

# 5.3 一阶电路的零状态响应

## 5.3.1 $RC$ 电路的零状态响应

$RC$ 电路的零状态响应是指 $RC$ 电路中的电容初始电压为零时,接通电源后电路中的电压、电流随时间的变化过程。这一过程也即电容元件的充电过程,如图 5-13 所示。

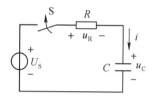

在图 5-13 所示电路中,若初始条件为零,则换路后,电源对电容充电。在充电回路中,由 KVL 得

$$u_R + u_C = U_s$$

图 5-13 $RC$ 电路的零状态响应

将 $u_R = Ri, i = C\dfrac{du_C}{dt}$ 代入上式得

$$RC\frac{du_C}{dt} + u_C = U_s \tag{5-13}$$

式(5-13)为一阶常系数线性非齐次微分方程,解此方程,代入初始条件可得

$$u_C = U_s - U_s e^{-\frac{t}{\tau_C}} = U_s(1 - e^{-\frac{t}{\tau_C}}) \tag{5-14}$$

$u_C$ 随时间的变化曲线如图 5-14 所示。可见,$u_C$ 从零初始值开始,随时间按指数规律逐渐增长,直至稳态值 $U_s$,充电过程结束。其中,$\tau_C = RC$ 为充电回路的时间常数,其值等于电路电压上升到 $0.63U_s$ 时所经历的时间。在充电过程中,$u_C$ 增长的快慢和 $\tau_C$ 有关。

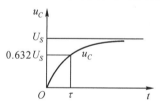

图 5-14 充电时 $u_C$ 的变化曲线

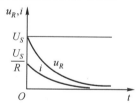

图 5-15 $i$、$u_R$ 的变化曲线

$RC$ 电路充电过程中,充电电流和电阻上的电压分别为

$$i = C\frac{du_C}{dt} = \frac{U_s}{R}e^{-\frac{t}{\tau_C}} \tag{5-15}$$

$$u_R = R \cdot i = U_s e^{-\frac{t}{\tau_C}} \tag{5-16}$$

如图 5-15 所示为 $i$、$u_R$ 随时间变化的曲线。

**例 5-6** 如图 5-16(a)所示电路原处于稳态,已知 $U_s = 6V$,$R_1 = R_2 = R_3 = 10k\Omega$,$C = 20\mu F$,在 $t = 0$ 时开关 S 闭合。试求闭合后过渡过程中的电容电压 $u_C$。

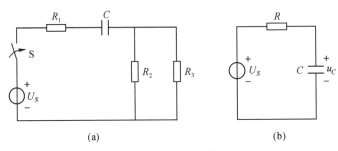

(a)　　　　　　　　　　(b)

图 5-16　例 5-6 图

**解**：此过渡电路为 $RC$ 电路的零状态响应。换路后电容 $C$ 的等效充电电阻为

$$R = R_1 + \frac{R_2 R_3}{R_2 + R_3} = 10 + \frac{10 \times 10}{10 + 10} = 15\text{k}\Omega$$

由等效电路图 5-16(b)可得，电路的时间常数为

$$\tau_C = RC = 15 \times 10^3 \times 20 \times 10^{-6} = 0.3\text{s}$$

据 $RC$ 电路零状态响应公式(5-14)得

$$u_C = U_s(1 - e^{-\frac{t}{\tau_C}}) = 6(1 - e^{-\frac{t}{0.3}}) = 6(1 - e^{-3.33t})\text{V}$$

### 5.3.2　$RL$ 电路的零状态响应

$RL$ 电路的零状态响应是指 $RL$ 电路中的电感初始电流为零时，接通电源后电路中的电压、电流随时间的变化过程。这一过程也即电感元件的充电过程，如图 5-17 所示。

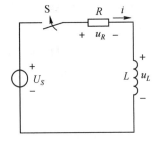

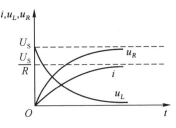

图 5-17　$RL$ 的零状态响应　　　　图 5-18　$i$、$u_L$、$u_R$ 的曲线

如图 5-17 所示的 $RL$ 串联电路，电流 $i(0_-) = 0$，换路后电路与直流电源接通，电感便获取电源能量，建立磁场并产生感应电压。由 KVL 得

$$u_R + u_L = U_s$$

将 $u_R = Ri$ 和 $u_L = L\dfrac{\mathrm{d}i}{\mathrm{d}t}$ 代入上式得

$$\frac{L}{R}\frac{\mathrm{d}i}{\mathrm{d}t} + i = \frac{U_s}{R} \tag{5-17}$$

式(5-17)为一阶常系数线性非齐次微分方程，解此方程，代入初始条件可得

$$i = \frac{U_s}{R}(1 - e^{-\frac{t}{\tau_L}}) \tag{5-18}$$

由式(5-18)可以分别求出 $u_L$、$u_R$ 为：

$$u_L = L\frac{\mathrm{d}i}{\mathrm{d}t} = U_s e^{-\frac{t}{\tau_L}} \tag{5-19}$$

$$u_R = R \cdot i = U_S(1 - e^{-\frac{t}{\tau_L}}) \tag{5-20}$$

如图 5-18 所示为 $i$、$u_L$、$u_R$ 随时间变化的曲线。

**例 5-7** 如图 5-19 所示电路为一直流发电机电路简图，已知励磁电阻 $R = 20\Omega$，励磁电感 $L = 20\mathrm{H}$，外加电压为 $U_S = 200\mathrm{V}$，试求：

（1）S 闭合后，励磁电流的变化规律和达到稳态值所需的时间。

（2）如果将电源电压提高到 $250\mathrm{V}$，求励磁电流达到额定值的时间。

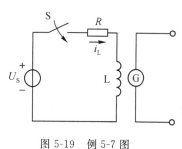

图 5-19　例 5-7 图

**解**：S 闭合后，此电路为 $RL$ 电路零状态响应，时间常数：

$$\tau = \frac{L}{R} = \frac{20}{20} = 1\mathrm{s}$$

据公式（5-18），得励磁电流：

$$i_L = \frac{U_S}{R}(1 - e^{-\frac{t}{\tau_L}}) = \frac{200}{20}(1 - e^{-t}) = 10(1 - e^{-t})\mathrm{A}$$

与 $RC$ 电路相似，工程上认为经过 $(4 \sim 5)\tau_L$ 的时间，过渡过程已基本结束。所以，励磁电流达到稳态所需时间为：

$$t = 5\tau_L = 5\mathrm{s}$$

当电源电压提高到 $250\mathrm{V}$，励磁电流达到额定值的时间与上面相同。

# 5.4　一阶电路的全响应及三要素法

## 5.4.1　一阶电路的全响应

前面分析了 $RC$、$RL$ 电路的零输入响应和零状态响应，这两种响应要么储能元件初始储能为零，要么电路切换后无激励输入。如果电路是在初始储能和外加激励共同作用下产生的响应，则称为一阶电路的全响应。

1. $RC$ 电路的全响应

在图 5-13 所示电路中，设开关 S 闭合前电容器已充电至 $U_0$，则有

$$u_C(0_+) = u_C(0_-) = U_0$$

解此电路微分方程 $u_R + u_C = U_S$，即全响应为

$$u_C = U_S + (U_0 - U_S)e^{-\frac{t}{\tau_C}} \tag{5-21}$$

式（5-21）是初始条件不为零同时又有电源作用下电容电压 $u_C$ 随时间的变化规律。$u_C$ 由两部分组成，其中第一项为电路的稳态分量，第二项为电路的暂态分量，即

全响应 = 稳态分量 + 暂态分量

若将式（5-21）改写为

$$u_C = U_0 e^{-\frac{t}{\tau_C}} + U_S(1 - e^{-\frac{t}{\tau_C}}) \tag{5-22}$$

式（5-22）与式（5-3）和式（5-14）比较可以看出，第一项便是零输入响应，第二项则是零状态

响应,即

$$全响应＝零输入响应＋零状态响应$$

这是一个重要的概念,即初始条件不为零且又有电源作用,电路的过渡过程可以视为零输入和零状态两个响应的叠加。

2. RL 电路的全响应

在图 5-17 所示中,若开关 S 闭合前电感 $L$ 中原有电流为 $I_0$,即初始值不为零,则

$$i_L(0_+)=i_L(0_-)=I_0$$

解此电路微分方程 $u_R＋u_L＝U_S$,即全响应为

$$i_L=\frac{U_S}{R}\left(I_0-\frac{U_S}{R}\right)\mathrm{e}^{-\frac{t}{\tau_L}}$$

$i_L$ 中的前一项为稳态分量,后一项为暂态分量,也可写成

$$i_L=I_0\mathrm{e}^{-\frac{t}{\tau_L}}+\frac{U_S}{R}(1-\mathrm{e}^{-\frac{t}{\tau_L}})$$

则全响应又可视为零输入响应和零状态响应的叠加。

### 5.4.2 一阶电路的三要素法

一阶电路的过渡过程中,电容上的电压、电感中的电流都从初始值开始,按指数规律逐渐增加或逐渐衰减并到达稳态,其增大或衰减的速度由电路的时间常数决定。因此,只要确定了初始值、稳态值和时间常数,就能写出其过渡过程的解,此即为一阶电路的三要素法。

若一阶电路的过渡过程中电容上的电压、电感中的电流用 $f(t)$ 来表示,初始值、稳态值和时间常数分别用 $f(0_+)$、$f(\infty)$ 和 $\tau$ 表示,则一阶电路过渡过程的解的形式为

$$f(t)=f(\infty)+[f(0_+)-f(\infty)]\mathrm{e}^{-\frac{t}{\tau}} \tag{5-23}$$

解题时,应分别求出三个要素,然后写出电路的总响应,步骤如下:

(1)求初始值 $f(0_+)$,据换路定则来求。

(2)求稳态值 $f(\infty)$,可由换路后 $t\to\infty$ 时刻的等效电路来求出。在直流稳态电路中,电容相当于开路,电感相当于短路。各支路及各元件电流、电压的稳态值,可由电路的基本定律确定。

(3)求时间常数 $\tau$,对于 RC 电路,$\tau＝RC$;对于 RL 电路,$\tau＝\frac{L}{R}$,这里的 $R$ 是指一阶电路换路后,电源不作用情况下,$C$ 或 $L$ 两端的等效电阻,可用戴维南定理计算含源二端网络内部等效电阻的方法来计算。

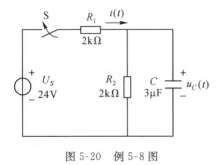

图 5-20 例 5-8 图

M5-3 一阶电路的全响应和三要素法/微课

M5-4 一阶电路的全响应和三要素法/测试

**例5-8**　如图 5-20 所示的电路中,当 $t=0$ 时开关 S 闭合。若换路前电容没有储能,试用三要素法求 $u_C(t)$ 和 $i(t)$。

**解:**此电路为 $RC$ 电路的全响应。

(1)求初始值 $u_C(0_+)$。由换路定律得

$$u_C(0_+)=u_C(0_-)=0$$

(2)求稳态值 $u_C(\infty)$。画出 $t\to\infty$ 时的等效电路如图 5-21(b)所示,则有

$$u_C(\infty)=\frac{R_2}{R_1+R_2}U_s=\frac{2}{2+2}\times24=12\text{V}$$

$$i(\infty)=\frac{U_s}{R_1+R_2}=\frac{24}{2+2}=6\text{mA}$$

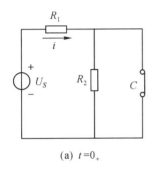 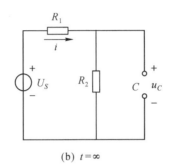 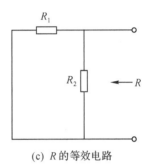

(a) $t=0_+$　　　　　　(b) $t=\infty$　　　　　　(c) $R$ 的等效电路

图 5-21　例 5-8 图

(3)求时间常数 $\tau$。画出求 $R$ 的等效电路如图 5-21(c)所示,则

$$R=\frac{R_1R_2}{R_1+R_2}=\frac{2\times2}{2+2}=1\text{k}\Omega$$

$$\tau=RC=1\times10^3\times3\times10^{-6}=3\text{ms}$$

(4)求电容电压 $u_C(t)$。采用三要素法,得

$$u_C(t)=u_C(\infty)+[u_C(0_+)-u_C(\infty)]\mathrm{e}^{-\frac{t}{\tau}}=12-12\mathrm{e}^{-\frac{1}{3}\times10^3t}\text{V}$$

因为

$$i=\frac{U_{R_1}}{R_1}=\frac{U_s-u_C}{R_1}$$

所以

$$i=6+6\mathrm{e}^{-\frac{1000}{3}t}\text{(mA)}$$

**例5-9**　如图 5-22 所示的电路中,$R_1=R_2=R_3=2\Omega,C=1.5\text{F},U_s=6\text{V}$。电路处于稳态,$t=0$ 时开关 S 由"1"合向"2"。试求 $u_{R_2}(t)$。

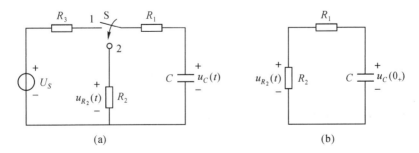

图 5-22　例 5-9 图

**解:**
$$u_C(0_+) = u_C(0_-) = 6\text{V}$$
$$u_C(\infty) = 0$$
$$\tau = (R_1 + R_2)C = (2+2) \times 1.5 = 6\text{s}$$

所以
$$u_C(t) = u_C(\infty) + [u_C(0_+) - u_C(\infty)]e^{-\frac{t}{\tau}} = 6e^{-\frac{t}{6}} \text{(A)}$$

$$u_{R_2}(t) = \frac{R_2}{R_1+R_2}u_C(t) = 3e^{-\frac{t}{6}} \text{(V)}$$

**例 5-10** 如图 5-23(a)所示电路,开关 S 在 $t=0$ 时由位置"1"合向"2",换路前,电路已稳定。试求换路后的 $i_L(t)$ 和 $i(t)$。

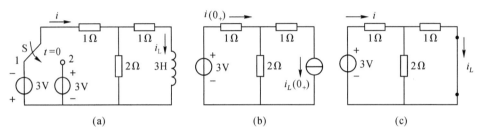

图 5-23 例 5-10 图

**解:**(1)求初始值 $i_L(0_+)$ 和 $i(0_+)$。由换路前稳定电路和换路定则可求得

$$i_L(0_+) = i_L(0_-) = -\frac{3}{1+\frac{1 \times 2}{1+2}} \times \frac{2}{1+2} = -1.2\text{A}$$

画 $t=0_+$ 时的等效电路如图 5-23(b)所示,由 KVL 得

$$1 \times i(0_+) + 2 \times [i(0_+) - i_L(0_+)] = 3$$
$$i(0_+) = 0.2\text{A}$$

(2)求稳态值 $i_L(\infty)$ 和 $i(\infty)$。画出 $t=\infty$ 时的等效电路如图 5-23(c)所示,则有

$$i(\infty) = \frac{3}{1+\frac{2 \times 1}{2+1}} = 1.8\text{A}$$

$$i_L(\infty) = 1.8 \times \frac{2}{2+1} = 1.2\text{A}$$

(3)求时间常数 $\tau$。

$$\tau = \frac{L}{R} = \frac{3}{1+\frac{2 \times 1}{2+1}} = 1.8\text{s}$$

(4)求 $i_L(t)$ 和 $i(t)$。

$$i_L(t) = i_L(\infty) + [i_L(0_+) - i_L(\infty)]e^{-\frac{t}{\tau}} = 1.2 + (-1.2 - 1.2)e^{-\frac{t}{1.8}} = 1.2 - 2.4e^{-0.56t} \text{A}$$

$$3 = i_L(t) \times 1 + i(t) \times 1$$

所以
$$i(t) = 3 - i_L(t) = 1.8 + 2.4e^{-0.56t}$$

前面已讨论了在直流电源作用下的一阶电路的全响应。如果激励是正弦交流,其分析方法与前面基本相同。由于激励是时间的函数,所以电容上电压或电感中电流的新稳态值仍然是时间的函数,仍可以用三要素公式来求解。

# 模块五小结

1.电路的过渡过程。含有储能元件($L$、$C$)的电路,从一种稳定状态变换到另一种稳定状态需要一段时间,这个过程是电路的过渡过程。处于过渡过程的电路称为过渡电路。

2.换路定则。换路瞬间,电容元件上的电压不能突变,即 $u_C(0_+)=u_C(0_-)$;电感元件上的电流不能突变,即 $i_L(0_+)=i_L(0_-)$,这两个公式称为换路定律。换路定律可以用来确定电路的初始值。

3.本模块主要分析一阶的三种过渡电路,即(1)零状态响应,是指储能元件初值为零,然后充电的过渡过程;(2)零输入响应,是指储能元件有初值,然后放电的过渡过程;(3)全响应是指储能元件在换路中从一种初值变化到另一种初值的过渡过程。

无论是哪种过渡电路,都可以利用电感 $L$、电容 $C$ 上的微分关系,即 $i_C=C\dfrac{\mathrm{d}u_C}{\mathrm{d}t}$,$u_L=L\dfrac{\mathrm{d}i}{\mathrm{d}t}$,建立 KCL、KVL 方程求解。

4.一阶过渡电路的求解也可以用三要素法:

$$f(t)=f(\infty)+\left[f(0_+)-f(\infty)\right]\mathrm{e}^{-\frac{t}{\tau}}$$

其中,$f(t)$ 表示过渡过程中电容上的电压或电感中的电流,$f(0_+)$、$f(\infty)$ 和 $\tau$ 表示其初始值、稳态值和时间常数。

# 模块五任务实施

## 任务一　观察与分析含 $RLC$ 元件电路在过渡电路中的不同现象

场地:机房或多媒体教室。

器材:电脑、Multisim 仿真软件。

资讯:5.1 过渡电路概念及其换路定则。

实施:观察含 $RLC$ 元件电路在充电、放电时的不同现象,理解 $RLC$ 元件的不同性能。

1.在 Multisim 中搭建如图 5-24 所示电路,设置好元件性能与参数。

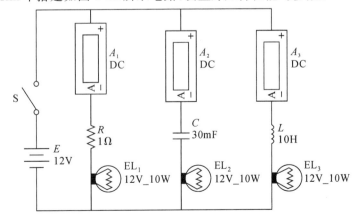

图 5-24　$RLC$ 元件在相同电压作用下的不同表现

2.按下仿真开关,闭合电键 S,观察含电阻、电感、电容元件电路在零状态响应时的灯泡点亮的快慢,观察电流表读数的变化,观察灯泡亮度的变化等,且分析造成的原因。

3.在上述仿真状态下,断开电键 S,观察含 $R$、$L$、$C$ 元件电路的灯泡熄灭的快慢,观察电流表读数的变化等,且分析造成的原因。

### 任务二　研究 $RC$ 电路在过渡响应时电容器电压 $u_C$ 的变化规律及时间常数

场地:机房或多媒体教室。

器材:电脑、Multisim 仿真软件。

资讯:5.2 一阶电路的零输入响应,5.3 一阶电路的零状态响应。

实施:

1.在 Multisim 中搭建如图 5-25 所示电路,设置好元件性能与参数,信号源设置如图 5-26 所示。

2.按下仿真开关,闭合电键 S,观察电容元件上的电压在零状态响应时、零输入响应时波形变化情况,探索 $u_C$—$t$ 变化规律。

3.测量电容电压 $u_C$ 波形从 0 上升到稳定值 $U_S$ 的 63.2% 所经过的时间,估计 $RC$ 电路的时间常数;且与公式计算值($\tau = RC$)比较,计算仿真测量的误差。如图 5-27 所示。

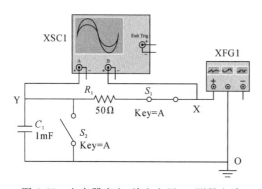

图 5-25　电容器充电、放电电压 $u_C$ 测量电路　　　图 5-26　电路($XO$ 间)输入电压设置

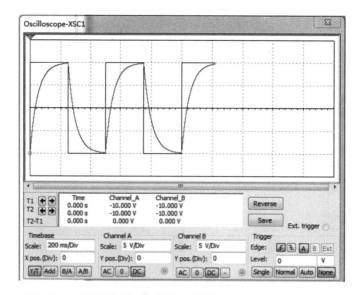

图 5-27　电容器充、放电电压($YO$ 间端电压)$u_C$ 在示波器上波形

## 任务三　研究 *RL* 电路在过渡响应时电感线圈上电压 $u_L$ 的变化规律及时间常数

场地：机房或多媒体教室。

器材：电脑、Multisim 仿真软件。

资讯：5.2 一阶电路的零输入响应，5.3 一阶电路的零状态响应。

实施：

1. 在 Multisim 中搭建如图 5-28 所示电路，设置好元件性能与参数，信号源设置如图 5-29 所示。

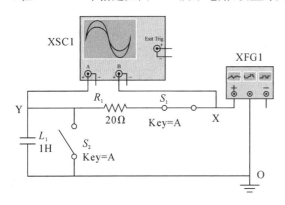 

图 5-28　电感线圈充电、放电电压 $u_L$ 测量电路　　图 5-29　电路（*XO* 间）输入电压设置

2. 按下仿真开关，同时闭合电键 S，观察电感线圈上的电压 $u_L$ 在零状态响应时、零输入响应时波形变化情况，探索 $u_L$—$t$ 变化规律。

3. 测量电感线圈电压 $u_L$ 波形从电源输入值 $U_S$ 下降到 36.8% 经过的时间，估计 *RL* 电路的时间常数；且与公式计算值（$\tau = L/R$）比较，计算仿真测量的误差。注意：要测量 *XO* 间输入第一个电压方波时 $u_L$ 波形。

4. 观察图 5-30 中第二、三个充放电 $u_L$ 波形，可以发现 $u_L$ 的初始值超过电源输入电压值 $U_S$，解释原因。

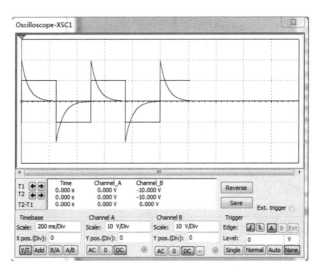

图 5-30　电感线圈充、放电电压（*YO* 间端电压）$u_L$ 在示波器上的波形

5. 解释本模块篇首提出的第一个问题。

# 思考与习题五

5-1 何谓电路的过渡过程？是否任何电路发生换路时都会产生过渡过程？

5-2 何谓换路定律？由换路定律求换路瞬时初始值时，电感和电容有时可视为开路或短路，有时又可视为电压源或电流源，试说明这样处理的条件。

5-3 在图 5-31 所示电路中，开关 S 在 $t=0$ 时动作，试分析电路在 $t=0_+$ 时刻电容元件上电压、电流的初始值。

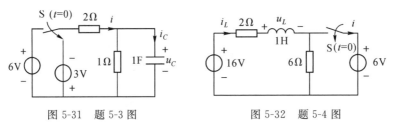

图 5-31 题 5-3 图        图 5-32 题 5-4 图

5-4 在图 5-32 所示电路中，开关 S 在 $t=0$ 时动作，试分析电路在 $t=0_+$ 时刻电感元件上电压、电流的初始值。

5-5 在图 5-33 所示电路，换路前已处于稳态。$t=0$ 时换路，求初始值 $i(0_+)$、$u(0_+)$、$u_C(0_+)$ 和 $i_C(0_+)$。

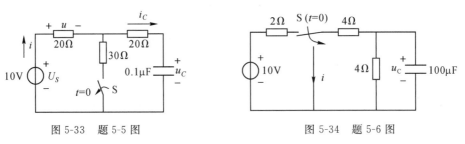

图 5-33 题 5-5 图        图 5-34 题 5-6 图

5-6 在图 5-34 所示电路中，求 $t \geqslant 0$ 时的 $u_C$ 和 $i$。

5-7 在图 5-35 所示电路中，$t=0$ 时换路，求 $t \geqslant 0$ 时的 $i_L$ 及 $u_L$。

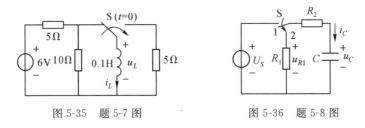

图 5-35 题 5-7 图        图 5-36 题 5-8 图

5-8 在图 5-36 电路中，$U_S = 10\text{V}$，$R_1 = 2\text{k}\Omega$，$R_2 = 3\text{k}\Omega$，$C = 1\mu\text{F}$，电路原处于稳态，在 $t=0$ 时换路，求 $u_C$、$i_C$ 和 $u_{R_1}$。

5-9 在图 5-37 所示电路中，开关 S 在 $t=0$ 时闭合，已知 $i_L(0_-)=0$，求 S 闭合后的 $i_L(t)$、$u_L(t)$。

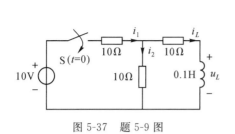

图 5-37　题 5-9 图

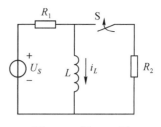

图 5-38　题 5-10 图

5-10　在图 5-38 所示电路中,$U_S=6V$,$R_1=R_2=6k\Omega$,$L=2mH$,电路原处于稳态,$t=0$ 时换路,求 $i_L(t)$。

5-11　求图 5-39 所示电路的时间常数。

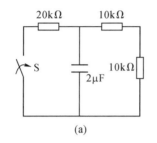

(a)

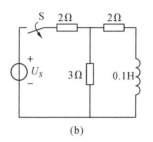

(b)

图 5-39　题 5-11 图

5-12　某电路的电流为 $i_L(t)=10+2e^{-10t}A$,试问它的三要素各为多少?

5-13　如图 5-40 所示电路原先已稳定,在 $t=0$ 时开关 S 闭合,试用三要素法求 $u_C(t)$。已知:$U_S=18V$,$R_1=3\Omega$,$R_2=2\Omega$,$R_3=6\Omega$,$C=1F$。

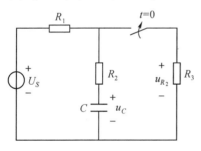

图 5-40　题 5-13 图

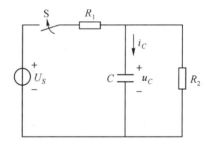

图 5-41　题 5-14 图

5-14　在图 5-41 所示的电路中,电容事先未充电,已知 $U_S=12V$,$R_1=6\Omega$,$R_2=3\Omega$,$C=1F$,试用三要素法求 $u_C$、$i_C$。

5-15　在图 5-42 所示的电路中,开关 S 闭合前电容已充有电压 $u_C(0_-)=U_0=4V$,已知 $U_S=12V$,$R=1\Omega$,$C=5\mu F$,试用三要素法求开关 S 闭合后 $u_C$、$i_C$,并绘出曲线。

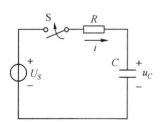

图 5-42　题 5-15 图

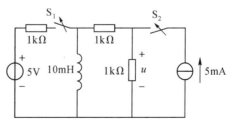

图 5-43　题 5-16 图

5-16　电路如图 5-43 所示,$t=0$ 时开关 $S_1$ 打开,$S_2$ 闭合,换路前电路处于稳态,用三要素法求 $u$。

# 模块六　磁路与变压器

 典型问题

电磁铁在实际中的应用很多,如电磁继电器、电铃、扬声器和磁悬浮列车等。最直接的应用就是电磁起重机,把电磁铁安装在吊车手臂上,通电后吸起钢铁物件或废钢铁等,移动到另一位置后切断电流,把钢铁放下。那么电磁铁的工作原理是什么? 直流电磁铁与交流电磁铁各有什么特点? 各应用在哪些场合?

我们的生活中离不开变压器,如我们家用电压 220V,就是由变压器将 10000V 的高压降下来的;我们经常用的手机充电器里面也有一只变压器,以将市用 220V 交流变换成几伏的交流电压。那么变压器为什么可以变换交流? 它可以变换直流吗? 为什么?

## 能力目标

1. 掌握磁路基本物理量及磁路欧姆定律;了解铁磁材料的基本特性。

2. 掌握交直流电磁铁的工作原理、特点和应用场合;了解交流铁芯线圈电路的电压平衡方程式。

3. 掌握互感线圈同名端及其判断方法。

4. 掌握变压器变压、变流、阻抗匹配的工作原理及应用。

## 实验研究任务

1. 观察和测量交、直流电磁铁的工作现象及工作电流。

2. 同名端判断,要求分别用直流法与交流法来测试判断互感线圈的同名端。

3. 测定变压器在空载、负载、短路时的变压变流规律及运行特性。

4. 研究变压器阻抗变换规律。

## 6.1　磁路的基本知识

### 6.1.1　磁路的基本物理量

1. 磁路

如图 6-1 所示,在玻璃板上洒上铁粉,玻璃板下方紧靠玻璃放一马蹄形磁铁,振动玻璃板,我们发现铁粉就会做有规则的排列,即磁感线由 N 极指向 S 极。如果在马蹄形磁铁的 N 极和

S 极上放一长方形扁铁板,重做图 6-1 所示的实验,铁粉还会有规则地排列吗?

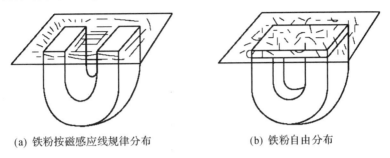

(a) 铁粉按磁感应线规律分布          (b) 铁粉自由分布

图 6-1    磁感线

我们发现上述第二种情况下铁粉没有按规则排列。原因是什么呢?在实验中,没有放扁铁板时,磁感线透过玻璃板,经铁粉由 N 极到 S 极。当放了扁铁板后磁感线基本上没经玻璃板到铁粉,而直接由 N 极经铁板到 S 极。由此我们知道了磁感线是按一定路径通过的,磁感线所通过的路径是可以人为控制的。

磁感线(磁通)所经过的路径叫磁路。如图 6-2(a)和(b)所示分别是图 6-1 中 U 形铁芯与铁粉形成的磁路。

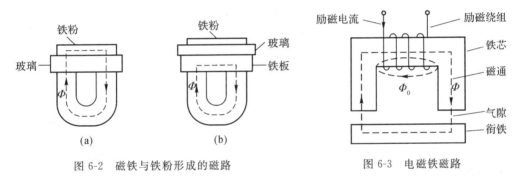

图 6-2    磁铁与铁粉形成的磁路          图 6-3    电磁铁磁路

大多数电气设备都是运用电与磁及其相互作用等物理过程实现能量的传递和转换的。例如电动机是运用载流导体在磁场中产生电磁力这种物理现象,实现将电能转换成机械能。这些电气设备中都必须具备一个磁场,这个磁场是线圈通以电流产生的,用以产生磁场的电流叫励磁电流。

为使较小的励磁电流产生足够大的磁通,在变压器、电机及各种电磁元件中常用铁磁物质做成一定形状的铁芯,然后将励磁电流线圈绕制在铁芯上,加上衔铁,构成电磁铁。由于铁芯的磁导率比周围其他物质的磁导率高很多,因此磁通差不多全部通过铁芯而形成一个闭合回路;这部分磁通称为主磁通 $\Phi$,所经过的路径叫磁路,如图 6-3 所示。另外,还有很少一部分没有经过铁芯,而是经过空气、油等形成闭合路径,这部分磁通叫漏磁通 $\Phi_0$。

2. 磁感应强度

磁感应强度是表示磁场内某点的磁场强弱和方向的物理量,它是一个矢量,用 $B$ 表示。它的方向就是该点磁场的方向。若是电流产生的磁场,则磁场方向与电流方向间的关系可用右手螺旋定则来确定。

$B$ 的大小可用一段载流导线在磁场中受力的大小来定义,即单位长度、单位电流且与磁场方向垂直放置的载流导线在磁场某点所受的力,为该点磁感应强度的大小,即

$$B=\frac{F}{Il} \tag{6-1}$$

式中：$F$ 为电磁力，单位为牛顿（N）；$I$ 为通过导线的电流，单位为安培（A）；$l$ 为导线的长度，单位为米（m）。在国际单位制中，$B$ 的单位为特斯拉（韦伯/米$^2$），简称特，用 T（Wb/m$^2$）表示。

3. 磁通与电磁感应定律

在磁场中，磁感应强度 $B$ 与其垂直穿过的磁场中某一截面积 $S$ 的乘积称为磁通量 $\Phi$，即

$$\Phi=BS \tag{6-2}$$

式中：$\Phi$ 的单位是韦伯，用 Wb 表示；$B$ 的单位为特斯拉（T）；$S$ 的单位是平方米（m$^2$）。

由于磁通量 $\Phi$ 的大小常用磁力线的多少来形象表示，因此磁通量 $\Phi$ 也可以看成是垂直穿过某一截面 $S$ 的磁力线总数。

据式（6-2），磁感应强度 $B$ 的大小也可用通过垂直于磁场方向单位面积的磁通量来表示，即 $B=\dfrac{\Phi}{S}$。所以，磁感应强度又称为磁通密度。

实验和实践中可知，导体或线圈中的磁通变化时，将在导体或线圈中产生电动势，即感应电动势；该电动势的大小与磁通率的变化率、线圈的匝数成正比，即

$$e=-N\frac{\mathrm{d}\Phi}{\mathrm{d}t} \tag{6-3}$$

这个规律叫电磁感应定律，也称为法拉第电磁感应定律。其中，$e$ 表示感应电动势，$\dfrac{\mathrm{d}\Phi}{\mathrm{d}t}$ 表示磁通量的变化率。

4. 磁导率与铁磁物质

实验与事实证明，磁体或电流周围的磁场强弱不但与产生磁场的磁源（如天然磁铁、电流等）有关，还与磁场的介质有关。

为了反映介质对磁场的影响，引入磁导率这个物理量。磁导率是用来表示介质导磁能力强弱的物理量，用 $\mu$ 表示。在国际单位制中，$\mu$ 的单位为亨/米，用 H/m 表示。真空的磁导率是一个常量，用 $\mu_0$ 表示，$\mu_0=4\pi\times10^{-7}\,\mathrm{H/m}$。任意一种物质的磁导率 $\mu$ 和真空的磁导率 $\mu_0$ 的比值，称为该物质的相对磁导率 $\mu_r$，即

$$\mu_r=\frac{\mu}{\mu_0} \tag{6-4}$$

铁、镍、钴、钢、铸铁等物质的磁导率非常大，相对磁导率 $\mu_r\gg1$，且不是常数，这类物质称为铁磁性物质。在磁场中放入铁磁性物质，可使磁感应强度 $B$ 增加几千甚至几万倍。

有些物质的相对磁导率 $\mu_r$ 略大于 1，如空气、氧、锡、铝、铅等，称为顺磁性物质。有些物质的相对磁导率 $\mu_r$ 小于 1，如氢、铜、石墨、银、锌等物质，称为反磁性物质，又叫做抗磁性物质。

几种常用铁磁物质的相对磁导率 $\mu_r$，如表 6-1 所示。

**表 6-1　铁磁物质的相对磁导率 $\mu_r$**

| 铁磁物质 | 磁导率 $\mu_r$ | 铁磁物质 | 磁导率 $\mu_r$ |
|---|---|---|---|
| 钴 | 174 | 已经退火的铁 | 7000 |
| 未退火的铸铁 | 240 | 硅钢片 | 7500 |
| 已经退火的铸铁 | 620 | 真空中熔化的电解铁 | 12950 |
| 镍 | 1120 | 镍铁合金 | 60000 |
| 软钢 | 2180 | C形坡莫合金 | 115000 |

**6. 磁场强度**

磁感应强度 $B$ 与介质有关,而介质的影响常使磁场的分析计算复杂化,为此引入表征磁场强弱的辅助物理量——磁场强度。其定义为:磁场中某点的磁场强度 $H$ 等于该点磁感应强度 $B$ 与该处介质磁导率 $\mu$ 的比值,即

$$H = \frac{B}{\mu} \tag{6-5}$$

在工程上,通常要计算通电导线(或通电线圈)中电流大小与其产生磁通之间的关系。例如电磁铁的吸力大小就取决于铁芯中磁通的多少,而磁通的多少又与通入线圈的励磁电流大小、匝数有关。如图 6-4 所示。

实验证明,通电线圈中的磁感应强度:

$$B = \mu_r \mu_0 \frac{NI}{l} = \mu \frac{NI}{l} \tag{6-6}$$

式中:$B$ 为通电线圈中的磁感应强度,单位为 T;$\mu$ 为线圈中介质的磁导率,单位为 H/m;$N$ 为线圈的匝数;$I$ 为线圈中的电流,单位为 A;$l$ 为圆环的平均长度,单位为 m。

由公式(6-5)得

$$H = \frac{NI}{l} \tag{6-7}$$

磁场强度是矢量,在均匀媒介质中,它的方向和磁感应强度的方向一致。

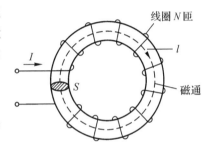

图 6-4　通电线圈的磁场强度

### 6.1.2　磁路的基本定律

**1. 磁路的欧姆定律**

如图 6-5 所示是最简单的磁路,设一铁芯上绕有 $N$ 匝线圈,铁芯的平均长度为 $l$,截面积为 $S$,铁芯材料的磁导率为 $\mu$。当线圈通以电流 $I$ 后,将建立起磁场,铁芯中有磁通 $\Phi$ 通过。

假定不考虑漏磁,则沿整个磁路的 $\Phi$ 相同,则由式(6-2)、式(6-6)可知:

$$\Phi = BS = \mu S \frac{NI}{l} = IN / (l/\mu S) \tag{6-8}$$

式中:$NI$ 可理解为是产生磁通的源,故称为磁动势,用符号 $F_m$ 表示,它的单位是安·匝(A 匝);$l/\mu S$ 表示磁路对磁通的阻碍

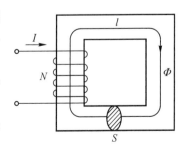

图 6-5　最简单的磁路

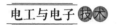

作用,故可称为磁阻,用 $R_m$ 表示,它的单位是 $1/$亨$(1/H)$,记为 $H^{-1}$,即

$$[R_m]=\frac{[l]}{[\mu][S]}=\frac{m}{(H/m)m^2}=H^{-1}([\ \ ]表示单位或者输入为量纲的意思)$$

于是有

$$\Phi=\frac{F_m}{R_m}\qquad\qquad(6\text{-}9)$$

式(6-9)与电路的欧姆定律相似,故称为磁路的欧姆定律。磁动势相当于电势,磁阻相当于电阻,磁通相当于电流,即线圈产生的磁通与磁动势成正比,与磁阻成反比。

必须指出,式(6-9)表示的磁路欧姆定律,只有在磁路的气隙或非铁磁物质部分才保持磁通与磁动势成正比例的关系。在有铁磁材料的各段,$R_m$ 因 $\mu$ 随 $B$ 或 $\Phi$ 变化而不是常数,这时必须利用 $B$ 与 $H$ 的非线性曲线关系,由 $B$ 决定 $H$ 或由 $H$ 决定 $B$。

若磁路上有 $n$ 个线圈通以不同电流,则建立磁场的总磁动势为

$$F_m=\sum_{i=1}^{n}N_iI_i\qquad\qquad(6\text{-}10)$$

式中:代数和表示产生磁通方向与参考方向相同则取"+",反之则取"-"。

磁路的欧姆定律与电路的欧姆定律有很多的相似之处,可用表 6-2 对磁路、电路的相关物理量进行类比,以利于学习与记忆。

表 6-2　电路与磁路的物理量对比

| 电路 | 磁路 |
| --- | --- |
| 电流:$I$ | 磁通:$\Phi$ |
| 电阻:$R=\rho\dfrac{l}{S}$ | 磁阻:$R_m=\dfrac{l}{\mu S}$ |
| 电阻率:$\rho$ | 磁导率:$\mu$ |
| 电源电动势:$E$ | 磁动势:$F_m$ |
| 电路的欧姆定律:$U=IR$ | 磁路的欧姆定律:$F_m=R_m\Phi$ |

磁路和电路有很多相似之处,但分析与处理磁路比电路难很多,例如:

(1)在处理电路时一般不涉及电场问题,而在处理磁路时离不开磁场的概念。如在讨论电机时,常常要分析电机磁路的气隙中磁感应强度的分布情况。

(2)在处理电路时一般不考虑漏电流(因为导体的电导率比周围介质的电导率大很多),但在处理磁路时一般都要考虑漏磁通(因为磁路材料的磁导率比周围介质的磁导率大不太多)。

(3)磁路的欧姆定律与电路的欧姆定律只是在形式上相似(见上面对照表)。由于 $\mu$ 不是常数,它随着励磁电流而变,所以不能直接应用磁路的欧姆定律来计算,而只能用于定性分析。

(4)在稳态电路中,当电源电动势为零,即 $E=0$ 时,电路中不会有电流,即 $I=0$;但在磁路中,由于有剩磁,当 $F=0$ 时,$\Phi\neq0$。

(5)磁路中几个基本物理量(磁感应强度、磁通、磁场强度、磁导率等)的单位也较复杂,学习时应注意把握。

**例 6-1**　一空心环形螺旋线圈,其平均长度为 30cm,横截面积为 $10\text{cm}^2$,匝数等于 $1\times10^3$,线圈中的电流为 10A,求线圈的磁阻、磁势及磁通。

**解:**磁阻为

$$R_m = \frac{l}{\mu_0 S} = \frac{0.3}{4\pi \times 10^{-7} \times 10 \times 10^{-4}} \approx 2.39 \times 10^8 \, H^{-1}$$

磁动势为

$$F_m = NI = 10^3 \times 10 = 10^4 \, A$$

磁通为

$$\Phi = \frac{F_m}{R_m} = \frac{10^4}{2.39 \times 10^8} \approx 4.18 \times 10^{-5} \, Wb$$

**2. 磁路的基尔霍夫定律**

(1) 基尔霍夫磁通定律

计算比较复杂的磁路问题,常涉及汇合点上多个磁通的关系。如图 6-6 所示为有两个励磁线圈的较复杂磁路。设磁路分为三段 $l_1$、$l_2$、$l_3$,各段的磁通分别为 $\Phi_1$、$\Phi_2$、$\Phi_3$,它们的参考方向标在图中,$H$ 和 $B$ 的参考方向与磁通一致(相关联),故未另标出。

如忽略漏磁通,根据磁通连续性原理,在 $\Phi_1$、$\Phi_2$、$\Phi_3$ 的汇合点做一闭合面 $S$,即穿入任一封闭面的总磁通量为零。式(6-11)与电路的 KCL 形式相似,故称为基尔霍夫磁通定律。如果把穿出闭合面 $S$ 的磁通前面取正号,则穿入闭合面 $S$ 的磁通前面应取负号,即各分支磁路连接处闭合面上磁通代数和等于零。

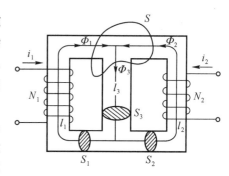

图 6-6  有两个励磁线圈的较复杂磁路

$$-\Phi_1 - \Phi_2 + \Phi_3 = 0 \tag{6-11}$$

$$\sum \Phi = 0 \tag{6-12}$$

此式称为基尔霍夫磁通定律。

在图 6-6 中,设 $\Phi_3 = 8 \times 10^{-3} \, Wb$,$\Phi_1 = 6 \times 10^{-3} \, Wb$,则 $\Phi_2 = \Phi_3 - \Phi_1 = 2 \times 10^{-3} \, Wb$。如考虑有漏磁通,磁通连续性原理和基尔霍夫磁通定律仍然成立,不过要把漏磁通计算在内。

(2) 基尔霍夫磁压定律

若磁路是由几种不同的材料和长度及截面积组成,如图 6-7 所示的继电器的磁路,它是由 $l_1$、$l_2$、$l_3$ 串联闭合而成,其总磁动势为

$$F_m = NI = \Phi(R_{m1} + R_{m2} + R_{m3}) = \Phi\left(\frac{l_1}{\mu_1 S_1} + \frac{l_2}{\mu_2 S_2} + \frac{l_3}{\mu_3 S_3}\right)$$

$$= B_1 \frac{l_1}{\mu_1} + B_2 \frac{l_2}{\mu_2} + B_3 \frac{l_3}{\mu_3} = l_1 H_1 + l_2 H_2 + l_3 H_3$$

即

$$F_m = \sum_i^N H_i l_i \tag{6-13}$$

式中:$l_1 H_1$、$l_2 H_2$、$l_3 H_3$ 为磁路各段的磁压降。

式(6-13)说明,在磁路中,沿任意闭合路径磁压降的代数和等于总磁动势。式(6-13)在形式上与电路中 KVL 相似,故称为基尔霍夫磁压定律。

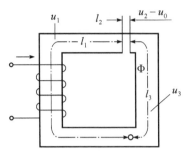

图 6-7　不同材料组成的磁路

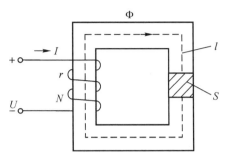

图 6-8　例 6-2 图

**例 6-2**　在图 6-8 所示铁芯线圈中通直流，磁路平均长度 $l=30\text{cm}$，截面积 $S=10\text{cm}^2$，$N=1000$ 匝，材料为铸钢，工作点上相对磁导率 $\mu_r=1137\text{H/m}$。

(1) 欲在铁芯中建立磁通 $\Phi=0.001\text{Wb}$，线圈电阻 $r=100\Omega$，应加多大电压 $U$？

(2) 若铁芯某处有一缺口，即磁路中有一空气隙，长度 $l=0.2\text{cm}$，铁芯和线圈的参数不变，此时需要多大电流，才能建立 $0.001\text{Wb}$ 的磁通。

**解：**(1)

$$B=\frac{\Phi}{S}=\frac{0.001}{10\times10^{-4}}=1\text{T}$$

$$H=\frac{B}{\mu}=\frac{B}{\mu_r\mu_0}=\frac{1}{1137\times4\pi\times10^{-7}}=700\text{A/m}$$

其中，$\mu_r$ 并非常数，它随 $B$ 值而变，一般在已知 $B$ 时查阅材料磁化曲线确定 $H$，它与此处所得结果相同，说明给定的 $\mu_r$ 是准确的。

总磁动势为

$$F_m=IN=Hl=700\times30\times10^{-2}=210\text{A·匝}$$

$$I=\frac{F_m}{N}=\frac{210}{1000}=0.21\text{A}$$

$$U=IR=0.21\times100=21\text{V}$$

(2) 因空气隙中的截面积和磁通与铁芯相同，故 $B_0=1\text{T}$，所以

$$H_0=\frac{B_0}{\mu_0}=\frac{1}{4\pi\times10^{-7}}=8\times10^5\text{A/m}$$

$$H_0l_0=8\times10^5\times0.2\times10^{-2}=1600\text{A·匝}$$

总磁动势为

$$F'_m=IN=Hl+H_0l_0=210+1600=1810\text{A·匝}$$

$$I=\frac{F'_m}{N}=\frac{1810}{1000}=1.8\text{A}$$

由计算结果可看出，空气隙对整个磁路工作的情况影响极大。一般铁芯的磁导率 $\mu$ 远远大于空气隙磁导率 $\mu_0$，即空气隙的磁阻远远大于铁磁材料的磁阻，因而磁路总磁动势绝大部分降在空气隙磁阻上。因此，在磁路中总是希望空气隙尽可能小，以降低气隙磁阻，使相同的磁动势能建立更大的磁通。

# 6.2 磁性材料

磁性材料主要是指铁族材料如铁、镍、钴及其合金,它们具有高导磁性、磁饱和性、磁滞性等基本磁性能。

## 6.2.1 高导磁性

所有磁性材料的导磁能力都比真空大得多,它们的相对磁导率多在几百甚至上万,也就是说在相同励磁条件下,用磁性材料做铁芯建立的磁场要比用非磁性材料做铁芯建立的磁场大几百甚至上万倍。由于这种特性使得各种电器、电机和电磁仪表等一切需要获取强磁场的设备,无不采用磁性材料作为导磁体。利用这种材料在同样的电能下可以大大减小设备体积和重量并能提高电磁器件的效率。

磁性材料为什么具有强磁性呢? 这个问题可用磁畴理论来解释。物质的磁性来源于原子的磁性,强磁物质的原子内部存在自发磁化的小区称为磁畴。一块磁性材料可以分为许多磁畴,磁畴的方向各不相同,排列杂乱无章,对外界的作用相互抵消,不呈现宏观的磁性。若将磁性材料置于外磁场中,则已经高度自发磁化的许多磁畴在外磁场的作用下,将由不同的方向改变到与外磁场接近或一致的方向上去,于是对外呈现出很强的磁性。图 6-9 表示磁畴在无外磁场及有外磁场作用下的情况。

 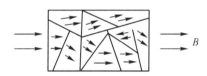

(a) 无外磁场作用时磁畴方向杂散     (b) 有外磁场作用下磁畴方向趋于一致

图 6-9 磁畴

进一步分析可知,磁性材料的基本物理性质较非磁性材料复杂得多,但就工程应用来说,不必从物质内部来研究磁性,只需掌握它们对外表现的磁性即可。通常可通过实验的方法来测量出磁性材料的外部性能。

## 6.2.2 磁饱和性

磁性物质由于磁化所产生的磁化磁场不会随着外磁场的增强而无限地增强。当外磁场(或励磁电流)增大到一定值时,全部磁畴的磁场方向都转向与外磁场的方向一致。这时磁化磁场的磁感应强度 $B_J$ 即达饱和值,如图 6-10 所示。图中的 $B_0$ 是在外磁场作用下,磁场内不存在磁性物质时的磁感应强度。将 $B_J$ 曲线和 $B_0$ 直线的纵坐标相加,便得出 $B$-$H$ 磁化曲线。各种磁性材料的磁化曲线可通过实验得出,这在磁路计算上极为重要。这曲线可划分成三段:$Oa$ 段——$B$ 与 $H$ 差不多成正比地增加;$ab$ 段——$B$ 的增加缓慢下来;$b$ 以后一段——$B$ 增加得很少,达到了磁饱和。

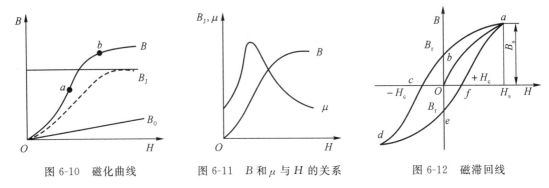

图 6-10　磁化曲线　　　图 6-11　$B$ 和 $\mu$ 与 $H$ 的关系　　　图 6-12　磁滞回线

当有磁性物质存在时,$B$ 与 $H$ 不成正比,所以磁性物质的磁导率 $\mu$ 不是常数,随 $H$ 而变(见图 6-11)。

由于磁通 $\Phi$ 与 $B$ 成正比,产生磁通的励磁电流 $I$ 与 $H$ 成正比,因此在存在磁性物质的情况下,$\Phi$ 与 $I$ 也不成正比。

### 6.2.3　磁滞性

如图 6-12 所示,当把磁场强度 $H$ 减小到零,磁感应强度 $B$ 并不沿着原来的这条曲线回降,则是沿着一条比它高的曲线 $ab$ 段缓慢下降。在 $H$ 已等于零时,磁感应强度 $B$ 并不等于零,而仍保留一定的磁性(见图 6-12 的 $B_r$),这个 $B_r$ 值叫做剩磁,通常资料中给出的剩磁值均指磁感应强度自饱和状态回降后剩余的数值。

为了消除剩磁,使 $B=0$,在负方向所加的磁场强度的大小 $H_c$ 称为矫顽力,它表示磁性材料反抗退磁的能力。如磁场强度继续在反方向增加,材料进行反向磁化到饱和,如曲线上的 $cd$ 段。然后在反方向减小磁场强度,到 $H=0$,$B$ 变到 $-B_r$,如曲线 $de$ 段。再正向增加磁场强度直到磁感应强度饱和,即 $B=B_s$,如曲线 $efa$ 段,如此完成一个循环。经过多次循环,铁磁材料被反复磁化。

通过反复磁化得到的 $B$-$H$ 曲线 $abcdefa$ 叫做磁滞回线。由于铁磁材料在反复磁化过程中,$B$ 的变化总是滞后于 $H$ 的变化,所以,我们称这一现象为磁滞。

不同的磁性材料其磁滞回线形状不相同,如图 6-13 所示给出了三种不同磁性材料的磁滞回线。

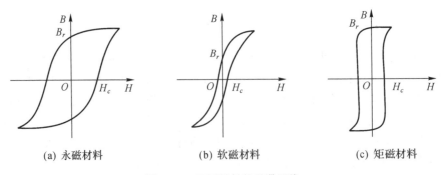

(a) 永磁材料　　　　　(b) 软磁材料　　　　　(c) 矩磁材料

图 6-13　不同材料的磁滞回线

永磁材料多为硬磁材料,具有较大的剩磁 $B_r$、较高的矫顽力 $H_c$ 和较大的磁滞回线面积。属于这类材料的有铝、镍、钴、硬磁铁氧体、稀土钴及碳钢铁等合金的永磁钢,主要用来制造各种用途的永磁铁。

　　软磁材料的磁滞回线窄而长,回线范围面积小,剩磁和矫顽力值都很小,属于这种材料的有铸铁硅钢片、铁镍合金及软磁铁氧体等,主要用来作电磁设备的铁芯。

　　矩磁材料的磁滞回线接近矩形,剩磁大,矫顽力小,属于这类材料的有镁锰铁氧体和某些铁镍合金等,在计算机和自动控制中广泛用作记忆元件、开关元件和逻辑元件。

M6-1　磁路与磁性
材料/测试

M6-2　交流铁芯
线圈/PDF

M6-3　交流铁芯
线圈/微课

# 6.3　电磁铁

　　利用通电线圈在铁芯里产生磁场,吸引衔铁及相关机构动作的电磁器件为电磁铁。如图 6-14 所示。

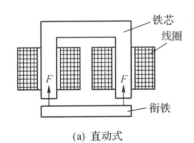
(a) 直动式

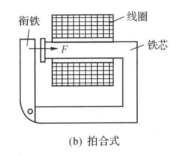
(b) 拍合式

图 6-14　电磁铁的几种形式

　　电磁铁是把电能转换为机械能的一种设备,通过电磁铁的衔铁可以获得直线运动和一定角度的回转运动。电磁铁是一种重要的电器设备,工业上经常利用电磁铁完成起重、制动、吸持及开闭等机械动作。在自动控制系统中经常利用电磁铁附上触头及相应部件做成各种继电器、接触器、调整器及驱动机构等。

　　电磁铁由线圈、铁芯及衔铁三部分组成。按衔铁相对铁芯运动方式,可分为直动式、拍合式,如图 6-184(a)和(b)所示;按接入励磁线圈的电流种类不同,分为直流电磁铁和交流电磁铁。

## 6.3.1　直流电磁铁

　　直流电磁铁的励磁电流为直流,铁芯不发热,只有线圈发热,所以铁芯是用整块钢材或工程纯铁制成,激磁线圈做成高而薄的瘦高型,且不设线圈骨架,使线圈与铁芯直接接触,易于散热。

　　可以证明,直流电磁铁的吸力大小与气隙的截面积 $S_0$ 及气隙中磁感应强度 $B_0$ 的平方成正比。计算吸力的基本公式为

$$F = \frac{10^7}{8\pi} B_0^2 S_0 \qquad (6\text{-}14)$$

式中：$B_0$ 的单位是 T；$S_0$ 的单位是 $m^2$；国际单位制中，$F$ 的单位是 N。

直流电磁铁的结构与吸力特点：

(1)铁芯中的磁通恒定，没有铁损，铁芯用整块材料制成；

(2)励磁电流 $I = U/R$，与衔铁的位置无关，外加电压全部降在线圈电阻 $R$ 上，$R$ 的电阻值较大；

(3)当衔铁吸合时，由于磁路气隙减小，磁阻随之减小，磁通 $\Phi$ 增大，因而衔铁被牢牢吸住。衔铁吸合过程中励磁电流 $I$、吸力 $F$ 与气隙长度 $l_0$ 的关系曲线如图 6-15 所示。

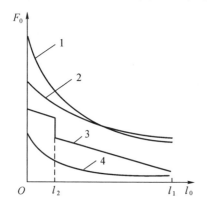

图 6-15 电磁机构吸力特性与反力特性的配合

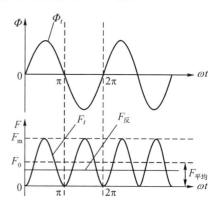

图 6-16 交流电磁铁的吸力变化曲线

1-直流吸力特性 2-交流吸力特性 3-反力特性 4-剩磁吸力特性

直流电磁铁相比交流电磁铁，在应用上有许多的优点，如不会因铁芯卡住而烧坏，体积小（其圆筒形外壳上没有散热筋），工作可靠，允许切换频率为 120 次/min，换向冲击小，使用寿命较长。但其启动力比交流电磁铁小。

### 6.3.2 交流电磁铁

交流电磁铁励磁电流为交流，其铁芯存在磁滞和涡流损耗，铁芯和线圈都发热，通常铁芯用硅钢片叠铆而成，励磁线圈设有骨架，作成短而厚的矮胖型，有利于铁芯和线圈散热。

当交流电通过线圈时，在铁芯中产生交变磁通，因为电磁力与磁通的平方成正比，所以当电流改变方向时，牵引力的方向并不变，而是朝一个方向将衔铁吸向铁芯，正如永久磁铁无论 N 极或 S 极都因磁感应会吸引衔铁一样。

交流电磁铁中磁场是交变的，如图 6-16 中的 $\Phi$ 所示。设气隙中的磁感应强度是 $B_0 = B_m \sin\omega t$，则吸力为

$$F = \frac{10^7}{8\pi} B_0^2 S_0 = \frac{10^7}{8\pi} B_m^2 S_0 \sin^2\omega t$$

$$= F_m \left( \frac{1 - \cos 2\omega t}{2} \right) = \frac{1}{2} F_m - \frac{1}{2} F_m \cos 2\omega \qquad (6\text{-}15)$$

式中：$F_m = \frac{10^7}{8\pi} B_m^2 S_0$ 是电磁吸力的最大值。由式(6-26)可知，吸力的瞬时值是由两部分组成的，一部分为恒定分量，另一部分为交变分量。但吸力的大小取决于平均值，设吸力平均值为 $\overline{F}$，则有

$$\overline{F} = \frac{1}{T}\int_0^T F\mathrm{d}t = \frac{1}{2}F_{\mathrm{m}} = \frac{10^7}{16\pi}B_{\mathrm{m}}^2 S_0 \tag{6-16}$$

可见,吸力平均值等于最大值的一半,这说明在最大电流值及结构相同的情况下,直流电磁铁的吸力比交流电磁铁的吸力大一倍。如果在交流励磁时,感应强度的有效值等于直流励磁的感应强度,则交流电磁吸力平均值等于直流电磁吸力。

虽然交流电磁铁的吸力方向不变,但它的大小是变动的,如图 6-16 的 $F_t$ 所示。当磁通经过零值时,电磁吸力为零。工频电流时,吸力 $F$ 以两倍电源频率在零与最大值 $F_{\mathrm{m}}$ 之间脉动,因而衔铁以两倍电源频率在颤动,引起噪声,同时触点容易损坏。

为了消除上述现象,可在磁极的部分端面上套一个短路环,如图 6-17 所示。在短路环中会产生感应电流,以阻碍通过此部分的磁通变化,使总磁通分解为有相位差的两个磁通 $\Phi_1$、$\Phi_2$,两者合成后的总磁通不再有过零点,电磁吸力也不再有过零点,这就消除了衔铁的颤动,消除了噪声。

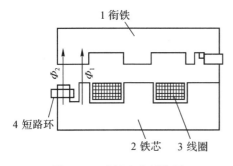

图 6-17　磁极上套短路环

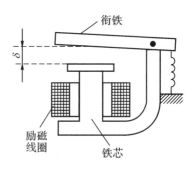

图 6-18　例 6-3 图

交流电磁铁的特点如下:

(1)由于励磁电流 $I$ 是交变的,铁芯中产生交变磁通,一方面使铁芯中产生磁滞损失和涡流损失,为减少这种损失,交流电磁铁的铁芯一般用硅钢片叠成;另一方面使线圈中产生感应电动势,外加电压主要用于平衡线圈中的感应电动势,线圈电阻 $R$ 较小。

(2)励磁电流 $I$ 与气隙 $l_0$ 长度大小有关。在吸合过程中,随着气隙的减小,磁阻减小,因磁通最大值 $\Phi_{\mathrm{m}}$ 基本不变,故磁动势 $NI$ 下降,即励磁电流 $I$ 下降。

(3)因磁通最大值 $\Phi_{\mathrm{m}}$ 基本不变,所以平均电磁吸力 $F_0$ 在吸合过程中基本不变。励磁电流 $I$、平均电磁吸力 $F_0$ 和气隙 $l_0$ 长度的关系如图 6-15 所示。

交流电磁铁的使用电压一般为交流 220V,电气线路配置简单。交流电磁铁启动力较大,换向时间短,但换向冲击大,工作时温升高(外壳设有散热筋)。当阀芯卡住时,由于气隙大导致磁阻大,据式(6-20)可知,在端电压、电源频率等不变的情况下,为使磁通恒定,电流长时间较大,电磁铁因电流过大易烧坏,可靠性较差,所以切换频率不许超过 30 次/min,寿命较短。

**例 6-3**　已知交流电磁铁磁路如图 6-18 所示,衔铁受到弹簧反作用力 10N,额定电压 $U_n = 220\mathrm{V}$,空隙平均长为 3cm,求铁芯截面和线圈匝数。设漏磁系数(总磁通与主磁通的比例)$\sigma = 1.5$。考虑到线圈电阻及漏抗(由漏磁通导致)电压降,线圈上的有效电压取为额定电压的 80%。

**解:**一般交流电磁铁磁路的磁感应强度 $B$ 可在 $0.2\sim1\mathrm{T}$ 范围内选择,在此处选定 $B_{\mathrm{m}} = 0.5\mathrm{T}$,于是铁芯截面积 $S_0$ 可由下式求得

$$\overline{F} = \frac{1}{2}F_{\mathrm{m}} = \frac{B_{\mathrm{m}}^2 S_0}{16\pi} \times 10^7$$

或

$$S_0 = \frac{16\pi \overline{F}}{B_m^2} \times 10^{-7} = \frac{16\pi \times 10}{0.5^2} \times 10^{-7} = 2 \times 10^{-4} \text{cm}^2$$

有效电压：
$$U = 0.8 \times 220 = 176 \text{V}$$

磁通：
$$\Phi_m = B_m S_0 \sigma = 0.5 \times 2 \times 10^{-4} \times 1.5 = 1.5 \times 10^{-4} \text{Wb}$$

匝数：
$$N = \frac{U}{4.4 f \Phi_m} = \frac{176}{4.44 \times 50 \times 1.5 \times 10^{-4}} = 5285.3 \overset{\text{取}}{=} 5290 \text{匝}$$

**例 6-4** 有一拍合式交流电磁铁，其磁路尺寸为 $c = 4$cm，$l = 7$cm，铁芯由硅钢片叠压而成。铁芯和衔铁的横截面都是正方形，每边长度 $a = 1$cm。励磁线圈电压为 220V。现要求衔铁在最大气隙 $\delta = 1$cm(平均值)时须产生吸力 50N，试计算线圈的匝数和此时的电流值。计算时可以忽略漏磁通，并且铁芯和衔铁的磁阻与空气隙相比可以不计。

**解**：据式(6-25)，求 $B_m$(空气隙的与铁芯中的认为相等)：

$$\overline{F} = \frac{10^7}{16\pi} B_m^2 S_0$$

$$B_m = \sqrt{\frac{16\pi \overline{F}}{S_0} \times 10^{-7}}$$

$$= \sqrt{\frac{16\pi \times 50}{1 \times 10^{-4}} \times 10^{-7}} \approx 1.6 \text{(T)}$$

据式(6-20)，计算线圈的匝数：

$$N = \frac{U}{4.44 f B_m S}$$

$$= \frac{220}{4.44 \times 50 \times 1.6 \times 10^{-4}} = 6200 \text{(匝)}$$

据式(6-13)，求励磁电流：

$$\sqrt{2} NI \approx H_m \delta = \frac{B_m}{\mu_0} \delta$$

$$I = \frac{B_m \delta}{\sqrt{2} N \mu_0} = \frac{1.6 \times 1 \times 10^{-2}}{\sqrt{2} \times 6200 \times 4\pi \times 10^{-7}} = 1.5 \text{(A)}$$

# 6.4 变压器

## 6.4.1 变压器的分类和结构

变压器是根据电磁感应原理制成的一种静止的电气设备。它的基本作用是变换交流电压，即把某一数值的交流电压变为频率相同的另一数值交流电压。在输电方面，为了节省输电导线的用铜量，减少线路上的电压降和线路的功率损耗，通常利用变压器升高电压。在用电方面，为了用电安全，可利用变压器降低电压。此外，变压器还可用于变换电流大小和阻抗大小。

变压器的种类很多，根据其用途不同，可分别为：远距离输配电用的电力变压器；机床控制用的控制变压器；电子设备和仪器供电电源用的电源变压器；焊接用的焊接变压器；平滑调压用的自耦变压器；测量仪表用的互感器；用于传递信号的耦合变压器等。

变压器按结构形式分类,可分为芯式变压器和壳式变压器,如图 6-19 所示。芯式变压器的特点是绕组包围铁芯,它的用铁量较少,构造简单,绕组的安装和绝缘处理比较容易,因此多用于容量较大的变压器中。壳式变压器的特点是铁芯包围绕组,这种变压器用铜量较少,多用于小容量的变压器。

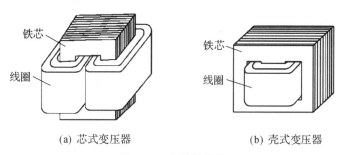

(a) 芯式变压器  (b) 壳式变压器

图 6-19　变压器外形

无论何种变压器,其基本构造和工作原理是相同的,都由铁磁材料构成的铁芯和绕在铁芯上的线圈(亦称绕组)两部分组成。

铁芯是变压器的磁路部分,为了减少铁芯中的涡流损耗,铁芯通常用含硅量较高、厚度为 0.35mm 的硅钢片交叠而成,为了隔绝硅钢片相互之间的电的联系,每一硅钢片的两面都涂有绝缘清漆。

绕组是变压器的电路部分,用绝缘铜导线或铝导线绕制,绕制时多采用圆柱形绕组。通常电压高的绕组称为高压绕组,电压低的绕组称为低压绕组,低压绕组一般靠近铁芯放置,而高压绕组则置于外层。为了防止变压器内部短路,在绕组和绕组之间、绕组和铁芯之间以及每绕组的各层之间,都必须绝缘良好。

除了铁芯和绕组之外,变压器一般有外壳,用来保护绕组免受机械损伤,并起散热和屏蔽作用。较大容量的变压器还具有冷却系统、保护装置以及绝缘套管等。大容量变压器通常采用三相变压器。

### 6.4.2　变压器的工作原理

如图 6-20 所示为变压器空载运行原理图。为了便于分析,图中将原绕组和副绕组分别画在两边。与电源连接的一侧称为原边(或称初级),原边各量均用下标"1"表示,如 $N_1$、$u_1$、$i_1$ 等;与负载连接的一侧称为副边(或称次级),副边各量均用下标"2"表示,如 $N_2$、$u_2$、$i_2$ 等。下面分空载和负载两种情况来分析变压器的工作原理。

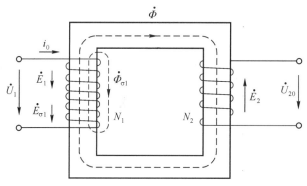

图 6-20　变压器的空载运行

M6-4　变压器工作
原理(一)/微课

1. 变压器空载运行及电压变换

变压器空载运行是将变压器的原绕组两端加上交流电压，副绕组不接负载的情况。

在外加正弦交流电压 $u_1$ 作用下，原绕组内有电流 $i_0$ 流过。由于副绕组开路，副绕组内没有电流，故将此时原绕组内的电流称为空载电流。该电流通过匝数为 $N_1$ 的原绕组产生磁动势 $i_0 N_1$，并建立交变磁场。由于铁芯的磁导率比空气或油的磁导率大得多，因而绝大部分磁通经过铁芯而闭合，并与原、副绕组交链，这部分磁通称为主磁通，用 $\Phi$ 表示，即 $u_1 \rightarrow i_0 \rightarrow i_0 N_1 \rightarrow \Phi$。另有一小部分漏磁通 $\Phi_{\sigma 1}$ 不经过铁芯而通过空气或油闭合，它仅与原绕组本身交链。漏磁通在变压器中感应的电动势仅起电压降的作用，不传递能量，下面讨论中均略去漏磁通及漏磁通产生的电压降。

主磁通穿过原绕组和副绕组，并在其中感应产生电动势 $e_1$ 和 $e_2$，据电磁感应定律可得

$$e_1 = -N_1 \frac{\mathrm{d}\Phi}{\mathrm{d}t} \tag{6-17}$$

$$e_2 = -N_2 \frac{\mathrm{d}\Phi}{\mathrm{d}t} = u_{20} \tag{6-18}$$

其中，$u_{20}$ 为副绕组的空载端电压。

由基尔霍夫电压定律，按图 6-20 所规定的电压、电流和电动势的正方向，可列出原、副绕组的瞬时电压平衡方程式，即

$$u_1 = i_0 R_1 - e_1 = i_0 R_1 + N_1 \frac{\mathrm{d}\Phi}{\mathrm{d}t}$$

$$u_{20} = e_2 = -N_2 \frac{\mathrm{d}\Phi}{\mathrm{d}t} \tag{6-19}$$

式中：$R_1$ 为原绕组的电阻。若用相量形式表示，式(6-19)可写成：

$$\dot{U}_1 = \dot{I}_0 R_1 + (-\dot{E}_1)$$

$$\dot{U}_{20} = \dot{E}_2 \tag{6-20}$$

由于一般变压器在空载时励磁电流 $i_0$ 很小，通常为原绕组额定电流的 $3\% \sim 10\%$，所以原绕组的电阻压降 $i_0 R_1$ 很小，可近似认为

$$u_1 \approx -e_1$$

或

$$\dot{U}_1 \approx -\dot{E}_1$$

因此

$$\frac{\dot{U}_1}{\dot{U}_{20}} \approx -\frac{\dot{E}_1}{\dot{E}_2} \tag{6-21}$$

其有效值之比为

$$\frac{U_1}{U_{20}} \approx \frac{E_1}{E_2} = \frac{N_1}{N_2} = k \tag{6-22}$$

式中：$k$ 为变压器的变比，即原、副绕组的匝数比。当 $k < 1$ 时，为升压变压器；当 $k > 1$ 时，为降压变压器。

必需指出，变压器空载时，若外加电压的有效值 $U_1$ 一定，主磁通 $\Phi_m$ 的最大值也基本不变，如 $\Phi = \Phi_m \sin\omega t$，则有

$$\dot{U}_1 \approx -\dot{E}_1 = \mathrm{j}4.44 f N_1 \Phi_m \tag{6-23}$$

用有效值形式表示

$$U_1 \approx E_1 = 4.44 f N_1 \Phi_m \tag{6-24}$$

在式(6-35)中,当 $f$、$N_1$ 为定值时,主磁通最大值 $\Phi_m$ 的大小只取决于外加电压有效值 $U_1$ 的大小,而与是否接负载无关。若外加电压 $U_1$ 不变,则主磁通 $\Phi_m$ 也不变。这个关系对分析变压器的负载运行及电动机的工作原理都非常重要。

2. 变压器负载运行及电流变换

变压器负载运行是将变压器的原绕组接上电源,副绕组接有负载的情况。如图 6-21 所示。

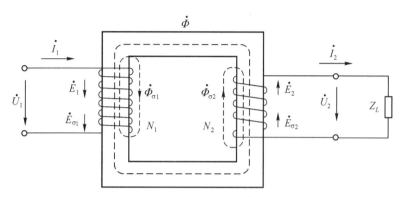

图 6-21　变压器的负载运行

副绕组接上负载 $Z_L$ 后,在电动势 $E_2$ 的作用下,副边就有电流 $I_2$ 流过,即副边有电能输出。原绕组与副绕组之间没有电的直接联系,只有磁通与原、副绕组交链形成的磁耦合来实现能量传递。那么,原、副绕组电流之间关系怎样呢?

变压器未接负载前其原边电流为 $i_0$,它在原边产生磁动势 $i_0 N_1$,在铁芯中产生的磁通 $\Phi$。接上负载后,副边电流 $I_2$ 产生磁动势 $I_2 N_2$,根据楞次定律,$I_2 N_2$ 将阻碍铁芯中主磁通 $\Phi$ 的变化,企图改变主磁通的最大值 $\Phi_m$。但是,当电源电压有效值 $U_1$ 和频率 $f$ 一定时,由式 $U_1 = E_1 = 4.44 f N_1 \Phi_m$ 可知,$U_1$ 和 $\Phi_m$ 近似恒定。因而,随着负载电流 $I_2$ 的出现,通过原边电流 $i_0$ 及产生的磁动势 $i_0 N_1$ 必然也随之增大至 $i_1 N_1$,以维持磁通最大值 $\Phi_m$ 基本不变,即与空载时的 $\Phi_m$ 大小接近相等。因此,有负载时产生主磁通的原、副绕组的合成磁动势($i_1 N_1 + I_2 N_2$)应该与空载时产生主磁通的原绕组的磁动势 $i_0 N_1$ 差不多相等,即

$$i_1 N_1 + i_2 N_2 \approx i_0 N_1$$

用相量表示为

$$\dot{I}_1 N_1 + \dot{I}_2 N_2 \approx \dot{I}_0 N_1 \tag{6-25}$$

式(6-25)称为磁动势平衡方程式。有载时,原边磁动势 $\dot{I}_1 N_1$ 可视为两个部分:$\dot{I}_0 N_1$ 用来产生主磁通 $\Phi$;$\dot{I}_2 N_2$ 用来抵消副边电流 $i_2$ 所建立的磁动势 $\dot{I}_2 N_2$ 以维持铁芯中的主磁通最大值 $\Phi_m$ 基本不变。

由式(6-25)得到

$$\dot{I}_1 \approx \dot{I}_0 + \left( -\frac{N_2}{N_1} \dot{I}_2 \right) \tag{6-27}$$

一般情况下,空载电流 $I_0$ 只占原绕组额定电流 $I_{1N}$ 的 $3\% \sim 10\%$,可以略去不计。于是式(6-26)可写成:

$$\dot{I}_1 \approx -\frac{N_2}{N_1} \dot{I}_2$$

由此可知,原、副绕组的电流有效值关系为

$$\frac{I_1}{I_2} \approx \frac{N_2}{N_1} = \frac{1}{k} \qquad (6\text{-}27)$$

式(6-28)表明,变压器原、副绕组的电流之比近似与它们的匝数成反比。

必须注意,式(6-27)是在忽略空载电流的情况下获得的,若变压器在空载或轻载下运行就不适用了。

若忽略漏磁和损耗不计,则有

$$\frac{U_1}{U_2} = \frac{N_1}{N_2} = k \qquad (6\text{-}27)$$

3. 变压器阻抗变换作用

变压器除了变换电压和变换电流外,还可进行阻抗变换,以实现"匹配"。

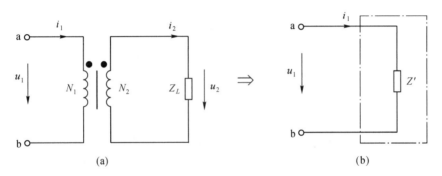

图 6-22　阻抗变换

在图 6-22(a)中,负载阻抗 $Z_L$ 接在变压器副边,而图 6-22(b)中的虚线框部分表示可用一个阻抗 $Z'$ 来等效代替。两者的关系可通过下面计算得出。

根据式(6-27)和式(6-28)可得电压、电流有效值关系:

$$\frac{U_1}{I_1} = \frac{\dfrac{N_1}{N_2}U_2}{\dfrac{N_2}{N_1}I_2} = \left(\frac{N_1}{N}\right)^2 \frac{U_2}{I_2} = k^2 \frac{U_2}{I_2}$$

由图 6-22(a)可知:

$$\frac{U_1}{I_1} = Z'$$

由图 6-22(b)可知:

$$\frac{U_2}{I_2} = Z_L$$

代入后得

$$Z' = k^2 Z_L \qquad (6\text{-}29)$$

式(6-29)中 $Z'$ 和 $Z_L$ 为阻抗的大小。它表明在忽略漏磁阻抗影响下,只需调整匝数比,就可把负载阻抗变换为所需要的数值,且负载性质不变。根据最大功率传递条件,可以使负载从信号源获得最大功率,通常称为阻抗匹配。

**例 6-5**　有一信号源的电动势为 1.5V,内阻抗为 $300\Omega$,负载阻抗为 $75\Omega$。欲使负载获得最大功率,必须在信号源和负载之间接一阻抗匹配变压器,使变压器的输入阻抗等于信号源的内阻抗,如图 6-23(a)所示。问:变压器的变压比,原、副边的电流各为多少?

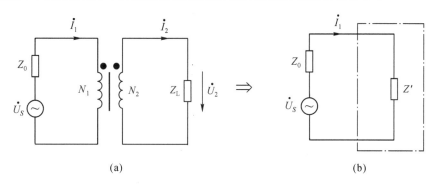

图 6-23　例 6-5 图

**解:**依题意,变压器信号源内阻 $Z_0 = 300\Omega$ 时,当变压器原边的等效输入阻抗 $Z' = Z_0 = 300\Omega$ 时信号源输出最大功率,即负载获得最大功率。

应用变压器原副边的阻抗变换公式,可求得变比为

$$k = \frac{N_1}{N_2} = \sqrt{\frac{Z'}{Z_L}} = \sqrt{\frac{300}{75}} = 2$$

因此,信号源和负载之间接一个变比为 2 的变压器就能达到阻抗匹配的目的。这时变压器的原边电流为

$$I_1 = \frac{U_s}{Z_0 + Z'} = \frac{1.5}{300 + 300} = 2.5\text{mA}$$

副边电流为

$$I_2 = kI_1 = 2 \times 2.5 = 5\text{mA}$$

**例 6-6**　理想变压器电路如图 6-24(a)所示,已知 $u_S = 10\sqrt{2}\cos(10t)$ V,$R_1 = 1\Omega$,$R_2 = 100\Omega$,求:(1)$k = 0.5$ 时,$R_2$ 获得的功率;(2)$k$ 为多大时,$R_2$ 可获最大功率。

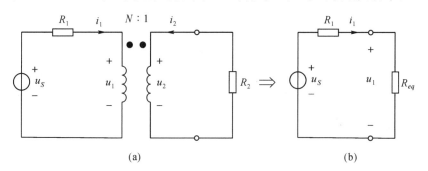

图 6-24　例 6-6 图

**解:**(1)将 $R_2$ 等效到一次侧:$R_{eq} = k^2 R_2 = 0.5^2 \times 100 = 25\Omega$,

$$i_1 = \frac{u_S}{R_1 + R_{eq}} = \frac{10\sqrt{2}\cos(10t)}{26} = 0.3846\sqrt{2}\cos(10t)\text{A}$$

$$i_2 = ki_1 = 0.1923\sqrt{2}\cos(10t)\text{A}$$

所以:

$$P_{R_2} = I_2^2 R_2 = 0.1923^2 \times 100 = 3.698\text{W}$$

或

$$P_{R_2} = I_1^2 R_{eq} = 0.3864^2 \times 25 = 3.698\text{W}$$

（2）欲使 $R_2$ 获得最大功率，需 $R_{eq} = K^2 R_2 = R_1$，解出 $K = 0.1$，

$$i_1 = \frac{u_S}{R_1 + R_{eq}} = \frac{10\sqrt{2}\cos(10t)}{2} = 5\sqrt{2}\cos(10t)\,\mathrm{A}$$

$$i_2 = ki_1 = 0.5\sqrt{2}\cos(10t)\,\mathrm{A}$$

$$P_{R_2} = I_2^2 R_2 = 0.5^2 \times 100 = 25\,\mathrm{W}$$

或

$$P_{R_2} = I_1^2 R_{eq} = 1^2 \times 25 = 25\,\mathrm{W}$$

### 6.4.3 变压器的外特性、功率和效率

1. 变压器的额定值

使用变压器时，应了解变压器的额定值。变压器正常运行的状态和条件，称为变压器的额定工作情况，而表征变压器额定工作情况的电压、电流和功率等数值，称为变压器的额定值，它一般标在变压器的铭牌上。

（1）额定容量 $S_N$

变压器的额定容量是指它的额定视在功率，以伏安（VA）或千伏安（kVA）为单位。单相变压器额定容量：

$$S_N = U_{2N} I_{2N} \tag{6-30}$$

三相变压器额定容量：

$$S_N = \sqrt{3}\, U_{2N} I_{2N} \tag{6-31}$$

（2）额定电压 $U_{1N}$ 和 $U_{2N}$

原绕组的额定电压 $U_{1N}$ 是指原绕组上应加的电源电压或输入电压，副绕组的额定电压 $U_{2N}$ 是指原绕组加上额定电压时副绕组的空载电压（$U_{20}$）。在三相变压器铭牌上给出的额定电压 $U_{1N}$ 和 $U_{2N}$ 均为原、副绕组的线电压。

（3）额定电流 $I_{1N}$ 和 $I_{2N}$

变压器的额定电流 $I_{1N}$ 和 $I_{2N}$ 是根据绝缘材料所允许的温度而规定的原、副绕组中允许长期通过的最大电流值。在三相变压器中，$I_{1N}$ 和 $I_{2N}$ 均指原、副绕组的线电流。

变压器的额定值取决于变压器的构造和所用的材料。使用变压器时一般不能超过其额定值。此外，还必须注意：其工作温度不能过高，原、副绕组必须分清，并防止变压器绕组短路，以免烧毁变压器。

2. 变压器的外特性

变压器的外特性是指电源电压 $U_1$、$f_1$ 为额定值，负载功率因数 $\cos\varphi_2$ 一定时，$U_2$ 随 $I_2$ 变化的关系曲线，即 $U_2 = f(I_2)$，如图 6-25 所示。

从外特性曲线中可清楚地看出，负载变化时所引起的变压器副边电压 $U_2$ 的变化程度，既与原、副绕组的漏磁阻抗（包括原、副绕组的电阻及漏磁感抗）有关，又与负载的大小及性质有关。对于电阻性和电感性负载而言，$U_2$ 随负载电流 $I_2$ 的增加而下降，其下降程度还与负载的功率因数有关。对电容性负载来说，$U_2$ 可能高于 $U_{2N}$，外特性曲线是上翘的。

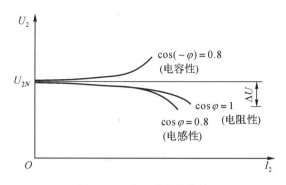

图 6-25　变压器的外特性

变压器副边电压 $U_2$ 随 $I_2$ 变化的程度用电压变化率 $\Delta U$ 表示,即

$$\Delta U = \frac{U_{20} - U_2}{U_{20}} \times 100\% \tag{6-32}$$

在一般变压器中,由于其绕组电阻和漏磁感抗均十分小,所以电压变化率是不大的,约为 $2\% \sim 5\%$。

变压器的电压变化率表征了电网电压的稳定性,一定程度上反映了变压器供电的质量,是变压器的主要性能指标之一。为了改善电压稳定性,对电感性负载,可在负载两端并联适当容量的电容器,以提高功率因数和减小电压变化率。

3. 变压器的功率

变压器原绕组的输入功率为

$$P_1 = U_1 I_1 \cos\varphi_1 \tag{6-33}$$

式中: $\varphi_1$ 为原绕组电压与电流的相位差。

变压器副绕组的输出功率为

$$P_2 = U_2 I_2 \cos\varphi_2 \tag{6-34}$$

式中: $\varphi_2$ 为副绕组电压与电流的相位差。

输入功率与输出功率的差就是变压器所损耗的功率,即

$$\Delta P = P_1 - P_2$$

变压器的功率损耗,包括铁损 $\Delta P_{\text{Fe}}$(铁芯的磁滞损耗和涡流损耗)和铜损 $\Delta P_{\text{Cu}}$(线圈导线电阻的损耗),即

$$\Delta P = \Delta P_{\text{Fe}} + \Delta P_{\text{Cu}}$$

铁损和铜损可以用实验方法测量或计算求出,铜损( $I_1^2 r_1 + I_2^2 r_2$ )与负载大小有关,是可变损耗;而铁损与负载大小无关,当外加电压和频率确定后,一般是常数。

4. 变压器的效率

变压器的效率等于变压器输出功率与输入功率之比的百分值,即

$$\eta = \frac{P_2}{P_1} \times 100\% = \frac{P_2}{P_2 + \Delta P_{\text{Fe}} + \Delta P_{\text{Cu}}} \times 100\% \tag{6-35}$$

变压器的效率较高,大容量变压器在额定负载时的效率可达 $98\% \sim 99\%$,小型电源变压器的效率约为 $70\% \sim 80\%$。

变压器的效率还与负载有关,轻载时效率很低,因此应合理选用变压器的容量,避免长期轻载或空载运行。

**例 6-7**  有一额定容量为 2kVA、电压为 380/110V 的单相变压器。(1)求原、副边的额定电流;(2)若负载为 110V、25W、$\cos\varphi=0.8$ 的小型单相电动机,问满载运行时可接入多少这样的电动机?

**解:**(1)据式(6-41),原、副边的额定电流为

$$I_{1N}=\frac{S_N}{U_{1N}}=\frac{2000}{380}=5.26\text{A}$$

$$I_{2N}=\frac{S_N}{U_{2N}}=\frac{2000}{110}=18.18\text{A}$$

(2)每台小电机的额定电流为

$$I=\frac{P}{U\cos\varphi}=\frac{25}{110\times0.8}=0.28\text{A}$$

故可接台数为

$$\frac{18.18}{0.28}=64.93=64\ \text{台}$$

**例 6-8**  有一带电阻负载的三相变压器,其额定数据如下:$S_N=100\text{kVA}$,$U_{1N}=6000\text{V}$,$U_{2N}=U_{20}=400\text{V}$,$f=50\text{Hz}$。绕组连接 $Y/Y_0$。由试验测得 $\Delta P_{Fe}=600\text{W}$,额定负载时的 $\Delta P_{Cu}=2400\text{W}$。试求:(1)变压器的额定电流;(2)满载和半载时的效率。

**解:**(1)据式(6-42),求三相变压器的额定电流

$$I_{2N}=\frac{S_N}{\sqrt{3}U_{2N}}=\frac{100\times10^2}{\sqrt{3}\times400}=144\text{A}$$

$$I_{1N}=\frac{S_N}{\sqrt{3}U_{1N}}=\frac{100\times10^2}{\sqrt{3}\times6000}=9.62\text{A}$$

(2)据式(6-42),满载时的效率为

$$\eta_1=\frac{P_2}{P_2+\Delta P_{Fe}+\Delta P_{Cu}}=\frac{100\times10^3}{100\times10^3+600+2400}=97.1\%$$

半载时的效率为

$$\eta_{\frac{1}{2}}=\frac{\frac{1}{2}\times100\times10^3}{\frac{1}{2}\times100\times10^3+600+\left(\frac{1}{2}\right)^2\times2400}=97.6\%$$

### 6.4.4  变压器绕组的极性

**1.三相变压器的连接方式**

现代电能的生产、传输和分配几乎都采用三相变压器。其高压线圈端头用大写字母表示,低压线圈端头用小写字母表示。一般三个高压线圈首端用 $U_1$、$V_1$、$W_1$,末端用 $U_2$、$V_2$、$W_2$ 表示;三个低压线圈首端用 $u_1$、$v_1$、$w_1$,末端用 $u_2$、$v_2$、$w_2$ 表示。高、低线圈中性点(若有的话)分别用 $N$(或 $O$)和 $n$(或 $o$)表示。

三相电力变压器的三相线圈有星形(Y 形)和三角形(D 形或△)两种连接方式。高压线圈接成 Y 形比较有利,因这时加在每相线圈上的相电压只有电网线电压的 $1\sqrt{3}$ 倍,因此对变压器的绝缘要求降低了。当负载电流很大时,低压侧线圈接成△形较有利,因为此时流过线圈的电流(即相电流)只有电网线电流的 $1/\sqrt{3}$。在电力系统中,三相变压器常用的接线方式有

$Y, yn(Y/Y_0)$ 和 $Y, d(Y/\triangle)$ 及 $YN, d(Y_0/\triangle)$ 三种。逗号前（或分子）表示三相高压线圈的连接方式，逗号后（或分母）表示低压线圈的连接方式，$YN$ 或 $yn$ 表示星形连接有中性引出，如图 6-26 所示为 $Y/\triangle$ 连接方式的实际接线图和符号表示。

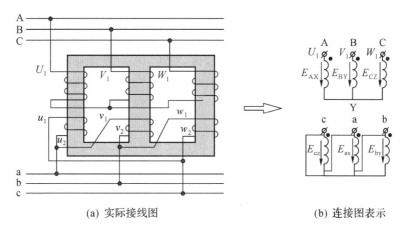

(a) 实际接线图　　　　　　(b) 连接图表示

图 6-26　三相变压器的 $Y/\triangle$ 联结方式

变压器在使用中有时需要把绕组串联以提高电压，或把绕组并联以增大电流，但必须注意绕组的正确连接。

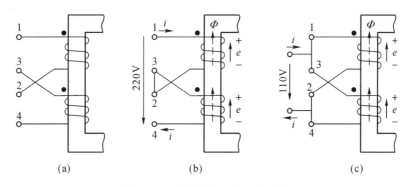

(a)　　　　　(b)　　　　　(c)

图 6-27　变压器绕组的正确连接

### 2. 同名端

为了正确连接，在线圈上标以记号"·"。标有"·"记号的端头称为同极性端，又称同名端。图 6-27(a)中的 1 和 3 是同名端，当然 2 和 4 也是同名端。当电流从两个线圈的同名端流入（或流出）时，产生的磁通方向相同；或者当磁通变化（增大或减小）时，在同名端感应电动势的极性也相同。在图 6-27(b)中，绕组中的电流增加时，感应电动势的极性（或方向）如图 6-27(b)所示。

当两个线圈串联，且两线圈的连接端为异名端时，为顺串，如图 6-27(b)所示；反之，则为反串。当两个线圈并联，且同名端与同名端连接在一起时，为顺并，如图 6-27(c)所示；反之，为反并。

例如，一台变压器的原绕组有相同的两个绕组，如图 6-27(a)中的 1、2 和 3、4。假定每个绕组的额定电压为 110V，当接到 220V 的电源上时，应把两绕组顺串，如图 6-27(b)所示。若是接到 110V 的电源上，应把两绕组顺并，如图 6-27(c)所示。如果连接错误，例如，串联时将 2

和 4 两端连在一起,将 1 和 3 两端接电源,此时两个绕组的磁动势就互相抵消,铁芯中不产生磁通,绕组中也就没有感应电动势,绕组中将流过很大的电流把变压器烧毁。

注意:只有额定电流相同的绕组才能串联,额定电压相同的绕组才能并联。否则,即使极性连接正确,也可能使其中某一绕组过载。

3.同名端的判断

当一台变压器引出端未注明极性或标记脱落,或绕组经过浸漆及其他工艺处理,从外观上已看不清绕组的绕向时,通常用下述两种实验方法来测定变压器的同名端。

(1)交流法

用交流法测定绕组极性的电路如图 6-28(a)所示。将两个绕组 1、2 和 3、4 的任意两端(如 2 和 4)连接在一起,在其中一个绕组(如 1、2)的两端加一个比较低的便于测量的交流电压。用伏特计分别测量 1、3 两端的电压 $U_{13}$ 和两绕组的电压 $U_{12}$ 及 $U_{34}$ 的数值,若 $U_{13} = U_{12} - U_{34}$,则 1 和 3 是同极性端;若 $U_{13} = U_{12} + U_{34}$,则 1 和 4 是同极性端。

(2)直流法

用直流法测定绕组极性的电路如图 6-28(b)所示。当开关 S 闭合瞬间,如果电流计的指针正向偏转(感应电流从 3 端头流向 4 端头),则 1 和 3 是同极性端;若反向偏转,则 1 和 4 的同极性端。

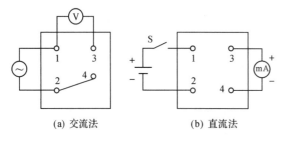

(a) 交流法        (b) 直流法

图 6-28　测定变压器的同名端

6-5　变压器知识/测试

M6-6　特殊变压器/PDF

# 模块六小结

1.磁路的基本物理量包括磁通 $\Phi$、磁场强度 $H$、磁感应强度 $B$、磁导率 $\mu$。

2.磁路基本定律:磁路的欧姆定律:$\Phi = \dfrac{F_m}{R_m}$;基尔霍夫磁通定律:$\sum \Phi = 0$;基尔霍夫磁压定律:$F_m = \sum\limits_{i}^{N} H_i l_i$。

3.磁性材料主要是指铁、镍、钴及其合金。它们具有高导磁性、磁饱和性、磁滞性等基本特性。

4.铁芯线圈分为直流铁芯线圈与交流铁芯线圈两种,做成电磁铁也分为直流电磁铁与交流电磁铁。

5.变压器具有变压、变流和变换阻抗作用。

$$\frac{U_1}{U_2} \approx \frac{E_1}{E_2} = \frac{N_1}{N_2} = k, \quad \frac{I_1}{I_2} \approx \frac{N_2}{N_1} = \frac{1}{k}, \quad Z_1 = k^2 Z_2$$

6.变压器的额定容量指它的额定视在功率。在单相变压器中：$S_N = U_{2N} I_{2N}$，在三相变压器中：$S_N = \sqrt{3} U_{2N} I_{2N}$。

7.变压器的外特性是指电源电压 $U_1$、$f_1$ 为额定值，负载功率因数 $\cos\varphi_2$ 一定时，$U_2$ 随 $I_2$ 变化的关系曲线，即 $U_2 = f(I_2)$。

8.变压器的效率等于变压器输出功率与输入功率之比的百分值，即

$$\eta = \frac{P_2}{P_1} \times 100\% = \frac{P_2}{P_2 + \Delta P_{Fe} + \Delta P_{Cu}} \times 100\%$$

9.通常用交流法和直流法来测定变压器的同名端。

# 模块六任务实施

## 任务一　观察交、直流电磁铁的工作现象并测量动作电流

1.在 EWB 中搭建电路如图 6-29 所示，设置好电路参数。

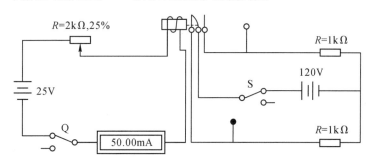

图 6-29　观察直流电磁铁工作现象并测量动作电流的电路

2.按下仿真开关，合上电键 Q，可以发现被控制电路有什么现象？合上控制电路电键 S，减小可变电阻值，使流过电磁铁电流增大，可以发现电流增大到多少时电磁铁动作？被控制电路出现了什么现象？记入表 6-3 中。

3.渐渐增大可变电阻，使流过电磁铁的电流减小，可以发现电流减小到多少时电磁铁无法吸持？被控制电路出现了什么现象？记入表 6-3 中。

4.将上面控制电路中的直流电源换成交流电源，保持电源有效值与直流电源相同，频率改为 1Hz，电流表 M 改为交流挡。重复上面步骤 2、3，观察到什么现象？记录现象和数据于表 6-3 中。

表 6-3　观察交、直流电磁铁工作现象并测量动作电流

| | 观察测量电磁铁<br>的时间段 | 最小动作电流 | | 吸合前后<br>的现象 | 最小吸持电流 | | 复位前后<br>的现象 |
|---|---|---|---|---|---|---|---|
| | | 标称值 | 实际值 | | 标称值 | 实际值 | |
| 直流<br>电源 | 吸合前，控制电流增大到吸合时 | | | | — | | — |
| | 吸合后，控制电流减小到复位时 | — | — | — | | | |

**续表**

| | 观察测量电磁铁的时间段 | 最小动作电流 | | 吸合前后的现象 | 最小吸持电流 | | 复位前后的现象 |
|---|---|---|---|---|---|---|---|
| | | 标称值 | 实际值 | | 标称值 | 实际值 | |
| 交流电源 | 吸合前,控制电流增大到吸合时 | | | | — | — | — |
| | 吸合后,控制电流减小到复位时 | — | — | — | | | |

5.据上面实验现象与数据,分析交、直流电磁铁的工作特点及实验所选型号电磁铁的动作电流。

### 任务二　直流法、交流法测试互感线圈的同名端

1.用直流法测试互感线圈的同名端。在 Multisim 中搭建电路如图 6-30 所示,设置好电路参数,电表用直流挡。当开关 S 闭合时,若电流表中电流是从 3 端头流入,说明互感线圈 $N_1$ 与 $N_2$ 的 1、3 端头为同名端,反之则 1、4 为同名端。请解释原因。

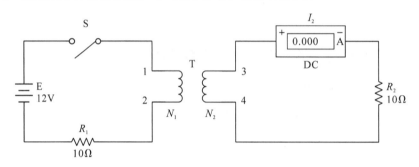

图 6-30　直流法测试互感线圈同名端电路

2.交流法测试互感线圈的同名端。在 Multisim 中搭建电路如图 6-31 所示,设置好电路参数,电表用交流挡。当开关 S 闭合时,若三只电流表读数为 $I_2 = I_1 - I_3$,说明线圈 $N_2$ 与 $N_3$ 是顺串,即 3、5 是同名端;若读数为 $I_2 = I_1 + I_3$,说明线圈 $N_2$ 与 $N_3$ 是反串,即 3、6 是同名端。请解释原因。

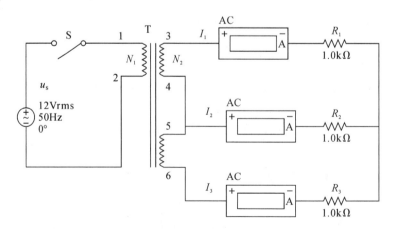

图 6-31　交流法测试互感线圈同名端电路

## 任务三 研究变压器在空载、负载、短路时变压变流规律及运行特性

1. 在 Multisim 中搭建电路如图 6-32 所示,设置好电路参数与性质。

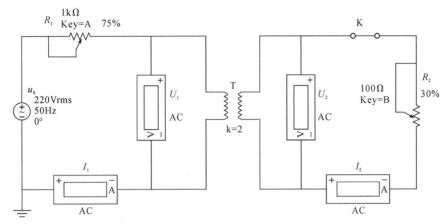

图 6-32 变压器的运行特性测量电路

2. 当变压器空载(K 打开)运行时,调节电阻 $R_1$ 以改变原边电压 $U_1$,仿真测量此时变压器原副边电压 $U_1$ 和 $U_2$、原副边电流 $I_1$ 和 $I_2$,共测量 2 次,将数据记入表 6-4 中,计算此时变压器的 $U_1/U_2$ 和 $I_2/I_1$。

3. 当变压器负载(K 闭合)运行时,改变副边负载电阻 $R_2$ 的值,仿真测量此时变压器 $U_1$ 和 $U_2$、$I_1$ 和 $I_2$,共测量 2 次,将数据记入表 6-4 中,计算 $U_1/U_2$ 和 $I_2/I_1$。

另外,固定变压器的原边电压 $U_1$(通过电阻 $R_1$ 短接可以实现),改变 $R_2$ 的值,仿真测量此时变压器 $U_2$、$I_1$ 和 $I_2$,共测量 3 次,将数据记入表 6-4 中,计算 $U_1/U_2$ 和 $I_2/I_1$。

4. 当变压器负载运行时,减小 $R_2$ 的值使之为零,此时变压器相当于短路运行(注意:短路时间不能太长),仿真测量此时变压器 $U_1$ 和 $U_2$、$I_1$ 和 $I_2$,将数据记入表 6-4 中,计算此时变压器 $U_1/U_2$ 和 $I_2/I_1$。

5. 分析表 6-4 中的数据,可以得出理想变压器在空载时、负载时、短路时分别有哪些规律和特性。

表 6-4　变压器的运行特性测量

| | 次序或 $R_2$ 值 | $U_1$ | $U_2$ | $I_1$ | $I_2$ | 计算 $U_1/U_2$ | 计算 $I_2/I_1$ |
|---|---|---|---|---|---|---|---|
| 空载时 | 1 | | | | | | |
| | 2 | | | | | | |
| 负载时<br>($U_1$ 不固定,<br>调节 $R_2$) | $R_2=$ | | | | | | |
| | $R_2'=$ | | | | | | |
| 负载时<br>($U_1$ 固定,<br>调节 $R_2$) | $R_2=$ | | | | | | |
| | $R_2'=$ | | | | | | |
| | $R_2''=$ | | | | | | |
| 短路时 | $R_2=0$ | | | | | | |

### 任务四  研究变压器阻抗变换规律

搭建电路如图 6-33 所示,设置好电路参数。

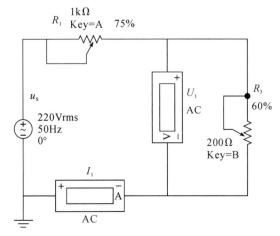

图 6-33  研究变压器阻抗变换特性

将任务三图 6-32 中原先接在副边的负载 $R_2$ 直接接到电源上,如图 6-33 中 $R_3$,通过调节,使电路中的电压、电流与刚才负载接在副边时的原边 $U_1$、$I_1$ 基本相同,算出此时的电阻 $R_3$ 值,并与 $k^2 R_2$ 比较,说明有什么规律?测量 3 次,并将数据填入表 6-5 中。

表 6-5  研究变压器阻抗变换特性

| 次序 | $R_2$(负载接在变压器副边时的阻值) | 计算 $k^2 R_2$ | $R_3$(负载直接接在电源端时的阻值) |
|---|---|---|---|
| 1 | | | |
| 2 | | | |
| 3 | | | |

# 思考与习题六

6-1  磁路的概念是什么?描述磁路的物理量有哪几个?相互间关系如何?

6-2  磁路欧姆定律的表达式是什么?与电路欧姆定律有何异同点?

6-3  铁磁物质主要是指哪些物质?其基本特性有哪些?

6-4  直流电磁铁与交流电磁铁结构有何区别?吸力特性与气隙的关系曲线有何区别?

6-5  交流电磁铁上常套有一个短路环,其作用是什么?为什么要这个短路环?

6-6  若所加电压不变,交流电磁铁在吸合过程中(气隙减小),磁路磁阻、线圈电感、线圈电流和磁通最大值将做何变化(增大、减小、不变或近乎不变)?

6-7  电压相等的情况下,如果把一个直流电磁铁接到交流上使用,或把一个交流电磁铁接到直流上使用,将会发生什么后果?

6-8  有一个线圈,其匝数 $N=1000$,绕在由铸钢($\mu_r=400$)制成的闭合铁芯上,铁芯的截面积 $S_{Fe}=20cm^2$,铁芯的平均长度 $l_{Fe}=50cm$。如果要在铁芯中产生磁通 $\Phi=0.002Wb$,试问线圈中应该通入多大的直流电流?

6-9 判别图 6-34 中各绕组的同名端。

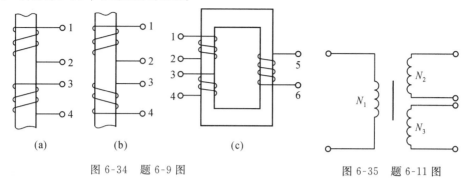

图 6-34 题 6-9 图 　　　　　图 6-35 题 6-11 图

6-10 有一台电压为 220V/110V 的变压器，$N_1=2000$ 匝，$N_2=1000$ 匝。能否将其匝数减为 400 匝和 200 匝以节省铜线？为什么？

6-11 一台单相变压器如图 6-35 所示，已知原边电压 220V，$N_1=1000$ 匝，要求副边空载时输出电压分别是 127V 和 36V，问两副边绕组的匝数 $N_2$ 和 $N_3$ 应为多少？

6-12 有一个空载变压器，原边加额定电压 220V，并测得原绕组电阻 $R_1=10\Omega$，试问原边电流是否等于 22A？为什么？

6-13 一台 220/36V 的行灯变压器，已知一次线圈匝数 $N_1=1100$ 匝，试求二次线圈匝数。若在二次侧接一只"36V，100W"的白炽灯，问一次电流多少？（忽略空载电流和漏阻抗压降）

6-14 一台 $S_N=10$kVA，$U_{1N}/U_{2N}=3300/220$V 的单相照明变压器，现要二次侧接"220V，60W"白炽灯，在额定状态下可接多少只？一次、二次额定电流是多少？

6-15 阻抗为 $8\Omega$ 的扬声器，通过一台变压器接到信号源电路上。设变压器一次侧匝数为 $N_1=500$ 匝，二次侧匝数为 $N_2=100$ 匝，求变压器一次侧输入阻抗。

6-16 利用图 6-36 所示的变压器，使 $8\Omega$ 和 $16\Omega$ 的扬声器均能与内阻为 $800\Omega$ 的信号源匹配。设变压器原边匝数 $N_1=500$，试求副边两绕组的匝数 $N_2$ 和 $N_3$。

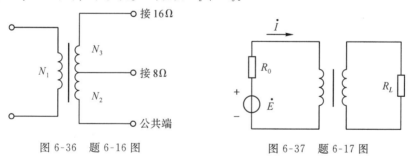

图 6-36 题 6-16 图 　　　　　图 6-37 题 6-17 图

6-17 如图 6-37 所示，将 $R_L=8\Omega$ 的扬声器接在输出变压器的副绕组上，已知 $N_1=300$，$N_2=200$，信号源电动势 $E=6$V，内阻 $R_0=100\Omega$，试求信号源输出的功率。

6-18 某三相变压器一次、二次线圈匝数 $N_1/N_2=2080/80$，如果一次侧所加电压 $U_1=6000$V，试求在 Y/Y 和 Y/△ 两种接线方法下，二次侧的线电压和相电压。

6-19 SJL 型三相变压器的铭牌数据为：$S_N=180$kVA，$U_{1N}=10$kV，$U_{2N}=400$V，$f=50$Hz，按 Y/Y₀ 连接。已知每匝线圈的感应电动势为 5.113V，铁心截面积为 160cm²。试求：

(1)原、副绕组每相的匝数；

(2)变压比；

(3)原、副绕组的额定电流；

(4)铁芯中磁感应强度 $B_m$。

# 模块七 异步电动机及其控制

 **典型问题**

　　我们实习过普通车床或数控机床的同学都知道,其控制电动机一通电,电动机就能朝某一方向转动。那么电动机是如何转动起来的呢? 又是如何按照我们所需要的方向及转速转动的? 如果某生产机械的电动机损坏了,我们该如何去选择、更换电动机呢?

 **能力目标**

　　1. 了解三相异步电动机的基本结构;掌握三相异步电动机的工作原理和转速影响因数。

　　2. 了解三相异步电动机铭牌数据的意义,能根据实际情况正确选择电动机。

　　3. 了解单相电动机的结构、工作原理及分类。

　　4. 了解常用低压电器的结构及作用;掌握三相异步电动机的基本控制电路。

　　5. 了解电气识图常识,包括电器图形符号、原理图绘制原则和分析方法步骤。

**实验研究任务**

　　任务一　研究三相异步电动机的转动原理

　　任务二　探索三相异步电动机点动控制电路

　　任务三　探索三相异步电动机单向运行控制电路

　　任务四　探索三相异步电动机正反转控制电路

## 7.1　三相异步电动机的结构及工作原理

　　电动机是利用电磁感应原理,将电能转换为机械能而输出机械转矩的一种电气设备。根据所使用的电源性质,电动机可分为交流电动机和直流电动机两大类。交流电动机按所使用的电源相数可分为单相电动机和三相电动机,其中三相电动机又可分为同步电动机和异步电动机。异步电动机按转子结构还可分为绕线转子和笼型转子两种。

　　三相异步电动机具有结构简单、工作可靠、起动容易、维护方便以及成本较低等优点,所以,在工农业生产和生活各方面都得到广泛的应用。

### 7.1.1　三相异步电动机的结构

　　三相异步电动机由定子和转子两个基本部分组成,如图 7-1 所示。

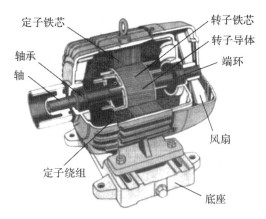

图 7-1　三相笼型异步电动机的结构

## 1. 定子

定子一般由定子铁芯、定子绕组和机座等组成。定子铁芯是电动机磁路的一部分,为了减少涡流损耗,采用 $0.35\sim0.5$mm 厚表面涂绝缘漆的硅钢片叠成圆筒形,压装在机座内,如图 7-2 所示。在铁芯的内圆周上,冲有若干均匀分布的槽口,用以嵌放定子三相绕组。

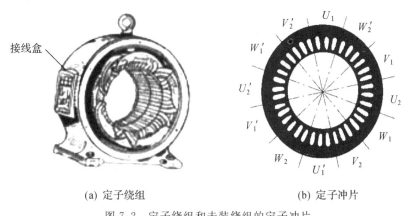

(a) 定子绕组　　　　　　　　　(b) 定子冲片

图 7-2　定子绕组和未装绕组的定子冲片

定子绕组是电动机的电路部分,由三相对称绕组组成。三相绕组按照一定的空间角度依次嵌放在定子槽内,并与铁芯绝缘。每相绕组的首端和末端分别用 $U_1$、$V_1$、$W_1$ 和 $U_2$、$V_2$、$W_2$ 表示,通常它们都接在机座的接线盒中。

三相对称定子绕组既可以接成星形,也可以接成三角形,以适应不同的工作情况,如图 7-3

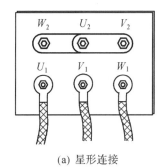
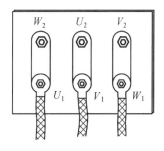

(a) 星形连接　　　　　　　　　(b) 三角形连接

图 7-3　定子绕组的星形连接和三角形连接

所示。例如,电源的线电压为 380V,电动机定子绕组的额定电压为 220V,则定子绕组必须接成星形;电动机定子绕组的额定电压为 380V,则绕组必须接成三角形。

机座通常用铸铁或铸钢制成,其作用是固定定子铁芯和定子绕组,并以前后两个端盖支承转子轴,它的外表面铸有散热筋,以增加散热面积,提高散热效果。

**2. 转子**

转子是三相异步电动机的旋转部分,由转轴、转子铁芯、转子绕组、风扇等组成。转子铁芯是用 0.5mm 厚相互绝缘的硅钢片叠装而成,中间压装转轴,其外圆表面冲有若干均匀分布的槽孔,用于安放转子绕组。笼型转子绕组是在转子槽内嵌放铜条或铝条,并在两端用金属环焊接而成,形如笼子,如图 7-4 所示。转轴的作用是支撑转子铁芯和绕组,并传递电动机的机械转矩,同时又保证定子与转子间有一定的均匀气隙。根据转子绕组的不同结构,三相异步电动机又分为笼型转子和绕线转子两种。

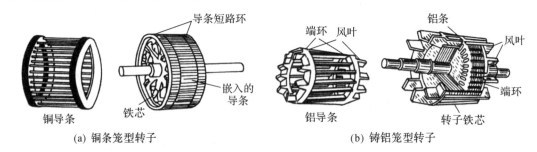

(a) 铜条笼型转子　　　　　　　(b) 铸铝笼型转子

图 7-4　三相异步电动机笼形转子

气隙是电动机磁路的一部分。当气隙大时,磁阻就大,励磁电流也大,电动机运行时的功率因数降低,故气隙不能太大;但气隙又不能太小,否则会使电动机装配困难,且运行不可靠。一般中小型异步电动机转子与定子间的气隙约为 0.2～1.5mm。

定子的作用是产生旋转磁场,转子的作用是产生电磁转矩。

### 7.1.2　三相异步电动机的工作原理

**1. 旋转磁场的产生**

旋转磁场就是一种极性和大小不变,且以一定转速旋转的磁场。对称三相电流通入在空间位置对称的三相定子绕组后,即可以产生沿定子内圆旋转的磁场,其旋转方向由三相交流电的相序决定。

**2. 转动原理**

当三相异步电动机的定子绕组通入三相对称交流电流时,在定子与转子的气隙间产生了旋转磁场。这时,旋转磁场与静止的转子间有相对运动,转子导体切割旋转磁场磁力线。根据电磁感应定律,转子导体中相应产生感应电动势和感应电流,转子电流一旦产生后立即又受到旋转磁场电磁力的作用。这些电磁力对转子形成电磁转矩 $T$,且电磁转矩方向与旋转磁场的旋转方向一致,转子就会顺着旋转磁场的方向旋转起来。这就是三相异步电动机的转动原理。

转子转动起来后,其转向与旋转磁场转向一致,但转子转速 $n$ 与旋转磁场转速(也称同步转速) $n_0$ 不可能相等。如果两者转速相等,那么转子与旋转磁场之间就没有相对运动,转子导体就不再切割磁力线,也就不会产生感应电动势和电流,也就不会有电磁力和电磁转矩驱动转子转动,于是,电动机转子转速就会自动变慢。因此,三相异步电动机的转子转速 $n$ 总是低于同步转速 $n_0$,这也是"异步"二字的来源。

三相异步电动机的转向总是和旋转磁场的旋转方向一致,改变旋转磁场的方向,就可改变电动机的转向。要使旋转磁场反转,只要改变电源的相序,即只需将定子绕组与三相电源连接的三根导线中任意两根对调,就改变了旋转磁场的转向,从而改变了电动机的转向。

3.三相异步电动机的极数与转速

当旋转磁场具有 $p$ 对磁极时,交流电流每变化一周,其旋转磁场在空间转过 $1/p$ 圈。因此,旋转磁场的同步转速 $n_0$ 与三相交流电流的频率 $f$ 及磁极对数 $p$ 之间的关系为:

$$n_0 = \frac{60f}{p} \tag{7-1}$$

式中: $n_0$ 为同步转速(r/min); $f$ 为电源频率(Hz); $p$ 为旋转磁场的磁极对数。

我国电力系统的频率为 $50\text{Hz}$,同步转速 $n_0$ 与磁极对数 $p$ 的关系如表 7-1 所示。

表 7-1 同步转速与磁极对数的关系

| 磁极对数 $p$ | 1 | 2 | 3 | 4 | 5 | 6 |
|---|---|---|---|---|---|---|
| $n_0$(r/min) | 3000 | 1500 | 1000 | 750 | 600 | 500 |

旋转磁场的同步转速 $n_0$ 与转子转速 $n$ 之差,称为转差;转差与同步转速 $n_0$ 的比值,称为转差率,用 $s$ 表示,即

$$s = \frac{n_0 - n}{n_0}$$

或
$$n = (1-s)n_0 \tag{7-2}$$

转差率是异步电动机的一个重要参数。当电动机起动瞬间,转子转速 $n=0$,则 $s=1$。随着转子转速越来越高,转差率减小,即转子转速越高,转差率越小。三相异步电动机的额定转速与同步转速很接近,转差率很小,约为 $0.02 \sim 0.07$。

**例 7-1** 一台三相异步电动机,电源频率为 $50\text{Hz}$,额定转速为 $1440\text{r/min}$。求该电动机的磁极对数 $p$、同步转速 $n_0$ 和额定转差率 $s_N$。

**解:** 在 $f=50\text{Hz}$ 条件下,该台电动机的额定转速 $n_N = 1440\text{r/min}$,因 $n_N$ 略低于 $n_0$,由表 7-1 可知:该电动机同步转速 $n_0 = 1500\text{r/min}$,则与其对应的磁极对数为 $p=2$。

额定负载时的转差率为

$$s_N = \frac{n_0 - n}{n_0} = \frac{1500 - 1440}{1500} = 0.04$$

M7-1 三相异步电动机的工作原理/微课

M7-2 旋转磁场转速 $n_0$ 与转子转速 $n$/微课

M7-3 三相异步电动机的转矩/PDF

## 7.2 三相异步电动机的铭牌与选择

### 7.2.1 三相异步电动机的铭牌

要正确地使用和选择三相异步电动机,必须要看懂它的铭牌数据。今以 Y132M-4 型三相异步电动机为例,来说明铭牌上各数据的意义。Y132M-4 型三相异步电动机的铭牌数据如表 7-2 所示。此外,它的主要技术数据还有:功率因数 0.85,效率 87%。

表 7-2 Y132M-4 型三相异步电动机的铭牌

| 三相异步电动机 | | | | | |
|---|---|---|---|---|---|
| 型号 | Y132M-4 | 功率 | 7.5kW | 频率 | 50Hz |
| 电压 | 380V | 电流 | 15.4A | 接法 | △ |
| 转速 | 1440r/min | 绝缘等级 | B | 工作方式 | 连续 |
| 年　　月 | | 编号 | | ××电机厂 | |

下面对铭牌数据和技术数据进行说明:

(1)型号 Y132M-4 的含义。Y 表示笼型异步电动机;132 表示机座中心高 132mm(机座底脚平面到轴中心高度);M 表示中机座(L 表示长机座,S 表示短机座);4 表示电动机的磁极数为 4。异步电动机的产品名称代号及其汉字意义如表 7-3 所示。

表 7-3 异步电动机的产品名称代号及其汉字意义

| 产品名称 | 新代号 | 汉字意义 | 老代号 |
|---|---|---|---|
| 笼型异步电动机 | Y | 异步 | J、JO |
| 绕线式异步电动机 | YR | 异步绕线 | JR、JRO |
| 防爆型异步电动机 | YB | 异步防爆 | JB、JBS |
| 高起动转矩异步电动机 | YQ | 异步起动 | JQ、JQO |

(2)电压。铭牌上所标的电压值是指电动机在额定运行时定子绕组上应加的线电压有效值。Y 系列三相异步电动机的额定电压统一为 380V。

(3)电流。铭牌上所标的电流值是指电动机额定运行时定子绕组的线电流有效值,即额定电流。

(4)转速。电动机在额定运行时的转速。

(5)功率和效率。铭牌上所标的功率是电动机在额定条件下运行时轴上输出的机械功率。单位为 kW。由于有铜损、铁损和机械损耗等,输出的机械功率要小于输入的电功率。输出功率与输入功率的比值就是电动机的效率。

以 Y132M-4 型电动机为例说明功率与效率的关系:

输入功率:

$$P_1 = \sqrt{3}U_L I_L \cos\varphi = \sqrt{3} \times 380 \times 15.4 \times 0.85 \approx 8.6\text{kW}$$

输出功率：

$$P_2 = 7.5\text{kW}$$

效率：

$$\eta = \frac{P_2}{P_1} \times 100\% = \frac{7.5}{8.6} \times 100\% \approx 87\%$$

一般笼型电动机的效率为 72%～93%。

（6）频率。我国规定工业标准频率为 50Hz。

（7）接法。电动机在额定电压下三相定子绕组应该采用的连接方式。Y 系列三相异步电动机额定功率为 4kW 及以上时均为三角形接法。

（8）工作方式。三相异步电动机的工作方式一般分为三种：S1 表示连续工作方式，允许在额定条件下长时间连续运行。如机床、水泵、通风机等设备所用的电动机即为连续工作制。S2 表示短时间工作制，在额定条件下持续运行时间不允许超过规定的时限。S3 表示断续工作制，即电动机工作与停歇交替进行，时间都很短，如吊车使用的电动机。

（9）绝缘等级。根据绝缘材料允许的最高温度不同，绝缘等级主要分为 E、B、F、H、C 级，如表 7-4 所示。Y 系列三相异步电动机多采用 E、B 级绝缘。

**表 7-4　绝缘材料的耐热等级**

| 绝缘等级 | E | B | F | H | C |
|---|---|---|---|---|---|
| 最高工作温度℃ | 120 | 130 | 155 | 180 | 大于 180 |

M7-4　三相异步
电动机/测试

### 7.2.2　电动机的选择

三相交流异步电动机的选用，主要从电动机的功率、工作电压、种类、型式及其保护电器考虑。

**1. 功率的选择**

电动机的功率大小是由生产机械的功率所决定的。

（1）连续运行电动机功率的选择：对于连续运行的电动机，先算出生产机械的功率，所选用的电动机的额定功率等于或稍大于生产机械的功率即可。

（2）短时运行电动机功率的选择：短时运行电动机的功率可以允许适当过载。设过载系数为 $\lambda$，则电动机的额定功率可以是生产机械所要求的功率的 $1/\lambda$。

**2. 种类和型式的选择**

（1）种类的选择：电动机种类的选择是从交流或直流、机械特性、调速与起动特性、维护及价格等方面考虑。

因为生产上常用的是三相交流电，如没有特殊要求，多采用交流电动机。三相鼠笼式异步电动机的优点是结构简单，坚固耐用，工作可靠，价格低廉，维护方便；其缺点是调速困难，功率因数较低，起动性能较差。因此，在要求机械特性较硬而无特殊要求的一般生产机械的拖动，如水泵、通风机、运输机、传送带和机床都采用鼠笼式异步电动机。

绕线式电动机的基本性能与鼠笼式相同。其特点是起动性能、制动性能、调速性能较好。但是它的价格较高，维护亦较不便。因此，只有如起重机、卷扬机、锻压机等必须采用绕线式电动机的场合，才采用绕线式异步电动机。

(2)结构型式的选择:在不同的工作环境,应采用不同结构型式的电动机,以保证安全可靠地运行。电动机常用的结构形式有开启式、防护式、封闭式和防爆式。

扫描二维码,学习相关内容。M7-2:三相异步电动机的单向连续运转控制

3.电压和转速的选择

(1)电动机额定电压的选择:电动机额定电压应与供电电网电压一致。电动机的额定转速根据生产机械的要求而决定,一般尽量采用高转速的电动机。

(2)电动机额定转速的选择:对于额定功率相同的电动机,额定转速愈高,电动机尺寸、重量和成本愈小,因此选用高速电动机较为经济。但由于生产机械所需转速一定,电动机转速愈高,传动机构转速比愈大,传动机构愈复杂。因此应综合考虑来确定电动机的额定转速。

# *7.3　单相异步电动机

由单相交流电源供电的异步电动机称为单相异步电动机。它被广泛用于日用电器、电动工具、医疗器材和某些工业设备上,如电风扇、电冰箱、空调、手枪电钻、吸尘器、洗衣机等。其功率较小,一般为几瓦至几百瓦。

## 7.3.1　单相异步电动机基本结构和工作原理

单相异步电动机的结构和三相异步电动机相似,有定子和笼型转子两个基本部分,其结构如图 7-5 所示。

1.基本结构

(1)定子。定子铁芯由相互绝缘的硅钢片叠压而成。铁芯槽内嵌有独立的、在空间相隔90°电角度的两套绕组,一套叫主绕组(工作绕组),一套叫辅助绕组(起动绕组)。

(2)笼型转子。在叠放完转子铁芯后,再铸入铝条,同时在两端用铝铸成闭合端环。

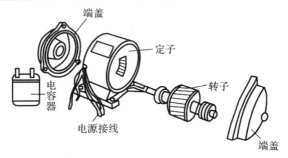

图 7-5　单相异步电动机的结构

除了以上两个基本部分外,还有启动元件、端盖、轴承、外罩等。

2.工作原理

单相异步电动机定子铁芯槽内只安装一相绕组,接通单相交流电源后,电流流过绕组,只产生一个单相脉动磁场,而不是旋转磁场,电动机不能自行旋转。此时,若用外力使转子转动一下,转子就会沿着外力方向转动起来,直到接近同步转速。这是因为脉动磁场可以分解为两个幅值、转速相等,但转向相反的旋转磁场:正转磁场与反转磁场。这两个磁场均切割转子导体,产生两个大小相等、方向相反的正转转矩与反转转矩,即合成转矩等于零,电动机

不能自行启动。当用外力使转子转动一下后,转子所产生的总的电磁转矩将不再是零,转子将顺着推动方向旋转起来,并可达到某一稳定转速工作。电动机转动方向则由电动机起动时转向确定。

### 7.3.2 单相异步电动机启动方法

为了使单相异步电动机能够产生起动转矩,必须采用某些起动装置。根据起动方式的不同,将单相异步电动机分为单相电容起动异步电动机、单相电容运转异步电动机、单相电容起动和运转异步电动机、单相电阻起动异步电动机、单相罩极式异步电动机五类。

1.单相电容起动异步电动机

电容起动电动机的定子上嵌装两个单相绕组,那运行绕组和启动绕组,在空间相隔90°,其中运行绕组(主绕组)直接接到单相电源;启动绕组(辅助绕组)串联电容器及离心开关 Q 后接到单相电源上,如图 7-6 所示。如果电容器选择恰当,可使两绕组中电流在相位上相差近90°,即把单相交流电流分相为两相交流电流。

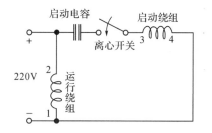
图 7-6 单相电容起动异步电动机

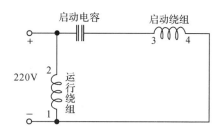
图 7-7 单相电容运转异步电动机

平时离心开关处于闭合状态,当单相异步电动机接上单相电源时,两个绕组在空间产生一个旋转磁场,使单相异步电动机顺着旋转磁场转向转动起来。转速达到70%～80%同步转速时,离心开关自动断开,把启动绕组从电源切断。

2.单相电容运转异步电动机

其结构与电容起动电动机一样,在启动回路中不接离心开关,启动绕组和电容器不仅启动时起作用,运行时也起作用,如图 7-7 所示。这样可以提高电动机的功率因数和效率,所以这种电动机的运行性能优于电容起动电动机。

3.单相电容起动和运转异步电动机

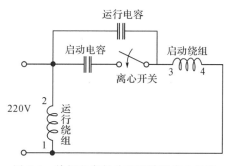
图 7-8 单相电容起动和运转异步电动机

如图 7-8 所示,它的特点是分别用一个启动电容和一个运行电容。启动电容在电动机转速达到一定值时,由离心开关将其切断,运行电容与启动绕组串联后一直接在电源上。这种电动机在运行时有较大的转矩,而且功率因数也较高。

4.单相电阻启动异步电动机

它的原理与电容启动电动机类似,但不用电容,而是将工作绕组的电阻做得小些,但电感较大;启动绕组的电阻较大(有时还串联一电阻),但电感较小。启动绕组通过离心开关和工作绕组并接在电源上。

5.单相罩极式异步电动机

单相罩极式异步电动机按结构可分为凸极式和隐极式两种。凸极式单相罩极异步电动机,其转子仍然是普通的笼形转子。每个磁极上有集中绕组,即为主绕组。每个极面的一边约1/3处开有一个小槽。在小槽中嵌入一个闭合的铜环,作为副绕组,称为短路环。由于短路环把磁极的一小部分罩起来了,故称之为单相罩极式异步电动机。单相罩极式异步电动机转子的转向是由磁极未罩短路环部分向罩短路环部分的方向转动。

罩极式电动机启动转矩小,功率因数和效率均较低,一般不能改变方向,但结构简单,使用方便,适用于单向转动的电唱机、小型风扇、电动机模型及电钻等。

# 7.4 三相异步电动机的基本控制电路

由于电能在传输、分配、使用和控制方面的优越性,许多生产机械(如车床、磨床、刨床、起重机等)都是以电动机作为原动力的。不同的生产机械,要求电动机有不同的工作方式。为了使电动机能够按照设备的要求运转,需要对电动机进行控制。由继电器、接触器、按钮、电动机等构成的继电器——接触器控制系统,是最常见的一种控制方式。它能实现电动机拖动系统的起停、正反转、制动、调速和保护。本节主要介绍常用的低压电器及电动机的基本控制电路。

## 7.4.1 常用低压电器

低压电器是指交流 1000V、直流 1500V 以下,用来控制与保护用电设备的电器。低压电器根据其动作原理的不同,可分为手动电器和自动电器;根据其功能的不同,又可分为控制电器和保护电器。不同功能的低压电器组合,就可构成各种控制功能的电路,完成生产和生活设备对电气性能的要求。

1.刀开关

(1)闸刀开关。其是一种手动电器,主要部件是刀片(动触点)和刀座(静触点)。按刀片数量,可分为单刀、双刀和三刀三种。如图 7-9 所示为胶木盖瓷座闸刀开关的外形和符号。

  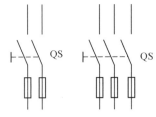

(a) 外形            (b) 符号

图 7-9　闸刀开关的外形与符号

　　闸刀开关主要用作电源的隔离开关,也就是说在不带负载(用电设备无电流通过)的情况下切断和接通电源,以便对作为负载的设备进行维修、更换熔丝,或对长期不工作的设备切断电源。这种场合下使用时,它的额定电流只需等于或略大于负载的额定电流。

　　闸刀开关也可以在手动控制电路中作为电源开关使用,直接用它来控制电动机启、停操作,但电动机的容量不能过大,一般限定在 7.5kW 以下。用作电源开关的闸刀开关其额定电流应大于电动机额定电流的 3 倍。

　　安装使用时要注意:电源进线须接在静触座上,以便在切断电源和更换熔丝时动触点不带电,保证安全;闸刀开关应竖直安装且在合闸时手柄朝上,不可倒装。

　　(2)组合开关。其特点是用动触片的转动来代替刀闸的推合和拉开。结构紧凑,组合性强,如图 7-10 所示。一般用于不频繁地接通和分断电路,以及控制 5kW 以下电动机的启动、停止和正反转。

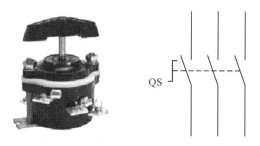

图 7-10　组合开关外形和符号

2.按钮

　　按钮是一种手动电器,通常用来接通或断开小电流的控制电路。在低于 5A 的电路中,可直接用按钮来控制电路的通断。在电力拖动电路中,按钮只用于发出指令信号去控制接触器、继电器等电器,再由它们去控制主电路的通断。

　　按钮的种类很多,按静态(不受外力作用)时触点的分合状态,可分为常开按钮(动合按钮)、常闭按钮(动断按钮)和复合按钮(常开和常闭组合为一体的按钮)。如图 7-11 至图 7-12 所示为常开和常闭按钮结构及符号。

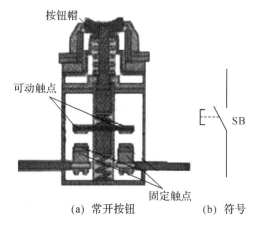

(a) 常开按钮　　　(b) 符号

图 7-11　常开按钮结构及符号

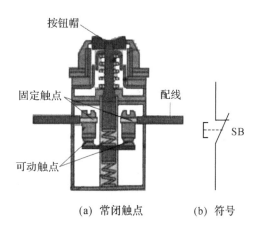

(a) 常闭触点　　　(b) 符号

图 7-12　常闭按钮结构及符号

常开按钮的特点:未按下时,触点是断开的;按下时,触点闭合;松开后,按钮在弹簧的作用下自动复位。

常闭按钮的特点:按钮帽未被按下时,触头是闭合的;按下时,触头断开;松开按钮帽后,常闭触头自动复位。

复合按钮的特点:将常开和常闭按钮组合为一体。按下复合按钮时,常闭触点先断开,然后常开触点再闭合;松开后,常开触点先断开,其常闭触点再闭合。

一般红色表示停止按钮,绿色表示启动按钮。

3.熔断器

熔断器(俗称保险丝)在电路中主要起短路保护作用。熔断器的结构主要由熔体和外壳组成,熔体的材料主要是铅、铅锡合金、锌、铜及银等,它的熔点较低。熔断器接入电路时,熔体串联在电路中,负载电流小于或等于熔体额定电流时,熔体不会熔断;当电路发生过载或短路事故时,过大电流通过熔体,熔体瞬间被加热到熔点而熔断,从而保护了线路和设备。

家庭照明电路中常用插入式熔断器,机床控制电路中常用螺旋式熔断器或其他形式的熔断器。如图 7-13 所示为瓷插式熔断器和螺旋式熔断器的结构及符号。螺旋式熔断器一般要求通过熔体的电流等于或小于负载额定电流的 1.25 倍时,应长期不熔断。

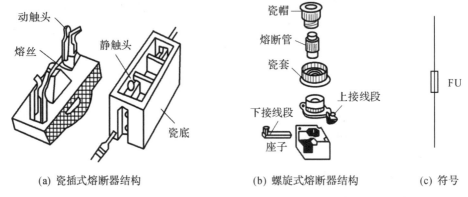

(a) 瓷插式熔断器结构　　(b) 螺旋式熔断器结构　　(c) 符号

图 7-13　熔断器结构和符号

熔断器的选择包括熔断器类型的选择和熔体额定电流的选择。类型选择主要依据负载的特性和短路电流的大小。例如,用于保护照明和电动机的熔断器,一般是考虑它们的过载保护,这时,希望熔断器的熔化系数适当小些。所以,容量较小的照明线路和电动机宜采用熔体为铅锌合金的熔断器,而大容量的照明线路和电动机,除过载保护外,还应考虑短路时分断电流的能力。若短路电流较小时,可采用熔体为锡质的或锌质的熔断器。

熔体额定电流根据所保护的电气设备不同而不同。如用于单台长期工作的电动机(即供电支线)的熔断器,考虑电动机启动时不应熔断,即

$$I_{re} \geq (1.5 \sim 2.5) I_e \tag{7-3}$$

式中:$I_{re}$ 为熔体的额定电流;$I_e$ 为负载的额定电流。

螺旋式熔断器使用时注意:电源进线接瓷底座的下接线端,负载线接与螺纹壳相连的上接线端,熔体有色点的一侧朝上,以便观察。

4.热继电器

热继电器是利用电流的热效应对电动机或其他电器进行过载保护和缺相保护的控制电

器,主要由发热元件、双金属片和触点组成。热继电器的发热元件绕制在双金属片上,导板等传动机构设置在双金属片和触点之间,热继电器有动合、动断触点各 1 对。如图 7-14 所示为热继电器结构原理和符号。

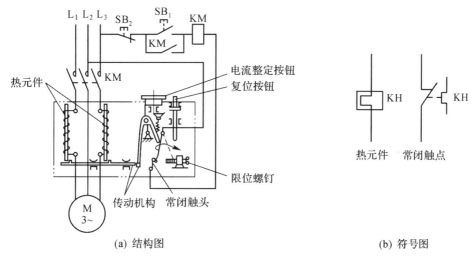

(a) 结构图　　　　　　　　　　　　　　　　(b) 符号图

图 7-14　热继电器结构原理和符号

热继电器的发热元件串联在被保护设备的电路中,当电路正常工作时,对应的负载电流流过发热元件,产生的热量不足以使双金属片产生明显弯曲变形;当设备过载且持续时间较长时,负载电流增大,与它串联的发热元件产生的热量使双金属片弯曲变形达到一定幅度时,由导板推动杠杆,使热继电器的触点动作,常闭触头断开,接触器线圈回路断电,接触器的主触头断开电动机的电源以保护电动机。

热继电器触点动作后,有两种复位方式:调节螺钉旋入时,可使双金属片冷却后动触点自动复位;调节螺钉旋出时,须按下复位按钮,实现手动复位。

热继电器的整定电流可以通过调节偏心凸轮在小范围内进行调整。

5. 接触器

接触器是一种用于远距离频繁地接通和断开交直流主电路及大容量控制电路的自动控制电器,并且具有低压释放、欠压、失压保护功能。按主触点通过电流的性质不同,接触器可分为交流接触器和直流接触器两种,使用较多的是交流接触器。交流接触器的结构主要由电磁系统、触点系统和灭弧装置三部分组成。如图 7-15 所示是常见接触器的外形;如图 7-16 所示是接触器的结构和图形文字符号。

接触器的工作原理是:当电磁线圈通电后,产生的电磁吸力将动铁芯往下吸,带动动触点向下运动,使常闭触点断开、常开触点闭合,从而分断与接通电路。当线圈断电时,动铁芯在反力弹簧作用下向上弹回原位,常闭触点重新接通、常开触点重新断开。

接触器的触点分为主触点和辅助触点。主触点一般为三极常开触点,可通过的电流较大,用于通断三相负载的主电路。辅助触点有常闭和常开触点,用于通断较小的控制电路。由于主触点通过的电流较大,一般配有灭弧罩,在通断电路时产生的电弧在灭弧罩内被分割、冷却而迅速熄灭。

图 7-15　常见接触器的外形

交流接触器的吸引线圈中通过的是交流电。

使用安装时要注意:线圈电压的性质与电压的高低;接线时线圈接线柱、主触点接线柱、常闭与常开辅助触点接线柱千万不可混淆。

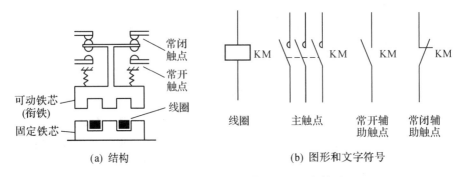

(a) 结构　　　　　　　　　　(b) 图形和文字符号

图 7-16　交流接触器的结构和图形文字符号

### 6.自动空气开关

自动空气开关又称自动空气断路器,简称自动开关或断路器,是常用的一种低压保护电器,当电路发生短路、严重过载及电压过低等故障时能自动切断电路。它与熔断器配合是低压设备和线路保护的最基本措施。

自动空气开关主要组成部分是:操作机构、触点、保护装置(各种脱扣器)、灭弧系统等组成。

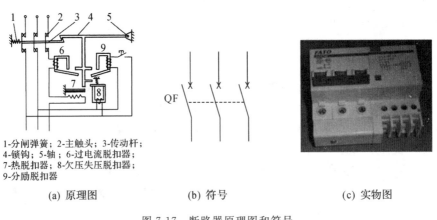

1-分闸弹簧;2-主触头;3-传动杆;
4-锁钩;5-轴;6-过电流脱扣器;
7-热脱扣器;8-欠压失压脱扣器;
9-分励脱扣器

(a) 原理图　　　　(b) 符号　　　　(c) 实物图

图 7-17　断路器原理图和符号

图 7-17(a)为装有(电磁)脱扣器(即保护装置)的自动空气开关结构原理图。主触头靠操

作机构(手动或电动)来闭合。开关的自由脱扣机构是一套连杆装置,有过电流脱扣器和欠压失压脱扣器等,它们都是电磁铁,当主触点闭合后就被锁钩锁住。过电流脱扣器(或热脱扣器)的线圈(或热元件)与主电路串联,在正常运行时其衔铁是释放的,一旦发生短路(或严重过载)时,线圈流过大电流而产生较强的电磁吸力把衔铁往上吸(或双金属片向上弯)而顶开锁钩,使主触点断开,起到短路(或过电流)保护作用。欠压失压脱扣器的工作刚好相反,当电路电压正常时,并在电路上的励磁线圈产生足够强的电磁力将衔铁吸住,使连杆与脱扣机构脱离,主触点得以闭合。若失压(电压下降严重或断电),其吸力减小或完全消失,衔铁就被释放而使主触点断开。当电源电压恢复正常时,必须重新合闸后才能工作,实现了失压保护。分励脱扣器则作为远距离控制用,在正常工作时,其线圈是断电的,在需要远距离控制时,按下起动按钮,使线圈通电,衔铁带动自由脱扣机构动作,使主触点断开。

自动空气开关具有多种保护功能(过载、短路、欠压保护)、动作值可调、分断能力强、操作方便和安全等优点而广泛应用。

### 7.4.2 电动机的基本控制电路

使用上述低压电器可以实现对电动机的基本控制,下面介绍电动机的直接启动控制电路。

直接启动控制是指将额定电压直接加到电动机定子绕组上,对其进行启动、停止及正反转的控制。当电动机容量小于10kW或容量不超过电源变压器容量15%～20%时,允许直接启动。

常用的电动机直接启动控制方式有点动正转控制、单方向连动控制和正反转控制。

**1.点动正转控制电路**

机床的刀架、工作台在调整或试车时,常常需要点动的运行方式。点动控制是指按下按钮,电动机就得电运转;松开按钮,电动机就失电停转。如图7-18所示为点动正转控制电气原理图。

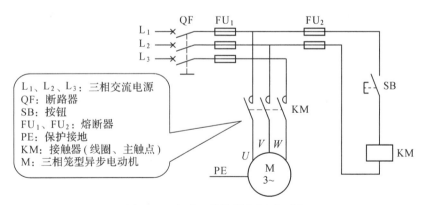

图7-18　点动正转控制电气原理图

电气原理图是采用国家标准中统一规定的图形和文字符号代表各种电器、电动机等元件,依据生产机械对控制的要求和各电器的动作原理,用导线将它们连接起来构成的。它包括所有电气元件的导电部件和接线端子,但并不按电气元件的实际布置位置来绘制,也不反映电气元件的实际大小。一般生产机械设备的电气原理图可分为主电路和辅助电路。常把电源与电动机之间的电路称为主电路,主电路通过的电流一般较大。除主电路以外的电路称为辅助电路,包括控制电路、照明电路、信号电路和保护电路等。

在图 7-18 中,断路器 QF、熔断器 FU₁、接触器 KM 的主触点、电动机 M 组成主电路;熔断器 FU₂、常开按钮 SB、接触器 KM 的线圈组成控制电路。L₁、L₂、L₃ 为三相交流电源;断路器 QF 起隔离电源作用;接触器 KM 主触点控制电动机电路(主电路)的通断;按钮控制接触器线圈电路(控制电路)的通断;电动机 M 得电运转,失电停转。

当电动机需要点动时,先合上 QF,按住按钮 SB,接触器 KM 线圈通电,使衔铁吸合,同时带动接触器的三对主触点闭合,电动机 M 接通电源启动运转。当电动机需要停转时,松开 SB,接触器 KM 的线圈断电,衔铁在复位弹簧作用下,带动接触器的三对主触点断开,电动机 M 断电停转。

停止使用时,断开电源开关 QF。

2. 单方向连续运转控制电路

很多生产机械正常工作时都需要长期连续运行,如车床的主轴、钻床的钻头、带动水泵的电动机等。它们需要的控制是这样的:按下启动按钮,电动机开始运行;按下停止按钮,电动机停止运行。

如图 7-19 所示电路就能满足上述要求。与点动控制电路相比,该电路在启动按钮 SB₁ 旁并联了一个接触器 KM 的常开辅助触点,在控制回路中还串联了一个停止按钮 SB₂。

(1)电路工作原理

启动时,合上 QF,接通三相电源。按下 SB₁,接触器 KM 线圈得电,主触点闭合,电动机直接启动运转。同时与 SB₁ 并联的接触器常开辅助触点闭合,此时,即使松开 SB₁,仍能保持线圈得电,电动机 M 能连续运转。像这种利用接触器本身的常开触点使接触器线圈保持通电的作用称为自锁或自保,该常开辅助触点就叫自锁触点。

(2)电路保护措施

短路保护:当线路发生短路故障时,线路应能迅速切断电源。图 7-19 中熔断器 FU₁ 对主电路进行短路保护,FU₂ 对控制电路进行短路保护。

过载保护:当电动机出现过载且持续时间稍长时能自动切断电动机电源,使电动机停转的一种保护。图 7-19 中热继电器 FR 对电机绕组进行过载保护。

当电动机过载且持续时间稍长时,热继电器中双金属片弯曲变形,致使其串接在控制电路中的常闭触点断开,切断接触器 KM 线圈电路,使电动机停止工作。

欠压保护:"欠电压"是指电路电压低于电动机的额定电压。欠电压严重时会损坏电动机。图 7-19 中接触器 KM 对电机绕组进行欠压保护。

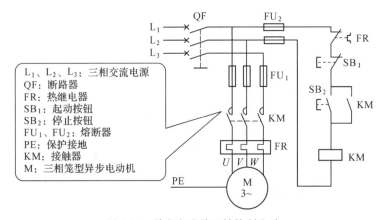

M7-5　三相异步
电动机的基本
控制/微课

图 7-19　单方向连续正转控制电路

在控制电路中,当三相电源电压降低到一定值(一般为额定电压的 85% 以下)时,接触器线圈磁通减弱,电磁吸力克服不了弹簧的回复力,动铁芯会释放,从而使接触器 KM 的主触头分开,自动切断主电路和控制电路,电机失电停转,达到了欠压保护的目的。

失压(或零压)保护:当生产设备运行时,由于某种原因引起电源断电,而使生产机械停转。当恢复供电时,如果电动机重新自行起动,很可能引起设备与人身事故的发生。采用具有接触器自锁的控制电路,当失电时,KM 已断电释放,即使电源恢复供电,由于接触器线圈不能通电吸合,电动机也不会自行起动。只有再次按启动按钮,电动机才可以启动。这种保护称为失压保护或零压保护。图 7-19 中接触器 KM 对电机具有失压保护功能。

接地保护:是将电气设备的金属外壳与接地体连接,以防止因电气设备绝缘损坏使外壳带电时,操作人员接触设备外壳而触电。图 7-19 中用 PE 接地线实现接地保护。

### 3.正反转控制电路

车库或商店的卷帘门需要收起也需要放下;起重机要吊起货物,还要把货物放到具体位置;机械装置的加紧和放松等,这些动作都可以通过控制电动机的正反转来实现。由电动机工作原理可知,改变通入电动机定子绕组的三相电源相序,即把接入电动机三相电源进线中的任意两根对调,就能改变电动机的旋转方向。常见的正反转控制电路形式有倒顺开关控制正反转电路、接触器联锁正反转控制电路、按钮联锁正反转控制电路、双重联锁正反转控制电路。下面介绍接触器联锁和双重联锁正反转控制电路。

#### (1)接触器联锁正反转控制电路

接触器联锁正反转控制电路如图 7-20 所示,线路中采用了两个接触器,即正转用的接触器 $KM_1$ 和反转用的接触器 $KM_2$,它们分别由正转按钮 $SB_1$ 和反转按钮 $SB_2$ 控制。从主电路中可以看出,这两个接触器的主触头所接通的电源相序不同,$KM_1$ 按 $L_1 \rightarrow L_2 \rightarrow L_3$ 相序接线,$KM_2$ 则对调了两相的相序,按 $L_3 \rightarrow L_2 \rightarrow L_1$ 相序接线。相应的控制电路有两条:一条是按钮 $SB_1$ 和 $KM_1$ 线圈等组成的正转控制电路;另一条是由按钮 $SB_2$ 和 $KM_2$ 线圈等组成的反转控制电路。

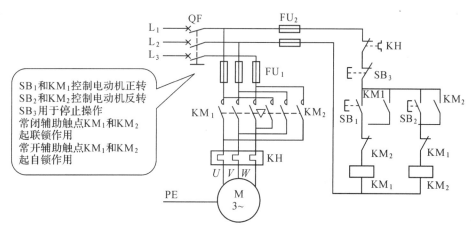

图 7-20　接触器联锁正反转控制电路

必须指出,接触器 $KM_1$ 和 $KM_2$ 的主触点绝不允许同时闭合,否则将造成两相电源($L_1$ 相和 $L_3$ 相)短路事故。为了保证一个接触器得电动作时,另一个接触器不能得电动作,以避免电源的相间短路,需在正转控制电路中串接反转接触器 $KM_2$ 的常闭辅助触头。这样,当 $KM_1$ 得电动作时,串接在反转控制电路中的 $KM_1$ 的常闭触点分断,切断了反转控制电路,保证了 $KM_1$ 主触点闭合时,$KM_2$ 的主触点不能闭合。同样,当 $KM_2$ 得电动作时,其 $KM_2$ 的常闭触点分断,切断了正转控制电路,从而可靠地避免了两相电源短路事故的发生。像上述这种在一个接触器得电动作时,通过其常闭辅助触头使另一个接触器不能得电动作的作用叫联锁(或互锁)。实现联锁作用的常闭辅助触点称为联锁触点(或互锁触点)。

工作原理:先合上电源开关 QF,然后进行正、反转控制。正转时,按下 $SB_1$→$KM_1$ 线圈得电→$KM_1$ 主触点闭合及常开辅助触点闭合(自锁)、常闭辅助触点(联锁触点)断开→电动机 M 得电连续正转。停止时,按下停止按钮 $SB_3$→$KM_1$ 线圈失电→$KM_1$ 主触点及常开辅助触点断开、常闭辅助触点闭合→电动机 M 失电停转。反转时,按下 $SB_2$→$KM_2$ 线圈得电→$KM_2$ 主触点闭合及常开辅助触点闭合(自锁)、常闭辅助触点(联锁触点)断开→电动机 M 得电连续反转。

从以上分析可见,接触器联锁正反转控制线路的优点是工作安全可靠,缺点是操作不便。因电动机从正转变为反转时,必须先按下停止按钮后,才能按反转起动按钮,否则由于接触器的联锁作用,不能实现反转。为克服此线路的不足,可采用双重联锁正反转控制电路。

(2)双重联锁正反转控制电路

如图 7-21 所示为按钮、接触器双重联锁正反转控制电路。该控制电路集中了按钮联锁和接触器联锁的优点,既安全可靠又操作方便,在生产机械的电气控制电路中应用广泛。

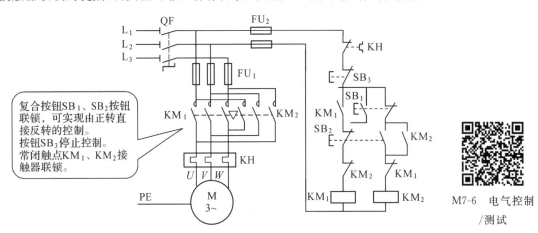

图 7-21 双重联锁正反转控制电路

工作原理:先合上电源开关 QF,然后进行正、反转控制。正转控制时,按下 $SB_1$→$SB_1$ 常闭触点先分断对 $KM_2$ 联锁(切断反转控制电路),$SB_1$ 常开触点后闭合→$KM_1$ 线圈得电→$KM_1$ 主触点及自锁触头闭合→电动机 M 启动连续正转,$KM_1$ 联锁触点分断对 $KM_2$ 联锁(切断反转控制电路)。反转控制时,按下 $SB_2$→$SB_2$ 常闭触点先分断→$KM_1$ 线圈失电→$KM_1$ 主触点分断→电动机 M 失电,$SB_2$ 常开触点后闭合→$KM_2$ 线圈得电→$KM_2$ 主触点及自锁触头闭合→电动机 M 起动连续反转,$KM_2$ 联锁触点分断对 $KM_1$ 联锁(切断正转控制电路)。若要停止,按下 $SB_3$,整个控制电路失电,主触点分断,电动机 M 失电停转。

# 7.5　电气控制电路分析基础

电动机或其他电气设备的电气控制系统由多种电器组成,如电动机、接触器、按钮、熔断器和刀开关等,这种控制系统也称为继电—接触器控制系统。为了分析电气控制系统的组成与工作原理,需要将其中的元器件与连接关系用一定的图形和文字符号表示出来,这种图称为电气控制系统图,简称电气图。

电气控制系统图包括电气原理图、电器布置图和电气安装接线图。电气原理图是用来表示电路中各电器导电部件的连接关系和工作原理的图;电器布置图是用来表明电气原理图中各元器件的实际安装位置的图;电气安装接线图主要用于电器的安装接线、调试和检修,通常接线图与电气原理图和布置图一起使用。

## 7.5.1　电气符号

电气图中的各种电气元件的图形、文字符号都按国家标准来表示,1990 年开始全面使用,主要有 GB 4728—85《电气图形符号》和 GB 7159—87《电气技术中的文字符号制订通则》,表 7-5 摘录了一些常用电器器件的图形符号和文字符号。

表 7-5　常用电器器件的图形符号和文字符号

| 名称 | 图形符号<br>(GB 4728—85) | 文字符号<br>(GB 7159—87) | 名称 | 图形符号<br>(GB 4728—85) | 文字符号<br>(GB 7159—87) |
|---|---|---|---|---|---|
| 直流发电机 | | GD | 直流伺服电动机 |  | M |
| 直流电动机 | | MD | 交流伺服电动机 |  | M |
| 交流发电机 |  | GA | 步进电机 |  | M |
| 交流电动机 |  | MA | 直流串励电动机 |  | M |
| 直流他励电动机 |  | M | 直流并励电动机 |  | M |
| 单相笼型异步电动机 |  | M | 三相笼型异步电动机 |  | M3～ |
| 三相绕线型异步电动机 |  | M3～ | 电抗器、扼流圈 |  | L |
| | | | 电流互感器、脉冲变压器 | 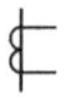 | TA |
| 双绕组变压器 | 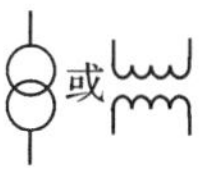 | T | Y—△连接三相变压器 |  | T |

续表

| 名称 | 图形符号<br>(GB 4728—85) | 文字符号<br>(GB 7159—87) | 名称 | 图形符号<br>(GB 4728—85) | 文字符号<br>(GB 7159—87) |
|---|---|---|---|---|---|
| 电压互感器 | 或 | J | 永磁式直流测速发电机 | TG | BR |
| 接触器常开辅助触点 | | QK | 常闭触点 | | QK |
| 接触器常开主触点 | | KM | 接触器常闭触点 | | KM |
| 行程开关常开按钮 | | ST | 行程开关常闭按钮 | | ST |
| 常开按钮 | | SB | 常闭按钮 | | SB |
| 延时闭合常开按钮 | | KT | 延时闭合常闭按钮 | | KT |
| 延时断开常开按钮 | | KT | 延时断开常闭按钮 | | KT |
| 热继电器线圈 | | FR | 热继电器触点 | | FR |
| 熔断器 | | FU | 灯 | | EL |

## 7.5.2　电气控制电路分析基础

### 1.电气控制分析的依据

分析设备电气控制的依据是设备本身的基本结构、运行情况、加工工艺和对电力拖动自动控制的要求。也就是要熟悉控制对象,掌握其控制要求,这样分析起来才有针对性。这些依据来源于设备的有关技术资料,主要有设备说明书、电气原理图、电气接线图及元器件一览表等。

### 2.电气控制分析的内容

通过对各种技术资料的分析,掌握电气控制电路的工作原理、操作方法和维护要求等。

（1）说明书。说明书由机械、液压部分与电气两部分组成，重点掌握以下内容：

①设备构造，主要技术指标，机械、液压、气动部分的传动方式与工作原理。

②电气传动方式，电机及执行电器的数目，规格型号、安装位置、用途与控制要求。

③了解设备的使用方法，操作手柄、开关、按钮、指示信号装置以及其在控制电路中的作用。

④必须清楚地了解与机械、液压部分直接关联的电器位置及其在控制中的作用。

（2）电气控制原理图。这是电气控制电路分析的中心内容。电气控制原理图由主电路、控制电路、辅助电路、保护与联锁环节以及特殊控制电路等部分组成。

分析电气原理图时，必须与阅读其他技术资料结合起来，根据电动机及执行元件的控制方式、位置及作用，各种机械有关的行程开关、主令电器的状态来理解电气工作原理。

在分析电气原理图时，还可通过设备说明书提供的电器元件一览表来查阅电器元件的技术参数，进而分析出电气控制电路的主要参数，估计出各部分的电流、电压值，以便在调试或检修中合理使用仪表进行检测。

（3）电气设备总装接线图。阅读分析电气设备的总装接线图，可以了解系统的组成分布情况，各部分的连接方式，主要电气部件的布置、安装要求，导线和导线管的规格型号等，以期对设备的电气安装有个清晰的了解。要注意与电气原理图、说明书结合分析。

（4）电器元件布置图与接线图。这是制造、安装、调试和维护电气设备必需的技术资料。在检测、调试和维修中可通过布置图和接线图迅速方便地找到各电器元件的测试点，进行相关工作。

3. 电气原理图的阅读方法

电气原理图的阅读分析基本原则是"先机后电、先主后辅、化整为零、集零为整、纵观全局和总结特点"。最常用的方法是查线分析法，即以某一电动机或电器元件线圈为对象，从电源开始，由上而下，自左至右，逐一分析其接通断开关系，并区分出主令信号、联锁条件、保护环节等。根据图区坐标标注的检索和控制流程的方法分析出各种控制条件与输出结果之间的因果关系。

# 模块七小结

1. 三相异步电动机是利用电磁感应原理，将电能转换为机械能输出机械转矩的原动机。它由定子和转子组成。定子由定子铁芯、定子绕组和机座组成，作用是产生旋转磁场；转子由转轴、转子铁芯、转子绕组组成，作用是产生电磁转矩。

2. 电动机转速必小于同步转速，才能产生电磁转矩，从而使电动机转动。异步电动机的名称即由此而来。三相异步电动机转速的相关物理量如表7-6所示。

表7-6　三相异步电动机转速的相关物理量

| 电动机转速 | 同步转速 | 转差 | 转差率 | 电动机转速计算公式 |
|---|---|---|---|---|
| $n$ | $n_0$ | $n_0 - n$ | $s = (n_0 - n)/n_0 \times 100\%$ | $n = (1-s)n_0$ |

3. 单相异步电动机起动：单相异步电动机按起动方法可分为单相电容起动异步电动机、单相电容运转异步电动机、单相电容起动和运转异步电动机、单相电阻起动异步电动机、单相罩

极式异步电动机五类。

4.电动机的铭牌数据：主要有额定功率、额定电压、额定电流、额定转速、绝缘等级、防护等级、工作制等，这些是正确选择电动机的依据。

5.常见的低压电器有刀开关、熔断器、按钮、接触器、热继电器等，熔断器和热继电器在电路中分别起短路保护和过载保护作用。利用它们可以实现对电动机的基本控制，如点动控制、单方向运行控制、正反转控制。

# 模块七任务实施

### 任务一　研究三相异步电动机的转动原理

一、目的

理解电动机转动原理、旋转磁场的产生。

二、所需器材

旋转磁场演示器、蹄形磁铁、笼型转子。

三、实验步骤

1.将蹄形磁铁、笼型转子按图7-22所示安装固定，然后手摇手柄转动蹄形磁铁，可以看到磁铁旋转，笼型转子也以相同的方向转动。

改变手摇方向，可以看到笼型转子转动的方向也发生改变，即转子转动的方向与磁场旋转的方向有关。

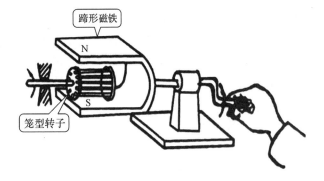

图 7-22　手摇式旋转磁场演示器

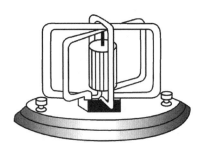

图 7-23　三相交流产生的旋转磁场演示器

2.用三相交流电也能产生旋转磁场，如图7-23所示。利用旋转磁场演示器，三个相同的绕组平面互成120°，并把它们接入三相交流电路中，通电后可以看到放在线圈中间的笼型转子也转动了起来。从中可以看出，三相对称绕组也可以产生旋转磁场，从而使转子转动。这就是三相异步电动机转动的原理。

四、思考题

图7-23中，转动磁铁，转子是如何旋转起来的？

## 任务二 探索三相异步电动机点动控制电路

一、目的

1.理解点动控制电路及其应用。

2.正确安装、连接、调试、检查点动控制电路。

3.培养分析电路及排除电路故障的能力。

二、所需器材

电动机、尖嘴钳、螺丝刀、万用表、刀开关、熔断器、接触器、常开按钮、接线排、两种颜色导线若干。电气原理如图 7-24 所示。

三、工作原理

点动控制线路电气原理图如图 7-24 所示。当电动机 M 需要点动时,先合上低压开关 QF,此时电动机 M 尚未接通电源。按下起动按钮 SB,接触器 KM 的线圈得电,使衔铁吸合,同时带动接触器 KM 的三对主触头闭合,电动机 M 接通电源起动运转。松开按钮 SB,接触器 KM 的线圈失电,衔铁在复位弹簧作用下复位,带动接触器 KM 的三对主触头断开,电动机 M 失电停转。

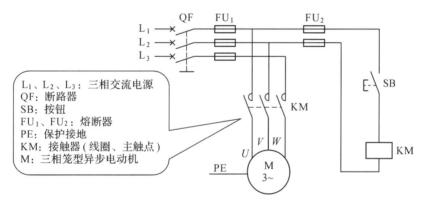

图 7-24 点动控制线路原理

四、安装步骤

1.对照原理图,根据接线的工艺要求,先固定元器件。

2.接线时,先接控制电路:

(1)根据控制电路,连接好按钮上的各导线;

(2)连接控制电路的其他导线;

(3)用万用表检测控制电路。

3.连接好主电路,用万用表检测主电路。

4.检测无误后通电试验。

五、思考题

1.接通电源前,你测得 KM 线圈直流电阻为多大? 在线路接线完成后,SB,$U_{11}$ 两 $FU_2$ 间电阻应为多大?

2.接通电源,合上 QF,按 $SB_6$,但 KM 无反应,可能的原因是什么?

3.接通电源,KM 吸合正常,但电动机转动缓慢,并发出嗡嗡声,可能的原因是什么?

## 任务三　探索三相异步电动机单向运行控制电路

一、目的

1. 理解电动机单向运行控制电路原理及其应用。

2. 正确安装、连接、调试单方向运行控制电路。

3. 培养分析电路及排除电路故障的能力。

二、所需器材

电动机、尖嘴钳、螺丝刀、万用表、刀开关、熔断器、接触器、热继电器、常闭按钮、常开按钮、接线排、两种颜色导线若干。

三、电气控制原理

三相异步电动机单向运行控制电路如图 7-25 所示。起动时，按下按钮 $SB_2$→接触器 KM 线圈通电→KM 常开辅助触头闭合自锁，同时 KM 主触头闭合，电动机 M 起动运行。停止时，按下按钮 $SB_1$→KM 线圈失电→KM 常开辅助触头断开，同时 KM 主触头也断开→电动机停转。

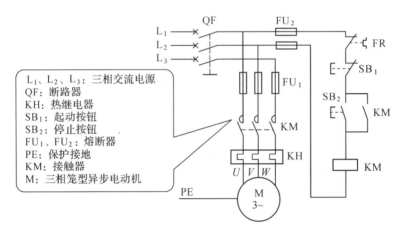

图 7-25　三相异步电动机单向运行控制电路

四、安装步骤

1. 对照原理图，根据接线的工艺要求，先固定元器件。

2. 接线时，先接控制电路：

(1) 根据控制电路，连接好按钮上的各导线，将引出线接到接线排上。

(2) 连接控制电路的其他导线。

(3) 用万用表检测控制电路。

3. 连接好主电路，用万用表检测主电路。

4. 检测无误后通电试验。

五、常见故障分析

在试运行中发现电路有异常，应立即停电做认真详细的检查，常见故障如下：

1. 合上 QF 后，烧熔丝或断路器跳闸的故障原因：KM 的线圈和 $SB_2$ 同时被短接；主电路可能有短路(QS 到 KM 主触点这一段)。

2. 合上 QF 后，电动机马上运转的故障原因：$SB_2$ 起动按钮被短接；$SB_2$ 动合触点错接成动断触点。

3.合上 QF 后,按 SB₂时,烧熔丝或断路器跳闸的故障原因:KM 的线圈被短接;主电路可能有短路(KM 主触点以下部分)。

4.合上 QF 后,按 SB₂,KM 不动作,电动机也不转动的故障原因:SB₂不能闭合;FR 的辅助动断触点断开或错接成动合触点;KM 线圈未接上,或线圈坏,未形成回路;接线有误。

5.合上 QF 后,按下 SB₂,若 KM 接触器能吸合,但电动机不转动的故障原因:电动机星形(Y 形)连接的中性点未接好;电源缺相(有嗡嗡声);接线错误。

6.合上 QF 后,若按 SB₂,电动机只能点动运转的故障原因:KM 的自锁触点未接好;KM 的自锁触点损坏。

六、思考题

此电路有哪些保护作用? 分别由哪些元器件实现保护?

## 任务四　探索三相异步电动机正反转控制电路

一、目的

1.理解双重互锁正反转控制电路工作原理及其应用。

2.正确安装、连接、调试正反转控制电路。

3.培养分析电路及排除电路故障的能力。

二、所需器材

电动机、尖嘴钳、螺丝刀、万用表、刀开关、熔断器、接触器、热继电器、按钮、接线排、两种颜色导线若干。

三、电气原理图

三相异步电动机双重互锁正反转控制电路如图 7-26 所示。

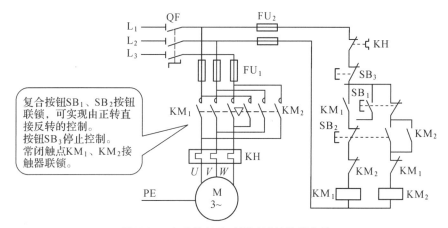

图 7-26　电动机双重互锁正反转控制电路

工作原理:先合上电源开关 QF,然后进行正反转控制。

1.正转控制:按下 SB₁→SB₁ 常闭触点先分断对 KM₂联锁(切断反转控制电路),SB₁常开触点后闭合→KM₁线圈得电→KM₁主触点及自锁触头闭合→电动机 M 起动连续正转,KM1联锁触点分断对 KM₂联锁(切断反转控制电路)。

2.反转控制:按下 SB₂→SB₂常闭触点先分断→KM₁线圈失电→KM₁主触点分断→电动机 M 失电,SB₂常开触点后闭合→KM₂线圈得电→KM₂主触点及自锁触头闭合→电动机 M 起动连续反转,KM₂联锁触点分断对 KM₁联锁(切断正转控制电路)。

若要停止，按下 $SB_3$，整个控制电路失电，主触点分断，电动机 M 失电停转。

四、安装步骤

1.先固定元器件。

2.接线时，先接控制电路：

(1)根据控制电路，连接好按钮上的各导线，将引出线接到接线排上；

(2)连接控制电路的其他导线；

(3)检测控制电路。

3.连接好主电路并检测。

4.检测无误后通电实验。

五、思考题

1.通电前，按下 $SB_1$ 或 $SB_2$ 时，测得两 $FU_2$ 间电阻都为无穷大，这可能是什么原因？

2.任务中，如线路完好，同时按下 $SB_1$、$SB_2$ 电路是怎么样的状态？用万用表测两 $FU_2$ 间电阻，读数应为多大？

3.通电后，按住 $SB_1$ 电动机能正转，但放开按钮电动机停转，原因是什么？

4.任务中，如按 $SB_2$ 正转停止，但没反转，试分析故障原因。

# 思考与习题七

7-1　简单叙述三相异步电动机的结构和工作原理。

7-2　三相异步电动机主要的铭牌数据有哪几个？并解释各数据含义。

7-3　在单方向运行控制电路中，分别有哪些器件对电路实现哪方面的保护？

7-4　何谓自锁与互锁？它们有哪些区别？

7-5　单相异步电动机可分为哪几类？

7-6　一台三相6极异步电动机，已知电源频率为 $50Hz$，电动机运行时的转差率为 0.03。求该电动机的转速及同步转速。

7-7　有两台三相异步电动机，已知电源频率为 $50Hz$，两台电动机运行时的转速分别为 $1440r/min$ 与 $2900r/min$，试求两台电动机的磁极数、额定转差率。

7-8　某台进口设备上的三相异步电动机的 $2P_1=4$，$f_1=60Hz$，$n_1=1720r/min$，现在 $f_2=50Hz$ 的交流电源上使用，设电动机转差率不变，求电动机的转速 $n_2$。

7-9　一台三相4极异步电动机的额定数据如下：$4kW$，$380V$，三角形接法，$50Hz$，$8.8A$，$1440r/min$，$\cos\varphi=0.8$。试求：这台电动机在额定运行状态下的输入功率、转差率、效率。

7-10　一台三相异步电动机的主要技术数据如下：$10kW$，$380V$，三角形接法，$50Hz$，$1450r/min$，$\cos\varphi_N=0.87$，$\eta_N=87.5\%$。试求这台电动机的额定电流、额定转差率。

# 模块八　二极管及整流电路

电气电子设备中所需的直流电源,少数是来自直接使用的干电池或蓄电池,如手电筒、电瓶车;但大多数是使用交流电源经过变换而得到的,如我们常用的手机充电器、电脑中的电源等。你知道交流电源变换成直流电源要经过哪几个环节吗? 其工作原理是怎样的? 半导体二极管在其中起着怎样的作用?

能力目标

1.了解二极管的组成结构、符号、伏安特性等;掌握二极管的单向导电性。

2.了解特殊二极管如稳压管、发光二极管、光电二极管等的符号、功能和应用。

3.掌握整流电路、滤波电路、稳压电路的工作原理,能根据已知的电路原理图和元器件参数分析计算输出电压等物理量。

4.能据输入电压、输出电压等电路性能要求,设计电路原理图,计算元器件参数,选择元器件。

实验研究任务

任务一　研究二极管单向导电性
任务二　研究整流电路、滤波电路和稳压电路

## 8.1　半导体二极管

### 8.1.1　半导体基础知识

1.半导体导电特性

半导体是一种导电能力介于导体与绝缘体之间的材料,如硅(Si)和锗(Ge)。其导电能力虽没有金属导体强,但能随着光照条件、温度、掺入杂质和输入电压(电流)的不同而发生很大变化,因此,具有光敏性、热敏性和掺杂性等特性。半导体中存在两种能导电的带电粒子(通常称为载流子),一种是带负电荷的自由电子,简称电子,另一种是带正电荷的空穴。在外电场作用下,这两种载流子都可以定向移动形成电流。由于半导体特殊的导电性能,其常作为电子器件(如二极管、三极管和集成电路等)的主要材料。

2.杂质半导体

没有杂质和缺陷的纯净半导体,叫做本征半导体。在本征半导体中掺入微量的杂质,就会使半导体的导电性能发生显著变化。根据掺入杂质不同,杂质半导体可分为 N(电子)型半导体和 P(空穴)型半导体两大类。

(1)N 型半导体

在本征半导体中掺入五价杂质元素,例如磷,可形成 N 型半导体,也称电子型半导体。因五价杂质原子磷中只有四个价电子能与周围四个半导体原子中的价电子形成共价键,而多余的一个价电子因无共价键束缚而很容易形成自由电子。在这种半导体中,自由电子是多数载流子,其数目取决于半导体掺杂浓度。另外,半导体由于热激发等原因会产生少量的电子空穴对,所以空穴是少数载流子。

(2)P 型半导体

在本征半导体中掺入三价杂质元素,如硼、镓、铟等,可形成 P 型半导体,也称为空穴型半导体。因三价杂质原子在与硅原子形成共价键时,缺少一个价电子而在共价键中留下一个空穴。当相邻共价键上的电子因受激发获得能量时,就可能填补这个空穴,产生新的空穴。空穴是其主要载流子,其数目取决于半导体掺杂浓度。同理,电子是少数载流子,由热激发等形成。

### 8.1.2 PN 结

1.PN 结的形成

如果将 P 型半导体和 N 型半导体制作在同一块本征半导体基片上,在它们的交界面因多数载流子电子和空穴各自向对方区域扩散而相互中和,只留下正、负离子,形成一个空间电荷区(耗尽层),即 PN 结,如图 8-1 所示。由于 P 区一侧带负电,N 区一侧带正电,所以出现了方向由 N 区指向 P 区的内电场。

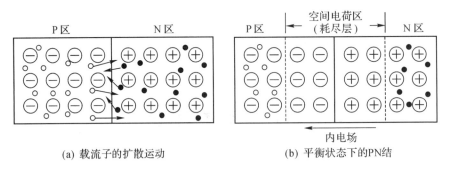

(a) 载流子的扩散运动　　　　(b) 平衡状态下的PN结

图 8-1　PN 结的形成

PN 结中存在着两种载流子的运动,一种是多子克服电场阻力的扩散运动,另一种是少子在内电场作用下产生的漂移运动。由于这些带电粒子运动产生的电流方向相反,因而在无外电场或其他因素激励时,PN 结中无宏观电流。

若在 PN 结两端外加电压,即给 PN 结加偏置,就将破坏原来的平衡状态,PN 结中将有电流流过。而当外加电压极性不同时,PN 结表现出截然不同的导电性能,即呈现出单向导电性。

2.PN 结的单向导电性

若 PN 结的 P 端接电源正极、N 端接电源负极,这种接法称为正向偏置,简称正偏,如图 8-2(a)所示。正偏时,PN 结变窄,流过较大的正向电流(主要为多子定向移动形成的电流),其方向由 P 区指向 N 区。此时 PN 结对外电路呈现较小的电阻,这种状态称为正向导通。

若 PN 结的 P 端接电源负极、N 端接电源正极,这种接法称为反向偏置,简称反偏,如图 8-2(b)所示。反偏时,PN 结变宽,流过较小的反向电流(主要为少子定向移动形成的电流),其方向由 N 区指向 P 区。此时 PN 结对外电路呈现较高的电阻,这种状态称为反向截止。

综上所述,PN 结正向导通、反向截止,这就是 PN 结的单向导电性。PN 结是构成各种半导体器件的基础。

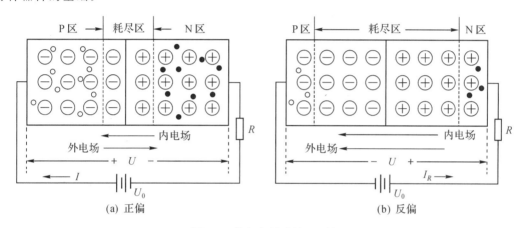

(a) 正偏　　　　　　　　　　　　　　　(b) 反偏

图 8-2　外加电压时的 PN 结

### 8.1.3　二极管

1.结　构

在 PN 结的外面装上管壳,再引出两个电极,就可以做成晶体二极管。图 8-3 所示为二极管的基本结构。图 8-4 所示是二极管的图形符号,其中从 P 区引出的电极作为正极,也称阳极,从 N 区引出的电极作为负极,也称阴极。图 8-5 所示为一些常见的二极管的实物。

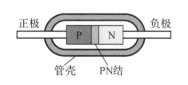

图 8-3　二极管基本结构

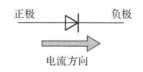

图 8-4　二极管图形符号

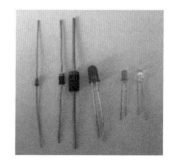

图 8-5　二极管的实物

2.二极管的分类

二极管是电子电路中最常用的元件之一,它主要起开关、限幅、箝位、检波、整流及稳压的作用。其分类有:

（1）按材料分　有硅二极管、锗二极管和砷化镓二极管等。

（2）按结构分　有点接触型二极管和面接触型二极管。

（3）按用途分　有普通二极管和特殊二极管。普通二极管包括检波二极管、整流二极管、开关二极管等；特殊二极管包括稳压二极管、变容二极管、光电二极管、发光二极管等。

### 3.二极管的伏安特性曲线

由于 PN 结是构成二极管的核心，因此它也决定了二极管的单向导电性。二极管的单向导电性能可用其伏安特性曲线来形象显示。在二极管的两端加上一个电压 $U$，然后测出流过管子的电流 $I$，电流与电压之间的关系曲线，即二极管伏安特性曲线，如图 8-6 所示。

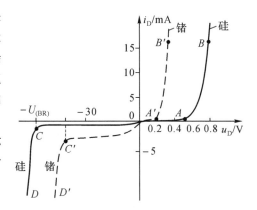

图 8-6　二极管伏安特性曲线

特性曲线分为两部分，加正向电压时的特性称为正向特性（图 8-6 中的右半部分）；加反向电压时的特性称为反向特性（图 8-6 中的左半部分）。

（1）正向特性

当加在二极管上的正向电压较小时，正向电流很小，几乎等于零。只有当加在二极管的正向电压超过某个数值时，正向电流才明显地增大。正向特性曲线上的这一电压数值通常称为"死区电压"，死区电压的大小与二极管的材料及温度等因素有关。一般硅二极管的死区电压约为 0.5V，锗二极管约为 0.1V。

（2）反向特性

当二极管承受的反向电压未达到击穿电压 $U_{BR}$ 时，二极管呈现很大电阻。二极管不导通，此时我们称二极管工作在反向截止区。当二极管承受的反向电压已达到击穿电压 $U_{BR}$ 时，反向电流急剧增加，该现象称为二极管反向击穿。

用不同材料和不同工艺制造的二极管，它们的伏安特性虽有差异，但伏安特性曲线的形状却是相似的。

**例 8-1**　电路图和输入交流电压波形如图 8-7(a) 和 (b) 所示，试分析输出电压波形。

**解：**假设 $0 < E < U_m$，当 $u_i < E$ 时，二极管截止，$u_o = u_i$；当 $u_i > E$ 时，二极管导通，$u_o = E$，其输出波形如图 8-7(c) 所示。

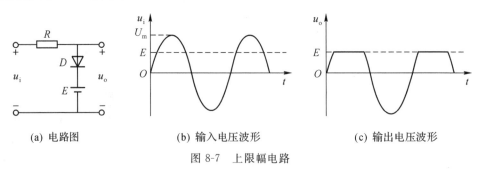

（a）电路图　　　　　（b）输入电压波形　　　　　（c）输出电压波形

图 8-7　上限幅电路

该电路将输出电压的上限电平限定在某一固定值 $E$ 上，所以称为上限幅电路。如将图 8-7 中二极管的极性对调，则可得到将输出信号下限电平限定在某一数值上的下限幅电路。

能同时实现上、下电平限制的电路称为双向限幅电路。

### 4.二极管的主要参数

电子器件的参数是其特性的定量描述,也是实际工作中根据要求选用器件的主要依据。二极管的主要参数有以下几个:

(1)最大整流电流 $I_F$:管子长期运行时,允许通过的最大正向平均电流。使用时,管子的平均电流不得超出此值,否则可能会使二极管过热而损坏。一般点接触型二极管的最大整流电流在几十毫安以下;面接触型二极管的最大整流电流可达数百安培以上,有的可达几千安培。

(2)最高反向电压 $U_{Rm}$:保证二极管不至于反向击穿而规定的最高反向工作电压。通常是反向击穿电压的一半或 2/3,以保证二极管在使用中不至于反向过电压而损坏。点接触型二极管的最大反向电压一般为数十伏以下,面接触型二极管一般可达数百伏。

(3)最大反向电流 $I_{Rm}$:给二极管加最大反向电压时的反向电流值。反向电流大,说明管子的单向导电性能差,并且受温度影响大。硅管的反向电流一般在几微安以下;锗管的反向电流较大,为硅管的几十到几百倍。

(4)最高工作频率 $f_M$:保证管子正常工作的最高频率,主要取决于 PN 结电容的大小。

在选用二极管时,要根据管子的参数去选择,既要使管子能得到充分利用,又要保证管子能安全工作。此外,通过较大电流的二极管一般都需要加散热器,散热器的面积必须符合要求,否则会损坏二极管。

## 8.1.4 特殊二极管

### 1.稳压二极管

(1)工作原理

稳压二极管简称稳压管,是一种用特殊工艺制造的面接触型半导体二极管,它既具有普通二极管的单向导电性,又可以稳定地工作于击穿区而不损坏。使用时,它的负极接外加电压的高端,正极接低端,管子处于反向偏置,工作在反向击穿状态,利用它的反向击穿特性来稳定直流电压。为了与一般二极管区别,它的符号如图 8-8(a)所示,实物如图 8-8(b)所示。稳压管的主要作用是稳定电压,那么它为什么能稳定电压呢?

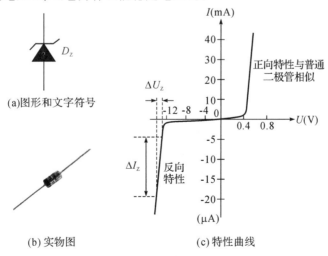

(a)图形和文字符号

(b)实物图　　(c)特性曲线

图 8-8　稳压管的实物图、电路符号与特性曲线

在反向电压较低时,稳压二极管截止,当反向电压达到一定数值时,反向电流突然增加,稳压管进入击穿区,此时反向电流在很大范围内变化,而管子两端的电压却变化极小,利用这种特性,在电路中与适当的电阻配合就能起到稳压作用。

二极管的反向击穿并不意味着管子一定会损坏,只要流过管子的反向电流不超过极限数值,就能使管子不因过热而烧坏。

(2)主要参数

①稳压电压 $U_z$   $U_z$ 是稳压管工作在反向击穿区时的稳定工作电压。稳压电压 $U_z$ 是选择稳压管的主要依据之一。由于稳压电压随着工作电流的不同而略有变化,所以测试时应使稳压管的电流为规定值。不同型号的稳压管,其稳定电压的值不同。对于同一型号的稳压管,由于制造工艺的分散性,各个不同管子的稳压值也有差别。

②稳定电流 $I_z$   $I_z$ 是使稳压管正常工作时的参考电流。若工作电流低于 $I_z$,则管子的稳压性能变差;如工作电流高于 $I_z$,只要不超过额定功耗,稳压管可以正常工作。而且一般来说,工作电流较大时稳压性能较好。

③动态内阻 $r_z$   $r_z$ 是指稳压管两端电压变化量 $\Delta U_z$ 和电流的变化量 $\Delta I_z$ 之比,该值越小越好。

④电压的温度系数 $\alpha_u$   $\alpha_u$ 表示当稳压管的电流保持不变时,环境温度每变化 $1℃$ 所引起的稳定电压变化的百分比。一般来说,稳定电压大于 $7V$ 的稳压管,其 $\alpha_u$ 为正值。稳定电压小于 $4V$ 的稳压管,其 $\alpha_u$ 为负值。而稳定电压为 $4\sim 7V$ 的稳压管,$\alpha_u$ 的值比较小,说明其稳定电压受温度的影响较小,性能比较稳定。

⑤额定功耗 $P_z$   由于稳压管两端加有电压 $U_z$,而管子中又流过一定的电流,因此要消耗一定的功率。这部分功耗转化为热能,使稳压管发热。额定功耗 $P_z$ 决定稳压管允许的温升。

2. 发光二极管

发光二极管简称 LED,是一种将电能直接转换成光能的 PN 结器件,主要由半导体化合物如砷化镓、磷化镓制成。其实物外形与电路符号如图 8-9 所示。

(a) 发光二极管实物                    (b) 符号

图 8-9   发光二极管的实物与电路符号

发光二极管工作时加正向电压,并接入限流电阻,当 PN 结有正向电流流过时即发光,没有热交换过程。其工作电流一般为几至几十毫安,电流越大,发出的光越强,但是会出现亮度衰退的老化现象,使用寿命将缩短。发出的光波可以是红外光和可见光,砷化镓是发出红外光的,如果在砷化镓中掺入一些磷即可发出红色可见光;而加入磷化镓则发绿色可见光。

发光二极管有如下特点:

(1)导通电压(正向)为 $1.5\sim 3V$,工作电流为几到十几毫安。

(2)耗电少(10mA以下电流即可在室内得到适当的亮度)。

(3)可通过调节电流(或电压)来对发光亮度进行调节。

(4)容易与电路配合使用。

(5)体积小、重量轻、抗冲击、寿命长。

3.光电二极管

光电二极管也叫光敏二极管,是将光能转换为电能的半导体器件。它也具有单向导电性。为了获取光线,在它的管壳设有光线射入的窗口,也有将管壳直接做成透明的,以便光线射入。光电二极管和稳压管一样,工作在反偏状态。光敏二极管在不受光照射时,处于截止状态;受光照射时,处于导通状态,反向电流迅速增大到几十微安,称为光电流。

光电二极管可用于光的测量。制成的大面积光电二极管即可当作一种能源,称为光电池。

### 8.1.5 二极管的检测

将万用表(指针式)拨到电阻挡的 $R \times 100$ 或 $R \times 1k$,将万用表的红、黑表笔分别接在二极管两端,若测得电阻比较小(几千欧以下),再将红、黑表笔对调后连接在二极管两端,而测得的电阻比较大(几百千欧),说明二极管具有单向导电性,质量良好。测得电阻小的那一次黑表笔接的是二极管的正极。

如果测得二极管的正、反向电阻都很小,甚至为零,表示管子内部已短路。

如果测得二极管的正、反向电阻都很大,则表示管子内部已断路。

如果正、反向电阻一样大,则这样的二极管也是坏的。

由于二极管是非线性元件,所以当用不同倍率的欧姆挡或不同灵敏度的万用表进行测试时,所得的数据是不相同的,但是正、反向电阻相差几百倍这一原则是不变的。

M8-1 半导体　　　　M8-2 二极管　　　　M8-3 普通二极管与
知识/测试　　　　　基本知识/测试　　　　特殊二极管知识/测试

## 8.2 单相整流电路

本模块开头提到的典型问题:交流电如何转换成直流电? 要经过哪几个环节? 工作原理是怎样的? 本节及后面几节中可找到问题的答案。

如图8-10所示是将工频交流电转换成直流电的直流稳压电源的原理框图,它一般由四部分组成,即变压器、整流电路、滤波电路和稳压电路,如图8-10所示。

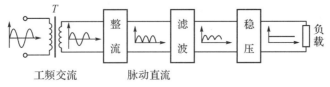

图 8-10　直流稳压电源的原理

各部分功能如下：

变压器：将正弦工频交流电源电压变换为符合用电设备需要的正弦工频交流电压。

整流电路：利用具有单向导电性能的整流元件（二极管、晶闸管），将正负交替变化的正弦交流电压变换成单方向的脉动直流电压。

滤波电路：尽可能地将单向脉动直流电压中的脉动部分（交流分量）减小，使输出电压成为比较平滑的直流电压。

稳压电路：采用某些措施（如稳压二极管），使输出的直流电压在输入电源发生波动或负载变化时基本保持稳定。

利用二极管的单向导电性可组成整流电路，把交流电压转换为单向脉动直流电压。在小功率直流电源中，经常采用半波整流电路和桥式整流电路两种。

### 8.2.1 半波整流电路

半波整流电路如图 8-11 所示，由变压器的次级绕组与负载相接，中间串联一个整流二极管，就组成半波整流电路。半波整流利用的是二极管的单向导电特性，二极管正向偏置的半个周期，交流电使二极管导通，有电流流过负载，另外半个周期因二极管反偏截止，没有电流流过负载，如此反复，负载得到的始终是同一个方向的电流，从而达到整流的目的。半波整流电路降低了电源的效率，整流电流的脉动成分太大，只适用于整流电流较小（几十毫安以下）或对脉动要求不严格的直流设备中。

1. 原理分析

当 $U_2$ 为正半周时，二极管 $D$ 承受正向电压而导通，在负载 $R_L$ 上获得电压 $U_o$。当 $U_2$ 为负半周时，二极管 $D$ 承受反向电压而截止，负载 $R_L$ 上的电压 $U_o = 0$，如图 8-12 所示。理论和实验都证明，半波整流电路负载输出的直流电压是变压器次级交流电压有效值的 0.45 倍。

$$U_o = 0.45U_2 \tag{8-1}$$

根据欧姆定律，负载上的直流电流为

$$I_o = \frac{U_o}{R_L} = \frac{0.45U_2}{R_L} \tag{8-2}$$

二极管承受的最大反向电压为

$$U_{Rm} = \sqrt{2}U_2 \tag{8-3}$$

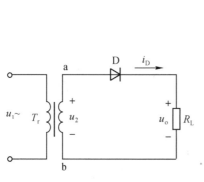

图 8-11　单相半波整流电路

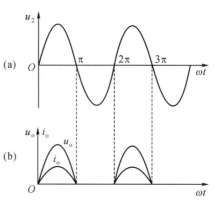

图 8-12　半波整流波形

**2. 实例应用**

**例 8-2** 有一直流负载,电阻为 $1.5\text{k}\Omega$,要求工作电流为 $10\text{mA}$,如果采用半波整流电路,试求电源变压器的副边电压,并选择适当的整流二极管。

M8-4　半波整流
电路/微课

**解:** 因为 $U_\text{o} = R_L \times I_\text{o} = 1.5 \times 10^3 \times 10 \times 10^{-3} = 15\text{V}$,

由 $U_\text{o} = 0.45U_2$,变压器二次电压的有效值为

$$U_2 = \frac{U_\text{o}}{0.45} = \frac{15}{0.45} \approx 33\text{V}$$

二极管承受的最大反向电压为 $U_{RM} = \sqrt{2}U_2 = 1.41 \times 33 \approx 47\text{V}$,$I_D = I_\text{o} = 10\text{mA}$。

根据求得的参数,查阅整流二极管参数手册,可选择 $I_F = (2\sim3)I_D = 20\sim30\text{mA}$,$U'_\text{RM} \geqslant 1.1U_{RM} = 52\text{V}$ 以上的二极管 2CP12(100mA,100V)。

### 8.2.2　桥式整流电路

桥式整流电路如图 8-13(a)所示,是由变压器、整流桥堆和负载组成的。整流桥堆有 4 个二极管,把 4 个二极管两两对接,利用二极管的单向导电特性,输入正弦波的正半周期使二极管 $D_1$、$D_3$ 正偏导通,$D_2$、$D_4$ 反偏截止,负载得到由上向下的电流信号输出;输入正弦波的负半周期时,另外两个二极管 $D_2$、$D_4$ 正偏导通,$D_1$、$D_3$ 反偏截止,负载得到同一方向的电信号,因而达到整流的目的。图 8-13(b)是桥式整流电路的简化方法。桥式整流电路对输入交流电的利用效率比半波整流电路高一倍。

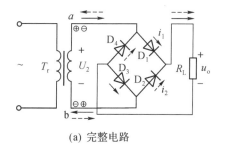

(a) 完整电路　　　　　　　　(b) 简图

图 8-13　桥式整流电路

M8-5　桥式整流
电路/微课

**1. 原理分析**

当 $u$ 为正半周时,$D_1$ 和 $D_3$ 正偏导通,$D_2$、$D_4$ 受到反向电压而截止。单向脉动电流的流向为 $a$ 端→$D_1$→$R_L$→$D_3$→$b$ 端,$R_L$ 上的脉动电压极性为上正下负。

当 $u$ 为负半周时,$D_2$、$D_4$ 正偏导通,$D_1$、$D_3$ 受到反向电压而截止。单向脉动的电流流向为 $b$ 端→$D_2$→$R_L$→$D_4$→$a$ 端,$R_L$ 上的脉动电压极性仍为上正下负,方向与正半周时相同。电路中的电压、电流波形如图 8-14 所示。

实验证明桥式整流电路有如下关系:

输出电压平均值:$U_\text{o} = 0.9U_2$ 　　　　　　　　　　　　　　　　　　　　(8-4)

输出电流平均值:$I_\text{o} = \dfrac{U_\text{o}}{R_L} = 0.9\dfrac{U_2}{R_L}$ 　　　　　　　　　　　　　　　(8-5)

流过二极管的平均电流:$I_D = \dfrac{1}{2}I_L$

二极管承受的最大反向电压:$U_{Rm} = \sqrt{2}U_2$ 　　　　　　　　　　　　　(8-6)

$I_D$ 和 $U_R$ 是选择整流二极管的主要依据。桥式整流电路电源利用率高,而且输出电压脉动较小,所以得到了广泛应用。

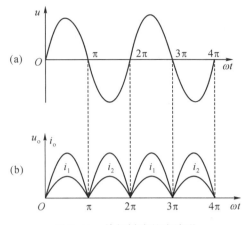

图 8-14 单相桥式整流波形

**2. 实例应用**

**例 8-3** 已知有一直流用电器的额定电压为 24V,平均电流为 0.48A,如果采用单相桥式整流电路,试求电源变压器的副边电压,并选择整流二极管的型号。

**解:**由 $U_L = 0.9U_2$,可得变压器副边电压的有效值为

$$U_2 = \frac{U_L}{0.9} = \frac{24}{0.9} = 26.6V$$

同时考虑到变压器及二极管的损耗,变压器的次级电压应比计算值高出 10%,即

$$U'_2 = 26.6 \times 1.1 = 29.3V$$

通过二极管的平均电流为

$$I_D = \frac{1}{2}I_L = \frac{1}{2} \times 0.48 = 0.24A$$

二极管承受的最大反向电压为

$$U_{RM} = \sqrt{2}U'_2 = \sqrt{2} \times 29.3 = 41.4V$$

根据以上求得的参数,查阅整流二极管参数手册,可选择 2CZ11A 的二极管,其最大整流电流为 1A,反向工作峰值电压为 100V。

**3. 桥式整流器**

桥式整流器也叫做整流桥堆,实物如图 8-15 所示。其是由 4 只整流二极管作桥式连接,外用绝缘塑料封装而成的,大功率桥式整流器在绝缘层外添加锌金属壳包封,增强散热。桥式整流器品种多,有扁形、圆形、方形、板凳形(分直插与贴片)等,一般有 4 个管脚,实物如图 8-15 所示。整流电流为 0.5～50A,最高反向峰值电压为 50～1000V。

图 8-15 整流桥堆实物

M8-6 半波整流和桥式整流电路/测试

## 8.3　滤波电路

无论哪种整流电路,它们的输出电压都含有较大的脉动成分。除了在一些特殊的场合可以直接用作直流电源外,通常都要采取一定的措施,一方面尽量减少输出电压中的脉动成分,另一方面又要尽量保留其中的直流成分,使输出电压接近于理想的直流电压。这样的措施就是滤波。

### 8.3.1　电容滤波电路

滤波电路一般是在桥式整流后加电容滤波或电感滤波,实用中电容滤波较多。图 8-16 为桥式整流电容滤波电路。

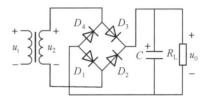

图 8-16　桥式整流电容滤波电路

M8-7　电容滤波
电路/微课

在桥式整流电路电容滤波电路中,$u_2$ 正半周时,$D_1$ 和 $D_3$ 导通,给负载供电,同时电容 $C$ 充电,$u_2$ 达到最大值时,$C$ 两端电压充到最大值。当 $u_2$ 从最大值开始下降时,$D_1$ 和 $D_3$ 截止,电容 $C$ 向 $R_L$ 放电使电容电压 $u_c$ 下降,当电容电压 $u_c$ 下降到一定值,与 $u_2$ 负半周经整流后的上升电压相等时,电容 $C$ 被再次充电,电容两端电压 $u_c$ 跟着整流后的电压达到峰值,当 $u_2$ 又下降时,电容 $C$ 又开始放电,如此循环使得负载上得到一个脉动直流电压。

放电的快慢决定于时间常数 $\tau$,$\tau = R_L C$,时间常数越大,$C$ 放电越慢,电容两端电压下降越慢,输出电压 $U_O$ 变化越平稳。但 $\tau$ 不能取很大,一方面负载电阻 $R_L$ 为有限值,另一方面电容太大就成本高且体积大。一般取

$$\tau = R_L C \geqslant (3 \sim 5) \frac{T}{2}$$

当 $\tau = 3 \times \dfrac{T}{2}$,可取:

$$U_o = 1.2 U_2 （半波整流滤波取:U_o = U_2）$$

当负载开路时,$C$ 没有放电回路,

$$U_o = \sqrt{2} U_2$$

其中 $T$ 为电网交流电压的周期。由于电容值比较大,约几十至几千微法,一般选用电解电容器。电容器的耐压值应该大于 $\sqrt{2} U_2$

注意:在采用大容量的滤波电容时,接通电源的瞬间充电电流特别大,因此电容滤波器不适用于负载电流较大的场合。

桥式整流电容滤波输出电压 $u_o$ 与输出电流 $i_o$ 波形,如图 8-17 所示。从图中可以看出,整流滤波后输出电压 $u_c$ 的峰值比 $u_2$ 的峰值要稍小,这主要是二极管上有压降,见图 8-17(a)。二极管导通时间较短,因此,峰值电流较大,比负载电流的峰值要大 6～8 倍,见图 8-17(b)。

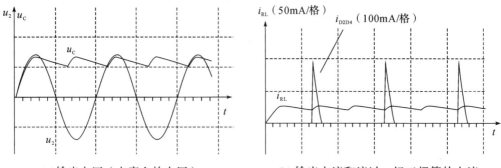

(a)输出电压（电容上的电压）　　　　(b)输出电流和流过一组二极管的电流

图 8-17　桥式整流电容滤波输出电压与输出电流波形

**例 8-4**　图 8-18 为单相桥式整流电容滤波电路,已知交流电源输入电压 $U_2=20\text{V}$,频率 $f=50\text{Hz}$,负载电阻 $R_L=1\text{k}\Omega$,求负载电压和电流平均值,流过二极管的平均电流,且进行仿真。

M8-8　电容滤波电路例题/微课

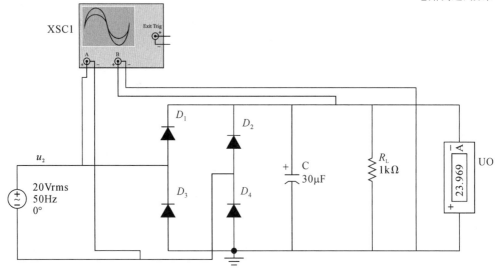

图 8-18　桥式整流电容滤波仿真电路

**解:**图 8-18 是该题的仿真电路图。理论计算输出电压平均值:
$$U_0=1.2U_2=1.2\times20=24\text{V}$$

负载电流平均值:
$$I_O=\frac{U_O}{R_L}=\frac{24}{1000}\text{A}=0.024\text{A}$$

流过二极管的电流平均值:
$$I_D=\frac{1}{2}I_O=\frac{1}{2}\frac{U_O}{R_L}=\frac{1}{2}\times\frac{24}{1000}\text{A}=0.012\text{A}$$

图 8-19 分别是该题的输出电压仿真波形。示波器中指针 1 测量出输入电压($A$ 通道)最大值和输出电压($B$ 通道)最大值,指针 2 测量出了输出电压的另一个波峰值。

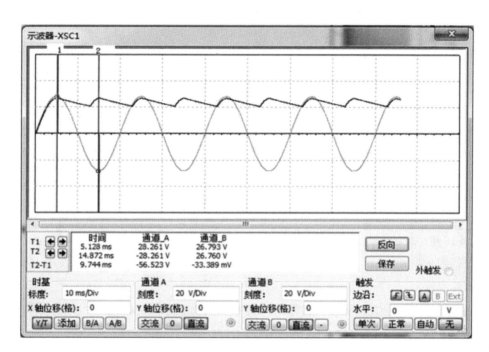

图 8-19　桥式整流电容滤波电路输出电压仿真

### 8.3.2　电感滤波器

1.电路构成

电感滤波电路中电感 $L$ 与负载 $R_L$ 串联,如图 8-20 所示。它是利用通过电感的电流不能突变的特性来实现滤波的。

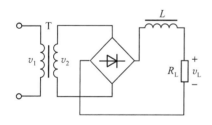

图 8-20　电感滤波电路

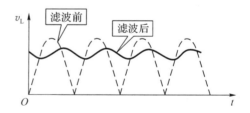

图 8-21　电感滤波输出电压波形

2.滤波原理

从能量的观点来看,电感是一个储能元件,当电流增加时,电感线圈产生自感电动势阻止电流的增加,同时将一部分电能转化为磁场能量储存在电感器中;当电流减小时,电感线圈便释放能量,阻止电流减小。因此未加电感时,通过负载 $R_L$ 的电流波形如图 8-21 的虚线所示;加接电感后,通过负载 $R_L$ 的电流脉动成分受到抑制而变得平滑,如图 8-21 的实线所示。

3.电路特点

一般情况下,电感值 $L$ 愈大,滤波效果愈好。但电感的体积变大、成本上升,则输出电压会下降,所以滤波电感常取几 H～几十 H,这时 $U_o = (0.8 \sim 0.9) U_2$。其适用于负载功率较大即负载电流较大的情况。

### 8.3.3 复式滤波器

负载的两端并联一个电容,把电感或电阻接在串联支路,以达到更佳的滤波效果。

#### 1. L 型滤波器

在滤波电容 $C$ 之前串接一个铁芯电感 $L$,这样就组成了 $L$ 型滤波器,电路结构如图 8-22 所示。脉动直流电压经过电感时,交流成分大部分都降落在电感线圈 $L$ 上,再经电容 $C$ 滤波,把交流成分进一步滤除,就可在负载上得到更加平滑的直流电压。因电感内阻很小,所以外特性比较硬。但其缺点是采用了电感,使体积和重量都大为增加。

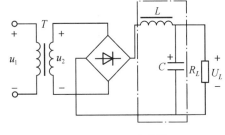

图 8-22  L 型滤波器

#### 2. π 型滤波器

$LC$-π 型滤波器:在 $L$ 型滤波器的输入端再并联一个电容,这就形成了 $LC$-π 型滤波器,电路结构如图 8-23 所示。

$RC$-π 型滤波器:在电流较小、滤波要求不高的情况下,常用电阻 $R$ 代替 π 型滤波器的电感 $L$,构成 $RC$-π 型滤波器,如图 8-24 所示。经过第一次的电容滤波后,电容 $C_1$ 两端的电压包含着一个直流分量和一个交流分量。通过 $R$ 和 $C_2$ 的再一次滤波后,可以进一步降低输出电压的脉动系数。但是 $R$ 上会产生压降,外特性比较软。

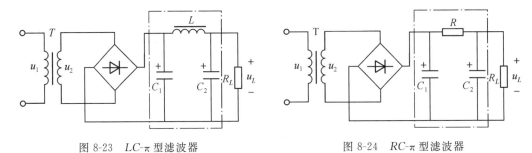

图 8-23  $LC$-π 型滤波器          图 8-24  $RC$-π 型滤波器

#### 3. 常用滤波电路的性能比较

下面将上述各种滤波电路的特点列于表 8-1 中,以便进行分析比较。

表 8-1  各种滤波电路的性能比较

|  | 电容滤波 | 电感滤波 | L 型滤波 | π 型滤波 |
|---|---|---|---|---|
| $U_L/U_2$ | 1.2 | 0.9 | 0.9 | 1.2 |
| 整流管冲击电流 | 大 | 小 | 小 | 大 |
| 外特性 | 软 | 硬 | 硬 | 软 |
| 适用场合 | 小电流负载 | 大电流负载 | 适应性较强 | 小电流负载 |

# 8.4　稳压二极管稳压电路

### 8.4.1　稳压电路组成与工作原理

在前面几节中,主要讨论了如何通过整流电路把交流电变成单方向的脉动电压,以及如何利用储能元件组成各种滤波电路以减少脉动成分。但是,整流滤波电路的输出电压和理想的直流电源还有相当大的距离,主要存在两方面的问题:第一,当负载电流发生变化时,由于整流滤波电路存在内阻,因此输出直流电压将随之发生变化;第二,当电网电压波动时,整流电路的输出电压直接与变压器副边电压 $U_2$ 有关,因此也要相应地变化。为了能够提供更加稳定的直流电源,需要在整流滤波电路的后面再加稳压电路。下面介绍比较简单的稳压二极管稳压电路。

1. 电路组成

如图 8-25 所示为桥式整流电容滤波稳压二极管稳压电路。

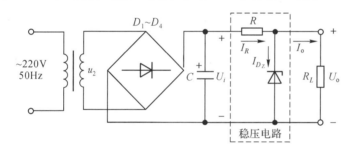

M8-9　稳压电路
工作原理/微课

图 8-25　稳压电路

电路中的稳压部分是由硅稳压管串联一个限流电阻组成的,为了保证工作在反向击穿区,稳压管作为一个二极管,要处于反向接法(极性见图 8-25)。限流电阻 $R$ 也是稳压电路必不可少的组成元件,当电网电压波动或负载电流变化时,能通过调节 $R$ 上的电压降来保持输出电压基本不变。

2. 电路工作原理

引起直流电源电压波动的原因主要有两个:一是输入电压的波动;二是负载大小的变化。稳压电路可以针对这两种情况分别进行稳压。

(1)当负载电阻 $R_L$ 不变,交流电源电压波动时的稳压情况

当负载电阻不变,交流电源电压增加时,整流滤波电路的输出电压 $U_C$ 随之增加,负载电压 $U_L$ 也将增加,$U_L$ 就是稳压二极管两端的反向电压 $U_Z$。由稳压二极管的伏安特性可知,当 $U_Z$ 稍有增加时,稳压二极管的电流 $I_Z$ 就会显著增加,结果使限流电阻的 $I_R$ 增大,$I_R$ 的增大使得 $R$ 上的压降增加,从而使增大了的负载电压 $U_L$ 的数值有所减小,如果电阻 $R$ 的阻值选择适当,最终可使 $U_L$ 基本保持不变。上述稳压过程可表示如下:

$$U \uparrow \rightarrow U_C \uparrow \rightarrow U_L \uparrow \rightarrow I_Z \uparrow \rightarrow I_R \uparrow$$
$$U_L \downarrow \leftarrow U_R \uparrow \hookleftarrow$$

同理,如果交流电源电压降低使 $U_C$ 减小时,负载电压 $U_L$ 也减小,因此稳压二极管的电流

$I_Z$ 显著减小,结果使通过限流电阻 $R$ 的电流 $I_R$ 减小,$I_R$ 的减小使 $R$ 上的压降也减小,结果使负载电压 $U_L$ 的数值有所增加而近似不变。

(2)电源电压不变、负载电流变化时的稳压情况

假设交流电源电压保持不变,负载电阻变小,负载电阻 $R_L$ 上的端电压 $U_L$ 下降。只要 $U_L$ 下降一点,稳压二极管的电流 $I_Z$ 显著减小,通过限流电阻 $R$ 的电流 $I_R$ 和电阻上的压降 $U_R$ 就减小,使已经降低的负载电压 $U_L$ 回升,而使 $U_L$ 基本保持不变。这一稳压过程可表示如下:

$$R_L \downarrow \rightarrow U_L \downarrow \rightarrow I_Z \downarrow \rightarrow I_R \downarrow$$
$$U_L \uparrow \leftarrow U_R \downarrow \leftarrow$$

当负载电阻增大时,稳压过程相反,读者可自行分析。

由以上分析可知,稳压二极管稳压电路是由稳压二极管 $D_Z$ 的电流调节作用和限流电阻 $R$ 的电压调节作用互相配合实现稳压的,值得注意的是,限流电阻 $R$ 除了起电压调整作用外,还起限流作用。如果稳压二极管不经限流电阻 $R$ 而直接并联在滤波电路的输出端,不仅没有稳压作用,还可能使稳压二极管中电流过大而损坏管子,所以稳压二极管稳压电路中必须串接限流电阻。

### 8.4.2 稳压电路元器件的选择

根据负载的要求,组成稳压电路时,主要是选择稳压二极管 $D_Z$ 和限流电阻 $R$。在选择元件时,应首先知道负载所要求的电压 $U_L$、负载电流 $I_L$ 的最小值 $I_{Lmin}$ 和最大值 $I_{Lmax}$、整流滤波后的电压 $U_C$ 的变化范围(电源电压波动范围)。

M8-10 稳压电路元器件选择/微课

由于稳压二极管与负载电阻 $R_L$ 并联,因此稳压二极管的稳定电压 $U_Z$ 应该等于负载电压 $U_L$。如果一只稳压二极管的稳定电压值不够,可用多只稳压二极管串联实现,即多只稳压二极管稳定电压 $U_Z$ 相加等于负载电压 $U_L$,稳压二极管的最大反向电流 $I_{Zmax}$ 应大于等于 2 倍的负载电流最大值 $I_{Lmax}$,即按下式选择稳压二极管。

$$U_Z = U_L, I_{Zmax} \geqslant 2I_{Lmax} \tag{8-7}$$

由于限流电阻 $R$ 上有压降,因此整流滤波后的电压 $U_C$ 应该大于负载电压 $U_L$。如果 $R$ 上电压降过小,电压调节作用范围受限,稳压效果差;如果 $R$ 上电压降过大,能量损失又偏大,一般按下面经验公式计算确定:

$$U_C = (2 \sim 3)U_L \tag{8-8}$$

限流电阻 $R$ 应满足两种极端情况:当整流滤波后的电压为最高值 $U_{Cmax}$(即交流电源电压最高),负载电流为最小值 $I_{Lmin}$ 时,流过稳压二极管的电流最大,但不应超过稳压二极管的最大反向电流,即

$$\frac{U_{Cmax} - U_Z}{R} - I_{Lmin} < I_{Zmax}$$

所以

$$R > \frac{U_{Cmax} - U_Z}{I_{Zmax} + I_{Lmin}}$$

当整流滤波后的输出电压为最小值 $U_{Cmin}$,负载电流为最大值 $I_{Lmax}$ 时,流过稳压二极管的电流最小,但必须大于稳压二极管的稳定电流 $I_Z$,使其工作于稳压区。即

$$\frac{U_{Cmin} - U_Z}{R} - I_{Lmax} > I_Z$$

所以

$$R<\frac{U_{C\min}-U_Z}{I_Z+I_{L\max}}$$

因此,限流电阻 $R$ 应根据下式计算选择:

$$\frac{U_{C\max}-U_Z}{I_{Z\max}+I_{L\min}}<R<\frac{U_{C\min}-U_Z}{I_Z+I_{L\max}} \tag{8-9}$$

限流电阻 $R$ 的额定功率 $P$ 一般按下式选择计算

$$P=(2\sim3)\frac{(U_{C\max}-U_Z)^2}{R} \tag{8-10}$$

**例 8-4**　某稳压电路如图 8-25 所示,负载电阻 $R_L$ 由开路变到 $2\mathrm{k}\Omega$,整流滤波后的电压 $U_C=30\mathrm{V}$,设 $U_C$ 的变化范围为 $+10\%$,负载电压 $U_L=10\mathrm{V}$,试选择稳压二极管和限流电阻 $R$。

**解:**负载电流最大值为

$$I_{L\max}=\frac{U_L}{R_L}=\frac{10}{2}=5\mathrm{mA}$$

负载电流最小值为

$$I_{L\min}=0$$

$$I_{Z\max}=2I_{L\max}=2\times5=10\mathrm{mA}$$

查附录 B,2CW18($U_Z=10\sim12\mathrm{V}$,$I_Z=5\mathrm{mA}$,$I_{Z\max}=20\mathrm{mA}$)符合要求。

因 $U_C$ 的变化范围为 $+10\%$,则

$$U_{C\max}=30\times1.1=33\mathrm{V},U_{C\min}=30\times0.9=27\mathrm{V}$$

根据式(8-9)有

$$\frac{33-10}{20+0}\mathrm{k}\Omega<R<\frac{27-10}{5+5}\mathrm{k}\Omega$$

即

$$1.15\mathrm{k}\Omega<R<1.7\mathrm{k}\Omega_{\circ}$$

选择系列电阻值:$R=1.5\mathrm{k}\Omega$

电阻 $R$ 的功率:

$$P=2.5\times\frac{(33-10)^2}{1.5\times10^3}=0.88\mathrm{W}$$

故选择 $R$:"$1.5\mathrm{k}\Omega$,$1\mathrm{W}$"的电阻。

在输出电压不需调节、负载电流比较小的情况下,硅稳压二极管稳压电路的效果最好。但是,这种稳压电路还存在两个缺点:首先,输出电压不可调,电压的稳定度也不够高;其次,受稳压二极管最大稳定电流的限制,负载取用电流不能太大。为了克服稳压二极管稳压电路的缺点,可采用串联型晶体管稳压电路。目前主要使用的是三端集成稳压器。

M8-11　滤波电路和
稳压电路/测试

## 8.5　三端集成稳压器

前面所介绍的是分立元件稳压二极管稳压电路,实际应用中常使用集成稳压器,即将功率调整管、取样电路以及基准电源、误差放大器、启动和保护电路等全部集成在一块芯片上,形成的一种串联型集成稳压电路。其因具有使用简单、价格便宜和稳压效果好等许多优点而得到广泛应用。

目前常见的集成稳压器引出脚为多端(引出脚多于 3 脚)和三端两种外部结构形式。下面主要介绍常用的三端集成稳压器。

### 8.5.1　三端集成稳压器的分类

目前常见的三端集成稳压器按性能和用途可分为以下四类。

1. 三端固定输出正稳压器和负稳压器

这里的三端是指电压输入端、电压输出端和公共接地端。国内广泛使用的主要有 W78××系列和 W79××系列,其中前者输出为正电压,后者输出为负电压。例如 W7805 即表示稳压输出为+5V,W7909 表示输出电压为−9V。

有时在数字 78 或 79 后面还带有一个 M 或 L,如 78M12 或 79L24,带 L 系列的最大输出电流为 100mA,带 M 系列的最大输出电流为 0.5A,无 M 和 L 系列最大输出电流为 1.5A。

W78××和 W79××系列,除输出电压前者为正、后者为负,引脚排列不同外,其命名方法、外形等均相同。

2. 三端可调输出正稳压器和负稳压器

这里的三端是指电压输入端、电压输出端(分正、负两种)和电压调整端。在电压调整端外接电位器后可对输出电压进行调节。其主要特点是使用灵活。

下面主要介绍三端固定式集成稳压器的原理及应用。

### 8.5.2　W78××系列三端集成稳压器

W78××系列三端固定式稳压器的外形如图 8-26 所示,它有输入端 1、输出端 2 和公共端 3 三个引脚。图 8-26(a)为金属封装,图 8-26(b)为塑料封装。

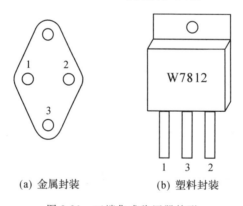

(a) 金属封装　　　　(b) 塑料封装

图 8-26　三端集成稳压器外形

W78××系列三端集成稳压器是一种串联调整型稳压器。它是由取样电路、比较放大电路、基准电压、调整电路、保护电路等基本部分组成。为了提高性能,其与分立元件稳压电路不同之处是增加了启动电路、基准电压电源,放大电路都接有恒流源。W78××系列三端集成稳压器输出固定正电压有 5V、9V、12V、15V、18V、24V 等多种。使用时,三端集成稳压器接在整流滤波电路之后,最高输入电压为 35V,为了具有良好的稳压效果,最小输入、输出电压差为 2~3V。

M8-12　三端集成稳压器应用电路/PDF

# 模块八任务实施

## 任务一　研究二极管单向导电性

场地：机房。

器材：万用表、各种二极管、电脑。

资讯：8.1 半导体二极管。

实施：

1. 识别下列二极管的类别，判断二极管的正负极，并进行质量判断。

二极管一般有两个管脚，标有色标（白色或黑色）的一端为二极管的负极，或者管脚较长的一端为正极。发光二极管管脚较长的一端为二极管的正极，金属片大的一端为负极。会判别它们的管脚，对电路的安装和检修很有用处。

（1）请同学们指出图 8-27 的二极管正、负极以及二极管的类别，并进行质量判断。

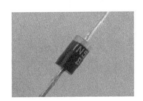

图 8-27　二极管的实物

（2）用万用表按要求测量下面二极管的电阻，并完成表 8-2。

表 8-2　二极管电阻的测量

| 外形图 | 类别 | 型号 | 挡位 | 正向电阻 | 反向电阻 | 结论 |
|---|---|---|---|---|---|---|
| | 普通二极管 | IN4007 | 模拟/数字挡位 | | | |
| | 开关二极管 | IN4148 | 模拟/数字挡位 | | | |
| | 发光二极管 | | 模拟/数字挡位 | | | |
| | 稳压二极管 | 2CW54 | 模拟/数字挡位 | | | |

提示：发光二极管发光状态的测量方法。利用具有 ×10kΩ 挡的指针式万用表可以大致判断发光二极管的好坏，正常时二极管正向电阻阻值为几十至 200kΩ，反向电阻的值为 ∞。这种检测方法，不能实质地看到发光管的发光情况，因为 ×10kΩ 挡万用表不能向 LED 提供较大正向电流。

2. 二极管的单向导电性。

训练 1：在 Multisim 中按图 8-28 要求搭建电路，注意判别二极管的极性，设置好元件性能与参数。按下仿真开关，闭合开关 S，观察灯泡的变化情况，理解二极管的单向导电性。

仿真验证：图 8-28（a）中，开关闭合时，小灯泡_____，因为_____；图 8-28（b）中，开关闭合时，小灯泡_____，因为_____。

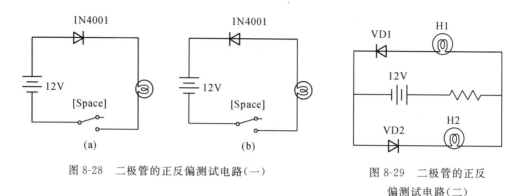

图 8-28 二极管的正反偏测试电路(一)

图 8-29 二极管的正反偏测试电路(二)

训练 2:在 Multisim 中按图 8-29 要求搭建电路仿真验证:$D_1$ 处于_____状态,灯泡 $H_1$ _____。$D_2$ 处于_____状态,灯泡 $H_2$ _____。通过观察以上实验证实二极管具有_____。

3.二极管组成的限幅电路。

在 Multisim 中按图 8-30 搭建电路,注意判别二极管的极性,设置好元件性能与参数。连接上示波器,按下仿真开关,观察示波器的波形变化情况,画出输入输出的波形图。分析两个电路的波形有何区别,理解限幅电路的特点。

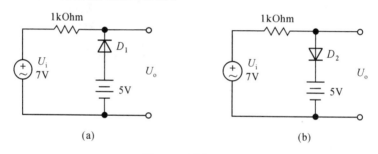

图 8-30 限幅电路

## 任务二 研究整流、滤波和稳压电路

场地:机房。

器材:电脑和电路仿真软件。

资讯:8.2 单相整流电路,8.3 滤波电路,8.4 稳压二极管稳压电路。

实施:

搭建电路,在 Multisim 仿真平台上搭建如图 8-31 所示电路,设置好元器件性质与参数。

1.测量仿真结果

调节电路中的开关 K、Q 的状态,使电路分别成为单相桥式整流电路、单相桥式整流电容滤波电路、单相桥式整流电容滤波加稳压二极管的稳压电路。分别进行以下项目:

(1)测量输出电压$U'_o$。用直流电压表测量输出电压平均值,记入表 8-3"测量值"列。

(2)将用示波器测出的输出电压波形图,绘入表 8-3"波形图"列。

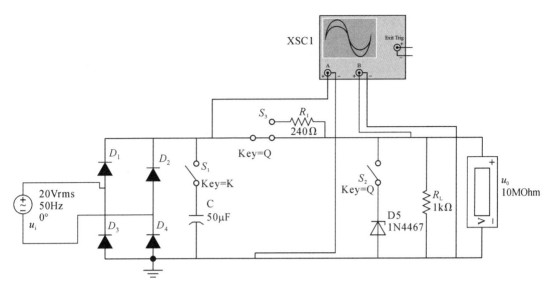

图 8-31 整流、滤波和稳压电路

2.计算

(1)利用所学整流、滤波和稳压电路输出电压的计算式,计算输出电压 $U_o$,填入表 8-3"理论值"列;

(2)计算输出电压的测量值 $U'_o$ 与理论值 $U_2$ 之间的倍数关系,填入表 8-3"倍数关系"列;

(3)计算测量值 $U'_o$ 与理论值 $U_o$ 之间的百分误差,填入表 8-3"百分误差"列。

表 8-3　整流电路测量

| 电路 | 理论值 | 测量值 | 倍数关系(测量值 $U'_o$ 与输入之间 $U_2$ 的比值) | 百分误差(测量值与理论值之间) | 波形图(输出电压 $U_o$) |
|---|---|---|---|---|---|
| | 输出电压 $U_o$ | 输出电压 $U'_o$ | | | |
| 桥式整流电路 | | | | | |
| 桥式整流＋C 滤波 | | | | | |
| 桥式整流＋C 滤波＋稳压二极管稳压 | | | | | |

3.结果分析

(1)对比输出电压的测量值与理论值,分析误差产生的原因。

(2)观察仿真时输出电压的波形,对比理论波形,分析不一样的原因。

(3)示波器的接地端有时可以省略不接,但此电路必须接在负载的"一"端,否则显示波形不正确,分析原因。

(4)以上电路仿真过程时,还有哪些要注意的事项? 哪些发现?

# 模块八小结

1.P 型半导体和 N 型半导体

在纯净半导体中掺入三价杂质元素,便形成 P 型半导体,此类半导体,空穴为多子,而电子为少子。

在纯净半导体中掺入五价杂质元素,便形成 N 型半导体,此类半导体,电子为多子、而空穴为少子。

2.PN 结具有单向导电性

P 极接正、N 极接负时(称正偏),PN 结正向导通;P 极接负、N 极接正时(称反偏),PN 结反向截止。

3.二极管

二极管由一个 PN 结组成,所以具有单向导电性。正偏时导通,呈小电阻、大电流;反偏时截止,呈大电阻、零电流。其死区电压:硅管约 0.5V,锗管约 0.1V。其导通压降:硅管约 0.7V,锗管约 0.2V。

4.稳压管

(1)加正向电压时,相当于正向导通的二极管(压降为 0.7V)。

(2)加反向电压时截止,相当于断开;加反向电压并击穿(即满足 $U > U_Z$)时便稳压为 $U_Z$。

5.整流电路

单相半波整流电路的主要特点是:(1)输出电压的直流分量较小,脉动大,$U_o = 0.45U_2$。(2)二极管所承受的最大反向电压为变压器副边电压的峰值,即 $U_m = \sqrt{2}U_{2m}$。

单相桥式整流电路的主要特点是:(1)输出电压的直流分量较大,脉动性较半波整流小,$U_o = 0.9U_2$。(2)二极管所承受的最大反向电压为变压器副边电压峰值,即 $U_m = \sqrt{2}U_{2m}$。

6.滤波电路

电容滤波电路是利用电容器两端的电压不能突变的特点,把电容器与负载并联起来,以达到使输出电压平稳的目的。

电感滤波电路是利用电感器中的电流不能突变的特点,把电感器与负载串联起来,以达到使输出电流平滑的目的。

7.稳压电路

稳压二极管稳压电路中,稳压二极管与负载并联,在输入电压 $u_i$ 与负载 $R_L$ 之间串联一个起调节作用的限流电阻 $R$,该电阻同时起限流保护稳压二极管的作用。

# 思考与习题八

8-1 若 PN 结处于反向偏置,耗尽区的宽度是增加还是减少?为什么?

8-2 比较硅、锗两种二极管的性能。在工程实践中,为什么硅二极管应用得较普遍?

8-3 当输入直流电压波动或外接负载电阻变动时,稳压管稳压电路的输出电压能否保持稳定?若能保持稳定,这种稳定是否是绝对的?

8-4 二极管电路如图 8-32 所示,试判断图中的二极管是导通还是截止,并求出 AO 两端电压 $U_{AO}$(设二极管是理想的)。

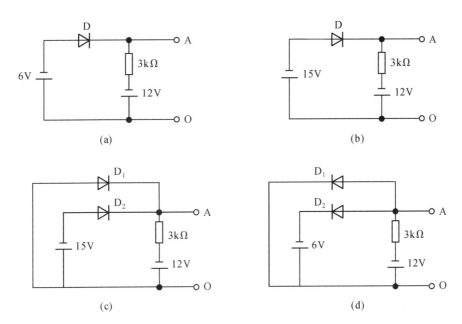

图 8-32  题 8-4 图

8-5  电路如图 8-33(a)和(b)所示,已知输入电压 $u_i = 5\sin\omega t(\text{V})$,二极管导通电压 $U_D = 0.7\text{V}$。试画出输出电压 $U_o$ 波形(设二极管是理想的)。

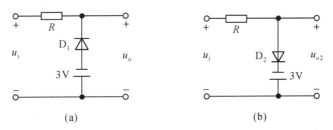

图 8-33  题 8-5 图

8-6  电路如图 8-34(a)所示,其输入电压 $u_{i1}$ 和 $u_{i2}$ 的波形如图 8-41(b)所示,二极管导通电压 $U_D = 0.7\text{V}$。试画出输出电压 $u_o$ 的波形,并标出幅值。

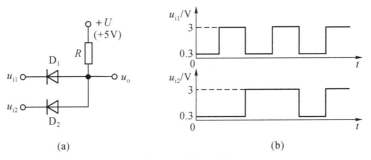

图 8-34  题 8-6 图

8-7  有两个稳压二极管 $D_{Z1}$ 和 $D_{Z2}$,其稳定电压分别为 5.5V 和 8.5V,正向压降都是 0.5V。如果要得到 0.5V、3V、6V、9V 和 14V 几种稳压值,这两个稳压管(还有限流电阻)应如何连接? 分别画出电路图。

8-8 在图 8-13 所示的单相桥式整流电路中,如果(1)$D_3$ 接反;(2)因过电压 $D_3$ 被击穿短路;(3)$D_3$ 断开,试分别画图并说明其后果如何?

8-9 有一电压为 110V、电阻为 55Ω 的直流负载,分别采用以下几种整流电路(不带电容滤波)供电,分别求变压器二次绕组电压,并选用二极管;且进行比较。

(1)半波整流 (2)桥式整流 (3)全波整流(变压器中心抽头)

8-10 今要求负载电压 $U_0 = 30V$,电流 $I_0 = 150mA$,采用单相桥式整流电路,带电容滤波。已知交流电源频率为 50Hz,试设计电路图,计算负载电阻,选用整流管型号和滤波电容。

8-11 在图 8-35 所示的稳压二极管稳压电路中,$U_C = 15V$,$C = 100\mu F$,稳压二极管的稳定电压 $U_Z = 5V$,负载电流 $I_L$ 为 0~15mA,交流电源电压有 ±5% 变化,$I_{Zmax} = 30mA$,试估算使 $I_Z$ 不小于 5mA 时,所需的限流电阻 $R$ 应多大?

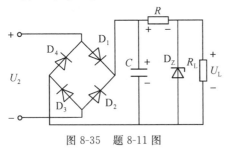 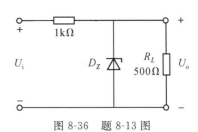

图 8-35 题 8-11 图  图 8-36 题 8-13 图

8-12 在稳压电路中,已知整流滤波电路的输出电压 $U_c = 25V$,波动范围为 +10% 到 -5%,负载电压 $U_L = 10V$,负载电流 $I_L = (0 \sim 10)mA$。试画电路图,选择稳压二极管 $D_Z$ 及限流电阻 $R$。

8-13 如图 8-36 所示电路中稳压管(2CW14)的稳定电压 $U_Z = 6V$,最小稳定电流 $I_{Zmin} = 10mA$,最大稳定电流 $I_{Zmax} = 33mA$。

(1)分别计算 $U_1$ 为 10V、15V、35V 时输出电压 $U_0$ 的值;

(2)若 $U_i = 50V$ 时负载开路,则会出现什么现象?为什么?

8-14 如图 8-37 为某稳压电源电路,试问:(1)输出电压 $U_0$ 的大小与极性如何?(2)电容 $C_1$ 和 $C_2$ 的极性如何?它们的耐压应选多高?(3)负载电阻 $R_L$ 的最小值约为多少?(4)如将稳压二极管 $D_Z$ 接反,后果如何?

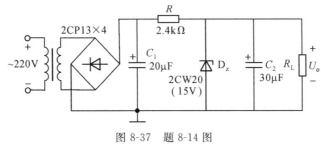

图 8-37 题 8-14 图

# 模块九 晶体管及其放大电路

**典型问题**

你知道手机、电视机从接收到信号到我们能听到、看到,要经过哪几个环节吗?

在日常生活或工业控制中,为了使一个很弱的电信号变成一个较强的电信号,我们通常就需要用到晶体管电压放大电路;有时某个放大电路虽然没有电压放大作用,但有较强的带负载能力。那么这些电路结构是怎么样的? 工作原理如何?

现有一个幅度为1mV的正弦交流信号需要放大成幅度为2V的正弦交流信号,应如何实现呢?

**能力目标**

1.了解晶体管的结构、分类和符号;掌握晶体管的电流放大作用及其条件;了解输入与输出特性曲线。

2.掌握共射基本放大电路、分压式偏置放大电路以及射极输出器电路的静态工作点、电压放大倍数、输入电阻和输出电阻的分析计算,并能利用仿真软件进行仿真测试。

3.了解多级放大电路的工作原理;掌握利用仿真软件对多级放大电路进行测试的方法。

4.了解几种常用的功率放大电路的工作原理和应用。

**实验研究任务**

任务一 晶体管直流电流放大倍数与输出特性研究

任务二 共射基本放大电路静态工作点、动态参数的测量及失真观察

任务三 多级放大电路电压放大倍数测量与功能分析

## 9.1 晶体管

晶体管原来是所有半导体器件的总称,因半导体材料硅、锗等成晶体状而得名,包括半导体二极管、三极管、场效应管等。但现在若无特殊说明,一般是指半导体三极管,其具有电流放大作用,是一种电流控制电流的半导体器件,既可用于把微弱电信号放大成幅度值较大的电信号,也可用作无触点开关。

如图 9-1 所示为晶体管常用的几种封装外形,TO(Transistor Out-line)的中文意思是“晶体管外形”。同样的封装形式,可以是不同型号、不同功能的晶体管,如开关晶体管 3DD13001

(NPN)、电源晶体管 13001(NPN)、功率晶体管 2N2222(NPN)、大功率管 MJ10002、场效应晶体管 30F124 等。

TO-247    TO-220    SuperTO-220/247    To-252/D-PAK    TO-263/D2PAK

图 9-1　常见晶体管外形

### 9.1.1　晶体管的基本结构与分类

**1.结构及符号**

晶体管的结构,最常见的有平面型和合金型,如图 9-2 所示。图 9-2(a)为平面型(主要是硅管),图 9-2(b)为合金型(主要是锗管)。

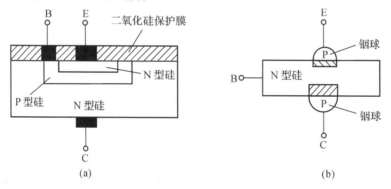

(a)               (b)

图 9-2　晶体管基本结构

晶体管是在一块半导体基片上分别制成 N、P、N 相间隔或 P、N、P 相间隔的三个区,中间为基区,两边为发射区、集电区。形成两个 PN 结,在发射区与基区之间的 PN 结叫发射结,在集电区与基区之间的 PN 结叫集电结。在三个区分别引出三个极,就是发射极 E、基极 B 和集电极 C。晶体管的结构示意及符号如图 9-3 所示,符号中箭头方向就是发射结正向电流方向。

晶体管的三个区在结构和杂质浓度上具有以下特点:

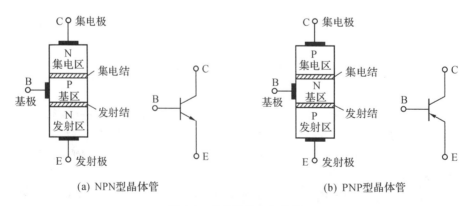

(a) NPN型晶体管             (b) PNP型晶体管

图 9-3　晶体管结构与符号

（1）基区在中间，做得非常薄，且掺杂浓度很低，有利于发射区的多数载流子穿过基区向集电区移动，形成电流。

（2）两端为发射区和集电区，虽为同一性质的掺杂半导体，但发射区掺杂浓度高，发射结的面积较小，便于发射电子。

（3）集电区掺杂浓度低，且面积宽大，以便于收集电子。

2.晶体管分类

晶体管的种类很多，下面按用途、频率、功率、材料、结构工艺、安装方式等进行分类。

（1）按型号不同分有 NPN 型和 PNP 型。一般锗晶体管多为 NPN 型，硅晶体管多为 PNP 型。

（2）按功率分有大功率管（$P_c > 1W$）、中功率管（$P_c$ 为 $0.5 \sim 1W$）和小功率管（$P_c < 0.5W$）。

（3）按工作频率分有高频管（$f > 3MHz$）和低频管（$f < 3MHz$）两大类。

（4）按所用半导体材料分有锗晶体管和硅晶体管，另外还有一些利用化合物如砷化镓组成的晶体管。

（5）按结构工艺分有合金管和平面管。

（6）按用途分有开关管、功率管、达林顿管、光敏管等。

（7）按安装方式分有插件晶体管、贴片晶体管等。

### 9.1.2　晶体管的电流放大作用

晶体管的主要作用是电流放大，从而实现信号电压的放大。那晶体管是如何进行电流放大的呢？

图 9-4 是 NPN 型晶体管的实验电路，图中的 $E_B$ 是基极电源，使晶体管的发射结处在正向偏置的状态。$E_C$ 是集电极电源，主要作用是提供电能，且使晶体管的集电结处在反向偏置的状态，一般 $E_C$ 电压应高于 $E_B$ 电压。图中 $R_b$ 是基极偏置电阻，$R_c$ 是集电极偏置电阻。

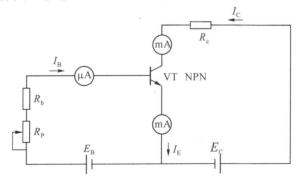

图 9-4　晶体管电流分配实验

当电路接通后，流过晶体管各极的电流共有三个，即基极电流 $I_B$、集电极电流 $I_C$、发射极电流 $I_E$。调节电位器 $R_P$ 的阻值，就可以调整基极电流 $I_B$，对应产生不同的集电极电流和发射极电流，记录相应数据并填入表 9-1。

表 9-1　晶体管三个电极上的电流分配

| $I_B/mA$ | 0 | 0.01 | 0.02 | 0.03 | 0.04 | 0.05 |
|---|---|---|---|---|---|---|
| $I_C/mA$ | 0.001 | 0.50 | 1.00 | 1.60 | 2.20 | 2.90 |
| $I_E/mA$ | 0.001 | 0.51 | 1.02 | 1.63 | 2.24 | 2.95 |
| $I_C/I_B$ | | 50 | 50 | 53 | 55 | 58 |
| $\Delta I_C/\Delta I_B$ | | 50 | 60 | 60 | 70 | |

分析上述实验数据,可以得出如下结论:

(1)$I_E = I_C + I_B \approx I_C$,即晶体管的发射极电流等于集电极电流和基极电流之和,且基极电流很小。

(2)$I_C/I_B = \bar{\beta}$,集电极电流与基极电流之比称为直流电流放大倍数,其为一基本确定的值,一般为几十到几百,不同型号的晶体管$\bar{\beta}$不相同。

(3)$\Delta I_C/\Delta I_B = \beta$,集电极电流变化量与基极电流变化量之比称为交流电流放大倍数,数值为几十到几百,说明基极较小的电流变化,可以引起集电极较大的电流变化。也就是说,基极电流对集电极电流具有小量控制大量的作用,这就是晶体管的电流放大作用(实质是控制作用)。在粗略计算中,可以认为$\beta \approx \bar{\beta}$。

### 9.1.3　晶体管的特性曲线

为了具体分析晶体管各极之间的电压和电流之间的关系,我们采用伏安特性曲线进行直观的描述。晶体管的伏安特性曲线主要有输入特性曲线和输出特性曲线两种。

1. 输入特性曲线

输入特性是指在一定的条件下,加在晶体管基极与发射极之间的电压$U_{BE}$和它产生的基极电流$I_B$之间的关系。其测试电路如图 9-5 所示。

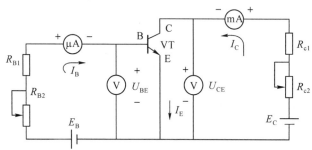

图 9-5　输入输出特性测试电路

改变$R_{P2}$可改变$U_{CE}$,当$U_{CE}$一定后,改变$R_{P1}$可得到不同的$I_B$和$U_{BE}$。晶体管的输入特性曲线如图 9-6 所示。

从图 9-6 中我们可以看出晶体管的输入特性曲线与二极管的正向特性曲线十分相似。当$U_{BE}$大于导通电压时,晶体管才出现明显的基极电流,这个导通电压是硅管约为 0.7V,锗管约为 0.2V,而且要使晶体管工作在放大状态,还必须满足$U_{CE} > 1V$的条件。

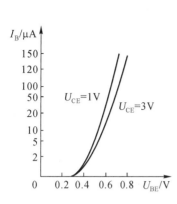

图 9-6　晶体管输入特性曲线

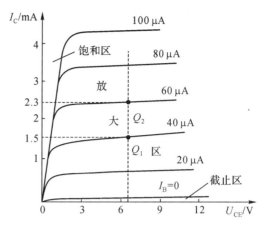

图 9-7　晶体管输出特性曲线

2.输出特性曲线

输出特性是指在 $I_B$ 一定的条件下,集电极与发射极之间的电压 $U_{CE}$ 与集电极电流 $I_C$ 之间的关系。其测试电路如图 9-5 所示。

测试时,先调节 $R_{P1}$,使 $I_B$ 为一定值,然后再调节 $R_{P2}$ 得到不同的 $U_{CE}$ 和 $I_C$ 值。晶体管的输出特性曲线如图 9-7 所示。

晶体管的输出特性曲线可以分为三个工作区域:

(1)放大区:指输出特性曲线之间间距接近相等,且互相平行的区域。此时晶体管发射结正偏,集电结反偏,晶体管处于放大状态。对于 NPN 管来说,发射极正偏即基极电位 $V_B$ 大于发射极电位 $V_E$,集电结反偏就是集电极电位 $V_C$ 大于基极电位 $V_B$,即 $V_C > V_B > V_E$;对于 PNP 管则刚好相反,即 $V_E > V_B > V_C$。

(2)饱和区:指每一条输出特性曲线靠左边弯曲部分到互相重合的下部直线部分的区域。此时晶体管发射结、集电结均正偏,晶体管处于饱和状态。两种型号的晶体管饱和时的电位关系:NPN 管,$V_B > V_E$,$V_B > V_C$;PNP 管,$V_E > V_B$,$V_C > V_B$。晶体管在饱和状态时 $I_B$、$I_C$ 电流都很大,但管压降 $U_{CE}$ 却很小,$U_{CE} \approx 0$。这时晶体管的 C、E 极相当于短路,可看成是一个开关的闭合。晶体管的饱和压降,一般在估算小功率管时,对硅管可取 0.3V,对锗管取 0.1V。

(3)截止区:指在输出特性曲线 $I_B = 0$ 以下的区域。此时晶体管发射结反偏或零偏,集电结反偏,晶体管处于截止状态。由于两个 PN 结都反偏,使晶体管的电流很小,$I_B \approx 0$,$I_C \approx 0$,而管压降 $U_{CE}$ 却很大。这时的晶体管 C、E 极相当于开路,可以看成是一个开关的断开。

### 9.1.4　晶体管的主要参数

1.共射极电流放大系数

共射极电流放大系数是指晶体管接成共射放大状态时,集电极输出电流的变化量 $\Delta I_C$ 与基极输入电流的变化量 $\Delta I_B$ 之比,用 $\beta$ 表示。选用管子时,$\beta$ 值应恰当,一般说来,如果 $\beta$ 太小,电流放大作用差,$\beta$ 值太大则管子工作稳定性差。

2.极间反向饱和电流

(1)集电极-基极反向饱和电流 $I_{CBO}$:当发射极开路($I_E = 0$)时,基极和集电极之间加上规定的反向电压时的集电极反向电流。$I_{CBO}$只与温度有关,且在一定温度下是个常数。良好的晶体管,$I_{CBO}$很小。小功率锗管的$I_{CBO}$约为$1\sim10$mA,大功率锗管的$I_{CBO}$可达数毫安,而硅管的$I_{CBO}$则非常小,是毫微安级。

(2)集电极-发射极反向饱和电流$I_{CEO}$(穿透电流):当基极开路($I_B=0$)时,集电极和发射极之间加上规定反向电压时的电流。$I_{CEO}$大约是$I_{CBO}$的$\beta$倍,即$I_{CEO}=(1+\beta)I_{CBO}$,$I_{CEO}$和$I_{CBO}$受温度影响极大,它们是衡量管子热稳定性的重要参数,其值越小,性能越稳定,小功率锗管的$I_{CEO}$比硅管大。

3.极限参数

(1)集电极最大允许电流$I_{Cm}$:当$I_C$过大时,电流放大系数$\beta$将下降。在技术上规定,$\beta$值下降到正常值的2/3时的集电极电流称集电极最大允许电流。

(2)反向击穿电压:$U_{(BR)CEO}$是当基极开路时,集电极与发射极之间所能承受的最高反向电压;$U_{(BR)CBO}$是当发射极开路时,集电极与基极之间所能承受的最高反向电压;$U_{(BR)EBO}$是当集电极开路时,发射极与基极之间所能承受的最高反向电压。

(3)集电极最大允许耗散功率$P_{CM}$:在晶体管因温度升高而引起的参数变化不超过允许值时,集电极所消耗的最大功率称集电极最大允许耗散功率。

晶体管应工作在最大损耗$P_{CM}$曲线下面的安全工作区,如图9-8所示。

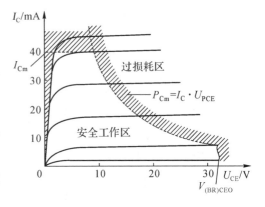

图9-8  晶体管最大损耗曲线

## 9.1.5  晶体管的简易测试

1.管型和基极的判别方法

如图9-9所示,可以把晶体管看成是两个二极管来分析,用指针式万用表电阻量程$R\times100$或$R\times1k$挡来测量。将红表棒接任一管脚,将黑表棒分别接另外两个管脚,测量两个电阻值。若两个电阻值都较小时,红表棒所接的为PNP管的基极,如图9-9(a)所示;若两个电阻值中有一个较大,可将红表棒另接一只管脚再试,直到两个管脚测出的电阻均较小为止,若测得的电阻均较大,红表棒所接的管脚为NPN型的基极。

如用黑表棒接一个管脚,红表棒接另外两个管脚,当测量得到两个电阻值均较小时,黑表棒所接的为NPN型的基极,如图9-9(b)所示;若两个阻值均较大时,则黑表棒所接的为PNP型的基极。

2.判别集电极的方法

利用晶体管正向电流放大系数比反向电流放大系数大的原理确定集电极。用万用表的电阻量程$R\times100$或$R\times1k$挡,把万用表的两根表棒分别接到管子的另外两个管脚上,用嘴含住管子的基极与假定的集电极,如图9-9(c)所示,利用人体实现偏置,测读万用表的电阻值或指针偏摆的幅度;然后对调两极表棒,同样测读电阻值或指针偏摆的幅度,比较两次读数的大小。对PNP型管,电阻小的(偏摆幅度大的)一次红表棒所接的为集电极;对NPN型,电阻小的(偏摆幅度大的)一次黑表棒所接的为集电极。基极和集电集判定后,剩下的一个就是发射极了。

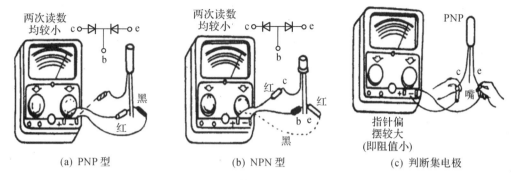

(a) PNP 型　　　　　(b) NPN 型　　　　　(c) 判断集电极

图 9-9　晶体管管脚简易判别

3.高频晶体管和低频晶体管的简易判别

比较正反向电流放大系数,其方法与判别晶体管集电极方法相同,因为低频管的反向电流放大系数比正向电流放大系数小得多,因此在测量反向电流放大系数时,如万用表指针仍然偏摆,则该管为低频管。而高频管的反向电流放大系数比正向电流放大系数大得多,因此万用表测量反向电流放大系数时,万用表指针基本上不偏摆,此时该管为高频管。

4.晶体管性能简明测试方法

(1)穿透电流 $I_{CEO}$

用万用表电阻量程 R×100 或 R×1k 挡测量集电极—发射极反向电阻。如图 9-10(a)所示,若测得的电阻值越大,说明 $I_{CEO}$ 越小,则晶体管性能越稳定。一般硅管比锗管阻值大,高频管比低频管阻值大,小功率管比大功率管阻值大。

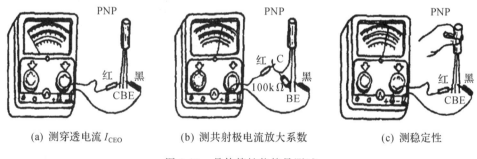

(a) 测穿透电流 $I_{CEO}$　　　(b) 测共射极电流放大系数　　　(c) 测稳定性

图 9-10　晶体管性能简易测试

(2)共射极电流放大系数

在基极与集电极间接入一只 100kΩ 的电阻,如图 9-10(b)所示,此时晶体管的集电极与发射极之间导通,即万用表指针偏摆,偏摆越大则放大系数越大。

(3)晶体管的稳定性能

在判断 $I_{CEO}$ 同时,用手捏住管子,如图 9-10(c)所示,管子受人体湿度的影响,集电极与发射极反向电阻将有所减小,若指针偏摆较大,或者说反向电阻值迅速减小,则管子的稳定性较差。

M9-1　晶体管的　　　　M9-2　有关晶体管　　　M9-3　部分晶体管
发明/PDF　　　　　　　内容/测试　　　　　　型号介绍/PDF

## 9.2　基本放大电路

在生产和科研中,经常需要将微弱的电信号(电压、电流或电功率)进行放大,以便有效地进行观察、测量、控制或调节。例如在温度测控系统中,经常用热电偶或热电阻把温度的变化,转换成与其成比例变化的微弱电信号,这样的电信号不能直接驱动显示器(如电压表或电流表等)显示温度的变化,也不能直接推动控制元件接通或切断加热电路。而要使这样微弱的信号幅度达到需要值的中间变换电路,其中之一就是用晶体管构成的放大电路。又如收音机和电视接收机,它们自天线收到的包含声音和图像信息的微弱信号,只有通过晶体管或运算放大器组成的放大电路放大后,才能推动扬声器和显像管工作。因此,放大电路是电子电路中普遍应用的基本单元。

### 9.2.1　放大电路的组成

如图 9-11 所示是一个共发射极基本放大电路,发射极作为输入与输出的公共端。输入端接需要放大的信号(通常可用一个理想电压源 $U_S$ 和电阻 $R_S$ 串联表示),它可以是收音机自天线接收到的包含声音信息的微弱电信号,也可以是某种传感器根据被测物理量转换成的微弱

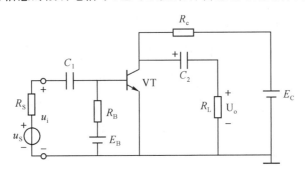

图 9-11　共发射极基本放大电路

电信号。对放大器来说,能放大的是净输入信号 $u_i$(信号源 $u_S$ 输出值),放大器输出端接负载电阻 $R_L$,输出电压为 $U_o$。

1.放大电路的组成及各元件作用

(1)晶体管 VT

晶体管是放大电路的核心,起电流放大作用,通过集电极电阻 $R_C$,转换为电压放大作用。

(2)基极电源 $E_B$ 和基极电阻 $R_B$

其作用是使晶体管的发射极处于正向偏置,并提供适当的静态基极电流 $I_B$,以保证晶体管工作于放大处,并有合适的工作点。$R_B$ 的值一般为几十千欧到几百千欧。

（3）集电极电源 $E_C$ 和集电极电阻 $R_C$

$E_C$ 的作用：一是向负载提供能源；二是与电阻 $R_C$ 配合使集电结反偏且电压合适。$E_C$ 对小信号放大器一般为几伏到几十伏。

$R_C$ 可以是一个实际电阻，也可以是继电器或发光二极管等器件。当它是一个实际电阻时其作用主要是将集电极的电流变化转换成集电极的电位变化，以实现电压放大，$R_C$ 的值一般为几千欧到几十千欧。当它是继电器或发光二极管等器件时，作为直流负载，同时也是执行元件或能量转换元件。

（4）耦合电容 $C_1$ 和 $C_2$

它们分别接在放大电路的输入端和输出端，起"隔直通交"作用。$C_1$ 保证直流电源不会对信号源产生干扰，又能使信号传到晶体管的输入端。$C_2$ 保证负载 $R_L$ 上只有被放大的信号，不被直流电源 $E_C$ 干扰。

$C_1$、$C_2$ 的容量应足够大，以保证在一定的频率范围内，电容上的交流压降可以忽略不计，即对交流信号可视为短路，一般为几微法至几十微法。因为容量大，通常采用电解电容，连接时注意极性，正极接高电位，负极接低电位。同时，还要注意其耐压要高于接入处可能出现的最高电压。

在实际放大电路中，常采用单电源供电，如图 9-12(a) 所示。只要基极电阻 $R_B$ 适当，可保证晶体管发射结正偏，且产生合适的基极电流 $I_B$。这样可以节省一个电源，减少成本，减小体积。

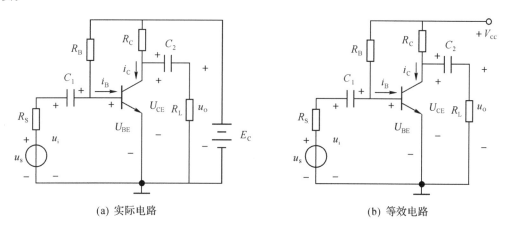

(a) 实际电路　　　　(b) 等效电路

图 9-12　共射放大电路实际电路及其等效电路

在进行分析计算时，还可以将电路简画，如图 9-12(b) 所示。$+V_{CC}$ 代表对地电位，即高出接地端的电压数值。

2.放大器中电流及电压符号使用规定

电路中的电压、电流都是由直流成分和交流成分叠加而成的。对直流分量和交流分量，做如下规定：

（1）用大写字母带大写下标表示直流分量，如 $I_B$。

（2）用小写字母带小写下标表示交流分量，如 $i_b$。

（3）用小写字母带大写下标表示直流分量与交流分量的叠加，如 $i_B$。

（4）用大写字母带小写下标表示交流分量的有效值，如 $I_b$。

### 9.2.2 共射基本放大电路静态分析

1.电压放大工作原理

对晶体管来说，能放大的是净输入信号，因此，在进行电路分析时，常只标出净输入信号 $u_i$；由于负载 $R_L$ 大小要变化且有时开路，因此，在进行直流通路分析和电路本身的电压放大倍数分析时，负载也可以不画，如图 9-13 所示。

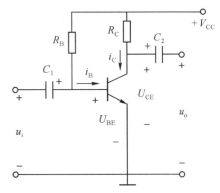

图 9-13 共发射极基本放大电路

根据图 9-13 分析，交流信号 $U_i$ 叠加在直流 $U_{BE}$ 上后，将产生基极电流 $i_B(i_B=i_b+I_B)$，经晶体管放大后，在集电极电流产生放大了的电流 $i_C(i_C=i_c+I_C)$，并在集电极电阻上产生了压降，使放大器的输出电压 $U_{CE}=V_{CC}-i_CR_C$。通过 $C_2$ 耦合，隔断直流，在负载电阻 $R_L$ 上输出放大了的信号电压 $u_o$。只要电路参数能使晶体管工作在放大区，则 $u_o$ 的变化幅度将比 $u_i$ 的变化幅度大很多倍。

上述放大过程可表示为 $u_i \to u_{BE} \to i_B \to i_C \to u_{CE} \to u_o$。当在放大器输入端输入正弦电压信号 $U_i$ 后晶体管各极电流电压波形如图 9-14 所示。

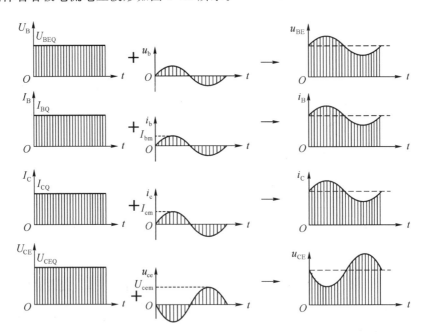

图 9-14 放大电路输入、输出波形

由于输出电压与输入电压相位相反，我们又称这种共发射极的单管放大电路为反相放大器。

从上面的分析过程可以看出，要放大交流信号 $U_i$，晶体管发射结要有合适的直流电压 $U_{BE}$，合适的直流电流 $I_{BE}$，和合适的输出电流 $I_C$。

2. 静态工作点

在共发射极基本放大电路图 9-13 中,将把放大器的输入信号短路(即 $u_i = 0$),只有直流供电的工作状态称为静态,电路图如图 9-15 所示。

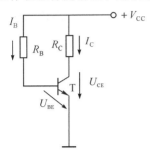

图 9-15　直流通路

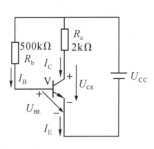

图 9-16.　例 9-1 图

M9-4　共射极放大电路静态分析/微课

此时,晶体管直流电压 $U_{BE}$、$U_{CE}$ 和对应的 $I_B$、$I_C$ 统称为静态工作点 $Q$,常分别记作 $U_{BEQ}$、$I_{BQ}$、$U_{CEQ}$ 和 $I_{CQ}$,简写为 $U_{BE}$、$I_B$、$U_{CE}$、$I_C$。分析直流通路图 9-15 可得

$$I_B = \frac{V_{CC} - U_{BE}}{R_B} \tag{9-1}$$

$$I_C = \beta I_B \tag{9-2}$$

$$U_{CE} = V_{CC} - I_C R_C \tag{9-3}$$

式(9-1)中,$U_{BE}$:硅管一般为 $0.6 \sim 0.8 V$,锗管为 $0.1 \sim 0.3 V$。

扫描二维码,学习相关内容。M9-?:共射基本放大电路静态工作点分析。

**例 9-1**　如图 9-16 所示的放大器的直流通路中,$V_{CC} = 12 V$,晶体管 $\beta = 100$,其余元件参数见图 9-16,估算静态工作点。

**解:**

$$I_B = \frac{V_{CC} - U_{BE}}{R_B} \doteq \frac{V_{CC}}{R_B} = \frac{12 - 0.7}{500 \times 10^3} = 0.023 mA = 23 \mu A$$

$$I_C = \beta I_B = 100 \times 0.023 = 2.3 mA$$

$$U_{CE} = V_{CC} - I_C R_C = 12 - 2.3 \times 2 = 7.4 V$$

### 9.2.3　共射基本放大电路动态分析

在共发射极基本放大电路图 9-11 中,去掉直流电源,只有交流信号的工作状态称为动态。动态时,电容器相当于短接,直流电源也相当于短接,等效电路如图 9-17 所示。

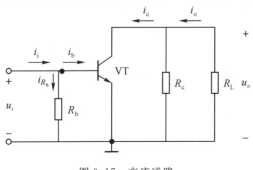

图 9-17　交流通路

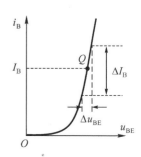

图 9-18　$Q$ 点附近的 $I$-$U$ 关系

**1. 交流微变等效电路**

放大电路在合适的静态工作点 $Q$ 下,输入小信号时,发射结的 $V\text{-}A$ 关系近似为线性,如图 9-18 中 $Q$ 点附近的 $V\text{-}A$ 关系。因此,从输入端看进去可以将发射结等效为一个电阻 $r_{be}$。

当晶体管基极输入电流 $i_b$ 确定时,集电极输出电路 $i_c$ 基本确定。因此,晶体管输出端相当于一个受 $i_b$ 控制的电流源:

$$i_c = \beta i_b$$

而输出端阻值:

$$r_{ce} = \frac{\Delta u_{CE}}{\Delta i_C}\bigg|_{I_B} = \frac{u_{ce}}{i_c}\bigg|_{I_B}$$

很高,几十千欧至几百千欧,可忽略。

因此,晶体管在放大小信号时,可以等效为如图 9-19(b)所示电路,即微变等效电路。

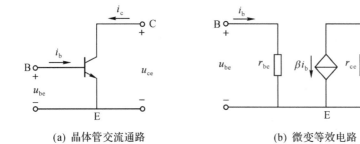

(a) 晶体管交流通路　　　　　　(b) 微变等效电路

M9-5　晶体管微变
等效电路/微课

图 9-19　晶体管微变等效电路

**2. 共射基本放大电路的估算法**

**(1)输入电阻 $r_{be}$ 的估算**

晶体管基极和发射极之间存在一个等效电阻,称为晶体管的输入电阻,用 $r_{be}$ 表示。在低频小信号时,用下式估算:

$$r_{be} = 300 + \frac{26\text{mV}}{I_B} = 300 + (1+\beta)\frac{26\text{mV}}{I_E} \tag{9-4}$$

放大器的输入电阻 $r_i$ 是从放大器输入端(不包括信号源电阻)看进去的交流等效电阻,即

$$r_i = R_b \mathbin{/\mkern-5mu/} r_{be} \doteq r_{be} \tag{9-5}$$

上式,$R_b \gg r_{be}$。

**(2)放大器的输出电阻 $r_o$**

$r_o$ 是从放大器输出端(不包括外接负载电阻)看进去的交流等效电阻。由于晶体管的动态电阻 $r_{ce}$ 很大,所以放大电路的输出电阻近似等于集电极电阻,即

$$r_o \approx R_c \tag{9-6}$$

**(3)放大器放大倍数**

当放大器输出端外接负载电阻 $R_L$ 时,等效负载电阻 $R'_L = R_c \mathbin{/\mkern-5mu/} R_L$,输出 $u_o = -i_c R'_L$,因此:

$$A_u = \frac{u_o}{u_i} = \frac{-\beta i_b R'_L}{i_b r_{be}} = -\beta \frac{R'_L}{r_{be}} \tag{9-7}$$

式中负号表示输出电压 $u_o$ 的相位与输入电压 $u_i$ 相位相反。若不考虑负载,则晶体管放大电路本身的电压放大倍数为

$$A_u = -\beta \frac{R_c}{r_{be}}$$

**例9-2** 在下图9-20所示的电路中,设晶体管 $\beta = 50$,其余参数见图9-20。试求:(1)静态工作点;(2) $r_{be}$;(3) $A_u$;(4) $r_i$;(5) $r_o$。

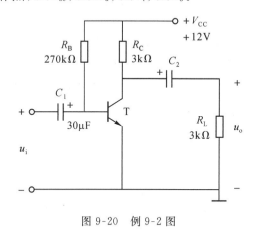

M9-6 共射极放大
电路动态参数
计算/微课

M9-7 共射极基本
放大电路/测试

图 9-20 例 9-2 图

**解:**(1)静态工作点:

$$I_B \doteq \frac{V_{CC}}{R_B} = \frac{12}{270} \doteq 44.4 \mu A$$

$$I_C = \beta I_B = 50 \times 44.4 = 2.2 mA$$

$$U_{CE} = V_{CC} - I_C R_C = 12 - 2.2 \times 3 = 5.4V$$

(2) $r_{be}$:

$$r_{be} = 300 + (1+\beta)\frac{26}{I_E}$$

$$= 300 + (1+50)\frac{26}{2.2} \doteq 903 = 0.9 k\Omega$$

(3)电压放大倍数 $A_u$:

$$A_u = -\beta \frac{R'_L}{r_{be}}$$

因为 $R'_L = \frac{R_C \cdot R_L}{R_C + R_L} = 1.5 k\Omega$,所以

$$A_u = -50 \times \frac{1.5}{0.9} = -83.3$$

(4)输入电阻 $r_i$:

$$r_i = R_B // r_{be} \approx r_{be} = 0.9 k\Omega$$

(5)输出电阻 $r_o$:

$$r_o \approx R_C = 3 k\Omega$$

# 9.3 分压式偏置放大电路

### 9.3.1 静态工作点对输出波形的影响

一个放大器的静态工作点的设置是否合适，是放大器能否正常工作的重要条件。静态工作点设置不当，输入信号幅度又较大时，将使放大电路的工作范围超出晶体管特性曲线的线性区域而使输出信号波形与输入信号波形存在差异，即失真，也称为非线性失真。

以 NPN 管子为例，工作点 $Q$ 太低了，会使管子在工作过程中某时段进入截止区，即产生截止失真，输出信号的上半部分被截去一部分，如图 9-21(a)所示。反之，工作点 $Q$ 太高，会使管子在工作过程中某时段进入饱和区，产生饱和失真，输出信号的下半部分被截去一部分，如图 9-21(b)所示。

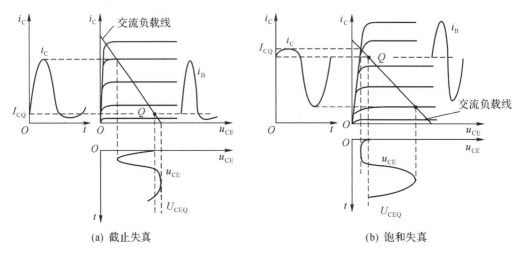

(a) 截止失真      (b) 饱和失真

图 9-21　静态工作点不合适产生的失真

如果放大电路是 PNP 晶体管共射放大电路，失真波形真好相反。截止失真，$u_{CE}$ 是底部失真；饱和失真，$u_{CE}$ 是顶部失真。

为了减小或避免非线性失真，必须设置合理的静态工作点，并适当限制输入信号的幅度。一般，静态工作点选在交流负载线的中点附近。

在实际应用中，由于放大电路在工作过程中会产生热量，导致电路中元器件的参数都会发生一定程度的变化，特别是晶体管的参数（包括电流放大倍数 $\beta$、穿透电流 $I_{CEO}$ 以及发射结正向压降 $U_{BE}$ 等）都会随着环境温度的改变而变化，当环境温度上升时，$I_{CEO}$、$\beta$ 都会随之上升，晶体管的输出特性曲线簇将上移，曲线间隔加宽。在固定偏置放大电路中，在相同的偏置电流 $I_B$ 情况下，$I_C$ 将增大，因而静态工作点 $Q$ 会上移，信号波形就会产生饱和失真。温度对静态工作点的影响如图 9-22

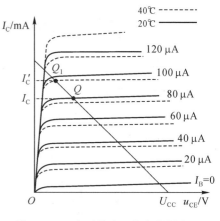

图 9-22　温度对静态工作点的影响

所示。

为了克服由于温度变化导致信号失真的现象,在实际电路中我们经常采用带有反馈形式具有稳定工作点的分压式偏置放大电路来放大微弱的小信号。

### 9.3.2　分压式偏置放大电路

1.电路结构

分压式偏置电路如图 9-23 所示。其中 $R_{B1}$ 为基极上偏置电阻,$R_{B2}$ 为基极下偏置电阻,$R_E$ 为发射极反馈电阻,$C_E$ 为发射极旁路电容。

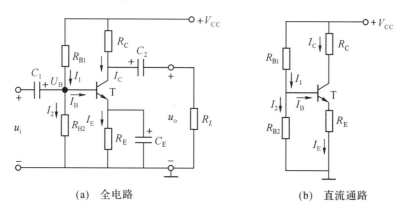

(a)　全电路　　　　　　　(b)　直流通路

图 9-23　分压式偏置电路

分压式偏置共发射极放大电路与前述固定偏置共射放大电路相比,不同之处在于基极的偏置采用电阻 $R_{B1}$ 和 $R_{B2}$ 的分压形式,而且发射极接一个反馈电阻 $R_E$,该结构能使电路有稳定的静态工作点。

2.静态工作点稳定原理

(1)利用基极偏置电阻固定基极电位 $V_B$

根据电路分析可知,$I_1 = I_2 + I_B$,由于 $I_B$ 远小于 $I_2$,所以有,相当于基极电位 $V_B$ 由基极偏置电阻和分压后直接得到,即

$$V_B = V_{CC} \cdot \frac{R_{b2}}{R_{B1} + R_{B2}} \tag{9-8}$$

由此,$V_B$ 的大小与晶体管的参数无关。

(2)利用发射极电阻 $R_E$ 起负反馈作用,实现静态工作点的稳定

当温度变化时,晶体管的参数 $i_{ceo}$、$\beta$、$U_{BE}$ 将发生变化,导致工作点偏移。分压式偏置电路稳定工作点的过程可表示为

$$T(温度)\uparrow(或 \beta\uparrow)\rightarrow I_C\uparrow\rightarrow I_E\uparrow\rightarrow U_E\uparrow\rightarrow U_{BE}\downarrow\rightarrow I_B\downarrow\rightarrow I_C\downarrow$$

其中 $C_E$ 的作用是提供交流信号的通道,减少信号的损耗,使放大器的交流信号放大能力不因 $R_E$ 而降低。$R_E$ 的作用是在电路温度上升时,引起晶体管的放大倍数的变化,通过 $R_E$ 电阻上的电压变化来调整电路静态工作点,从而使得电路具有稳定的工作状态。

3.分压式偏置电路静态工作点 $Q$

据图 9-23(b)分压式偏置电路静态工作点的计算,一般是先计算 $I_C$,再算 $I_B$,最后算 $U_{CE}$。

$$I_{\mathrm{C}} \doteq I_{\mathrm{E}} = \frac{V_{\mathrm{E}}}{R_{\mathrm{E}}} = \frac{V_{\mathrm{B}} - U_{\mathrm{BE}}}{R_{\mathrm{E}}} \qquad (9\text{-}9)$$

$$I_{\mathrm{B}} = \frac{I_{\mathrm{C}}}{\beta}$$

$$U_{\mathrm{CE}} = V_{\mathrm{CC}} - I_{\mathrm{C}} R_{\mathrm{C}} - I_{\mathrm{E}} R_{\mathrm{E}} \doteq V_{\mathrm{CC}} - I_{\mathrm{C}}(R_{\mathrm{C}} + R_{\mathrm{E}}) \qquad (9\text{-}10)$$

4. 输入电阻 $r_{\mathrm{i}}$ 和输出电阻 $r_0$

$$r_{\mathrm{be}} = 300\Omega + (1+\beta)\frac{26\mathrm{mV}}{I_{\mathrm{EQ}}}$$

输入电阻：

$$r_{\mathrm{i}} = R_{\mathrm{B1}} /\!/ R_{\mathrm{B2}} /\!/ r_{\mathrm{be}} \qquad (9\text{-}11)$$

式中：$R_{\mathrm{B1}}$、$R_{\mathrm{B2}}$ 一般为几十千欧，$r_{\mathrm{be}}$ 为 1000 多欧，则 $r_{\mathrm{i}} < r_{\mathrm{be}}$。

分压式偏置放大电路，静态工作点稳定，但输入电阻较小，导致净输入信号较小，不利于信号放大。因此，可以将发射极电阻 $R_{\mathrm{E}}$ 分成两部分，一部分用电容 $C_{\mathrm{E}}$ 并联，以增大交流输入电阻。

输出电阻：

$$r_{\mathrm{o}} \approx R_{\mathrm{C}}$$

5. 电压放大倍数 $A_{\mathrm{u}}$

分压式偏置共发射极放大电路的电压放大倍数与共射基本放大电路一样，都为

$$A_{\mathrm{u}} = \frac{u_{\mathrm{o}}}{u_{\mathrm{i}}} = \frac{-\beta i_{\mathrm{b}} R'_{L}}{i_{\mathrm{b}} r_{\mathrm{be}}} = -\beta \frac{R'_{L}}{r_{\mathrm{be}}} \text{（其中，} R'_{L} = R_{L} /\!/ R_{\mathrm{C}}\text{）}$$

**例 9-3** 在图 9-24 所示的两个放大电路中，已知晶体管 $\beta = 60$，$U_{\mathrm{BE}} = 0.7\mathrm{V}$，电路其他参数如图所示。试求：

(1) 两个电路的静态工作点。

(2) 两个电路的电压放大倍数、输入电阻以及输出电阻。

(3) 若两个晶体管的 $\beta = 120$，则它们各自的静态工作点怎样变化？

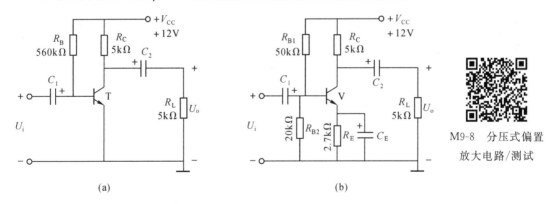

图 9-24 例 9-3 图

**解：**(1) 先计算两个电路的静态工作点。

在图 9-24(a) 固定偏置电路中：

$$I_{\mathrm{B}} = \frac{V_{\mathrm{CC}} - U_{\mathrm{BE}}}{R_{\mathrm{B}}} = \frac{12 - 0.7}{560\mathrm{k}} = 0.02\mathrm{mA}$$

$$I_C = \beta I_B = 60 \times 0.02 = 1.2\text{mA}$$
$$U_{CE} = V_{CC} - I_C R_C = 12 - 1.2 \times 5 = 6\text{V}$$

图 9-24(b) 分压式偏置电路中

$$U_B = V_{CC} \cdot \frac{R_{B2}}{R_{B1}+R_{B2}} = 12 \times \frac{20\text{k}}{20\text{k}+50\text{k}} = 3.4\text{V}$$

$$I_C \doteq I_E = \frac{U_E}{R_E} = \frac{U_B - U_{BE}}{R_E} = \frac{3.4-0.7}{2.7\text{k}} = 1\text{mA}$$

$$I_B = \frac{I_C}{\beta} = \frac{1}{60} = 0.017\text{mA}$$

$$U_{CE} \doteq V_{CC} - I_C(R_C + R_E) = 12 - 1 \times (5+2.7) = 4.3\text{V}$$

(2) 计算电压放大倍数、输入电阻以及输出电阻。

在图 9-24(a) 中：

$$r_{be} = 300\Omega + (1+\beta)\frac{26\text{mV}}{I_E} = 300 + (1+60)\frac{26}{1.2} \approx 1.6\text{k}\Omega$$

$$r_i = R_B // r_{be} \doteq r_{be} = 1.6\text{k}\Omega$$

$$r_o \doteq R_C = 5\text{k}\Omega$$

$$A_u = \frac{U_o}{U_i} = -\frac{\beta R'_L}{r_{be}} = -\frac{\beta(R_C // R_L)}{r_{be}} \approx -94$$

在图 (b) 中：

$$r_{be} = 300\Omega + (1+\beta)\frac{26\text{mV}}{I_{EQ}} = 300\Omega = (1+60)\frac{26}{1} \approx 1.9\text{k}\Omega$$

$$r_i = R_{B1} // R_{B2} // r_{be} = 1.68\text{k}\Omega$$

$$r_o \approx R_C = 5\text{k}\Omega$$

$$A_u = \frac{u_o}{u_i} = -\frac{\beta R'_L}{r_{be}} = -\frac{\beta(R_C // R_L)}{r_{be}} \approx -79$$

(3) 当两个晶体管 $\beta = 120$ 时，在 9-24(a) 图中：

$$I_C = \beta I_B = 120 \times 0.02 = 2.4\text{mA}$$
$$U_{CE} = V_{CC} - I_C R_C = 12 - 2.4 \times 5 = 0\text{V}$$

可见，在共射基本放大电路中，当 $\beta$ 增大，导致 $I_C$ 增大，使 $U_{CE}$ 降低，晶体管进入饱和状态，电路将会出现饱和失真。

在图 9-24(b) 中 $\beta$ 增大一倍，$U_{CE}$ 不变，但 $I_B$ 减小一半，晶体管继续处于放大状态，电路不会出现失真现象。

## 9.4　射极输出器

射极输出器又称为共集电极放大电路，是以集电极为共地端、基极作为信号输入端、发射极作为输出端的一种连接方式；它的输出电压接近于输入电压，故又称为电压跟随器。如图 9-25(a) 和 (b) 所示分别为射极输出器电路和其直流通路。

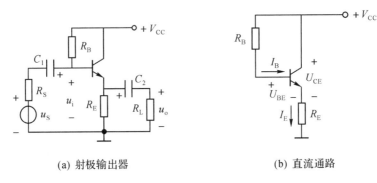

(a) 射极输出器　　　　　　　　(b) 直流通路

图 9-25　射极输出器电路和其直流通路

### 1. 静态工作点

射极输出器的静态分析方法与共射放大电路静态分析方法基本相同。

$$I_B = \frac{V_{CC} - U_{BE}}{R_B + (1+\beta)R_E} \tag{9-12}$$

$$I_C = \beta I_B \tag{9-13}$$

$$U_{CE} = V_{CC} - I_E R_E \tag{9-14}$$

### 2. 动态分析

射极输出器的交流通路与微变等效电路,如图 9-26 所示。

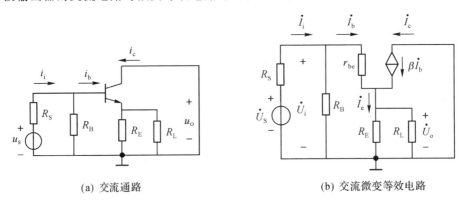

(a) 交流通路　　　　　　　　(b) 交流微变等效电路

图 9-26　射极输出器交流通路与微变等效电路

(1)电压放大倍数

在图 9-26(b)中,

$$\dot{U}_o = R'_L \dot{I}_e = (1+\beta)R'_L \dot{I}_b$$

其中,$R'_L = R_E /\!/ R_L$。

$$\dot{U}_i = r_{be}\dot{I}_b + R'_L\dot{I}_e = r_{be}\dot{I}_b + (1+\beta)R'_L\dot{I}_b$$

所以

$$\dot{A}_u = \frac{\dot{U}_o}{\dot{U}_i} = \frac{(1+\beta)R'_L\dot{I}_b}{r_{be}\dot{I}_b + (1+\beta)R'_L\dot{I}_b} = \frac{(1+\beta)R'_L}{r_{be} + (1+\beta)R'_L} \leqslant 1$$

射极输出器的输出信号电压与输入信号电压同相且略小于输入信号电压,即电压放大倍数 $A_u$ 约等于 1,好似输出电压等值地跟随输入电压而变化,故又称射极跟随器。即当 $U_i$ 不变时,$U_o$ 几乎不变且 $U_o \approx U_i$。

（2）输入电阻 $r_i$

$$r_i = \frac{\dot{U}_i}{\dot{I}_i} = \frac{\dot{U}_i}{\dfrac{\dot{U}_i}{R_B} + \dfrac{\dot{U}_i}{r_{be} + (1+\beta)R'_L}} = R_B \ /\!/ \ [r_{be} + (1+\beta)R'_L] \qquad (9\text{-}15)$$

射极输出器的 $r_i$ 较大,通常可达几十千欧至几百千欧。

（3）输出电阻 $r_o$

计算放大器的输出电阻时,需要将输入信号源置零,去掉负载,然后在输出端加一个电压 $\dot{U}$,假设产生电流为 $\dot{I}$,如图 9-27 所示。

$\dot{U}$ 与 $\dot{I}$ 的比值就是其输出电阻 $r_o$,即

$$r_o = \frac{\dot{U}}{\dot{I}} \bigg|_{\substack{\dot{U}_S = 0 \\ R_L = \infty}}$$

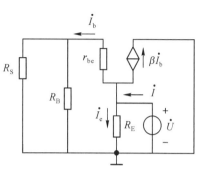

图 9-27　射极输出器的输出电阻分析

又因为

$$\dot{I} = \dot{I}_b + \beta\dot{I}_b + \dot{I}_e = \frac{\dot{U}}{r_{be} + R_B \ /\!/ \ R_S} + \beta\frac{\dot{U}}{r_{be} + R_B \ /\!/ \ R_S} + \frac{\dot{U}}{R_E}$$

所以,放大电路的输出电阻:

$$r_o = \frac{\dot{U}}{\dot{I}} = R_E \ /\!/ \ \frac{r_{be} + R_B \ /\!/ \ R_S}{1+\beta} \approx \frac{r_{be} + R_B \ /\!/ \ R_S}{\beta} \qquad (9\text{-}16)$$

可见,射极输出器的 $r_o$ 较小,仅为几十欧至几百欧。

综上所述,射极输出器具有三个特点:①电压放大倍数小于 1 或约等于 1,即 $U_o$ 跟随 $U_i$ 变化;②输入电阻较高;③输出电阻较低。

由于以上三个特点,它广泛应用在电路的输入级、多级放大器的输出级或用于两级共射放大电路之间的隔离级等。由于射极输出器的输出电流是输入电流的 $1+\beta$ 倍,电路具有电流放大作用,所以有时也作为功率放大器用。

**例 9-4**　某射极输出器电路如图 9-28 所示,已经 $\beta = 120$,$U_{BE} = 0.7\text{V}$,$R_B = 300\text{k}\Omega$,$R_E = R_L = R_S = 1\text{k}\Omega$,$V_{CC} = 12\text{V}$。求:"$Q$"、$A_u$、$r_i$、$r_o$。

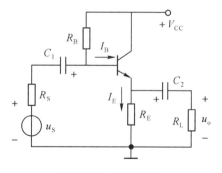

图 9-28　例 9-4 图

M9-9　射极输出器/测试

**解:**（1）求 $Q$ 点。

$$I_B = \frac{V_{CC} - U_{BE}}{R_B + (1+\beta)R_E} = \frac{12 - 0.7}{300 + 121 \times 1} \approx 27\mu\text{A}$$

$$I_E \approx \beta I_B = 3.2\text{mA}$$

$$U_{CE} = V_{CC} - I_E R_E = 12 - 3.2 \times 1 = 8.8\text{V}$$

（2）求 $A_u$、$r_i$、$r_o$。

$$r_{be} = 300 + 26/0.027 \approx 1.28\text{k}\Omega$$

$$R'_L = R_E // R_L = 1//1 = 0.5\text{k}\Omega$$

$$\dot{A}_u = \frac{(1+\beta)R'_L}{r_{be} + (1+\beta)R'_L} \approx 0.97$$

$$r_i = R_B // [r_{be} + (1+\beta)R'_L] = 300 // [1.28 + 121 \times 0.5] = 51.23\text{k}\Omega$$

$$r_o = \frac{(r_{be} + R_B // R_S)}{\beta} \approx 19\Omega$$

# 9.5 多级放大电路

## 9.5.1 多级放大电路结构与耦合方式

在实际工作中，为了放大非常微弱的信号，需要把若干个基本放大电路连接起来，组成多级放大电路，以获得更高的放大倍数和功率输出。

一般多级放大器由如图 9-29 所示各部分电路组成，多级放大电路中每个单管放大电路我们称为"级"，放大电路内部各级之间的连接方式称为"耦合"。多级放大电路常用的耦合方式有以下几种，即阻容耦合方式、直接耦合方式、变压器耦合方式和光电耦合方式。

多级放大电路

图 9-29　多级放大器一般结构

1. 直接耦合

耦合电路采用直接连接或电阻连接，不采用电抗性元件。直接耦合放大电路存在零点漂移问题，但因其低频特性好，能够放大变化缓慢的信号且便于集成，因此得到越来越广泛的应用。但直接耦合电路各级静态工作点之间会相互影响，应注意静态工作点的稳定问题。

2. 阻容耦合

将放大电路前一级的输出端通过电容接到后一级的输入端。阻容耦合放大电路利用耦合电容隔离直流，较好地解决了零点漂移问题，但其低频特性差，不便于集成，因此仅在分立元件电路中采用。

3. 变压器耦合

将放大电路前一级的输出端通过变压器接到后一级的输入端或负载电阻上。采用变压器耦合也可以隔除直流，传递一定频率的交流信号，各放大级的 $Q$ 互相独立。但低频特性差，不便于集成。变压器耦合的优点是可以实现输出级与负载的阻抗匹配，以获得有效的功率传输。常用作调谐放大电路或输出功率很大的功率放大电路。

4.光电耦合

以光信号为媒介来实现电信号的耦合与传递。光电耦合放大电路利用光电耦合器将信号源与输出回路隔离,两部分可采用独立电源且分别接不同的"地",因而,即使是远距离传输,也可以避免各种电干扰。

多级放大器无论采用何种耦合方式,都必须满足以下几个基本要求才能正常工作:

(1)保证信号能顺利地由前级传递到后级;

(2)连接后仍能使各级放大器有正常的静态工作点;

(3)信号在传递过程中失真要尽可能的小,信号传输效率要高。

## 9.5.2 阻容耦合多级放大电路

两级阻容耦合放大器电路如图 9-30(a)所示,其交流等效电路如图 9-30(b)所示。

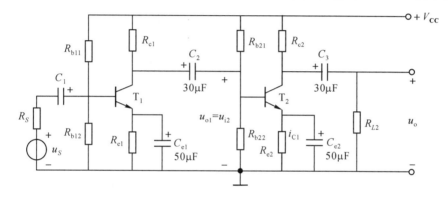

(a)两级阻容耦合放大电路

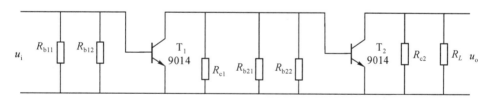

(b)两级阻容耦合放大电路的交流通路

图 9-30

1.输入电阻 $r_i$ 和输出电阻 $r_o$

$$R_{b1} = R_{b11} /\!/ R_{b12} = \frac{R_{b11} \cdot R_{b12}}{R_{b11} + R_{b12}}$$

$$R_{b2} = R_{b21} /\!/ R_{b22} = \frac{R_{b21} \cdot R_{b22}}{R_{b21} + R_{b22}}$$

所以

$$r_{i1} = R_{b1} /\!/ r_{be1} = \frac{R_{b1} \cdot r_{be1}}{R_{b1} + r_{be1}}$$

同理:

$$r_{i2} = R_{b2} /\!/ r_{be2} = \frac{R_{b2} \cdot r_{be2}}{R_{b2} + r_{be2}}$$

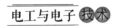

因为一般 $r_{be} \ll R_b$，所以

$$r_{i1} \approx r_{be1}, r_{i2} = r_{be2}$$

$$r_i = r_{i1} \approx r_{be1} \tag{9-17}$$

$$r_{o1} = R_{c1} /\!/ r_{i2} \approx r_{i2} \approx r_{be2}$$

$$r_{o2} = R_{c2}$$

$$r_o = r_{o2} = R_{c2} \tag{9-18}$$

2. 电压放大倍数 $A_u$

第一级电压放大倍数为

$$A_{u1} = -\beta_1 \frac{r_{o1}}{r_{be1}}$$

第二级电压放大倍数为

$$A_{u2} = -\beta_2 \frac{r_{o2}}{r_{be2}}$$

所以两级电压放大倍数为

$$A_u = \frac{u_{o2}}{u_{i1}} = \frac{u_{o1}}{u_{i1}} \times \frac{u_{o2}}{u_{o1}} = \frac{u_{o1}}{u_{i1}} \times \frac{u_{o2}}{u_{i2}} = A_{u2} \times A_{u1} \tag{9-19}$$

即两级放大器总的电压放大倍数 $A_u$ 等于单独每级的电压放大倍数 $A_{u1}$ 与 $A_{u2}$ 的乘积。

同理可类推几级放大器的放大倍数为

$$A_u = A_{u1} \times A_{u2} \times A_{u3} \times \cdots \times A_{un} \tag{9-20}$$

综上可知，多级放大电路的总电压放大倍数等于组成它的各级放大电路电压放大倍数的乘积，即 $A_u = A_{u1} \cdot A_{u2} \cdot A_{u3} \cdots A_{un}$，其输入电阻是第一级的输入电阻，输出电阻是末级的输出电阻，前级的输出信号等于后级的输入信号源，前级的输出电阻等于后级的信号源内阻，后级的输入电阻是前级的负载。

**例 9-5** 设图 9-30(a)所示阻容耦合两级放大器中各元件参数如下：$R_{b11} = 100\text{k}\Omega$，$R_{b12} = 27\text{k}\Omega$ $R_{e1} = 5.1\text{k}\Omega$，$R_{c1} = 12\text{k}\Omega$，$R_{b21} = 33\text{k}\Omega$，$R_{b22} = 8.2\text{k}\Omega$，$R_{e2} = 3\text{k}\Omega$，$R_{c2} = 3.3\text{k}\Omega$，$R_{L2} = 3\text{k}\Omega$，$C_1 = C_2 = 50\mu\text{F}$，$C_{e1} = C_{e2} = 100\mu\text{F}$，$\beta_1 = \beta_2 = 60$，$V_{CC} = 20\text{V}$，求放大器的输入、输出电阻和电压放大倍数。

**解：**

$$V_{B1} = \frac{V_{CC}}{R_{b11} + R_{b12}} \cdot R_{b12} = \frac{20}{100 + 27} \times 27 = 4.25\text{V}$$

$$V_{B2} = \frac{V_{CC}}{R_{b21} + R_{b22}} \cdot R_{b22} = \frac{20}{33 + 8.2} \times 8.2 = 4\text{V}$$

$$I_{E1} = \frac{V_{B1} - 0.7}{R_{e1}} = \frac{4.25 - 0.7}{5.1 \times 10^3} = 0.7\text{mA}$$

$$I_{E2} = \frac{V_{B2} - U_{BE2}}{R_{e2}} = \frac{4 - 0.7}{3 \times 10^3} = 1.1\text{mA}$$

$$r_{be1} = 300 + (1 + \beta_1)\frac{26}{I_{EQ1}} \approx 2.57\text{k}\Omega$$

$$r_{be2} = 300 + (1 + \beta_2)\frac{26}{I_{EQ2}} \approx 1.74\text{k}\Omega$$

$$r_{i1} = R_{b11} /\!/ R_{b12} /\!/ r_{be1} \approx 2.29\text{k}\Omega$$

$$r_{i2} = R_{b22} /\!/ R_{b22} /\!/ r_{be2} \approx 1.37\text{k}\Omega$$

$$r_{o1} = R_{c1} /\!/ r_{i2} \approx r_{i2} = 1.37 \text{k}\Omega$$

$$r_{o} = r_{o2} \approx R_{c2} = 3.3 \text{k}\Omega$$

则

$$A_{u1} = -\beta_1 \frac{R'_{L1}}{r_{be1}} = -\beta_1 \frac{R_{c1} /\!/ r_{i2}}{r_{be1}} \approx -28.7$$

$$A_{u2} = -\beta_2 \frac{R'_{L2}}{r_{be2}} = -\beta_2 \frac{R_{c2} /\!/ R_{L2}}{r_{be2}} \approx -54.2$$

$$A_{u} = A_{u1} A_{u2} = 1555$$

#### 3. 阻容耦合多级放大器的幅频特性

放大器的幅频特性是放大电路放大倍数的大小随频率变化的关系曲线。一般来讲多级放大器是由幅频特性相同的单级放大器组成,其幅频特性应由各单级幅频特性的电压放大倍数相乘而获得,如图 9-31 所示。

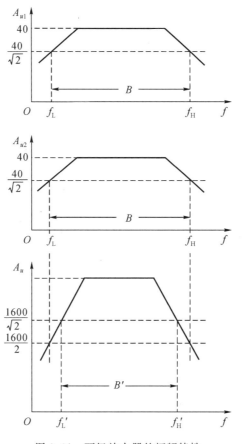

图 9-31 两级放大器的幅频特性

显然,多级放大器的带宽小于构成它的任一个单级放大器的带宽。所以,多级放大器虽然能使放大器的放大倍数大幅度地提高,但是其带宽变窄了。

## *9.5.3  多级放大电路设计

**1. 设计要求**

设计一个阻容耦合两级放大电路。在输出电阻均低于 $10\Omega$，电源电压为 12V，$U_i \leqslant 5mV$，信号源内阻为 $50\Omega$，$R_L = 5.1k\Omega$ 的条件下，要求满足输入电阻大于 $10k\Omega$，电压放大倍数大于 250，通频带为 50Hz~50kHz，失真率小于 5%。

**2. 设计步骤与原则**

(1) 设计前分析

① 从设计指标要求看，设计该放大电路应从电压放大倍数、输入电阻和减小失真等方面考虑，至于通频带，由于要求不高，一般较容易达到，设计时可暂不考虑。

② 指标要求该放大电路是对小信号放大且放大倍数不高，同时为了稳定工作点，采用两级分压式偏置的共发射极放大电路即可达到设计要求。

③ 为了满足输入电阻和失真度小于 5% 的要求，各级射极需要引入交流串联负反馈，以稳定静态工作点。

④ 在指标中，上限频率为 50kHz，要求不高，故可选用一般的小功率管。现选用 NPN 型 9013，取 $\beta = 150$。

(2) 放大级数的确定

多级放大电路的级数主要根据对电路的电压增益(放大倍数)的要求来确定。从指标要求看电压放大倍数 $A_u > 250$，由此确定放大电路的级数只需要二级就可以完成设计要求。

(3) 电路形式的选择

电路形式要考虑的因素主要包括：是小信号放大型还是大信号(功率)放大型；各级放大电路的组态及级间信号的耦合方式等。从设计指标上我们可以看出该电路是一个小信号的电压放大电路，各级电路可以采用具有稳定静态工作点的分压式偏置电路共射放大电路，级与级之间的信号耦合方式采用阻容耦合方式等。

(4) 指标分配——放大倍数的分配

任务要求 $A_u > 250$，设计计算时可取 $A_u = 300$，一般前级放大倍数要小，后级可以较大，其中取第一级电压放大倍数 $A_{u1} = 30$，第二级的电压放大倍数 $A_{u2} = 100$。

(5) 半导体器件的选择

半导体器件根据电路输出信号幅度、通频带、输入阻抗及电路的某些指标要求来选择。

在给定指标中，电路为小信号放大，对电路噪声没有特别要求，上限频率 $f_H = 50kHz$，要求不高，故可选一般的小功率管。现选取 NPN 型管 9013，测量值取 $\beta = 150$。

(6) 各级静态工作点的设定

放大电路的 $U_{CEQ}$ 的选择要考虑到电路在正常工作范围应使输出电压幅度 $U_{om}$ 足够大，同时在满足放大倍数的前提下，输出电压不应出现饱和失真，为此，$U_{CEQ}$ 应满足下列关系：$U_{CEQ} > U_{om} + U_{CE(sat)}$，由此可见，第一级 $U_{CEQ1}$ 可选小些，第二级 $U_{CEQ2}$ 可选大些。对于 $I_{CQ}$ 取值主要根据 $I_{CQ} \geqslant I_{CM} + I_{CEQ}$ 来设定，由于小信号电压放大电路 $I_{CM}$ 较小，另从减少噪声及降低直流功率损耗出发，二级信号放大电路的工作电流应选小些，并取前一级电流小于后一级电流。

第一级静态工作点确定：由指标 $r_i > 10k\Omega$ 的要求来确定 $r_{be1}$ 和 $I_{CQ1}$ 的值，由 $I_{CQ1}$ 再来确定 $I_{BQ1}$，选定 $I_{CQ1}$ 和 $U_{CQ1}$ 的值。第二级静态工作点确定：由 $I_{CQ2} > I_{CQ1}$ 和 $U_{CEQ2} > U_{CEQ1}$ 来选定 $I_{CQ2}$

和 $U_{CQ2}$ 的值。

（7）偏置电路设计与计算

①偏置电阻 $R_{b1}$、$R_{b2}$ 值的选择。由电源电压 $U_{CC}$ 的值和前面确定的静态工作点的数值来确定 $U_{BQ}$ 值，从而来选择基极偏置电阻 $R_{b2}$ 和 $R_{b1}$ 的阻值大小。

②射级电阻 $R_e$ 的选择。由下面公式计算所需射极电阻的大小。

$$R_e = \frac{V_B - U_{BE}}{I_E}$$

③集电极电阻 $R_c$ 的选择。集电极电阻 $R_c$ 的选择：一是要满足放大倍数要求，二是不能产生饱和失真。根据电压放大倍数的计算公式 $A_u = -\frac{\beta R'_L}{r_{be}}$ 或 $R_c = \frac{V_{CC} - U_{CE} - V_E}{I_C}$ 可以计算出集电极电阻 $R_C$ 的值。

④各电容值的选择。耦合电容 $C_1$ 和 $C_2$ 的作用是隔直流耦合交流，对交流信号应是近似短路，所以耦合电容的阻抗应远小于与之串联的电阻，旁路电容阻抗应远小于与之并联的等效电阻。

一般情况下，我们要根据下限截止频率再选择耦合电容 $C_1$、$C_2$、$C_3$ 和旁路电容 $C_E$，根据上限频率 $f_H$ 来选择输出电容。在本电路中，电容的耐压值应取实际工作电压的 2 倍以上。

（8）指标核算与电路确定

指标核算是指根据已设计的电路参数逐级进行理论计算，核算各项指标（静态工作点 $Q$、$A_u$、$r_i$、$r_0$、$f_L$、$f_H$ 等）是否满足设计要求，否则需要重新设计计算。

尤其是对静态及动态指标均有影响的电路参数，需要通过指标核算，确认其取值是否合理。

两级放大电路静态工作点的核算。例如第一级的核算：

$$I_{C1} = \beta I_{B1} = \beta \frac{\dfrac{R_{b2}}{R_{b1} + R_{b2}} V_{CC} - U_{BE1}}{(1+\beta) R_{e1}} = ?$$

$$U_{CE1} = V_{CC} - I_{C1} R_{c1} - (1+\beta) \frac{I_{C1}}{\beta} R_{e1} = ?$$

与上述取值比较，看是否符合设计要求。如符合要求核算 $r_i$、$A_u$ 等是否符合任务的要求，否则需要重新设计计算。

根据任务要求和多级放大电路设计的原则，我们根据要求设计如图 9-32 所示的两级放大电路，其中晶体管均采用 9013 晶体管。

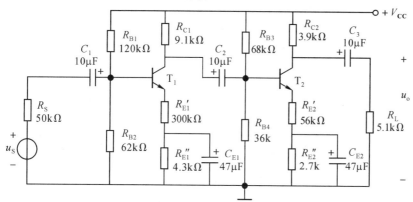

M9-10　多级放大电路/测试

M9-11　推挽式功率放大电路/PDF

图 9-32　两级放大电路设计

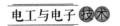

# 模块九任务实施

### 任务一　晶体管直流电流放大倍数与输出特性研究

场地:机房或多媒体教室。

器材:电脑、Multisim 仿真软件。

资讯:9.1 晶体管。

任务实施:我们知道晶体管在放大区,基极电流 $I_B$ 对集电极电流 $I_C$ 具有控制作用,基极电流变化,极电极电流也跟着变化;基极电流不变,即使输出回路电压 $U_{CE}$ 变化,输出电流 $I_C$ 仍不变。通过下面的实验观察、测量、研究直流电流放大倍数与输出特性。

(1)在 Multisim 仿真平台上搭建图 9-39 所示电路;

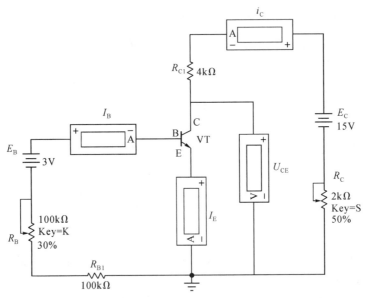

图 9-39　晶体管输出特性研究电路

(2)根据表 9-2 的测量项目,用直流电流表、电压表测量输入电流 $I_B$、输出电流 $I_C$、输出电压 $U_{CE}$,且记录在表 9-2 中(图中 $R_B$ 电阻调节按钮是 K,$R_C$ 电阻调节按钮是 S)

表 9-2　输出特性参数测量

| | $R_C$ 取 50% 不变,调节电阻 $R_B$ | | | $R_B$ 取 50% 不变,调节电阻 $R_C$ | | |
|---|---|---|---|---|---|---|
| | $R_B$ 取 30% | $R_B$ 取 50% | $R_B$ 取 80% | $R_C$ 取 30% | $R_C$ 取 50% | $R_C$ 取 80% |
| $I_B/\mu A$ | | | | | | |
| $I_C/mA$ | | | | | | |
| $I_E/mA$ | | | | | | |
| $\beta = I_C/I_B$ | | | | | | |
| $U_{CE}/V$ | | | | | | |

（3）据表 9-2 数据，研究直流电流放大倍数；画出 $I_C$-$U_{CE}$ 特性曲线，总结其规律性。

## 任务二　放大电路静态工作点、动态参数的测量及失真观察

场地：机房或多媒体教室。

器材：电脑、Multisim 仿真软件。

资讯：9.2 基本放大电路；9.3 分压式偏置放大电路。

任务实施：晶体管（$\beta=100$）放大电路如图 9-40 所示，已知 $V_{CC}=12\text{V}$，$R_L=R_c=4\text{k}\Omega$，$R_B=510\text{k}\Omega$，$C_1=C_2=10\mu\text{F}$。

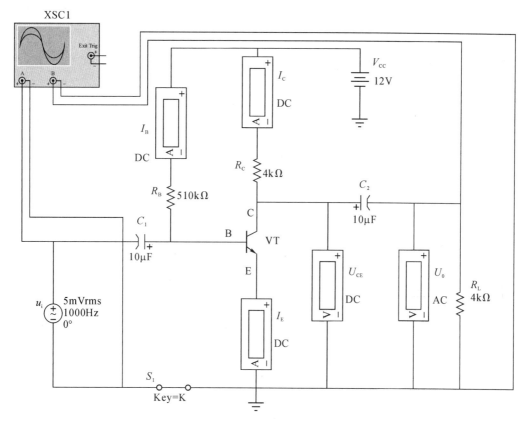

图 9-40　任务二电路

操作：

（1）在 Multisim 仿真平台上搭建电路；

（2）用直流电流表、电压表测量静态工作点 $I_B$、$I_C$、$U_{CE}$，且记录在表 9-3 中；

（3）假设输入信号电压 $u_i=5\sqrt{2}\sin 2000\pi t\,(\text{mV})$，用示波器显示输入（黑色）与输出（红色）波形，且估读输入电压与输出电压最大值，记入表 9-3 中；

（4）将本项目测得的数据与习题 9-9 计算所得数据相比较，可得出哪些结果？

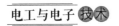

表 9-3　基本放大电路静态工作点与动态参数测量

| 物理量 | 静态工作点 | | | 输入、输出电压,电压放大倍数 | | |
|---|---|---|---|---|---|---|
| | $I_B$ | $I_C$ | $U_{CE}$ | 净输入电压 $u_i$ | 放大后输出电压 $u_o$ | 电压放大倍数 $A_u$ |
| 测量有效值 | | | | | | |
| 根据公式计算有效值 | | | | —— | | |
| 波形图估算最大值 | —— | —— | —— | | | |

(5)若输入信号电压有效值增大到 10mV 及以上,输出电压波形会产生怎么样的失真?若将基极电阻 $R_B$ 增至 600kΩ 或减小到 300kΩ,情况又会怎么样?

## 任务三　多级放大电路电压放大倍数测量与功能分析

场地:机房或多媒体教室。

器材:电脑、Multisim 仿真软件。

资讯:9.6 多级放大电路。

任务实施:如图 9-41 所示的两级阻容耦合放大电路中,已知 $\beta_1=\beta_2=50$,$r_{be1}=1\text{k}\Omega$,$r_{be2}=0.6\text{k}\Omega$,其他数据如图 9-41 所示。

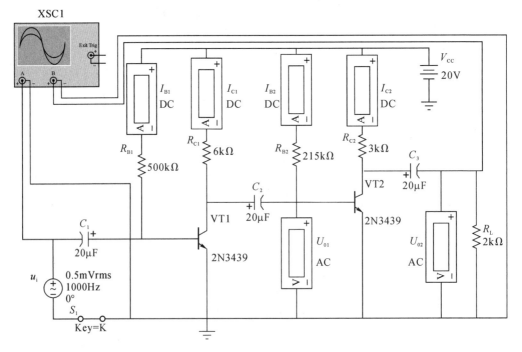

图 9-41　任务三电路

操作:

(1)在 Multisim 仿真平台上搭建图 9-41 电路;

(2)假设输入信号电压 $u_i=0.5\sqrt{2}\sin2000\pi t\,(\text{mV})$,用交流电压表测量输入、一级输出、二级输出电压有效值;示波器显示输入(黑色)与输出(红色)波形,且将测量或读出的数据记入表 9-4 中。

表 9-4　多级放大电路输出电压测量

| 物理量 | | 输入、输出电压,电压放大倍数 | | | |
|---|---|---|---|---|---|
| | | 输入电压 $u_i$ | 一级放大后输出电压 $u_{o1}$ | 二级放大后输出电压 $u_{o2}$ | 电压放大倍数 $A_u$ |
| 数据获得方法 | 测量有效值 | | | | |
| | 根据公式计算有效值 | —— | | | |
| | 示波器波形读出的最大值 | | | | |

(3)将本项目测得的数据与习题 9-16 计算所得数据相比较,可得出哪些结论?

# 模块九小结

本模块主要介绍晶体管的应用电路及其具体分析方法,主要包含以下几方面内容:

1.晶体管的型号、符号和分类;晶体管的电流放大作用;晶体管的截止、放大、饱和三个工作区的特点及外部条件;晶体管的输入特性和输出特性。

2.放大电路直流通路、交流通路及其画法:

(1)直流通路:在直流电源的作用下,直流电流流经的通路。画直流通路时电容要视为开路、电感视为短路,信号源在保留内阻的情况下视为短路。

(2)交流通路:在输入信号作用下,交流信号流经的通路。画交流通路时要把耦合电容视为短路,无内阻的直流电源视为短路。

3.共射极放大电路的静态工作点和动态参数的分析计算方法。

静态工作点:

$$I_{BQ} = \frac{V_{CC} - U_{BEQ}}{R_b}, \quad I_{CQ} = \beta I_{BQ}$$

$$U_{CEQ} = V_{CC} - I_{CQ} R_c$$

动态参数:

$$A_u = \frac{u_o}{u_i} = \frac{-\beta i_b R'_L}{i_b r_{be}} = -\frac{\beta R'_L}{r_{be}}$$

$$r_i \approx r_{be}, r_o \approx R_c$$

4.分压偏置式放大电路稳定静态工作点的原理:

$$T(温度)\uparrow (或 \beta \uparrow) \rightarrow I_{CQ}\uparrow \rightarrow I_{EQ}\uparrow \rightarrow U_{EQ}\uparrow \rightarrow U_{BEQ}\downarrow \rightarrow I_{BQ}\downarrow \rightarrow I_{CQ}\downarrow$$

5.射极输出器电路特点:(1)输出电压与输入电压同相且略小于输入电压,即电压放大倍数约等于1,好似输出电压等值地跟随输入电压而变化,故又称射极跟随器;(2)输入电阻大;(3)输出电阻小。它广泛应用于电路的输入级、多级放大器的输出级或用于两级共射放大电路之间的隔离级。

6.多级放大电路常用的耦合方式有四种,即阻容耦合方式、直接耦合方式、变压器耦合方式和光电耦合方式。总电压放大倍数等于组成它的各级放大电路电压放大倍数的乘积,即 $A_u = A_{u1} \cdot A_{u2} \cdot A_{u3} \cdot \cdots \cdot A_{un}$。

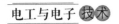

# 思考与习题九

9-1 晶体管的发射极和集电极是否可以调换使用,为什么?

9-2 如图 9-36 所示是两个晶体管的输出特性曲线,试判断哪个管子的电流放大能力强?

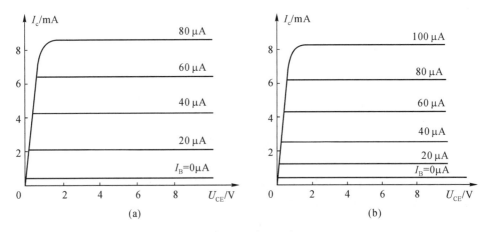

图 9-36 题 9-2 图

9-3 电路中接有一晶体管,不知道其型号,测得它的三个管脚的电位分别为 10.5V、6V、6.7V,试判别管子的三个电极,并说明这个晶体管是哪种类型? 是硅管还是锗管?

9-4 用万用表测得处在放大状态的某三极管,其电流如图 9-37 所示,确定各管的管脚,并说明三极管是 NPN 型还是 PNP 型?

9-5 图 9-38 所示是用万用表直流电压挡测得电路中晶体管各电极的对地电位,试判断这些晶体管分别处于那种工作状态(饱和、截止、放大或已损坏)。

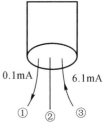

图 9-37 题 9-4 图

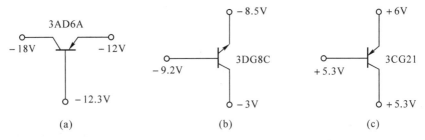

图 9-38 题 9-5 图

9-6  如图 9-39 所示电路,实验时用示波器观测,输入为正弦波信号时,输出波形如图(a)、(b)、(c)所示,说明它们各属于什么性质的失真(饱和,截止)? 怎样才能消除失真?

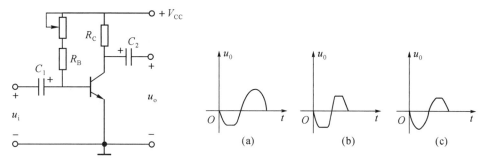

图 9-39  题 9-6 图

9-7  试说明对放大器有哪些基本要求? 绘制放大电路直流通路与交流通路的方法?

9-8  在图 9-40 所示电路中,已知 $V_{CC} = 12V$,晶体管的 $\beta = 100$,$R'_b = 100k\Omega$。要求先填字母表达式后填得数。

(1)当 $U_i = 0V$ 时,测得 $U_{BE} = 0.7V$,若要求基极电流 $I_{BQ} = 20\mu A$,则 $R'_b$ 和 $R_W$ 之和 $R_b =$ _____ $\approx$ _____ k$\Omega$;而若测得 $U_{CE} = 6V$,则 $R_c =$ _____ $\approx$ _____ k$\Omega$。

(2)若测得输入电压有效值 $U_i = 5mV$ 时,输出电压有效值 $U'_o = 0.6V$,则电压放大倍数 $A_u =$ _____ $=$ _____ $\approx$ _____。若负载电阻 $R_L = R_c$,则带上负载后输出电压有效值 $U_o =$ _____ $=$ _____ V。

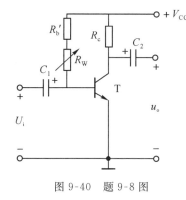     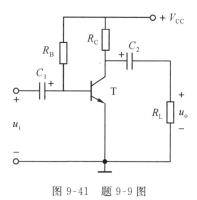

图 9-40  题 9-8 图          图 9-41  题 9-9 图

9-9  晶体管(硅,$\beta = 100$)基本放大电路如图 9-41 所示,已知 $V_{CC} = 12V$,$R_L = R_c = 4k\Omega$,$R_B = 510k\Omega$,$C_1 = C_2 = 10\mu F$。试求:

(1)静态工作点 $I_B$、$I_C$、$U_{CE}$。

(2)假设净输入信号电压 $u_i = 5\sqrt{2}\sin 2000\pi t(mV)$,计算电压放大倍数和输出电压有效值 $U_o$。

(3)若输入信号电压有效值增大到 30mV 及以上,输出电压波形会产生怎么样的失真? 或者将晶体管换成放大倍数为 200 的管子,对输出电压波形会产生怎样的影响? 请用仿真说明。

9-10  分压式偏置放大电路数据如图 9-42 所示,已经 $V_{CC} = 15V$,$\beta = 100$,$R_S = 1k\Omega$,$R_{B1} = 62k\Omega$,$R_{B2} = 20k\Omega$,$R_C = 3k\Omega$,$R_E = 1.5k\Omega$,$R_L = 5.6k\Omega$。试计算该放大电路的静态工作点 $Q$、输入电阻 $r_i$、输出电阻 $r_o$ 和电压放大倍数 $A_u$。

9-11　在题9-10的图9-42中,若去掉旁路电容$C_E$,则静态工作点是否变化? 求此情况下的输入电阻$r_i$、输出电阻$r_o$和电压放大倍数$A_u$。

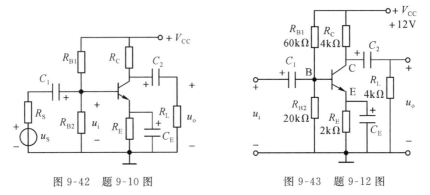

图9-42　题9-10图　　　　　　图9-43　题9-12图

9-12　分压式偏置放大电路如图9-43所示,$\beta=100$,硅管($U_{BE}=0.7V$)。试求静态工作点,输入、输出电阻和电压放大倍数,画出微变等效电路。

9-13　请说明放大电路设置合适静态工作点的必要性。

9-14　说明射极输出器的电路特点及其用途。

9-15　射极输出器电路如图9-44所示,晶体管的$\beta=80$,$r_{be}=1k\Omega$。求出:(1)$Q$点;(2)当$R_L=\infty$或$R_L=3k\Omega$时电路的$A_u$、$r_i$和$r_o$。

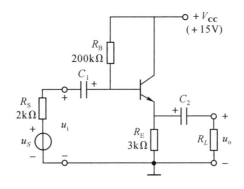

图9-44　题9-15图

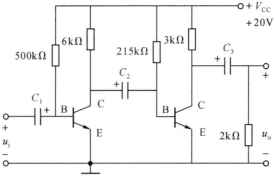

图9-45　题9-16图

9-16　如图9-45所示的两级阻容耦合放大电路中,已知$\beta_1=\beta_2=50$,$r_{be1}=1k\Omega$,$r_{be2}=0.6k\Omega$,试分别计算每级的电压放大倍数与总电压放大倍数。将计算结果与实验研究任务三测量结果比较,分析原因。

9-17　一个简易助听器由三级阻容耦合放大电路构成,如图 9-46 所示。各晶体管共发射极电流放

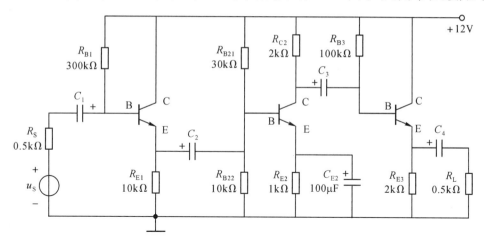

图 9-46　题 9-17 图

大倍数 $\beta=100$，$U_{BE}=0.7V$。用一个内阻为 $0.5k\Omega$ 的动圈式声电转换器件检测声音信号,且一个内阻为 $0.5k\Omega$ 的耳机作为电路的负载,把放大器的声音传给使用者。

(1)计算各级放大电路的静态工作点;

(2)求放大电路各级及总输入电阻和输出电路;

(3)求各级电压放大倍数和总电压放大倍数;

(4)前级与后级采用射极输出器有何好处?

9-18　多级放大电路的耦合方式有哪几种,各有什么特点?

9-19　功率放大器的基本要求有哪些? 常见的分类有哪些?

9-20　设放大电路的输入信号为正弦波,问在什么情况下,电路的输出会出现饱和及截止失真? 在什么情况下出现交越失真?

9-21　用分立元件设计一阻容耦合放大电路。在信号源内阻为 $50\Omega$，$u_i \leqslant 10mV$，$R_L=1k\Omega$ 的条件下,满足以下指标要求:电压放大倍数 $A_u \geqslant 500$(绝对值);输入电阻 $r_i \geqslant 1k\Omega$;输出电阻 $r_o \leqslant 3k\Omega$;通频带宽 BW 要优于 $100Hz \sim 1MHz$。

# 模块十　运算放大器

在工业控制中,往往需要把微弱信号进行放大,或者是产生一些方波、锯齿波、三角波、正弦波等信号,他们对电路都要求信号不失真且稳定。可以采用怎样的电路来实现这种功能呢?

现有一设备需要用到一个频率为 10kHz、幅度为 6.5V 的方波信号来驱动电路工作,请你试着设计一个由运算放大器构成的信号发生器,来产生这个方波信号。

1. 了解集成运算放大器的概念、特点、组成、符号和主要参数等。

2. 掌握反馈概念、分类和判断方法,了解负反馈对放大电路性能的影响。

3. 掌握理想集成运算放大器的条件、电压传输特性和"虚短""虚断"特性。

4. 掌握比例运算放大电路、加/减法运算放大电路、积分/微分运算电路、比较器电路的分析计算方法和仿真测试。

任务一　理想运算放大器"虚短""虚断"特性测量。

任务二　负反馈运算放大电路电压放大倍数测量与分析。

＊任务三　集成运放微分和积分电路输入和输出电压的测量与研究。

## 10.1　运算放大器简介

集成电路是利用氧化、光刻、扩散、外延和蒸铝等集成工艺,把晶体管、电阻和导线等集中制作在一小块半导体(硅)基片上,构成一个完整的电路。集成电路中的电阻元件由硅半导体的体电阻构成,电容元件常用 PN 结电容构成,电阻和电容的数值范围不大,电路中各级间采用直接耦合方式。集成电路具有体积小、外部接线少、功耗低、可靠性高、灵活性高、价格低等优点。

集成电路按其功能可分为数字集成电路和模拟集成电路,模拟集成电路一般是由一块厚约 0.2~0.25mm 的 P 型硅片制成的,这种硅片是集成电路的基片,基片上可以做出包含有数十个或更多的双极结型晶体管(Bipolar Junction Transistor,BJT)或场效应晶体管(Field Effect Transistor,FET)、电阻和连接导线的电路。模拟集成电路中应用最为广泛的是集成运算放大器。

### 10.1.1　运算放大器的定义、特点和应用

1. 集成运放的定义和特点

集成运算放大器(Integrated Operational Amplifier)简称集成运放、运算放大器或运放，是由多级直接耦合的放大电路组成的高增益模拟集成电路。

集成运放的增益高(可达 $60\sim180$dB)、输入电阻大(几十千欧至百万兆欧)、输出电阻低(几十欧)、共模抑制比高($60\sim170$dB)、失调与漂移小，而且还具有输入电压为零时输出电压亦为零的特点，它的闭环电压放大倍数取决于外接反馈电阻，这给使用带来很大方便。

2. 集成运放的应用

运算放大器主要用于放大变化缓慢的直流信号。在工业技术领域中，特别是在一些测量仪器和自动控制系统中经常要用到直流放大电路，如在一些自动控制系统中，首先要把被控的非电量(如温度、转速、压力、流量、照度等)转换为电信号，再与给定量比较后，得到一个微弱的偏差信号。因为这个偏差信号的幅度和功率均不足以推动显示或执行机构，所以需要把这个偏差信号放大到需要的程度，以推动执行机构或送到仪表中去显示，从而达到自动控制和测量的目的。因为被放大的信号多属变化缓慢的直流信号，前面分析过的交流放大器由于存在电容器元件，不能有效耦合和放大这类信号。采用运算放大器能够有效放大这类缓慢变化的直流信号。运算放大器最初应用于模拟电子计算机，用于实现加、减、乘、除、比例、微分和积分等运算功能，并因此而得名。

在实际电路中，集成运放通常结合反馈网络共同组成某种功能模块，在有源滤波器、开关电源电路、数/模和模/数转换器、直流信号放大、波形的产生和变换，以及信号处理等方面得到十分广泛的应用。

### 10.1.2　运算放大器的组成

运算放大器是一个高增益直接耦合放大电路，其内部电路主要由差分放大器输入级、中间电压放大器增益级、推挽放大器输出级和偏置电路等四部分组成，它的方框图如图 10-1 所示。

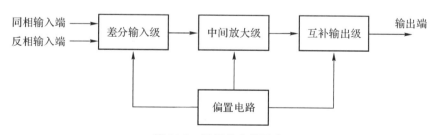

图 10-1　运算放大器组成

(1)输入级。其是提高运算放大器质量的关键部分，要求其输入电阻高，能够抑制零点漂移和干扰信号。输入级采用差分放大电路，对共模信号(如电源电压波动引起的错误信号)有很强的抑制力，它有同相和反相两个输入端。

（2）中间放大级。主要进行电压放大，要求电压放大倍数高，一般由共射放大电路或分压式偏置放大电路组成。

（3）互补输出级。其与负载相接，要求输出电阻低、带负载能力强，一般由互补对称电路或射极输出器组成。

（4）偏置电路。其作用是为上述各级提供稳定和合适的偏置电流，决定各级的静态工作点，一般由各种恒流源组成。

运算放大器具有正、负输入端，适用于正、负两种极性信号的输入和输出；还有输出端，正、负电源供电端，外接补偿电路端，调零端，相位补偿端，公共接地端及其他附加端等。

### 10.1.3　集成运放图形符号及外形

集成运算放大器的图形符号如图 10-2 所示。$u_+$ 或"IN+"为同相输入端，由此输入信号，输出信号与输入信号同相；$u_-$ 或"IN−"为反相输入端，由此输入信号，输出信号与输入信号反相；$u_o$ 为输出端。有的符号上还标出正电源端和负电源端。

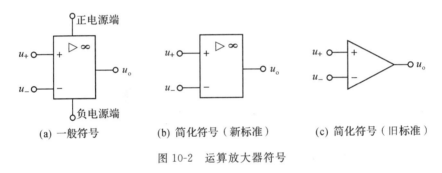

(a) 一般符号　　　　　(b) 简化符号（新标准）　　　　　(c) 简化符号（旧标准）

图 10-2　运算放大器符号

常见集成运放的外形有双列直插式和圆壳式等，如图 10-3 所示。双列直插式管脚的识别是：将运放片管脚向下、缺口朝左放置，从左下脚开始为 1，逆时针排列，后面的脚依次为 2，3，4，…。比如 LM358 是 8 管脚的双集成运放，各管脚及功能如图 10-4 所示。各类常见集成运放实物图如图 10-5 所示。

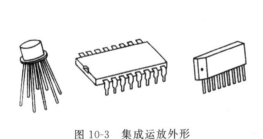

图 10-3　集成运放外形

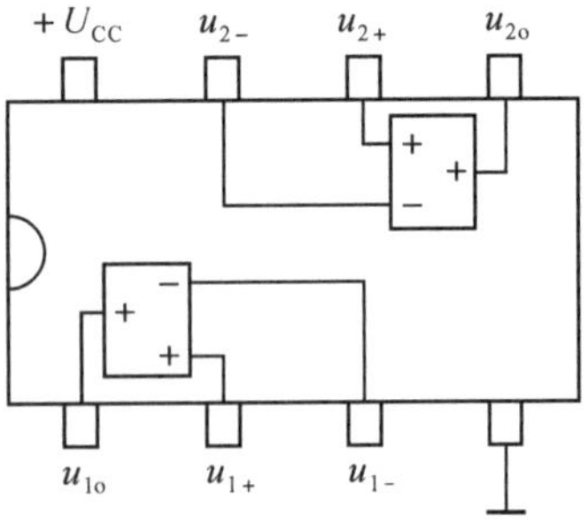

图 10-4　LM358 管脚功能

(a) 直插式运放 LM324

(b) 贴片封装 LM324

(c) LM108H

(d) NE5532

(e) LM358

M10-1 集成运算
放大器的概念与
组成/测试

图 10-5 常见集成运放实物图

## 10.1.4 集成运放的主要参数

集成运放的参数较多,最主要的有:

1. 开环差模电压放大倍数 $A_{ud}$

无反馈时集成运放差模电压放大倍数,称为开环差模电压放大倍数,记作 $A_{ud}$。集成运算放大器的 $A_{ud}$ 均很高,约为 $1\times10^4 \sim 1\times10^6$（LM741 的 $A_{ud}$ 在 $1\times10^5$ 以上）,目前高增益集成运算放大器的 $A_{ud}$ 可达 $1\times10^7$。放大倍数用增益 $G_{ud}$ 表示时,单位为分贝,$G_{ud}=20\lg|A_{ud}|$。

2. 输入失调电压 $U_{Io}$

实际运放,当输入电压 $u_+=u_-=0$ 时,输出电压 $u\neq0$,将其折合到输入端就是输入失调电压。它在数值上等于输出电压为零时两输入端之间应施加的直流补偿电压。$U_{Io}$ 的大小反映差动放大电路输入级的不对称程度,显然其值越小越好,一般为几个毫伏,高质量的在 1mV 以下。$U_{Io}$ 可以通过调节零电位器得到解决。

3. 输入失调电流 $I_{Io}$

当集成运放的输入电压为零,差分输入级的差分对管基极静态电流之差,即

$$I_{Io}=|I_{B1}-I_{B2}|$$

用于表征差分级输入电流不对称程度,通常 $I_{Io}$ 为几十到几百纳安（nA）。$I_{Io}$ 的存在,使输入回路电阻上产生一个附加电压,因此输入信号为零时,输出电压不等于零。

4. 差模输入电阻 $r_{id}$ 和输出电阻 $r_o$

运算放大器两个输入端之间的电阻,称为差模输入电阻。这是个动态电阻,它反映了运算放大器的差分输入端向差模信号源所取用电流的大小。通常希望 $r_{id}$ 尽可能大一些,一般为几百千欧到几兆欧。定义式:

$$r_{id} = \frac{\Delta U_{id}}{\Delta I_{id}}$$

输出电阻 $r_o$ 是指运算放大器在开环状态下,输出端电压变化量与输出端电流变化量的比值。它的值反映运算放大器带负载的能力,其值越小带负载能力越强,一般是 $20 \sim 200\Omega$。

5. 共模抑制比 $K_{CMRR}$

共模抑制比 $K_{CMR}$ 是衡量输入级各参数对称程度的标志,其大小反映运算放大器抑制共模信号的能力。其定义为差模电压放大倍数与共模电压放大倍数的比值,表示为

$$K_{CMRR} = \frac{A_{ud}}{A_{uc}}$$

或用对数表示为

$$K_{CMRR} = 20\lg \frac{A_{ud}}{A_{uc}} (dB)$$

$K_{CMRR}$ 越大,运放对零漂的抑制能力越强,分辨有用信号的能力愈强,受共模干扰及零漂的影响越小,性能越优良。

6. 最大差模输入电压 $U_{Id\max}$

它是指同相输入端和反相输入端之间所允许加的最大差模输入电压。若实际所加的电压超过这个电压值,运算放大器输入级的晶体管将出现反向击穿现象,使运算放大器输入特性显著恶化,甚至造成永久性损坏,LM741 的 $U_{Id\max}$ 约为 $\pm 36V$。

7. 最大共模输入电压 $U_{Ic\max}$

运算放大器对共模信号具有抑制性能,但这个性能在规定的共模电压范围内才具有。如果超出这个电压,运算放大器的共模抑制性能就大大下降,甚至造成器件损坏。LM741 的 $U_{Ic\max}$ 约为 $\pm 16V$。

8. 最大输出电压 $U_{OPP}$

它是指在特定的负载条件下,集成运放能输出的最大不失真电压的峰值。目前大多数的集成运放的正、负电压摆幅均大于 $10V$。

### 10.1.5 理想运算放大器的条件与特性

M10-2 集成运算放大器的参数/测试

1. 理想运算放大器的主要条件

由于集成运放具有开环差模电压增益高、输入阻抗高、输出阻抗低及共模抑制比高等特点,实际中为了分析方便,常将它的各项指标理想化。理想运放的主要条件是:

(1)开环差模电压放大倍数 $A_{ud} = \infty$;

(2)开环差模和共模输入电阻 $r_{id} = \infty$;

(3)开环输出电阻 $r_o = 0$;

(4)共模抑制比 $K_{CMRR} = \infty$。

实际的集成运算放大器由于参数接近理想运放,在工程计算中可以按理想运放进行分析与处理。

**2.集成运放的"虚断"和"虚短"特性**

理想集成运放开环电压放大倍数为无穷大,一个很小的输入信号甚至一些外界的干扰信号,都使输出达到饱和而进入非线性状态,所以理想集成运算放大器在无反馈或正反馈情况下,均工作于非线性状态。

集成运放输出电压与输入电压之间的关系称为电压传输特性。理想运放的电压传输特性如图 10-6(a)所示。

实际的集成运算放大器电压放大倍数很大但为一确定的值,可以工作在线性区,也可以工作在非线性区。它的电压传输特性,可以用下式表示:

$$u_{\mathrm{o}}=A_{\mathrm{ud}}u_{\mathrm{i}}=A_{\mathrm{ud}}(u_{+}-u_{-}) \tag{10-1}$$

当输入电压 $u_{\mathrm{i}}$ 绝对值很小时,输出电压幅值小于运算放大器的饱和电压 $U_{o+}$(或 $U_{o-}$),输出电压与输入电压成线性比例关系,工作于线性区。

当输入电压绝对值大于一定值后,式(10-1)不能满足,输出电压等于正饱和电压 $U_{o+}$ 或负饱和电压 $U_{o-}$,如图 10-6(b)所示水平线部分。此时有

$$\begin{aligned}&u_{+}>u_{-} \text{时}, u_{\mathrm{o}}=U_{o+}\\&u_{+}<u_{-} \text{时}, u_{\mathrm{o}}=U_{o-}\end{aligned} \tag{10-2}$$

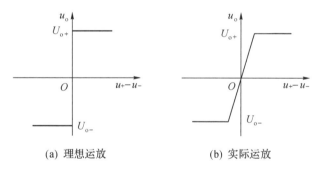

M10-3 运算放大器理想化的条件与特性/微课　　M10-4 理想运算放大器/测试

(a) 理想运放　　(b) 实际运放

图 10-6　集成运放的电压传输特性

工作在线性区域的运算放大器有两个重要结论:

(1)运放的同相输入端和反相输入端的电位大致相等,但不完全相等,称为"虚短"。

由式(10-1)知,在线性工作范围内,集成运算放大器两个输入端之间的电压为

$$u_{\mathrm{i}}=u_{+}-u_{-}=\frac{u_{\mathrm{o}}}{A_{\mathrm{ud}}}$$

而集成运放的 $A_{\mathrm{ud}}\to\infty$,输出电压 $u_{\mathrm{o}}$ 是一个有限值,所以有

$$u_{\mathrm{i}}=u_{+}-u_{-}\approx0$$

即

$$u_{+}\approx u_{-} \tag{10-3}$$

(2)运放的同相输入端和反相输入端的输入电流均约等于零,但并不完全等于零,称为"虚断"。

因为运算放大器的 $r_{\mathrm{id}}\to\infty$,所以同相输入端和反相输入端流入集成运算放大器的信号电流均约等于零,即

$$i_{+}\to0, \quad i_{-}\to0 \tag{10-4}$$

由于实际运放的性能与理想运放比较接近,因此,在分析电路的工作原理时,我们用理想运放代替实际运放所带来误差并不大,这在一般的工程计算中是允许的。

**例 10-1** 如图 10-7 所示为集成运放 F007 符号,正负电源电压为 ±15V,开环电压放大倍数 $A_{ud} = 2 \times 10^5$,输出最大电压为 ±13V。分别加入下列输入电压,求输出电压及极性。

(1) $u_+ = 15\mu V$,$u_- = -10\mu V$;

(2) $u_+ = -5\mu V$,$u_- = 10\mu V$;

(3) $u_+ = 0V$,$u_- = 5mV$;

(4) $u_+ = 5mV$,$u_- = 0V$。

**解:** 由式(10-1)得

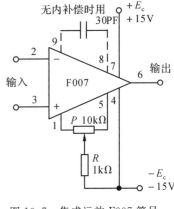

图 10-7 集成运放 F007 符号

$$u_+ - u_- = \frac{u_o}{A_{ud}} = \frac{\pm 13V}{2 \times 10^5} = \pm 65\mu V$$

可见,当两个输入端之间的电压绝对值小于 65uV,输出与输入满足式(10-1),否则输出就满足式(10-2),因此有

(1) $u_o = A_{ud}(u_+ - u_-) = 2 \times 10^5 (15 + 10) \times 10^{-6} = +5V$;

(2) $u_o = A_{ud}(u_+ - u_-) = 2 \times 10^5 (-5 - 10) \times 10^{-6} = -3V$;

M10-5 运算放大器的分类/PDF

(3) $u_o = -13V$;

(4) $u_o = +13V$。

# 10.2 负反馈

反馈在模拟电子电路中得到非常广泛的应用。在放大电路中引入负反馈可以稳定静态工作点,稳定放大倍数,改变输入、输出电阻,拓展通频带,减小非线性失真等,因此研究负反馈非常必要。

### 10.2.1 反馈基本概念

凡是将放大电路输出信号 $X_o$(电压或电流)的一部分或全部通过某种电路(反馈电路)引回到输入端,就称为反馈。若引回的反馈信号削弱输入信号而使放大电路的放大倍数降低,则称这种反馈为负反馈;若反馈信号增强输入信号,则称为正反馈。图 10-8(a)和(b)分别为无反馈和带有反馈的放大电路方框图。在图 10-8(b)中,输入信号 $\dot{X}_i$ 与反馈信号 $\dot{X}_f$ 在"⊗"处叠加后产生净输入信号,得净输入信号 $\dot{X}_d$:

$$\dot{X}_d = \dot{X}_i - \dot{X}_f \tag{10-5}$$

基本放大电路(开环)的放大倍数 $\dot{A} = \dot{X}_o / \dot{X}_d$,反馈电路的反馈系数 $\dot{F} = \dot{X}_f / \dot{X}_o$,带有负反馈的放大电路(闭环)的放大倍数 $\dot{A}_F = \dot{X}_o / \dot{X}_i$。

由于反馈的极性不同,反馈信号的取样对象不同,反馈网络不同,反馈信号在输入回路中的连接方式不同,反馈的类型也不相同。

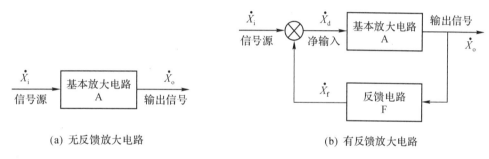

(a) 无反馈放大电路            (b) 有反馈放大电路

图 10-8 无反馈与有反馈电路框

## 10.2.2 反馈类型及其判别方法

### 1. 正反馈和负反馈

由式(10-5)可知,如果反馈信号 $\dot{X}_f$ 与 $\dot{X}_i$ 反相,使净输入信号增加,即 $\dot{X}_d > \dot{X}_i$,这种反馈称为正反馈。如果反馈信号 $\dot{X}_f$ 与 $\dot{X}_i$ 同相,使净输入信号减小,即 $\dot{X}_d < \dot{X}_i$,这种反馈称为负反馈。

判别是正反馈还是负反馈,我们一般采用瞬时极性法。设接"地"参考点的电位为零,电路中某点在某瞬时的电位高于零电位者,则该点电位的瞬时极性为正(用"+"表示),反之为负(用"−"表示)。假设在某一共发射极放大电路的输入端(三极管基极)引入一瞬时极性为正(+)的信号,即信号瞬时值增加,则集电极的瞬时极性为负(−)(下降),发射极瞬时极性为正(+),而且电容、电阻等反馈元件不改变瞬时极性。如果这个信号通过放大电路和反馈回路回到输入端,使净输入信号增加则为正反馈,否则为负反馈。运算放大器的输出端信号瞬时极性和同相输入端信号瞬时极性相同,和反相输入端信号瞬时极性相反。

晶体管净输入是 $u_{be}$ 或 $i_b$,集成运放的净输入是 $u_+ - u_-$ 或 $i_-$ 及 $i_+$。

### 2. 直流反馈和交流反馈

反馈电路中,如果反馈到输入端的信号是直流量,则为直流反馈;如果反馈到输入端的信号是交流量,则为交流反馈。当然,实际放大器中可以同时存在直流反馈和交流反馈。直流负反馈可以改善放大器静态工作点的稳定性,交流负反馈则可以改善放大器的交流特性。

直流反馈或交流反馈可以通过分析反馈信号是直流量或交流量来确定,也可以通过放大电路的交、直流通路来确定,即在直流通路中引入的反馈为直流反馈,在交流通路中引入的反馈为交流反馈。

### 3. 电压反馈和电流反馈

在反馈放大器的输出端,基本放大器与反馈网络并联,反馈信号 $u_f$ 与输出电压 $u_o$ 成正比,即反馈信号取自输出电压(称为电压取样),这种方式称为电压反馈,如图 10-9(a)所示。反之,如果在反馈放大器的输出端,基本放大器与反馈网络串联,则反馈信号 $u_f$ 与输出电 $i_o$ 成正比,或者说反馈信号取自输出电流(称为电流取样),这种方式称为电流反馈,如图 10-9(b)所示。

判断方法:假如把输出端短路(即 $R_L = 0$ 或 $u_o = 0$),如果反馈信号消失,即反馈信号取自放大电路的输出电压,就为电压反馈,如图 10-9(a)和(c)所示。假如把输出端短路,如果反馈信号依然存在,即反馈信号取自放大电路的输出电流,则为电流反馈,如图 10-9(b)和(d)所示。

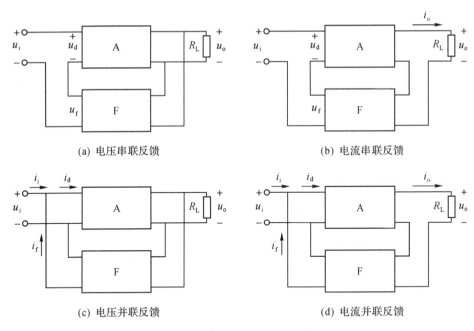

(a) 电压串联反馈        (b) 电流串联反馈

(c) 电压并联反馈        (d) 电流并联反馈

图 10-9   各种反馈类型

### 4. 串联反馈与并联反馈

根据反馈信号与放大电路输入信号连接方式的不同,可分为串联反馈与并联反馈。反馈信号与放大电路输入信号以电压相减形式出现,即 $\dot{U}_d = \dot{U}_i - \dot{U}_f$,为串联负反馈,如图 10-9(a) 和(b)所示。反馈信号与放大电路输入信号以电流相减形式出现,即 $\dot{I}_d = \dot{I}_i - \dot{I}_f$,为并联负反馈,如图 10-9(c)和(d)所示。

综上所述,负反馈的基本类型有四种:

①电压串联负反馈;②电压并联负反馈;③电流串联负反馈;④电流并联负反馈。

**例 10-2** 试判断图 10-10 所示电路的反馈类型。

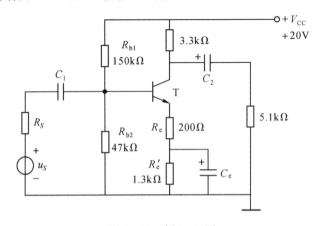

图 10-10   例 10-2 图

**解**:第一步,首先分析电路中是否存在反馈。从具体的电路图中分析知道,通过 $R_e$ 的不仅有输入信号,还有输出信号。因而它能将输出信号的一部分取出来馈送给输入回路,从而影响原输入信号。由此,$R_e$ 是该电路的反馈元件,电路存在着反馈。

　　第二步,判断其反馈性质是正反馈还是负反馈。在这里我们一般采用瞬时极性法判断,设信号源瞬时极性为上正下负,加到三极管发射极电压亦为上正下负,三极管的发射极电压就是反馈信号电压,它使加到发射结的净输入信号电压比原输入信号电压小,故是负反馈。

　　第三步,判断是电压反馈还是电流反馈。从输出回路分析反馈信号取自输出电压还是输出电流。我们一般采用将负载电阻短路一下,若反馈消失则为电压反馈;若反馈仍在,则是电流反馈。

　　第四步,判断它是串联反馈还是并联反馈。从输入回路分析反馈信号与原输入信号是串联还是并联,图 10-10 中反馈信号与原输入信号是以电压相减形式出现的,故为串联反馈。

　　根据以上分析,我们知道图 10-10 所示电路引入的反馈为电流串联负反馈。

　　**例 10-3**　试判别图 10-11 所示各电路的反馈类型。

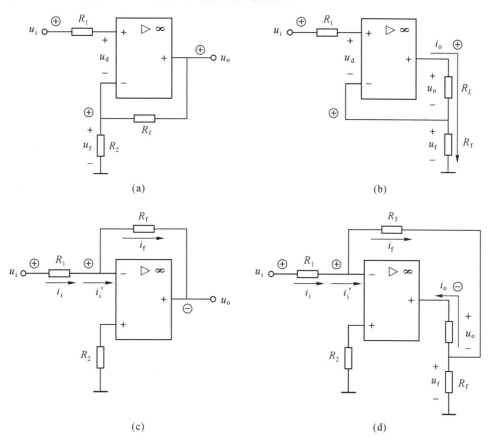

图 10-11　例 10-3 图

　　**解:**图 10-11(a)中,反馈信号 $u_f$ 取自输出电压 $u_o$,净输入电压 $u_d = u_i - u_f < u_i$,故电路为电压串联负反馈放大电路。

　　图 10-11(b)中,反馈电压 $u_f$ 取自输出电流 $i_o$,净输入电压 $u_d = u_i - u_f < u_i$,故电路为电流串联反馈负放大电路。

　　图 10-11(c)中,反馈电流 $i_f$ 取自输出电压 $u_o$,净输入电流 $i'_i = i_i - i_f < i_i$,故电路为电压并联反馈负放大电路。

　　图 10-11(d)中,反馈电流 $i_f$ 取自输出电流 $i_o$,净输入电流 $i'_i = i_i - i_f < i_i$,故电路为电流并联反馈负放大电路。

### 10.2.3 负反馈对放大器性能的改善

1.负反馈能降低放大器的放大倍数,提高放大器增益的稳定性

放大电路中,反馈信号$\dot{X}_\mathrm{f}$与输出信号$\dot{X}_\mathrm{o}$之比,定义为反馈系数$F$:

$$F=\dot{X}_\mathrm{f}/\dot{X}_\mathrm{o}$$

因为

$$\dot{X}_\mathrm{d}=\dot{X}_\mathrm{i}-\dot{X}_\mathrm{f}=\dot{X}_\mathrm{i}-F\dot{X}_\mathrm{o}=\dot{X}_\mathrm{i}-AF\dot{X}_\mathrm{d}$$

所以

$$\dot{X}_\mathrm{d}=\frac{\dot{X}_\mathrm{i}}{1+AF}$$

又因为$\dot{X}_\mathrm{o}=A\dot{X}_\mathrm{d}$,则负反馈放大器增益的一般表达式:

$$A_\mathrm{F}=\frac{\dot{X}_\mathrm{o}}{\dot{X}_\mathrm{i}}=\frac{A}{1+AF} \tag{10-6}$$

引入负反馈后,放大器的闭环放大倍数降低了,$(1+AF)$反映了反馈的强弱程度,称为反馈放大器的反馈深度。

当$(1+AF)\gg 1$时,

$$A_\mathrm{F}=\frac{A}{1+AF}\approx\frac{A}{AF}=\frac{1}{F}$$

上式说明闭环深度反馈时,增益仅与反馈系数有关,与开环增益无关。由于反馈环节一般都是由线性元件构成,性能稳定,因此闭环放大倍数稳定。电压负反馈将稳定输出电压,电流负反馈将稳定输出电流。

2.减小非线性失真以及抑制干扰和噪声

由于构成放大器的核心元件(BJT 或 FET)的特性是非线性的,常使输出信号产生非线性失真,或是由电路内部其他原因产生的干扰和噪声(可看作与非线性失真类似的谐波)。在负反馈放大电路中,净输入信号 $u_\mathrm{d}$ 是输入信号 $u_\mathrm{i}$ 与失真输出信号的反馈量 $u_\mathrm{f}$ 相减的结果,净输入信号 $u_\mathrm{d}$ 的波形与原输出失真信号的畸变方向相反,从而使放大器的输出信号波形得以改善。如图 10-12 所示。

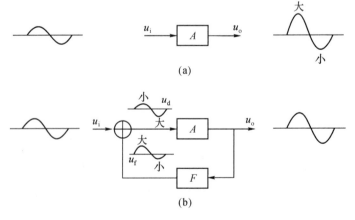

图 10-12 负反馈电路减小非线性失真

注意:负反馈只能改善由放大器引起的非线性失真,抑制反馈环内的干扰和噪声,而不能改善输入信号本身存在的非线性失真,对混入输入信号的干扰和噪声也无能为力。

### 3. 扩展通频带

通频带用于衡量放大电路对不同频率信号的放大能力。由于放大电路中电容、电感及半导体器件结电容等电抗元件的存在,在输入信号频率过低或过高时,放大倍数的数值会下降并产生相移。通常情况下,放大电路只适用于放大某一个特定频率范围内的信号。

当电路放大倍数随输入信号频率的变化而下降到 0.707 倍时,对应上、下限截止频率之差称为频带宽度(Band Width,BW)。放大器引入负反馈后,在中频区,放大器的放大倍数下降多;在高、低频区,放大倍数下降得少,结果是放大器的幅频特性变得平坦,上限截止频率由 $f_H$ 增大至 $f_{HF}$,下限频率由 $f_L$ 降低至 $f_{LF}$,频带宽度增大到 $BW_F$,如图 10-13 所示。

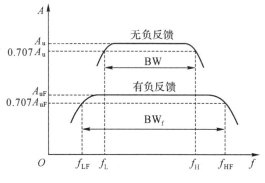

图 10-13　幅频特性

M10-6　负反馈/测试

### 4. 负反馈能改变放大器的输入电阻和输出电阻

放大器加入负反馈后,其输入电阻变化情况取决于输入端的反馈连接方式(串联或并联反馈),而与输出端的反馈连接方式无关。串联负反馈使放大器输入电阻增大,其输入电阻的大小变为

$$r_{if} = (1+AF)r_i \tag{10-7}$$

并联负反馈使放大器输入电阻减小,其输入电阻大小变为

$$r_{if} = \frac{r_i}{1+AF} \tag{10-8}$$

放大器加入负反馈后,其输出电阻变化情况,取决于反馈信号的取得方式(电压或电流反馈),而与输入端的反馈连接方式无直接关系。电压负反馈使放大器的输出电阻减小,其输出电阻变为

$$r_{of} = \frac{r_o}{1+AF} \tag{10-9}$$

电流负反馈使放大器的输出电阻增大,其输出电阻变为

$$r_{of} = (1+AF)r_o \tag{10-10}$$

总的来说,电压负反馈,能稳定输出电压使输出电阻减小,提高带负载能力;电流负反馈,能稳定输出电流使输出电阻增大;串联负反馈,使输入电阻增大,减小向信号源索取的电流;并联负反馈,使输入电阻减小。

## 10.3 运算放大器的线性应用

由运放组成的电路可实现比例、积分、微分、对数及加减乘除等运算。此时,电路都要引入深度负反馈使运放器工作在线性区。

### 10.3.1 反相输入运算放大电路

1.反相比例运算电路

(1)电路组成(如图 10-14 所示)

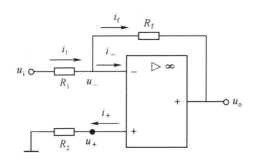

M10-7 反相比例
运算电路/微课

图 10-14 反相比例运算放大器

输入信号 $u_i$ 通过 $R_1$ 送到集成运放的反相输入端,输出信号 $u_o$ 经 $R_f$ 反馈至反相输入端,同相端通过平衡电阻 $R_2$ 接地,且 $R_2 = R_1 /\!/ R_f$。接入平衡电阻的目的是防止实际的运算放大器因输入的偏置电流不平衡而影响输出信号,使它更接近于理想的集成运放,以便于计算。

(2)电压放大倍数

根据理想运放的"虚短"和"虚断"的概念可知,$i_+ \doteq 0$,$u_- \doteq u_+ \doteq 0$,所以

$$i_1 = \frac{u_i - u_-}{R_1} = \frac{u_i}{R_1}$$

$$i_f = \frac{u_- - u_o}{R_f} = -\frac{u_o}{R_f}$$

根据理想运放的"虚断"的概念,$i_- \doteq 0$,可知 $i_1 \doteq i_f$,所以

$$\frac{u_i}{R_1} = \frac{-u_o}{R_f} \text{ 或 } u_o = -\frac{R_f}{R_1} u_i$$

则闭环电压放大倍数

$$A_u = \frac{u_o}{u_i} = -\frac{R_f}{R_1} \tag{10-11}$$

从式(10-11)可以看出,闭环电压增益 $A_u$ 为负值,$u_o$ 与 $u_i$ 反相,$A_u$ 的大小仅与 $R_1$ 和 $R_f$ 有关,故称为反相比例运算放大器。选取阻值稳定、精度高的电阻 $R_1$ 和 $R_f$,是提高电压放大倍数精度的重要途径。当 $R_1 = R_f$ 时,$u_o = -u_i$,我们也把这种放大电路称为反相器或倒相器。反相比例运算电路输入阻抗较小,约等于 $R_1$;输出阻抗也较小。

**例10-4**　有一电阻式压力传感器,其输出阻抗为 $500\Omega$,测量范围是 $0\sim10\text{MPa}$,其灵敏度是 $+1\text{mV}/0.1\text{MPa}$,现在要用一个输入 $0\sim5\text{V}$ 的标准表来显示这个压力传感器测量的压力变化,即需要一个放大器把压力传感器输出的信号放大到标准表输入所需要的状态。设计这个放大器并确定各元件参数。

**解:**因为压力传感器的输出阻抗较低,所以可采用由输入阻抗较小的反相比例电路构成的放大器。因为标准表的最高输入电压对应着压力传感器 $10\text{MPa}$ 时的输出电压值,而传感器这时的输出电压为 $100\text{mV}$,也就是放大器的最高输入电压,而这时放大器的输出电压应是 $5\text{V}$,所以放大器的电压放大倍数是 $5/0.1=50$ 倍。由于相位与需要要反,所以在第一级放大器后再接一级反相器,使相位符合要求。根据这些条件来确定电路的参数。

(1)放大器的输入阻抗是信号源内阻的 $20$ 倍(可满足工程要求),即 $R_1=10\text{k}\Omega$。

(2) $R_{f1}=50R_1=500\text{k}\Omega$。

(3) $R'=R_1\parallel R_{f1}=\dfrac{10\times500}{10+500}\text{k}\Omega=9.8\text{k}\Omega$。

(4)运算放大器均采用 LM741。

(5)采用对称电源供电,电源电压可采用 $10\text{V}$(因为放大器最大输出电压是 $5\text{V}$)。

(6) $R_{f2}=R_{12}=50\text{k}\Omega$。

(7) $R'_2=R_{12}\parallel R_{f2}=25\text{k}\Omega$,电路原理图如图 $10\text{-}15$ 所示。

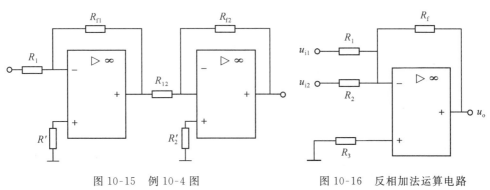

图 10-15　例 10-4 图　　　　　　图 10-16　反相加法运算电路

**2.反相加法运算电路**

若反相比例电路中的反相端有两路及以上信号输入,则组成反相加法运算电路,如图 $10\text{-}16$ 所示。

电路输出电压:

$$u_o=-\left(\frac{R_f}{R_1}u_{i1}+\frac{R_f}{R_2}u_{i2}\right) \tag{10-12}$$

可见,输出电压与输入电压反相,且 $u_o$ 是两输入信号加权后的负值相加,故称反相加法器。

若取 $R_1=R_2$,则

$$u_o=-\frac{R_f}{R_1}(u_{i1}+u_{i2})$$

若取 $R_f=R_1=R_2$,则

$$u_o=-(u_{i1}+u_{i2}) \tag{10-13}$$

### 3. 反相积分电路

若将反相比例电路的反馈电阻换成电容器,则组成反相积分电路,如图 10-17 所示。

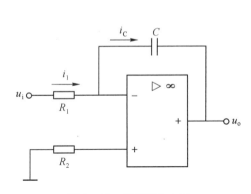

图 10-17  反相积分电路

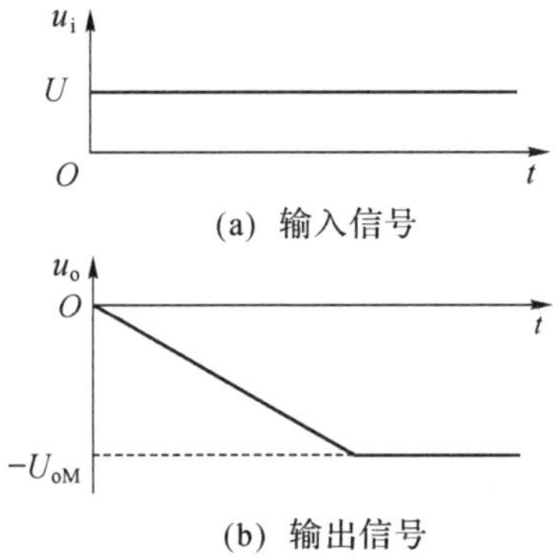

图 10-18  积分电路输入与输出波形

利用"虚短"和"虚断"特性可得 $i_C = i_1 = u_i / R_1$

$$u_o = 0 - u_C = -\frac{Q_C}{C} = -\frac{1}{C}\int i_C dt = -\frac{1}{C}\int \frac{u_i}{R_1} dt = -\frac{1}{R_1 C}\int u_i dt$$

即

$$u_o = -\frac{1}{R_1 C}\int u_i dt \qquad (10-14)$$

输出电压正比于输入电压对时间的积分,负号表示输出电压与输入电压反相。当输入直流信号时,输出信号电压将随时间线性增长。设电容上的初始电压等于零(即 $t = 0$ 时,$u_C = 0$),且输入电压为恒定直流信号 $U$,则

$$u_o = -\frac{U}{R_1 C} t$$

其电路输出波形如图 10-18 所示。

在实际自动控制系统中,积分电路常用来实现延时、定时和产生各种波形。时间常数 $\tau = R_1 C$ 取值越大,延时和定时时间越长,电路的抗干扰性能越强。

**例 10-5**  利用图 10-19 所示的积分电路将方波变成三角波,计算三角波的峰、谷值且画出波形图。

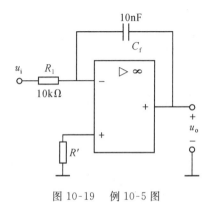

图 10-19  例 10-5 图

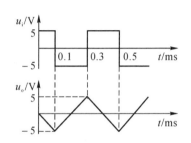

图 10-20  积分电路输入与输出波形

**解:**输入电压波形如图 10-20 中的 $u_i$ 所示;时间常数 $\tau = R_1 C_f = 0.1\text{ms}$,

$$u_o = -\frac{1}{R_1 C_f}\int_{t1}^{t2} u_1 \mathrm{d}t + u_o(t_1)$$

设 $u_o(0) = 0$

$$u_o\mid_{t=0.1\text{ms}} = -\frac{1}{0.1}\int_0^{0.1} 5\mathrm{d}t = -5\text{V}$$

$$u_o\mid_{t=0.3\text{ms}} = -\frac{1}{0.1}\int_{0.1}^{0.3}(-5)\mathrm{d}t - 5 = 5\text{V}$$

后面的输出电压值循环,输出电压波形如图 10-20 中的 $u_o$ 所示。

### 4. 反相微分电路

若将反相积分电路中的电阻与电容器位置互换,则构成反相微分电路,如图 10-21 所示。

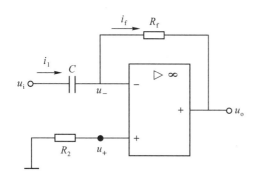

图 10-21　反相微分电路

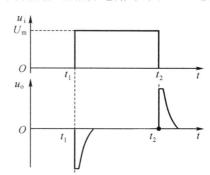

图 10-22　微分电路输出波形

根据理想运放的"虚短"和"虚断"特性可得 $i_1 = i_C = i_f, u_+ = u_- = 0$

$$u_0 = -i_f R_f = -i_c R_f = -R_f C \frac{\mathrm{d}u_C}{\mathrm{d}t} = -R_f C \frac{\mathrm{d}u_i}{\mathrm{d}t}$$

即

$$u_o = -R_f C \frac{\mathrm{d}u_i}{\mathrm{d}t} \tag{10-15}$$

由式(10-15)可知,输出电压与输入电压的微分成正比,负号表示输出电压与输入电压反相。若输入信号波形如图 10-22 中 $u_i$ 所示,则输出波形为二个脉冲。

在输入信号突变时,输出为一脉冲,在输入信号无变化的平坦区域,电路无输出电压。显然,微分电路对突变信号反应特别灵敏。

在自动控制系统中,常用微分电路来提高系统的调节灵敏度。

在实际应用的自动控制系统中,常将比例(P)、积分(I)和微分(D)三部电路组成起来,可组成 PID(比例积分微分)调节器,电路如图 10-23 所示。

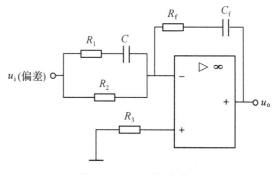

图 10-23　PID 调节器

比例用于常规(主)调节,并作用于调节过程的始终;积分用于抑制干扰;微分用于快速反应变化趋势并加以抑制。

### 10.3.2　同相输入运算放大电路

1.同相比例运算电路

(1)电路组成(见图 10-24)

输入信号 $u_i$ 通过 $R_2$ 馈送到集成运放的同相输入端,输出信号 $u_o$ 经 $R_f$ 反馈至反相输入端。

(2)闭环电压放大倍数

根据理想运放的"虚短""虚断"的概念可知,$u_- \doteq u_+ \doteq u_i$,在信号输入支路上,可得

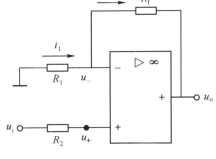

图 10-24　同相比例运算放大器
/电压串联负反馈

$$i_1 = \frac{0-u_-}{R_1} = -\frac{u_i}{R_1}$$

在反馈支路上可得

$$i_f = \frac{u_- - u_o}{R_f} = \frac{u_i - u_o}{R_f}$$

根据理想运放的"虚断"的概念可知,$i_1 \doteq i_f$,所以

$$-\frac{u_i}{R_1} = \frac{u_i - u_o}{R_f} \quad 或 \quad u_0 = (1 + \frac{R_f}{R_1})u_i$$

则有闭环电压放大倍数:

$$A_u = \frac{u_o}{u_i} = 1 + \frac{R_f}{R_1} \tag{10-16}$$

由此可知闭环电压放大倍数 $A_u$ 为正值,输出电压 $u_0$ 与输入电压 $u_i$ 同相,故称为同相放大器。同相比例运算电路的输入阻抗较大,约等于几兆欧,输出阻抗较小,存在共模输入信号。

当 $R_f = 0$,$R_1 = \infty$ 时,则电压放大倍数 $A_u = 1$,即输出与输入相同,$u_o = u_i$,电路就成为电压跟随器。电路如图 10-25 所示。

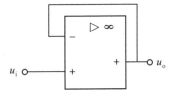

图 10-25　电压跟随器

**例 10-6**　有一电容式压力传感器,其输出阻抗为 1MΩ,测量范围是 0～10MPa,其灵敏度是 +1mV/0.1MPa,现在要用一个输入 0～5V 的标准表来显示这个压力传感器测量的压力变化,即需要一个放大器把压力传感器输出的信号放大到标准表输入所需要的状态。设计这个放大器并确定各元件参数。

**解:**因为压力传感器的输出阻抗很高,所以不能采用输入阻抗较小的反相比例电路构成放大器,而需要用高输入阻抗的同相比例放大器。因为标准表的最高输入电压对应着压力传感器 10MPa 时的输出电压值,而压力传感器这时的输出电压为 100mV,也就是放大器的最高输入电压,即这时放大器的输出电压应是 5V,所以放大器的电压放大倍数是 5/0.1=50 倍。根据这些条件来确定电路的参数。

(1)取 $R_1 = 10\text{k}\Omega$。

(2)$R_f = (50-1)R_1 = 49 \times 10\text{k}\Omega = 490\text{k}\Omega$。

(3)$R_2 = R_1 \parallel R_f = \frac{10 \times 490}{10 + 490}\text{k}\Omega = 9.8\text{k}\Omega$。

(4)运算放大器采用高输入阻抗的 CA3140。

(5)采用对称电源供电,电源电压可采用 10V(因为放大器最大输出电压是 5V)。电路原理图如图 10-24 所示。

2.同相加法器

同相端若有两个或以上信号输入,则成为同相加法器,电路如图 10-26 所示。

$u_{i1}$ 单独作用时,

$$u'_o=(1+\frac{R_f}{R_1})\frac{R_3}{R_2+R_3}u_{i1}$$

$u_{i2}$ 单独作用时,

$$u''_o=(1+\frac{R_f}{R_1})\frac{R_2}{R_2+R_3}u_{i2}$$

则 $u_{i1}$ 、$u_{i2}$ 共同作用时,

$$u_o=(1+\frac{R_f}{R_1})(\frac{R_3}{R_2+R_3}u_{i1}+\frac{R_2}{R_2+R_3}u_{i2}) \tag{10-17}$$

若取 $R_2=R_3$ 、$R_f=R_1$ ,则

$$u_o=u_{i1}+u_{i2}$$

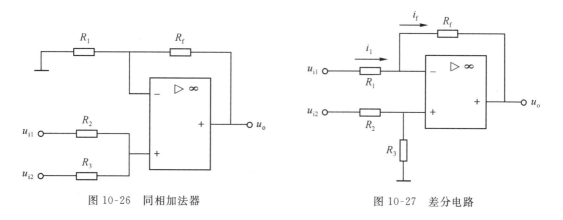

图 10-26　同相加法器　　　　　　　　图 10-27　差分电路

### 10.3.3 差分电路

当集成运放的同相输入端和反相输入端都接有输入信号时,输出电压与输入信号的加权相减值成比例,称为差分电路,如图 10-27 所示。

电路输出电压 $u_o$ 等于两输入信号 $u_{i1}$ 、$u_{i2}$ 加权相减,即

$$u_o=\frac{u_{i2}R_3}{R_2+R_3}\left(1+\frac{R_f}{R_1}\right)-\frac{R_f}{R_1}u_{i1} \tag{10-18}$$

若取 $R_1=R_2$ 、$R_3=R_f$ ,则 $u_o=\frac{R_f}{R_1}(u_{i2}-u_{i1})$ 。

若取 $R_1=R_2=R_3=R_f$ ,则 $u_o=u_{i2}-u_{i1}$ 。

**例 10-7**　试写出图 10-28 所示电路的运算关系,已知 $R_1=R_2=R_{f1}=R_{f2}$ 。

**解:**第一运放为同相比例运放。

$$u_{o1}=(1+\frac{R_{f1}}{R_1})u_{i1}=2u_{i1}$$

第二运放为差分输入减法器,运用叠加原理:

$$u_o = u'_o + u''_o$$

当 $u_{i1}$ 单独作用时，$u'_o = -\dfrac{R_{f2}}{R_2} \cdot u_{o1}$

$= -2u_{i1}$，

当 $u_{i2}$ 单独作用时，$u''_o = (1 + \dfrac{R_{f2}}{R_2})$

$\cdot u_{i2} = 2u_{i2}$，所以

$$u_o = 2u_{i2} - 2u_{i1} = 2(u_{i2} - u_{i1})$$

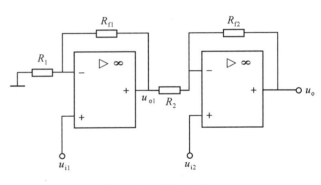

图 10-28 例 10-7 图

**例 10-8** 试根据下列运算关系的要求设计运放电路，并选择合适的参数，同时画出集成运放电路图。

$(1)u_o = 5(u_{i2} - u_{i1})$；

$(2)u_o = 5(u_{i1} + u_{i2})$；

$(3)u_o = -5(u_{i1} + u_{i2})$。

**解：**(1)由 $u_o = 5(u_{i2} - u_{i1})$ 的运算关系可知两个输入信号 $u_{i2}$、$u_{i1}$ 是做减法运算的，我们可采用差分电路，并取 $R_1 = R_2$、$R_3 = R_f$，$R_f = 5R_1$，即可符合要求，电路如图 10-27 所示。

(2)由 $u_o = 5(u_{i1} + u_{i2})$ 的运算关系可知两个输入信号 $u_{i2}$、$u_{i1}$ 是做加法运算的，采用同相加法器电路连接，并取 $R_2 = R_3$，$R_f = 9R_1$，即可满足要求，电路如图 10-26 所示。

(3)由 $u_o = -5(u_{i1} + u_{i2})$ 的运算关系可知两个输入信号 $u_{i2}$、$u_{i1}$ 是做加法运算的，采用反相加法器电路连接，并取 $R_2 = R_1$，$R_f = 5R_1$，即可满足要求，电路如图 10-16 所示。

# *10.4　电压比较器

集成运算放大器引入深度负反馈后可以工作在线性区，实现比例、加法等运算。若集成运算放大器工作于开环或正反馈工作状态，则运算放大器进入非线性工作区域，可以实现电压比较功能。

1. 电路组成

电路基本组成如图 10-29 所示。

$u_{REF}(u_R)$：参考电压或基准电压，加在集成运放的同相输入端。

$u_i$：被比较的对象，送到集成运放的反相输入端。

$u_o$：输出电压，反映比较的结果，或为高电平电压或为低电平电压，以满足后面连接的数字电路对 1 和 0 两种逻辑电平的要求。

2. 工作原理

集成运放工作于开环状态，其开环增益很高，两个端间输入电压有微小的差别，就会使输出处于饱和状态。

当 $u_i < u_R$ 时，则有 $u_{iD} = u_i - u_R = u_- - u_+ < 0$，集成运放输出正向饱和电压 $U_{o+}$。

当 $u_i > u_R$ 时,则有 $u_{iD} = u_i - u_R = u_- - u_+ > 0$,集成运放输出负向饱和电压 $U_{o-}$。

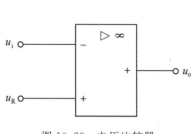

图 10-29　电压比较器

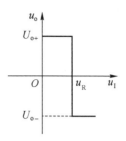

图 10-30　电压传输特性

其电压传输特性如图 10-30 所示,比较器的输出输入关系即传输特性。

如果输入信号为正弦波信号,且 $u_i$ 最大值大于 $u_R$,则比较器将输出同频率的矩形波信号,如图 10-31 所示。

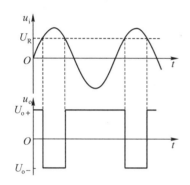

图 10-31　电压比较器波形变换

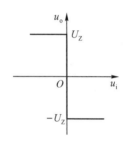

图 10-32　过零检测器的电压传输特性

若取参考电压 $u_{REF} = 0$,则输入电压 $u_i$ 每次过零时,输出电压 $u_o$ 就要产生跃变(反转),这种比较器称为过零比较器(又称过零检测器),电压传输特性如图 10-32 所示。

有时为了将输出电压限制在某一特定值,以便与接在输出端的数字电路的电平配合,可在比较器的输出端与反相输入端之间跨接一个双向稳压管,作双向限幅用。双向稳压管的稳定电压为 $U_Z$,电路和传输特性如图 10-33(a)、(b)所示。

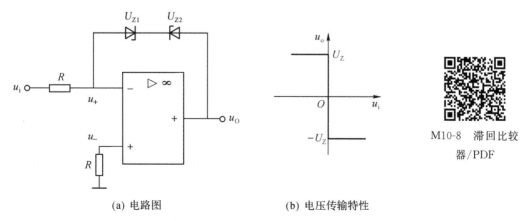

M10-8　滞回比较器/PDF

(a) 电路图　　　　　　(b) 电压传输特性

图 10-33　带双向稳压管的电压比较器

当 $u_i > 0$ 时，$U_{Z1}$ 正向导通，$U_{Z2}$ 反向击穿工作于稳压状态，输出电压 $u_o = -(0.7V + U_Z) \approx -U_Z$；

当 $u_i < 0$ 时，$U_{Z1}$ 反向击穿工作于稳压状态，$U_{Z2}$ 正向导通，输出电压 $u_o = 0.7V + U_Z \approx U_Z$。

所以，输出电压被限制在 $+U_Z$ 和 $-U_Z$ 之间。

# *10.5  信号发生器电路设计

1. 任务要求

现有一设备需要用到频率为 10kHz、幅度为 6.5V 的方波信号来驱动电路工作，请你试着设计这个方波发生器电路。

2. 任务分析

要产生一个方波信号，第一是必须用到比较器，利用运算放大器比较器的特点来产生一个方波信号；第二是要能持续产生一个方波信号，因此在运放电路中就必须加一个振荡电路，可以是一个正弦波振荡电路产生的正弦波信号，也可以采用积分电路产生的三角波信号来作为比较器的输入信号；第三是要使得输出的方波信号稳定而不失真，最好采用反相滞回比较器；第四是要使得输出电压恒定在某一数值，则可以在输出端接入并联型稳压电路。

3. 电路原理图

电路原理图如图 10-34 所示。

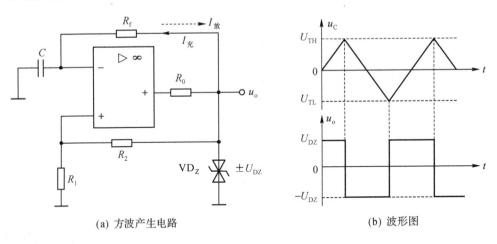

(a) 方波产生电路          (b) 波形图

图 10-34  方波发生器

其工作过程是：当电源通电瞬间，电容 $C$ 两端的电压为零，输出高电平 $u_o = U_{DZ}$，这个高电平通过 $R_f$ 向 $C$ 充电，电容两端的电压 $u_c$ 逐渐上升，当 $u_c$ 上升到超过阈值电压 $U_{TH}\left(U_{TH} = \dfrac{R_1}{R_1 + R_2} \cdot U_{DZ}\right)$ 时，电路就会发生转换，使得输出电压 $u_o = -U_{DZ}$，此时电容上的电压要通过反馈电阻开始向输出端放电，使得电容两端的电压逐渐降低，当电容两端电压降低到 $U_{TL}\left(U_{TL} = \dfrac{-R_1}{R_1 + R_2} U_{DZ}\right.$ 以下时，电路就会再次发生转换，周而复始，形成振荡，电路就会输出一个方波信号，如图 10-34(b) 所示。

4. 参数选择

根据电路原理分析可知,设计电路的振荡频率 $f=\dfrac{1}{2R_fC\times\ln\left(1+\dfrac{2R_1}{R_2}\right)}=10\mathrm{kHz}$;如果我们

取 $R_1=R_2=10\mathrm{k\Omega}$,电容 $C=4.7\mathrm{pF}$,则反馈电阻 $R_f=10\mathrm{k\Omega}$;运算放大器我们采用双运放的 uA741。所选元器件清单如表 10-1 所示。

表 10-1　元器件清单明细表

| 序号 | 名称 | 型号 | 数量 | 备注 |
| --- | --- | --- | --- | --- |
| 1 | 电阻 $R_0$ | $10\mathrm{k\Omega}$ | 1 只 | |
| 2 | 电阻 $R_1$ | $10\mathrm{k\Omega}$ | 1 只 | |
| 3 | 电阻 $R_2$ | $10\mathrm{k\Omega}$ | 1 只 | |
| 4 | 电阻 $R_f$ | $10\mathrm{k\Omega}$ | 1 只 | |
| 5 | 电容 $C$ | $4.7\mathrm{pF}$ | 1 只 | |
| 6 | 双向稳压二极管 $VD_z$ | DW231 | 1 只 | |
| 7 | 运算放大器 $U$ | uA741 | 1 块 | |

# 模块十小结

1. 集成运算放大器是多级放大电路直接耦合组成的具有高增益的模拟集成电路。它包含输入级、中间放大级、输出级以及直流电源电路四部分。

2. 集成运放的主要特性:(1)开环电压放大倍数很高;(2)开环输入电阻很高;(3)输出电阻很低;(4)共模抑制比很大。

3. 负反馈的四种基本类型是电压串联负反馈、电压并联负反馈、电流串联负反馈、电流并联负反馈。负反馈对放大器的性能的影响主要有:(1)降低放大器的放大倍数,提高放大信号的稳定性;(2)减小非线性失真;(3)展宽频带;(4)影响输入电阻和输出电阻。

4. 集成运放器外部电路接上负反馈网络后,可构成各种实用的运算电路:比例运算放大电路、积分电路、微分电路、比较电路等。

# 模块十任务实施

## 任务一　理想运算放大器"虚短""虚断"特性测量

场地:机房或多媒体教室。

器材:电脑、Multisim 仿真软件。

资讯:10.1.6 理想运算放大器的条件与特性。

任务实施:观察反相比例运算放大电路中运算放大器两输入端的电压值和电流值,理解运

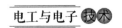
算放大器的"虚短"和"虚断"概念。

1. 在 Multisim 中搭建如下图 10-35 所示电路,设置好元件性能与参数。

2. 按下仿真开关,观察电压表、电流表读数的显示值;分析原因。

3. 重新搭建一个同相比例运算放大器,按上述仿真步骤,继续观察电流表、电流表读数的显示值等,并分析原因。

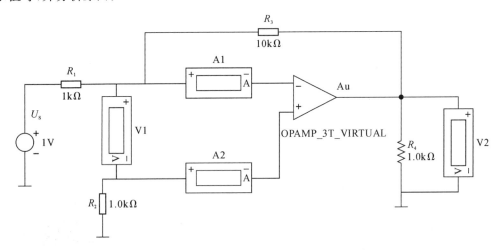

图 10-35　反相比例运算放大器的"虚短"和"虚断"

## 任务二　负反馈运算放大电路电压放大倍数测量与分析

场地:机房或多媒体教室。

器材:电脑、Multisim 仿真软件。

资讯:10.2 负反馈。

任务实施:负反馈运算放大电路图如图 10-36 所示。

1. 按图 10-36 所示电路连线

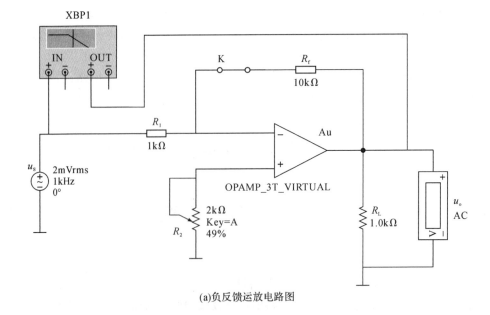

(a)负反馈运放电路图

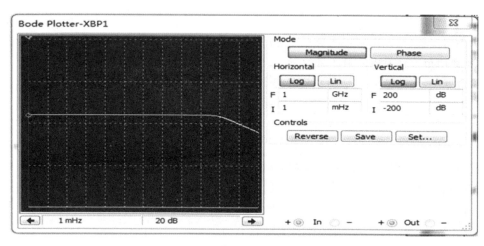

(b)波特图仪显示窗口

图 10-36　负反馈运算放大电路

2.静态测试

先给负反馈运算放大电路接入直流电源,然后将信号输入端短接(开关 S 合上),调节平衡电位器 $R_{p1}$,使运放电路输出端的静态输出电压为零。

3.动态测试

(1) 打开开关 S;用函数信号发生器在输入端输入一个 $f=1kHz$、$U=2mV$ 正弦波信号,将开关 K 分别处于断开、合上且带不同反馈电阻时的多种状态,观察结果填入表 10-2 中,并计算其电压放大倍数。

表 10-2　不同反馈电路对放大倍数的影响

| 测试条件 | 开关 K 断开 | 开关 K 闭合,带反馈电路 | | | |
|---|---|---|---|---|---|
| 反馈电路情况,$R_f$ | ∞ | 1kΩ | 10kΩ | 50kΩ | 100kΩ |
| 测量输出电压 $U_o$ | | | | | |
| 根据测量值计算电压放大倍数 $A_u$ | | | | | |

(2)通过观察,比较表 10-2 中的数据,分析负反馈对集成运放放大倍数的影响,并分析运算放大电路的放大倍数跟哪些因素有关?

(3)通频带的测试

表 10-3　通频带测试

| 测试条件 | | $f_L$ | $f_H$ | $f_{BW}=(f_H-f_L)$ |
|---|---|---|---|---|
| 接反馈网络 $R_f$ 值分别如右时,测量 $A_{uf}$ 下降为 0.707 倍时的 $f_L$、$f_H$ | 1kΩ | | | |
| | 10kΩ | | | |
| | 50kΩ | | | |
| | 100kΩ | | | |
| 不接反馈网络(同上) | | | | |

以上面测出的电压放大倍数 $A_u$、$A_{uf}$ 为中频电压放大倍数,调节输入频率,分别测量开关 K 两个不同位置(反馈网络接通与不接通)时电路的上限频率 $f_H$ 和下限频率 $f_L$,填入表 10-3 中,分析说明负反馈对电路通频带的影响。

测量方法:保持输入信号的幅度不变,调节输入信号频率,升高频率直到输出电压降到 $0.707u_0$ 时的频率为 $f_H$;降低频率,直到输出电压降到 $0.707u_0$ 时的频率为 $f_L$;则通频带为 $f_{BW} = f_H - f_L$。

4. 故障检修

按图 10-36 设置各种故障,如反馈电阻短路、运放引脚断开、电源端口断开等故障,使用示波器、万用表等仪表检测电路输出情况,与正常输出比较有何不同,试分析原因。

5. 讨论题

(1)什么是负反馈?负反馈对放大器性能有何影响?

(2)如果改变输入信号大小,在不引入负反馈的情况下使输出波形发生失真,然后加负反馈观察波形变化情况。

## *任务三　集成运放微分、积分电路输入和输出电压的测量

场地:机房或多媒体教室。

器材:电脑、Multisim 仿真软件。

资讯:10.3 运算放大器的线性应用。

任务实施:观察运放积分电路的输入信号与输出信号波形,理解运算放大器的积分电路的工作原理。

1. 在 Multisim 中搭建如图 10-37 所示电路,设置好元件性能与参数,信号发生器的信号选频率 2.5kHz、幅度为 5V 的方波信号作为输入信号。

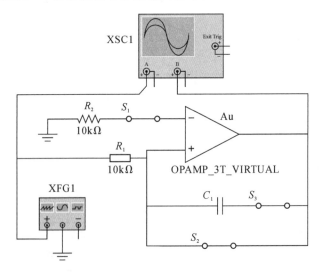

图 10-37　积分电路

2. 按下仿真开关,利用双踪示波器的两个通道显示输入、输出信号波形,且比较两者的频率和幅度,分析原因。

3. 故障设置与检修,断开平衡电阻、运放反相输入端的引脚,断开或短路反馈电容等,使用示波器、万用表等仪表检测电路输出情况,观察与正常输出比较有何不同,试分析原因。

4.重新搭建一个电路(微分电路),电路如图 10-38 所示。按上述仿真步骤,利用双踪示波器的两个通道比较输入和输出信号的波形、频率、幅度,并分析原因。

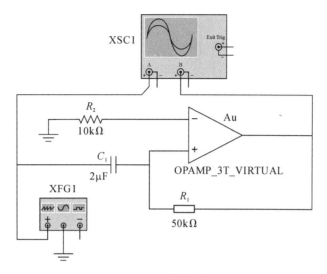

图 10-38　微分电路

# 思考与习题十

10-1　简述集成电路的概念以及运算放大器的概念、作用。

10-2　简述运算放大器的组成部分和结构以及各组成部分采用的电路及功能。

10-3　运算放大器的电路符号是什么? 举例说明几种常用的运算放大器的型号。

10-4　直流放大器产生零点漂移的原因有哪些?

10-5　名词解释:共模信号、差模信号、共模放大倍数、差模放大倍数、共模抑制比。

10-6　理想集成运放应满足哪些条件? 有哪两个特性?

10-7　什么是负反馈? 负反馈对放大器性能有何影响? 负反馈有哪几种类型,如何判断负反馈的类型?

10-8　运放电路如图 10-39 所示,集成运放输出电压的最大幅值为 $\pm 14\text{V}$,当输入电压为 $u_i = 0.1\text{V}$ 时,请计算各电路输出电压值。

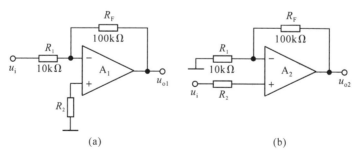

图 10-39　题 10-8 图

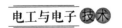

10-9 试求图 10-40 的输出电压 $u_o$。

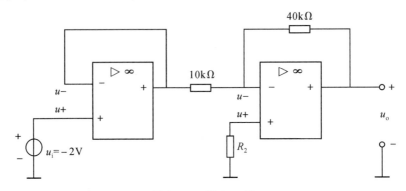

图 10-40 题 10-9 图

10-10 试求图 10-41 的输出电压 $u_o$ 和 $R_2$，并判断其反馈类型。已知 $u_i = 0.2\text{V}$，$R_f = 10\text{k}\Omega$，$R_1 = 2\text{k}\Omega$。

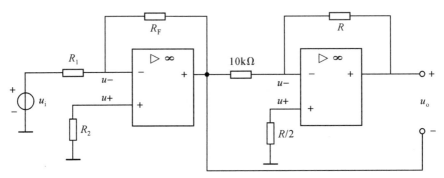

图 10-41 题 10-10 图

10-11 在图 10-42(a)所示的反相积分电路中，已知 $R_1 = 50\text{k}\Omega$，$C = 1\mu\text{F}$，$u_i$ 波形图如图 10-42(b)所示。试画出下列两种情况下的 $u_o$ 波形图，并在波形图上说明 $u_o$ 的幅值。(1) $u_C(0) = 0$；(2) $u_C(0) = -0.5\text{V}$。

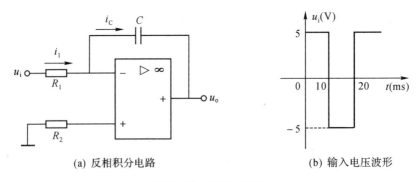

(a) 反相积分电路          (b) 输入电压波形

图 10-42 题 10-11 图

10-12 按下列各运算关系画出运算电路，并计算各电阻值。括号中的反馈电阻 $R_f$ 和电容 $C_f$ 是已给出的。

(1) $u_o = -3u_i$ （$R_f = 50\text{k}\Omega$）；

(2) $u_o = -(u_{i1} + 0.2u_{i2})$ （$R_f = 100\text{k}\Omega$）；

(3) $u_o = 5u_i$ （$R_f = 20\text{k}\Omega$）；

(4) $u_o = 2(u_{i2} - u_{i1})$（$R_f = 10\text{k}\Omega$）；

(5) $u_{\circ} = -200 \int u_i \mathrm{d}t$　$(C_f = 0.1\mu\mathrm{F})$。

10-13　写出图 10-43 所示电路的 $u_0$ 与 $U_z$ 的关系式,并说明其功能。当负载电阻 $R_L$ 改变时,输出电压 $u_\circ$ 有无变化? 调节 $R_f$ 起何作用?

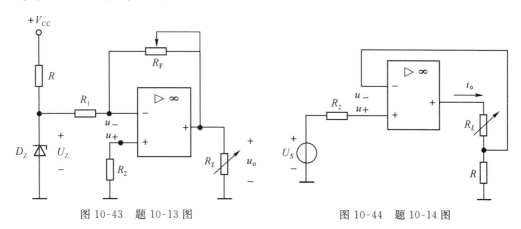

图 10-43　题 10-13 图　　　　　图 10-44　题 10-14 图

10-14　写出图 10-44 所示电路的 $i_\circ$ 与 $U_s$ 的关系式,并说明其功能。当负载电阻 $R_L$ 改变时,输出电流 $i_\circ$ 有无变化?

10-15　图 10-45 是应用运算放大器测量小电流的原理电路,通过测量电压可测得电流,试计算电阻的阻值。输出端有量程 $5\mathrm{V}(500\mu\mathrm{A})$ 的电压表。

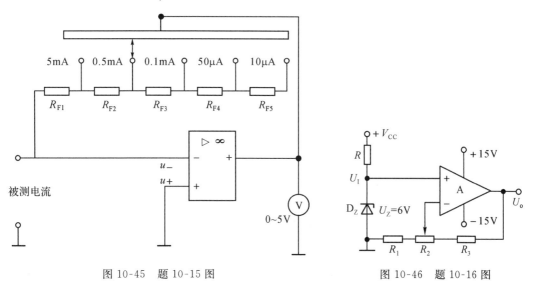

图 10-45　题 10-15 图　　　　　图 10-46　题 10-16 图

10-16　电路如图 10-46 所示。试问:若以稳压管的稳定电压 $U_z$ 作为输入电压,则当 $R_2(=R_1=R_3)$ 的滑动端位置变化时,输出电压 $U_\circ$ 的调节范围如何变化?

10-17　请你试着设计一个频率为 $1\sim5\mathrm{kHz}$ 可调、幅度为 $7.5\mathrm{V}$ 的方波信号发生器电路。

10-18　要求设计一个频率为 $2\mathrm{kHz}$ 左右可调、幅度为 $3\mathrm{V}$ 的三角波信号发生器电路。

# 模块十一  组合逻辑电路

在各级各类会议中,经常有议案表决、民主评议、人事选举、测评打分等表决需求,传统的方式是采用举手表决或手工填写纸质选票,这存在填写选票或统计选票费时费力的弊端。现大多采用能代表投票或举手表决的电子表决系统。图 11-1(a)是 TD3000M 有线表决器的外形图;图 11-1(b)是一个简化的三人表决逻辑电路,2 人以上同意则表决通过,属于数字电路中的组合逻辑电路类型,电路组成单元为具有"与非"逻辑运算关系的逻辑门电路。那么,什么是"与非"逻辑关系? 逻辑门电路还有哪些? 组合逻辑电路应如何分析及设计?

(a)  TD3000M 表决器

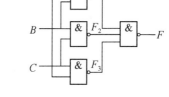

(b)  三人表决逻辑电路

图 11-1  数字表决器

1.理解数字信号和数字电路的概念,掌握数制间、数制与码制间的相互转换。

2.掌握逻辑函数的表示方法、逻辑代数的常用运算,知道逻辑代数的基本定律和规则,会逻辑函数的化简。

3.理解组合逻辑电路的特点,了解组合逻辑电路的分析、设计方法,知道编码器、译码器、数码管的逻辑功能和主要用途。

任务一  探索逻辑函数的真值表、函数表示式和逻辑电路图互换

任务二  实践组合逻辑电路的设计

# 11.1　数字信号和数字电路

## 11.1.1　数字信号

我们周围存在着许多物理量,分析它们的信号波形会发现这些都属于模拟信号、数字信号(见图 11-2)这两种不同性质信号中的一种。

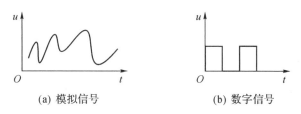

(a) 模拟信号　　　　　　　(b) 数字信号

图 11-2　模拟信号和数字信号

1.模拟信号

模拟信号的特点是信息参数在时间和数值上都是连续变化的,即幅度或频率或相位在一段持续时间范围内是连续变化的。例如目前广播电视中传送的各种声音信号和图像信号。

模拟信号的优点是形象直观,且容易实现。但存在着保密性差、抗干扰能力弱等缺点。

2.数字信号

数字信号的特点是信息参数在时间和数值上都是断续变化、离散的,即幅度或频率或相位的取值是离散的,被限制在有限个数值之内。二进制码就是一种数字信号,只有两种状态:有和无,或高电平状态和低电平状态,通常用 1 和 0 来表示。

3.数字信号的优点

数字信号在传输与交换时具有保密性好、抗干扰能力强等优点,因此在通信领域得到广泛应用,其主要表现在:

(1)加强了通信的保密性。语音信号经 A/D 变换后,可以先进行加密处理再进行传输,在接收端解密后再经 D/A 变换还原成模拟信号。

(2)提高了抗干扰能力。数字信号在传输过程中会混入杂音,可以利用电子电路构成的门限电压(称为阈值)去衡量输入信号电压,只有达到某一电压幅度,电路才会有输出值,并自动生成一整齐的脉冲(称整形或再生)。较小的杂音电压到达时,由于它低于阈值而被过滤掉,不会引起电路动作。因而数字信号传输适用于较远距离的传输,也能适用于性能较差的线路。

(3)可构建综合数字通信网。采用时分交换后,传输和交换统一起来,可以形成一个综合数字通信网。

但数字化通信也存在着占用频带宽、技术要求复杂等缺点。

## 11.1.2　数字电路

1.模拟电路

模拟电路是用于传递、加工和处理模拟信号的电子电路。其输入信号、输出信号都为模拟信号。模拟电路已经渗透到各个领域,如无线电通信、工业自动控制、电子仪器仪表、家用电器。

**2. 数字电路**

数字电路是用于传递、加工和处理数字信号的电子电路。其输入信号为数字信号,或输出信号为数字信号,主要研究输出与输入信号之间的对应逻辑关系,因此数字电路也称为逻辑电路。数字电路被广泛地应用于数字电子计算机、数字通信系统、数字式仪表、数字控制装置及工业逻辑系统等领域。

**3. 数字电路的优点**

(1)便于高度集成化生产,通用性强。由于数字信号只有两种状态,因此基本单元电路的结构简单,允许数字电路参数有较大的离散性,有利于将众多的基本单元电路集成在同一块硅片上进行批量生产。

(2)工作可靠性高、抗干扰能力强。数字信号的两种状态是用 1 和 0 来表示的,这点数字电路很容易做到,从而大大地提高了电路工作的可靠性。同时,数字信号不易受到噪声干扰,因此抗干扰能力很强。

(3)数字信息便于长期保存,保密性好。借助某种介质(如磁盘、光盘等)可将数字信息长期保存下来。同时,数字信息容易进行加密处理,不易被窃取。

**4. 数字电路的分类**

(1)按电路结构分类

按电路结构分类有分立元件电路和集成电路。分立元件电路是将晶体管、电阻、电容等元件用导线在线路板上连接起来的电路。集成电路则是将上述元件和导线通过半导体制造工艺做在一块硅芯片上成为一个不可分割的整体电路。

按集成的密度不同,数字集成电路可分为小规模(Small Scale Integration,SSI,含有 $10 \sim 100$ 个元件)、中规模(Medium Scale Integration,MSI,含有 $100 \sim 1000$ 个元件)、大规模(Large Scale Integration,LSI,含有 $1000 \sim 100000$ 个元件)、超大规模集成电路(Very Large Scale Integration,VLSI,含有超过 10 万个元件)。

(2)按半导体导电类型分类

按半导体导电类型不同可分为双极型和单极型电路。双极型电路即 TTL 型,主要由双极型晶体管作基本器件组成。单极型电路即 MOS 型,主要由单极型场效应管作基本器件组成。

(3)按结构及工作原理分类

按结构及工作原理不同可分为组合逻辑电路和时序逻辑电路。组合逻辑电路在任何时刻的输出状态只取决于当时的输入信号状态,与电路前一时刻的输出状态无关。而时序逻辑电路在某一时刻的输出状态不仅取决于当时的输入信号状态,还与电路前一时刻的输出状态有关。

# 11.2 数制与码制

## 11.2.1 数制

数制就是计数的方法。日常生活中最常用的是十进制,它由 0、1、2、3、4、5、6、7、8、9 这十个数码组成不同的数。在数字电路中经常采用二进制、八进制、十六进制,不同数制间可以相互转换。

1. 二进制

二进制有 0 和 1 两个数码,可以代表电路开关的开与关、信号的高电平和低电平、事物的有与无等状态。

二进制以 2 为基数,整数部分第 $N$ 数位(从右向左数)上的数字(0 或 1)的位权是 $2^{(N-1)}$,各数码乘以对应的位权后相加,即得该二进制的十进制数。运算规律是"逢二进一,借一当二"。

**例 11-1** 试将二进制数 $(1001011)_2$ 转换为十进制数。

**解:** $(1001011)_2 = 1 \times 2^6 + 1 \times 2^3 + 1 \times 2^1 + 1 \times 2^0 = 64 + 8 + 2 + 1 = 75$。

注意:十进制数可以不用加下标 10,如上面 $(75)_{10} = 75$。

十进制数转换成二进制数,可以将整数与小数部分分别采用"除 2 取余数"、"乘 2 取整数"的办法进行转换。

**例 11-2** 试将十进制数 $(106.375)_{10}$ 转换为二进制数。

**解:**(1)整数部分转换　　　　余数

$$106 \div 2 = 53 \qquad 0 \qquad 最低位$$
$$53 \div 2 = 26 \qquad 1$$
$$26 \div 2 = 13 \qquad 0$$
$$13 \div 2 = 6 \qquad 1$$
$$6 \div 2 = 3 \qquad 0$$
$$3 \div 2 = 1 \qquad 1$$
$$1 \div 2 \to 0 \qquad 1 \qquad 最高位$$
$$0$$

所以 $(106)_{10} = (1101010)_2$。

(2)小数部分转换　　　　整数部分

$$0.375 \times 2 = 0.75 \qquad 0 \qquad 最高位$$
$$0.75 \times 2 = 1.5 \qquad 1$$
$$0.5 \times 2 = 1.0 \qquad 1 \qquad 最低位$$

所以 $(0.375)_{10} = (0.011)_2$。

可得该十进制数对应的二进制数为

$$(106.375)_{10} = (1101010.011)_2$$

2. 十六进制

十六进制数由 0、1、2、3、4、5、6、7、8、9、A、B、C、D、E、F 这十六个数码,其中 A~F 分别代表十进制的 10~15。

十六进制以 16 为基数,整数部分第 $N$ 数位(从右向左数)上的数字的位权是 $16^{(N-1)}$,各数码乘以对应的位权后相加,即得到该十六进制数对应的十进制数,十六进制数加减运算规律是"逢十六进一,借一当十六",利用这个规律可以方便地将十六进制数转换成十进制数。

**例 11-3** 试将十六进制数 $(4B0)_{16}$ 转换为十进制数。

**解:** $(4B0)_{16} = 4 \times 16^2 + 11 \times 16^1 = 1024 + 176 = (1200)_{10}$。

如要将十进制数转换成十六进制数,也只要将整数与小数部分分别采用"除 16 取余数"、

"乘 16 取整数"的办法进行转换即可。也可以先将十进制数转换成二进制数,再由二进制数转换为十六进制数。因为每一个十六进制数码都可以用 4 位二进制来表示,如 $(1101)_2$ 表示十六进制的 D。因此可以将整数部分的二进制数从低位开始每 4 位(高位不足 4 位在前面补 0)为一组写出其对应的十六进制值,即得对应的十六进制数。如:

$$(75)_{10} = (1001011)_2 = (4B)_{16}$$

表 11-1 列出了十进制 15 以内的数与二进制、十六进制的对应关系。

表 11-1　十进制与二进制、十六进制的对应关系

| 十进制 | 二进制 | 十六进制 | 十进制 | 二进制 | 十六进制 |
|---|---|---|---|---|---|
| 0 | 000 | 0 | 8 | 1000 | 8 |
| 1 | 001 | 1 | 9 | 1001 | 9 |
| 2 | 010 | 2 | 10 | 1010 | A |
| 3 | 011 | 3 | 11 | 1011 | B |
| 4 | 100 | 4 | 12 | 1100 | C |
| 5 | 101 | 5 | 13 | 1101 | D |
| 6 | 110 | 6 | 14 | 1110 | E |
| 7 | 111 | 7 | 15 | 1111 | F |

### 11.2.2　码制

码制就是编码的方法,用数字或某种文字、符号来表示某一对象或信号的过程,叫编码。十进制数码或某种文字、符号的编码用模拟电路来实现较难,在数字电路中可以采用二进制数替代,用二进制表示十进制数的编码方法称为二-十进制编码,又称 BCD 码,是将十进制的 0～9 这十个数码分别用 4 位二进制数表示的代码。

常用的 BCD 码有 8421 码、5421 码和 2421 码等编码方式。表 11-2 所示是十进制数码与常用 BCD 码的对应关系。

表 11-2　常用编码

| 十进制数码 | 8421BCD 码 | 5421BCD 码 | 2421BCD 码 | 余 3 码 | 格雷码 |
|---|---|---|---|---|---|
| 0 | 0000 | 0000 | 0000 | 0011 | 0000 |
| 1 | 0001 | 0001 | 0001 | 0100 | 0001 |
| 2 | 0010 | 0010 | 0010 | 0101 | 0011 |
| 3 | 0011 | 0011 | 0011 | 0110 | 0010 |
| 4 | 0100 | 0100 | 0100 | 0111 | 0110 |
| 5 | 0101 | 1000 | 1011 | 1000 | 0111 |
| 6 | 0110 | 1001 | 1100 | 1001 | 0101 |
| 7 | 0111 | 1010 | 1101 | 1010 | 0100 |
| 8 | 1000 | 1011 | 1110 | 1011 | 1100 |
| 9 | 1001 | 1100 | 1111 | 1100 | 1101 |

能实现编码功能的电路,称为编码器。

**例 11-4** 试将十进制数$(241.86)_{10}$转换为8421BCD码。

**解:**$(241.86)_{10}=(10\ 0100\ 0001.1000\ 011)_{8421BCD}$。

M11-1 数制与码制/测试

# 11.3 逻辑函数

逻辑代数又称布尔代数,是英国科学家乔治·布尔于1847年首先提出并用于描述客观事物逻辑关系的一种数学方法,是分析和设计数字逻辑电路的主要工具。

逻辑代数中,任何一个对于几个逻辑变量,用算子"·"、"+"、"—"进行有限次逻辑运算及由括号、符号等构成的逻辑表达式,称为这几个变量的逻辑函数。它和普通代数中函数的区别在于:普通代数中的变量可以是任意值,因此其函数取值也可以是任意值;而逻辑变量的取值只有"0"、"1"两种,因而逻辑变量构成的逻辑函数取值也只有"0"、"1"两种。

## 11.3.1 逻辑函数及其基本运算法则

### 1.基本逻辑函数

在数字电路中常只需要知道电平是高还是低、晶体管是导通还是截止、脉冲信号是有还是无等两种对立的状态,因此可以用逻辑代数值1和0表示。数字电路主要研究电路的输出逻辑变量与输入逻辑变量之间的逻辑对应关系,并可以用逻辑函数式来表示,可表示为

$$F=f(A,B,C,\cdots)$$

其中,$A$、$B$、$C$等代表输入变量,$F$代表输出变量。下面介绍几种基本逻辑运算。

(1)与逻辑

与逻辑又称为逻辑乘。二输入与逻辑表达式为

$$Y=A \cdot B \tag{11-1}$$

式中:"·"表示逻辑乘,在不需要特别强调的地方可以省略,写成$Y=AB$。二输入与逻辑符号如图11-3(a)所示。

与逻辑的意义是当决定事物发生的所有条件都成立时,事物才能发生。例如,二极管要导通($Y=1$),须加正向电压($A=1$),且正向电压要大于死区电压($B=1$),这两个条件都成立时才能导通。

逻辑代表有正逻辑和负逻辑,常用正逻辑,用1表示高电平、灯亮或成立等事物状态,0表示低电平、灯灭或不成立等事物状态;负逻辑则相反。因此,与逻辑运算规律是:有0出0,全1出1。其真值表如表11-3所示。真值表是逻辑函数的另一种表示形式,就是根据逻辑问题,把各个逻辑变量的取值组合和对应的输出逻辑函数值排列成的表格。

**表 11-3 与逻辑、或逻辑和非逻辑的真值**

| $A$ | $B$ | $Y=A \cdot B$ | $Y=A+B$ | $Y=\overline{A}$ |
| --- | --- | --- | --- | --- |
| 0 | 0 | 0 | 0 | 1 |
| 0 | 1 | 0 | 1 | — |
| 1 | 0 | 0 | 1 | — |
| 1 | 1 | 1 | 1 | 0 |

对于多变量的与逻辑表达式为 $Y = A \cdot B \cdot C \cdot D \cdots$。

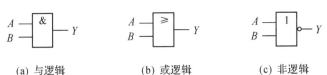

(a) 与逻辑　　　　　(b) 或逻辑　　　　　(c) 非逻辑

图 11-3　基本逻辑运算符号

M11-2　基本逻辑
函数和组合逻辑
函数/微课

（2）或逻辑

或逻辑运算又称为逻辑加。二输入或逻辑的表达式为

$$Y = A + B \tag{11-2}$$

式中："＋"表示逻辑加。二输入或逻辑符号如图 11-3(b) 所示。

（扫描二维码 M11-2,学习基本逻辑函数和组合逻辑函数微课。）

或逻辑的意义是当决定事物发生的条件中,只要有一个及以上成立,则结果成立。例如,单管放大电路输出信号失真这个结果($Y=1$)可以由多种原因-静态工作点不合适($A=1$)或信号太大($B=1$)等引起,只要有一种原因存在,失真这个结果就会发生。

或逻辑运算规律是:有 1 出 1,全 0 出 0。其真值表如表 11-3 所示。

对于多变量的或逻辑表达式为 $Y = A + B + C + D + \cdots$。

（3）非逻辑

对逻辑变量 $A$ 进行非运算的逻辑表达式为

$$Y = \overline{A} \tag{11-3}$$

式中:变量上方的"－"为非号,也叫反号。有反号"－"的输入变量称为反变量,如"$\overline{A}$",无反号的输入变量称为原变量,如"$A$"、"$B$"。非逻辑符号如图 11-3(c) 所示。

非逻辑的意义是当条件为真,则结果为假。例如在灯两端并联一个开关,当开关闭合($A=1$)这个条件成立时,灯被短路是不亮状态($Y=0$),即灯亮这个结果为假。

非逻辑运算规律是:输出与输入状态相反。其真值表如表 11-3 所示。

2. 常用组合逻辑

由与、或、非三种基本逻辑组合,可以得到组合逻辑,即组合逻辑函数,如本模块篇首提出的典型问题图 11-1(b) 所示电路的组成单元(与非门)就是其中之一。下面介绍常见的几种组合逻辑。

（1）与非运算、或非运算

与非运算为先与运算后非运算;或非运算为先或运算后非运算。如输入两逻辑变量为 $A$、$B$,输出逻辑函数为 $Y$ 时,则相应的逻辑表达式为

$$\begin{cases} Y = \overline{A \cdot B} \\ Y = \overline{A + B} \end{cases} \tag{11-4}$$

与非、或非运算的逻辑符号如图 11-4(a) 和 (b) 所示。

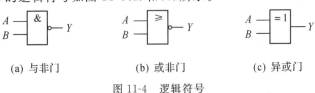

(a) 与非门　　　　　(b) 或非门　　　　　(c) 异或门

图 11-4　逻辑符号

（2）异或运算

异或运算只有二输入逻辑变量，设输入逻辑变量为 $A$、$B$，输出逻辑函数为 $Y$，异或运算实现的逻辑关系是：当 $A$、$B$ 输入变量状态相异时，输出 $Y$ 为 1；当 $A$、$B$ 输入变量状态相同时，$Y$ 输出为 0。相应的逻辑表达式为

$$Y = A \oplus B = A\overline{B} + \overline{A}B \tag{11-5}$$

式中："$\oplus$"表示异或运算。逻辑符号如图 11-4(c)所示。

### 11.3.2 逻辑代数的运算法则

1.基本定律

逻辑代数表示的是逻辑关系，而不是数量关系，这是它与普通代数的本质区别。逻辑运算时必须遵循其基本规律和规则，它们是化简和变换逻辑函数的基本依据。逻辑代数的基本定律如表 11-4 所示。

**表 11-4 逻辑代数的基本定律**

| 0~1 律 | $A \cdot 0 = 0; A \cdot 1 = A$ | $A + 1 = 1; A + 0 = A$ |
|---|---|---|
| 重叠律 | $A \cdot A = A$ | $A + A = A$ |
| 互补律 | $A \cdot \overline{A} = 0$ | $A + \overline{A} = 1$ |
| 还原律 | $\overline{\overline{A}} = A$ | |
| 交换律 | $A \cdot B = B \cdot A$ | $A + B = B + A$ |
| 结合律 | $(A \cdot B \cdot C) = (A \cdot B) \cdot C = A \cdot (B \cdot C)$ | $A + B + C = (A + B) + C = A + (B + C)$ |
| 分配律 | $A \cdot (B + C) = A \cdot B + A \cdot C$ | $(A + B) \cdot (A + C) = A + BC$ |
| 吸收律 | $A + A \cdot B = A; A + \overline{A} \cdot B = A + B$ | $A \cdot B + \overline{A} \cdot C + B \cdot C = A \cdot B + \overline{A} \cdot C$ |
| 反演律（摩根定律） | $\overline{A \cdot B} = \overline{A} + \overline{B}$ | $\overline{A + B} = \overline{A} \cdot \overline{B}$ |

2.代入规则

对于任一个含有变量 $A$ 的逻辑等式，可以将等式两边的所有 $A$ 变量用一个逻辑函数替代，替代后等式仍然成立，这个规则称为代入规则。如基本定律 $A + \overline{A} \cdot B = A + B$，用 $\overline{A}$ 替代 $A$ 后，则有 $\overline{A} + AB = \overline{A} + B$。这可以看成是原定律的一种变形。

利用代入规则，可将逻辑代数的基本定律加以推广。

3.逻辑代数的化简方法

运用逻辑代数的基本定律和规则把复杂的逻辑函数式化成简单的逻辑式的方法称为代数化简方法。通常采用以下几种方法。

（1）并项法

利用互补律 $A + \overline{A} = 1$，将两项合并为一项，同时消去一个变量。

**例 11-5** 化简函数 $Y = A\overline{B}C + A\overline{B}\overline{C}$。

**解**：$Y = A\overline{B}C + A\overline{B}\overline{C} = (C + \overline{C})A\overline{B} = A\overline{B}$。

（2）吸收法

利用 0～1 律 1＋A＝1 及吸收律 $AB+\overline{A}C+BC=AB+\overline{A}C$,消去多余项。

**例 11-6** 化简函数 $Y=A\overline{B}+A\overline{BC}+A\overline{B}D$。

**解**：$Y=A\overline{B}+A\overline{BC}+A\overline{B}D=(A+\overline{C}+D)A\overline{B}=A\overline{B}$。

（3）消去法

利用吸收律 $A+\overline{A}\cdot B=A+B$,消去多余因子。

**例 11-7** 化简函数 $Y=AB+\overline{A}C+\overline{B}C$。

**解**：$Y=AB+\overline{A}C+\overline{B}C=AB+(\overline{A}+\overline{B})C=AB+\overline{AB}C=AB+C$。

（4）配项法

在不能直接利用逻辑代数的基本定律化简时,可通过乘 $(A+\overline{A})$ 或加 $(A\cdot\overline{A})$ 进行配项再化简。

**例 11-8** 证明吸收律 $AB+\overline{A}C+BC=AB+\overline{A}C$ 成立。

证明：
$$AB+\overline{A}C+BC=AB+\overline{A}C+BC(A+\overline{A})=AB+\overline{A}C+ABC+\overline{A}BC$$
$$=AB(1+C)+\overline{A}C(1+B)=AB+\overline{A}C$$

在实际化简逻辑函数时,往往需要灵活运用上述几种方法,才能得到最简表达式。

### 11.3.3 逻辑电路图

据逻辑函数的表示形式,画出逻辑符号组成的对应于某一逻辑功能的电路图,称为逻辑电路图,简称逻辑图。大多数情况下,由逻辑问题归纳出的逻辑函数式往往不是最简的,且可以有不同的形式,由此而画出的逻辑电路图就会不同并比较复杂。对逻辑函数进行化简和变换,可以设计出最简洁的逻辑电路,减少所用元件,降低成本和提高电路的可靠性。

**例 11-9** 已知逻辑函数的真值表如表 11-5 所示。试写出其逻辑函数式,并画出逻辑图。

**表 11-5 例 11-9 的真值**

| 输入逻辑变量 | | | 输出逻辑函数 | 输入逻辑变量 | | | 输出逻辑函数 |
|---|---|---|---|---|---|---|---|
| $A$ | $B$ | $C$ | $Y$ | $A$ | $B$ | $C$ | $Y$ |
| 0 | 0 | 0 | 1 | 1 | 0 | 0 | 0 |
| 0 | 0 | 1 | 0 | 1 | 0 | 1 | 0 |
| 0 | 1 | 0 | 0 | 1 | 1 | 0 | 0 |
| 0 | 1 | 1 | 0 | 1 | 1 | 1 | 1 |

**解**：（1）写逻辑函数式。在真值表中,$Y$ 为 1 的变量取值只有 000 和 111 两种,将其中取值为 0 的输入用反变量表示,取值为 1 的输入用原变量表示,得到两组变量的与组合为 $\overline{A}\overline{B}\overline{C}$ 和 $ABC$,把它们进行逻辑加就可得到逻辑函数式：

$$Y=\overline{A}\cdot\overline{B}\cdot\overline{C}+ABC$$

（2）根据逻辑函数式可画出逻辑图，如图 11-5 所示。

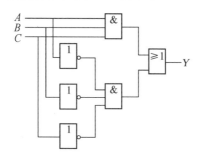

图 11-5　例 11-9 的逻辑图

根据逻辑函数式中的逻辑运算顺序，逐级画出相应门电路的逻辑符号，就可得到和逻辑函数式相对应的逻辑图。基本逻辑运算的先后顺序是：反变量—与—或。

逻辑函数的真值表具有唯一性。若两个逻辑函数具有相同的真值表，则这两个逻辑函数必然相等。

# 11.4　基本逻辑门电路

用以实现各种逻辑关系的电子电路称为逻辑门电路，简称门电路或逻辑元件。门电路通常有一个或多个输入端，输入与输出之间满足一定的逻辑关系。实现基本逻辑关系（与逻辑、或逻辑、非逻辑）的电子电路称为基本逻辑门电路，如与门、或门、非门，是组成其他功能数字电路的基础。

目前所使用的门电路一般是集成门电路，但了解分立元件门电路的工作原理有助于学习和掌握集成门电路。

## 11.4.1　二极管门电路

### 1.二极管与门电路

图 11-6(a)所示为二输入端的二极管与门电路。输入信号 $A$、$B$ 皆为数字信号，只有高电平、低电平两种状态。设输入高电平时电位为 $U_{IH}=3V$，输入低电平时电位为 $U_{IL}=0V$，二极管的正向导通压降 $U_D=0.7V$。电路功能分析如下：

（1）当 $A=B=0V$ 时，二极管 $D_1$ 和 $D_2$ 同时导通，输出信号 $Y=0.7V$，为输出低电平。

（2）当 $A=0V$、$B=3V$ 时，二极管 $D_1$ 优先导通，输出信号 $Y=0.7V$，为输出低电平，并使 $D_2$ 反偏截止。

（3）当 $A=3V$、$B=0V$ 时，二极管 $D_2$ 优先导通，输出信号 $Y=0.7V$，为输出低电平，并使 $D_1$ 反偏截止。

（4）当 $A=B=3V$ 时，二极管 $D_1$ 和 $D_2$ 同时导通，输出信号 $Y=3.7V$，为输出高电平。

可见，与门电路实现的逻辑功能是：只要有一个输入信号为低电平状态，输出的就是低电平；必须所有输入信号都是高电平状态，输出才是高电平，即电路输出 $Y$ 与输入 $A$、$B$ 之间是与逻辑关系：$Y=AB$。

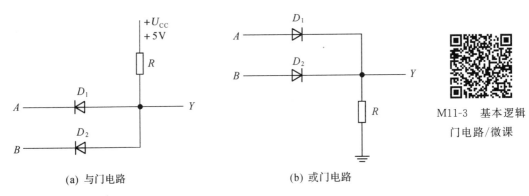

(a) 与门电路　　　　　　　　　　　　(b) 或门电路

M11-3　基本逻辑
门电路/微课

图 11-6　二极管门电路

**2. 二极管或门电路**

图 11-6(b)所示为二输入端的二极管或门电路。工作原理及逻辑功能分析如下：

(1)当 $A = B = 0V$ 时，二极管 $D_1$ 和 $D_2$ 都截止，输出信号 $Y = 0V$，为输出低电平。

(2)当 $A = 0V$、$B = 3V$ 时，二极管 $D_2$ 正偏导通，二极管 $D_1$ 截止，输出信号 $Y = 2.3V$，为输出高电平。

(3)当 $A = 3V$、$B = 0V$ 时，二极管 $D_1$ 正偏导通，二极管 $D_2$ 截止，输出信号 $Y = 2.3V$，为输出高电平。

(4)当 $A = B = 3V$ 时，二极管 $D_1$ 和 $D_2$ 同时导通，输出信号 $Y = 2.3V$，为输出高电平。

可见，或门电路实现的逻辑功能是：只要有一个输入信号为高电平状态，输出的就是高电平；必须所有输入信号都是低电平状态，输出的才是低电平，即电路输出 $Y$ 与输入 $A$、$B$ 之间是或逻辑关系：$Y = A + B$。

### 11.4.2　三极管门电路

**1. 三极管非门电路**

在数字电路中，三极管是作为一个开关来使用的，它只能工作在饱和导通或截止状态。

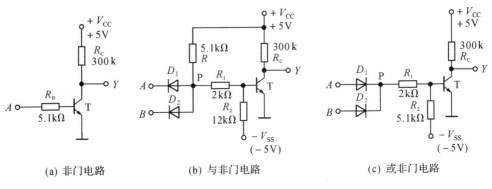

(a) 非门电路　　　　　(b) 与非门电路　　　　　(c) 或非门电路

图 11-7　三极管门电路

图 11-7(a)所示为三极管非门电路，是只有一个输入端的电路。假设图中三极管为硅管。可知：

当输入 $A=0\text{V}$ 时,三极管 $T$ 截止,输出 $Y=V_{\text{CC}}=5\text{V}$,为输出高电平。

当输入 $A=5\text{V}$ 时,三极管 $T$ 饱和导通,输出 $Y\leqslant0.3\text{V}$,为输出低电平。因此,该电路输出与输入之间是非逻辑关系,即 $Y=\overline{A}$。

非门电路的输出信号与输入信号是反相关系,又称为反相器,用以实现非逻辑运算。

2.三极管与非门电路

图 11-7(b)所示为三极管与非门电路。假设图中三极管为硅管。可知:

当输入 $A$、$B$ 都为高电平 5V 时,二极管 $D_1$ 和 $D_2$ 都截止,而三极管 $T$ 为饱和导通状态,输出 $Y\leqslant0.3\text{V}$,为输出低电平。

当输入 $A$、$B$ 中有 1 个为低电平 0.3V 时,P 点电位 $U_P\leqslant1\text{V}$,使三极管截止,输出 $Y=V_{\text{CC}}=5\text{V}$,为输出高电平。因此,该电路输出与输入之间是与非逻辑关系,即 $Y=\overline{AB}$。

3.三极管或非门电路

图 11-7(c)所示为三极管或非门电路。假设图中三极管为硅管。可知:

当输入 $A$、$B$ 都为低电平 0.3V 时,二极管 $D_1$ 和 $D_2$ 都截止,而 $V_{\text{CC}}$、$V_{\text{SS}}$ 经电阻 $R$、$R_1$、$R_2$,使 $P$ 点电位 $U_P\approx1\text{V}$,三极管截止,输出 $Y=V_{\text{CC}}=5\text{V}$,为输出高电平。

当输入 $A$、$B$ 都为高电平 5V 时,二极管 $D_1$ 和 $D_2$ 都导通,使 P 点电位 $V_P\approx4.3\text{V}$,三极管为饱和导通状态,输出 $Y\leqslant0.3\text{V}$,为输出低电平。

当 $A$、$B$ 输入中有 1 个为高电平 5V 时,则接对应输入高电平的二极管导通,P 点电位 $U_P\approx4.3\text{V}$,三极管为饱和导通状态,输出 $Y\leqslant0.3\text{V}$,为输出低电平。

因此,该电路输出与输入之间是或非逻辑关系,即 $Y=\overline{A+B}$。

**例 11-10** 试对应图 11-9 所示输入信号 $A$、$B$ 波形,分别画出图 11-8 所示门电路的输出波形。

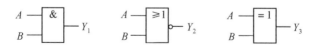

图 11-8 例 11-10 门电路

**解:** 图 11-8 所示门电路分别是与门、或非门、异或门,根据它们实现的逻辑功能,可画出输出波形如图 11-9 所示。

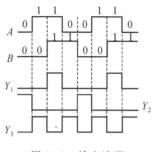

图 11-9 输出波形

M11-4 逻辑函数和
逻辑门电路/测试

# 11.5 组合逻辑电路的分析和设计

组合逻辑电路在电路结构上都是由逻辑门电路构成,没有记忆单元,不存在把输出状态反馈到电路输入端的回路,只有从输入到输出的通路。项目典型问题中提到的三人表决电路(见图 11-1)就是一个组合逻辑电路。

## 11.5.1 组合逻辑电路分析

组织逻辑电路的分析就是根据给定的逻辑电路,找出其输出信号和输入信号之间的逻辑关系,确定电路的逻辑功能。

通常采用的分析方法是从电路的输入到输出逐级写出门电路的逻辑函数式,最后得到表示输出与输入关系的逻辑函数式。这时的逻辑函数式往往较复杂,逻辑功能不明了,需要对其进行化简或变换,使逻辑关系明了。有时为了使电路的逻辑功能更加直观,还可以把逻辑函数式转换为真值表的形式。

**例 11-11** 试分析本项目典型问题中图 11-1(b)所示电路的逻辑功能。

**解:**根据给出的逻辑图逐级写出逻辑函数式:

$$F_1 = \overline{AB}, F_2 = \overline{BC}, F_3 = \overline{AC}$$

$$F = \overline{F_1 F_2 F_3} = \overline{F_1} + \overline{F_2} + \overline{F_3} = AB + BC + AC$$

转换为真值表的形式,得表 11-6。

表 11-6 例 11-11 的真值

| 输入 | | | 输出 | 输入 | | | 输出 |
|---|---|---|---|---|---|---|---|
| $A$ | $B$ | $C$ | $F$ | $A$ | $B$ | $C$ | $F$ |
| 0 | 0 | 0 | 0 | 1 | 0 | 0 | 0 |
| 0 | 0 | 1 | 0 | 1 | 0 | 1 | 1 |
| 0 | 1 | 0 | 0 | 1 | 1 | 0 | 1 |
| 0 | 1 | 1 | 1 | 1 | 1 | 1 | 1 |

由表 11-6 可知,当输入 $A$、$B$、$C$ 中有 2 个以上为逻辑 1 时,输出 $F$ 为逻辑 1;否则输出 $F$ 为逻辑 0。可见,这个电路是一种 3 人表决电路:当 2 票或 3 票同意时,提案就通过。

## 11.5.2 组合逻辑电路设计

项目典型问题中提到的三人表决电路是根据给出的实际逻辑问题,画出实现这一逻辑功能的最简逻辑电路,这就是设计组合逻辑电路时要完成的工作。设计的目的是根据功能要求设计最佳电路。

组合逻辑电路的设计步骤分为四步:

(1)根据问题,确定输入变量、输出函数的个数,并对它们进行逻辑赋值,即确定 0 和 1 代表的含义。

(2)根据逻辑功能要求列出真值表。

(3)写出逻辑函数表达式,并化简得到符合要求的最简式。

(4)画出逻辑电路图。

**例 11-12**　用与非门设计一个交通报警控制电路。交通信号灯有红、绿、黄 3 种,3 种灯分别单独工作或黄、绿灯同时工作时属正常情况,其他情况均属故障。出现故障时输出报警信号。

**解:**(1)设红、绿、黄灯分别用 $A$、$B$、$C$ 表示,灯亮时其值为 1,灯灭时其值为 0;输出报警信号用 $Y$ 表示,正常工作时 $Y$ 值为 0,出现故障时 $Y$ 值为 1。可得真值表如表 11-7 所示。

表 11-7　例 11-12 的真值

| 输入 | | | 输出 | 输入 | | | 输出 |
|---|---|---|---|---|---|---|---|
| $A$ | $B$ | $C$ | $Y$ | $A$ | $B$ | $C$ | $Y$ |
| 0 | 0 | 0 | 1 | 1 | 0 | 0 | 0 |
| 0 | 0 | 1 | 0 | 1 | 0 | 1 | 1 |
| 0 | 1 | 0 | 0 | 1 | 1 | 0 | 1 |
| 0 | 1 | 1 | 0 | 1 | 1 | 1 | 1 |

(2)写出逻辑函数式,并化简为最简的"与非"形式。

在真值表中,找出 $Y$ 为 1 的输入变量组合,将其中取值为 0 的输入用反变量表示,取值为 1 的输入用原变量表示;同一组输入变量、反变量间为"与逻辑"关系,不同组间为"或逻辑"关系,就可得到逻辑函数式:

$$Y = \overline{A}\,\overline{B}\,\overline{C} + A\overline{B}C + AB\overline{C} + ABC = \overline{A}\,\overline{B}\,\overline{C} + AC + AB = \overline{\overline{A}\,\overline{B}\,\overline{C} \cdot \overline{AC} \cdot \overline{AB}}$$

(3)画出逻辑电路图。

根据逻辑函数式中的逻辑运算顺序,逐级画出相应门电路的逻辑符号,就可得到和逻辑函数式相对应的逻辑图,如图 11-10 所示。

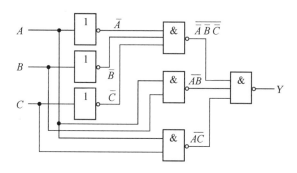

图 11-10　例 11-12 的电路

# 11.6　常用组合逻辑部件

在数字集成产品中有许多具有特定组合逻辑功能的数字集成器件,称为组合逻辑器件(或组合逻辑部件)。常用的组合逻辑部件有编码器、译码器、数值比较器、加法器等,这里主要介绍编码器、译码器的有关知识。

### 11.6.1 编码器

**1.编码器的类型**

编码器可分为普通编码器和优先编码器。普通编码器中,任何时刻只允许一个有效信号输入;在优先编码器中,对每一位输入都设置了优先权高低,因而当同时有两个以上的有效信号输入时,它只对其中优先权最高的信号进行编码,保证了编码器的有序工作。

目前常用的编码器都是优先编码器,具体有二进制优先编码器、二-十进制优先编码器。下面讨论二-十进制优先编码器。

**2.二-十进制优先编码器**

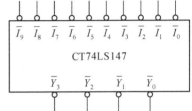

将十进制数的 $0 \sim 9$ 编成二进制代码的电路就是二-十进制编码器。如图 11-11 所示为二-十进制优先编码器 CT74LS147 的逻辑符号。

图 11-11　CT74LS147 的逻辑符号

(1) $\bar{I}_1 \sim \bar{I}_9$ 是编码信号输入端,其下标数越大,优先权就越高,即 $\bar{I}_9$ 优先权最高,$\bar{I}_1$ 优先权最低。

(2)信号输入低电平有效,即信号输入端为低电平 0 时表示有编码请求。

(3) $\bar{Y}_0$、$\bar{Y}_1$、$\bar{Y}_2$、$\bar{Y}_3$ 是代码输出端,是以 8421BCD 码的反码形式输出。

(4)图中设有 $\bar{I}_0$ 输入端,但在无有效信号输入时,输出 $\bar{Y}_3\bar{Y}_2\bar{Y}_1\bar{Y}_0 = 1111$,其原码是 0000,相当于输入 $\bar{I}_0$ 请求编码信号。

CT74LS147 又称为 10 线-4 线优先编码器,其功能真值表如表 11-8 所示。

**表 11-8　CT74LS147 的功能真值**

| 输入 | | | | | | | | | 输出 | | | |
|---|---|---|---|---|---|---|---|---|---|---|---|---|
| $\bar{I}_1$ | $\bar{I}_2$ | $\bar{I}_3$ | $\bar{I}_4$ | $\bar{I}_5$ | $\bar{I}_6$ | $\bar{I}_7$ | $\bar{I}_8$ | $\bar{I}_9$ | $\bar{Y}_3$ | $\bar{Y}_2$ | $\bar{Y}_1$ | $\bar{Y}_0$ |
| 1 | 1 | 1 | 1 | 1 | 1 | 1 | 1 | 1 | 1 | 1 | 1 | 1 |
| × | × | × | × | × | × | × | × | 0 | 0 | 1 | 1 | 0 |
| × | × | × | × | × | × | × | 0 | 1 | 0 | 1 | 1 | 1 |
| × | × | × | × | × | × | 0 | 1 | 1 | 1 | 0 | 0 | 0 |
| × | × | × | × | × | 0 | 1 | 1 | 1 | 1 | 0 | 0 | 1 |
| × | × | × | × | 0 | 1 | 1 | 1 | 1 | 1 | 0 | 1 | 0 |
| × | × | × | 0 | 1 | 1 | 1 | 1 | 1 | 1 | 0 | 1 | 1 |
| × | × | 0 | 1 | 1 | 1 | 1 | 1 | 1 | 1 | 1 | 0 | 0 |
| × | 0 | 1 | 1 | 1 | 1 | 1 | 1 | 1 | 1 | 1 | 0 | 1 |
| 0 | 1 | 1 | 1 | 1 | 1 | 1 | 1 | 1 | 1 | 1 | 1 | 0 |

### 11.6.2 译码器

**1.译码**

**(1)译码的含义**

译码是编码的逆过程,就是将编码时二进制代码中所含的原意翻译出来。能实现译码功能的电路称为译码器。译码器是多输入、多输出端的组合逻辑电路。

（2）译码器的类型

按功能分，译码器分为通用译码器和显示译码器两大类，而通用译码器又包括变量译码器和代码变换译码器。

### 2. 通用译码器

通用译码器的输出信号有效状态有低电平有效、高电平有效两种。如通用译码器是输出低电平有效的，则在任一时刻接收到一组二进制代码后，只有一个对应的输出端是以低电平 0 的形式输出有效信号，其余输出端都是高电平状态的。

（1）变量译码器

变量译码器也称为二进制译码器，是 $n$ 线-$2^n$ 线译码器，即代码输入端有 $n$ 个时，可接收 $n$ 位二进制代码的 $2^n$ 个不同的组合状态，同时有 $2^n$ 个译码输出端与之对应。常用的有 3 线-8 线、4 线-16 线译码器，如 CT74LS138、CT74LS154 等。

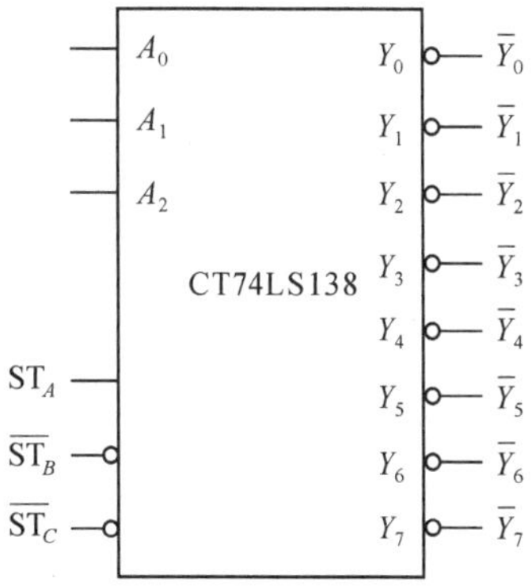

如图 11-12 所示为集成 3 线-8 线译码器 CT74LS138 的逻辑符号。图中 $A_2$、$A_1$、$A_0$ 为二进制代码输入端，$A_2$ 端接收最高位代码；$\overline{Y}_0 \sim \overline{Y}_7$ 为输出端，低电平有效；$ST_A$、$\overline{ST}_B$、$\overline{ST}_C$ 为三个选通控制端。CT74LS138 具体的功能如表 11-10 所示。

图 11-12　CT74LS138 逻辑符号

#### 表 11-9　CT74LS138 功能

| 输入 | | | | | 输出 | | | | | | | |
|---|---|---|---|---|---|---|---|---|---|---|---|---|
| $ST_A$ | $\overline{ST}_B+\overline{ST}_C$ | $A_2$ | $A_1$ | $A_0$ | $\overline{Y}_0$ | $\overline{Y}_1$ | $\overline{Y}_2$ | $\overline{Y}_3$ | $\overline{Y}_4$ | $\overline{Y}_5$ | $\overline{Y}_6$ | $\overline{Y}_7$ |
| $\times$ | 1 | $\times$ | $\times$ | $\times$ | 1 | 1 | 1 | 1 | 1 | 1 | 1 | 1 |
| 0 | $\times$ | $\times$ | $\times$ | $\times$ | 1 | 1 | 1 | 1 | 1 | 1 | 1 | 1 |
| 1 | 0 | 0 | 0 | 0 | 0 | 1 | 1 | 1 | 1 | 1 | 1 | 1 |
| 1 | 0 | 0 | 0 | 1 | 1 | 0 | 1 | 1 | 1 | 1 | 1 | 1 |
| 1 | 0 | 0 | 1 | 0 | 1 | 1 | 0 | 1 | 1 | 1 | 1 | 1 |
| 1 | 0 | 0 | 1 | 1 | 1 | 1 | 1 | 0 | 1 | 1 | 1 | 1 |
| 1 | 0 | 1 | 0 | 0 | 1 | 1 | 1 | 1 | 0 | 1 | 1 | 1 |
| 1 | 0 | 1 | 0 | 1 | 1 | 1 | 1 | 1 | 1 | 0 | 1 | 1 |
| 1 | 0 | 1 | 1 | 0 | 1 | 1 | 1 | 1 | 1 | 1 | 0 | 1 |
| 1 | 0 | 1 | 1 | 1 | 1 | 1 | 1 | 1 | 1 | 1 | 1 | 0 |

可见，二进制译码器的输出端包含了全部 $n$ 位输入代码最小项的非，所以可以用来设计其他组合逻辑电路。如图 11-13 所示电路就是集成 3 线-8 线译码器 CT74LS138 的这种应用，实现的逻辑函数为：

$$Y=\overline{A}\,\overline{B}C+\overline{A}BC+A\overline{B}\overline{C}+ABC$$

（2）代码变换译码器

代码变换译码器就是二-十进制译码器,其代码输入端有 4 个,译码输出端有 10 个,也称为 4 线-10 线译码器。其功能是将输入的 BCD 码翻译成 0~9 十个对应输出信号。如 CT74LS42、CT5443 等集成芯片。代码变换译码器的原理与 3 线-8 线译码器类似,只是 4 位输入代码组成的 16 个组合状态中有 6 个组合(1010~1111)没有对应的输出端,这 6 个组合代码称为伪码。当伪码输入时,10 个输出端均处于无效状态。

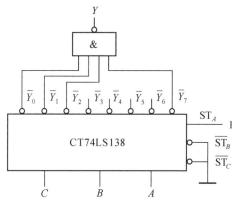

图 11-13　CT74LS138 实现逻辑函数

3. BCD 七段显示译码器

BCD 七段显示译码器的输入信号一般是 8421BCD 码,其输出的信号用以驱动显示器件,直接显示出对应的十进制字符 0~9,其代码输入端有 4 个,译码输出端有 7 个,常用在各种数字电路和单片机系统的显示系统中。

（1）七段半导体数码管

七段显示器件是通过七段字划亮灭的不同组合来实现对 0~9 十个十进制字符的显示。常用的 BCD 七段显示器件有七段半导体数码管(LED)、液晶显示器(Liquid Crystal Display,LCD)等。

七段半导体数码管是由七段发光二极管组成的,内部接法有两种:共阳、共阴。图 11-14(c)是七段半导体数码管的外形及字划编号,图 11-14(a)是共阳极连接,图 11-14(b)是共阴极连接。

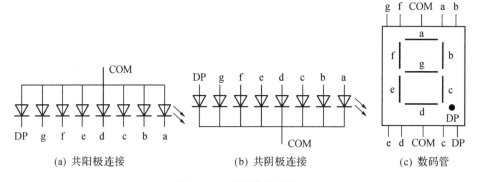

(a) 共阳极连接　　　　　(b) 共阴极连接　　　　　(c) 数码管

图 11-14　半导体数码管

（2）BCD 七段显示译码器

七段显示器件前面往往需要接 BCD 七段显示驱动译码器。常用的 BCD 七段显示译码器有 74LS47(输出低电平有效)、74LS48(输出高电平有效)等。输出低电平有效的七段译码器需选用共阳极接法的数码管,而输出高电平有效的七段译码器需选用共阴极接法的数码管。

74LS48 的逻辑符号如图 11-15 所示,$A$、$B$、$C$、$D$ 为代码输入端,$A$ 端接收代码最低位,$D$ 端接收代码最高位;LT 为灯测试输入端;RBI 为动态灭零输入端;BI/RBO 具有输入输出双重功能,为消隐控制端/动态灭零输出端;$Y_a \sim Y_g$

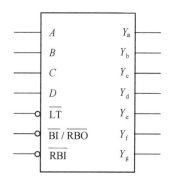

图 11-15　74LS48 的逻辑符号

为译码输出端,高电平有效。译码使用时,将 74LS48 的 $Y_a\sim Y_g$ 管脚分别与共阴数码管的 a～g 管脚对应连接,74LS48 的代码输入端 $A、B、C、D$ 接收 8421 码,LT 端、RBI 端、BI/RBO 端都接高电平,数码管就能显示出相应的十进制数码。

# 模块十一小结

1.数字信号是由 1 和 0 分别表示两种相反状态的信号,数字电路是传送、加工和处理数字信号的电子电路。数字电路分为组合逻辑电路和时序逻辑电路两大类。组合逻辑电路没有记忆功能,而时序逻辑电路存在记忆功能。

2.常用的计数进制有十进制、二进制、十六进制,不同数制间可以相互转换。BCD 码指用 4 位二进制数表示 0～9 十个十进制数码的二进制代码。

3.基本的逻辑运算有与、或、非,常用的复合逻辑运算有与非、或非、异或,它们是组成各种复杂逻辑电路的基础。逻辑运算可以根据需要选择分立逻辑门电路、集成逻辑门电路实现。

4.逻辑函数常用的有逻辑函数表达式、真值表、逻辑电路图等表示方法,它们可以相互转换。逻辑代数是分析和设计数字逻辑电路的主要工具,运用逻辑代数的基本定律和规则可以简化任何复杂的逻辑函数。

5.组合逻辑电路的分析步骤是:写出最简逻辑函数式→列真值表→确定出电路的逻辑功能。而组合逻辑电路的设计步骤是:列真值表→写出逻辑函数式并化简、转换→画出逻辑电路图。

6.编码器是将输入的电平信号编成二进制代码,而译码器功能正好相反。优先编码器允许同时有两个以上的有效信号输入,但它只对其中优先权最高的信号进行编码。输出高电平有效的显示译码器要配接共阴接法的数码管,输出低电平有效的显示译码器要配接共阳接法的数码管。

# 模块十一任务实施

### 任务一　探索逻辑函数的真值表、函数表示式和逻辑电路图互换

场地:机房或多媒体教室。

器材:电脑、Multisim 软件。

资讯:1.5 Multisim 电路仿真软件,11.3 逻辑函数。

训练内容一:探索逻辑函数表达式转换为逻辑图表示

1.画出与逻辑关系式 $Y=AB+AC+BC$ 对应的逻辑电路图;

2.画出用与非门实现逻辑关系 $Y=AB+AC+BC$ 的逻辑电路图;

3.用逻辑转换仪进行探索、验证,如有错误分析原因。

(1)单击 Multisim 平台右列仪器库,把"逻辑转换器"图标拖到工作区,双击逻辑转换器图标(如图 11-16(a)所示),出现图 11-16(b)所示界面;

(2)在图 11-16(b)所示界面的下方逻辑表达式窗口,输入函数式 $AB+AC+BC$;

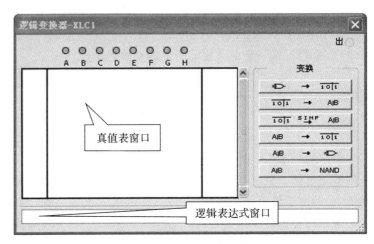

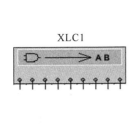

(a)逻辑转换仪图标　　　　　　　　(b)逻辑转换仪工作界面

图 11-16　逻辑转换仪

(3)点击功能按钮 A|B　→　,即可得到与函数式对应的电路图;

(4)点击 A|B　→　NAND,可以得到只由"与非门"组成的电路图。

(5)对比自己画的逻辑电路图和逻辑转换仪转换得到的图,如有错误分析原因。

训练内容二:探索逻辑图转换为逻辑函数表达式

1.分析图 11-17(a)所示逻辑电路图,写出其对应的最简逻辑函数表达式;

2.用逻辑转换仪进行探索、验证,如有错误分析原因。

(1)在 Multisim12.0 设计工作窗口内搭建好逻辑电路图,在仪表栏中调出逻辑转换仪,将逻辑电路图与逻辑转换仪连接好,如图 11-17(b)所示;

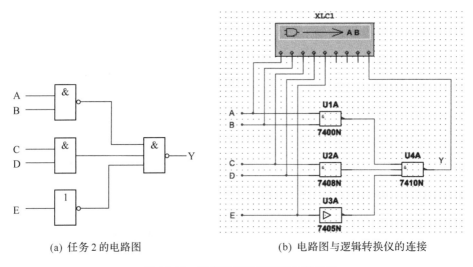

(a) 任务 2 的电路图　　　　　　　(b) 电路图与逻辑转换仪的连接

图 11-17　探索逻辑图的逻辑函数表示

(2)双击逻辑转换仪图标,出现图 11-16(b)所示界面,点击功能按钮 →　101,即可得到对应的真值表;

(3)点击功能按钮 101　→　A|B,可以得到没化简的、与真值表一一对应的

逻辑表达式；

（4）点击功能按钮 ，即可在逻辑转换仪工作界面的逻辑表达式窗口中得到化简的逻辑表达式。

（5）对比自己推出的最简逻辑函数表达式和逻辑转换仪转换得到的，如有错误分析原因。

训练内容三：真值表转换为逻辑函数最简表达式

1.已知某逻辑函数的真值表如表 11-10 所示，写出其对应的逻辑函数表达式；

2.对逻辑函数表达式进行化简，写出其最简"与或"式；

**表 11-10　任务一训练三真值表**

| 输入 | | | 输出 | 输入 | | | 输出 |
|---|---|---|---|---|---|---|---|
| $A$ | $B$ | $C$ | $Y$ | $A$ | $B$ | $C$ | $Y$ |
| 0 | 0 | 0 | 0 | 1 | 0 | 0 | 0 |
| 0 | 0 | 1 | 0 | 1 | 0 | 1 | 1 |
| 0 | 1 | 0 | 0 | 1 | 1 | 0 | 1 |
| 0 | 1 | 1 | 0 | 1 | 1 | 1 | 1 |

3.用逻辑转换器进行探索、验证，如有错误分析原因。

（1）在 Multisim12.0 仪表栏中调出逻辑转换仪，再双击逻辑转换仪图标，出现图 11-16(b)所示界面；

（2）选中图 11-16(b)所示界面左上方的输入端子 $A$、$B$、$C$，界面上将会自动列出输入变量的所有状态组合；

（3）点击真值表编辑窗口中"?"列数字，其值会在'0'、'1'、'X'间变化，按表 11-10,所示确定输出状态；

（4）点击功能按钮 ，可以得到没化简的、与真值表一一对应的逻辑表达式；

（5）点击功能按钮 ，即可在图 11-16(b)所示界面的下边框中得到化简的逻辑表达式。

（6）对比自己推出的最简逻辑函数表达式和逻辑转换仪转换得到的，如有错误分析原因。

## 任务二　实践组合逻辑电路的设计

场地：机房或多媒体教室。

器材：数字电子实验装置或电脑、Multisim 软件。

资讯：1.5 Multisim 电路仿真软件，11.5 组合逻辑电路的分析和设计。

训练内容：设计一个 $A$、$B$、$C$ 三人表决电路。当表决某个提案时，多数人同意，则提案通过，但 $A$ 具有否决权。要求用与非门实现，并进行调试验证。

1.查阅相关资料，识读图 11-18 所示的 74LS00 型号集成逻辑门芯片，明确该芯片管脚排列及

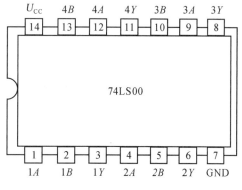

图 11-18　2 输入与非门 74LS00

功能；

2.写出设计步骤,画出逻辑电路图,用仿真软件或数字电子实验装置进行验证;

3.将训练中测得的数据记入表11-11中。

**表 11-11　任务二实验数据记录**

| 输入 | | | 输出 | 输入 | | | 输出 |
|---|---|---|---|---|---|---|---|
| $A$ | $B$ | $C$ | $Y$ | $A$ | $B$ | $C$ | $Y$ |
| 0 | 0 | 0 | | 1 | 0 | 0 | |
| 0 | 0 | 1 | | 1 | 0 | 1 | |
| 0 | 1 | 0 | | 1 | 1 | 0 | |
| 0 | 1 | 1 | | 1 | 1 | 1 | |

# 思考与习题十一

11-1　将下列十进制数转换为二进制数。

(1)12　　(2)51　　(3)100　　(4)174

11-2　将下列各进制数转换为十进制数。

(1)$(1011)_2$　　(2)$(1001010)_2$　　(3)$(EC)_{16}$　　(4)$(16)_{16}$

11-3　请给出下列 8421BCD 码对应的十进制数。

(1)1000111000　　(2)100100100001100100　　(3)111100101010011

11-4　如图 11-19 所示是门电路 $A$、$B$ 两输入端的输入电压波形,试分别画出对应与门、与非门、或非门、异或门电路的输出波形。

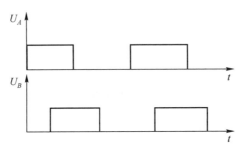

图 11-19　题 11-4 图

11-5　试确定图 11-20 所示中各门的输出 $Y$,且写成"与非"逻辑表达式。

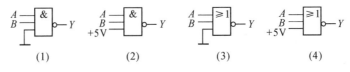

(1)　　　　　　(2)　　　　　　(3)　　　　　　(4)

图 11-20　题 11-5 图

11-6　列出下列函数的真值表:

$$F = BC + A\bar{C} + \bar{A}B$$

11-7　试用与非门和非门实现下列函数：

$$Y=A \cdot \overline{C}+\overline{\overline{\overline{A} \cdot \overline{\overline{C}}}}+\overline{A} \cdot \overline{C}+\overline{BD}$$

11-8　化简下列逻辑函数：

(1)$Y=(A \oplus B) \cdot \overline{AB+\overline{A}\,\overline{B}}+\overline{A}B$；

(2)$Y=AB+A\overline{C}+\overline{B}C+B\overline{C}+\overline{B}D+B\overline{D}+AD$；

(3)$Y=\overline{AC+\overline{A}BC+\overline{B}\,\overline{C}}+AB\overline{C}$；

(4)$Y=A+A\overline{BC}+\overline{A}BCD+BC+\overline{B}C$；

(5)$Y=ABC+\overline{A}+\overline{B}+\overline{C}$；

(6)$Y=A(BC+\overline{B} \cdot \overline{C})+A(\overline{B}C+B\overline{C})$。

11-9　写出图 11-21 所示逻辑电路图的最简与或表达式。

11-10　某逻辑电路有三个变量 $A$、$B$、$C$，当变量组合中出现偶数个 1 时，输出为 1，反之为 0。列出此逻辑事件的真值表，写出逻辑表达式。

11-11　分析图 11-22 所示电路的逻辑功能。

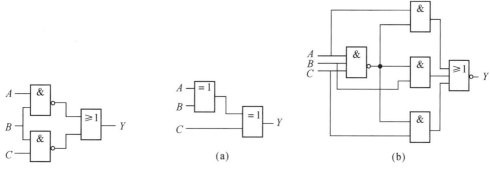

图 11-21　题 11-9 图　　　　　　　图 11-22　题 11-11 图

11-12　试设计一个火灾报警系统，有烟感、温感和紫外光感三种不同类型的火灾探测器。为了防止误报警，要求只有在其中两种或三种探测器发出探测信号时，报警系统才产生报警信号，试用与非门实现。要求写出设计过程，画出电路图。

11-13　图 11-23 所示是 74LS138 译码器和与非门组成的电路。试写出该电路的输出函数 $F_0$ 和 $F_1$ 的最简与或表达式。

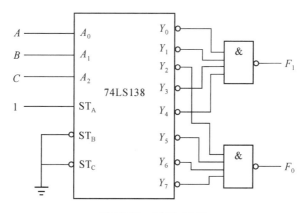

图 11-23　题 11-13 图

# 模块十二 时序逻辑电路

 **典型问题**

计数是一种最简单最基本的运算,电子计数器就是实现这种运算的逻辑电路,是其他数字化仪器的基础,在工业生产、科学实验和日常生活中得到广泛应用,如企业产品计件、车站客流量统计、运动健身计步、体育比赛中测试时间的计时、时钟等装置都包含有计数器电路。图 12-1(a)所示为 74LS161 集成计数器引脚排列图,图(b)所示为某型号跑步健身计步器实物图,它能根据走路时腰部上下运动而自动测量、实现计步并显示。

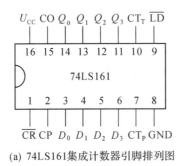

(a) 74LS161集成计数器引脚排列图　　　　　　(b) 计步器外型

图 12-1　电子计数器

计数器是常用的时序逻辑部件之一,那么其具有什么特点? 如何设计? 其基本组成单元也是门电路吗?

**能力目标**

1. 掌握时序逻辑电路、计数器、寄存器的基本概念,理解时序逻辑电路的特征。

2. 熟悉基本 RS 触发器、同步 RS 触发器、边沿 D 触发器和边沿 JK 触发器的触发方式及逻辑功能。

3. 掌握常用集成二进制计数器和十进制计数器产品的功能及应用,掌握 $N$ 进制计数器的设计方法。

**实验研究任务**

任务一　探索 RS 触发器的真值表

任务二　探索边沿 JK 触发器的逻辑分析

任务三　探索 $N$ 进制(任意进制)计数器的设计

## 12.1 时序逻辑电路概念

时序逻辑电路又称时序电路,它主要由存储电路(由触发器组成)和组合逻辑电路两部分组成,如图 12-2 所示。其中,触发器部分是必不可少的,组合逻辑电路部分在有些时序逻辑电路中可以没有。时序逻辑电路的状态是根据电路中各个触发器的状态变化情况来描绘的。

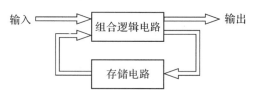

图 12-2 时序逻辑电路的结构

与组合逻辑电路不同,时序逻辑电路在任何时刻的输出状态不仅取决于当时的输入信号,还取决于电路原来的状态,即具有记忆功能。

根据电路状态转换情况的不同,时序逻辑电路可分为同步时序逻辑电路和异步时序逻辑电路两大类。在同步时序逻辑电路中,所有触发器的时钟输入端 CP 都连在一起,在同一个时钟脉冲 CP 作用下,凡具有翻转条件的触发器在同一时刻状态翻转。也就是说,触发器状态的更新和时钟 CP 是同步的。在异步时序逻辑电路中,时钟脉冲只触发部分触发器,其余触发器则是由电路内部信号触发的,因此其触发器的状态更新有先有后,并不都与时钟输入脉冲 CP 同步。

## 12.2 常用集成触发器

触发器是具有记忆功能的基本逻辑单元,常用作二进制信息的存储单元,应用十分广泛,如典型问题提到的计数器电路就包含有触发器。触发器有两个稳定状态 0 和 1,在信号作用下,两个稳态可以相互转换。

根据逻辑功能的不同,常用触发器有 RS 触发器、D 触发器、JK 触发器、T 触发器等;根据电路结构不同,常用触发器有基本 RS 触发器、同步触发器、边沿触发器、主从触发器;按触发方式不同,常用触发器有上升沿、下降沿和高电平、低电平触发器等。

### 12.2.1 基本 RS 触发器

1.电路组成和逻辑符号

基本 RS 触发器可由两个与非门的输入和输出交叉耦合组成(称与非门 RS 触发器),也可以由两个或非门的输入和输出交叉耦合组成(称或非门 RS 触发器),本节分析前者,其电路结构和逻辑符号如图 12-3 所示。

图 12-3 中,$\overline{R_\mathrm{D}}$ 与 $\overline{S_\mathrm{D}}$ 是信号输入端,通常称 $\overline{R_\mathrm{D}}$ 为直接复位端或直接置 0 端,称 $\overline{S_\mathrm{D}}$ 为直接置位端或直接置 1 端。$Q$ 和 $\overline{Q}$ 是触发器的两个互补输出端,在触发器处于稳定状态时,两者的

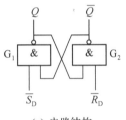
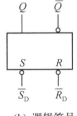

(a) 电路结构      (b) 逻辑符号      M12-1 基本 RS
触发器/微课

图 12-3 与非门 RS 触发器

逻辑状态相反。图 12-3(b) 中 $R$ 和 $S$ 为置 0 和置 1 的限定符号。

**2. 特性方程**

触发器的状态通常用 $Q$ 端的输出状态来表示，当 $Q=1$，$\overline{Q}=0$ 时，称为触发器的 1 状态，当 $Q=0$，$\overline{Q}=1$ 时，称为触发器的 0 状态。触发器接收新输入信号前的状态称为现态，又称为原状态，用 $Q^n$ 表示；触发器接收新输入信号后的状态称为次态，又称为新状态，用 $Q^{n+1}$ 表示。

触发器的次态 $Q^{n+1}$ 与 $R_D$、$S_D$ 及现态 $Q^n$ 之间关系的逻辑表达式称为触发器的特性方程。与非门 RS 触发器的特性方程为

$$\begin{cases} Q^{n+1}=S_D+\overline{R}_D \cdot Q^n \\ \overline{R}_D+\overline{S}_D=1 \text{（适用条件）} \end{cases} \tag{12-1}$$

**3. 逻辑功能分析**

假设触发器原处于 $Q^n$、$\overline{Q^n}$ 的状态，根据与非门 RS 触发器的特性方程，分析其逻辑功能如下：

(1) $\overline{R_D}=0$，$\overline{S_D}=1$ 时，触发器置 0。这时，$Q^{n+1}=S_D+\overline{R}_D \cdot Q^n=0+0 \cdot Q^n=0$，即与非门 $G_1$ 输出端 $Q$ 一定为 0；之后，与非门 $G_2$ 的两个输入端都是 0，其输出端 $\overline{Q}$ 必定为 1。触发器实现置 0 功能。

(2) $\overline{R_D}=1$，$\overline{S_D}=0$ 时，触发器置 1。这时，$Q^{n+1}=S_n+\overline{R}_D \cdot Q^n=1+1 \cdot Q^n=1$，即与非门 $G_1$ 输出端 $Q$ 一定为 1；之后，与非门 $G_2$ 的两个输入端都是 1，其输出端 $\overline{Q}$ 必定为 0。触发器实现置 1 功能。

(3) $\overline{R_D}=1$，$\overline{S_D}=1$ 时，触发器保持原状态不变。这时，与非门 $G_2$ 的输出为 $\overline{Q^{n+1}}=\overline{Q^n \cdot \overline{R}_D}=\overline{Q^n \cdot 1}=\overline{Q^n}$，与非门 $G_1$ 的输出为 $Q^{n+1}=S_D+\overline{R}_D \cdot Q^n=0+1 \cdot Q^n=Q^n$。触发器实现保持不变功能。

(4) $\overline{R_D}=0$，$\overline{S_D}=0$ 时，触发器两个输出端状态都是 1，且在下一时刻输入变为不相同状态时，触发器状态不定。这时，与非门 $G_1$ 输出 $Q^{n+1}=S_D+\overline{R_D} \cdot Q^n=1+0 \cdot Q^n=1$，与非门 $G_2$ 输出 $\overline{Q^{n+1}}=\overline{\overline{R_D} \cdot Q^n}=\overline{0 \cdot Q^n}=1$，此状态不是触发器的定义状态，称为不定状态，要避免。因此，基本 RS 触发器对输入信号有约束条件：$\overline{R_D}+\overline{S_D}=1$。

根据以上分析，把触发器状态与输入信号的逻辑对应关系列成真值表（也称为触发器的功能表或特性表），如表 12-1 所示。也可以根据其电路结构分析得到以上结果。

表 12-1　基本 RS 触发器功能表

| $\overline{R_D}$ | $\overline{S_D}$ | $Q^n$ | $Q^{n+1}$ | 说明 |
|---|---|---|---|---|
| 0 | 0 | 0 | $Q^{n+1}=\overline{Q^{n+1}}=1$ | 触发器不定状态（禁用） |
| 0 | 0 | 1 | $Q^{n+1}=\overline{Q^{n+1}}=1$ | |
| 0 | 1 | 0 | 0 | 触发器置 0 |
| 0 | 1 | 1 | 0 | |
| 1 | 0 | 0 | 1 | 触发器置 1 |
| 1 | 0 | 1 | 1 | |
| 1 | 1 | 0 | 0 | 触发器保持原状态不变 |
| 1 | 1 | 1 | 1 | |

基本 RS 触发器在数字系统中常用来消除机械开关的抖动影响。在按压按键时，由于机械开关的接触抖动，往往在几十毫秒内电压会出现多次抖动，相当于连续出现了几个脉冲信号。显然，用这样的开关产生的信号直接作为电路的驱动信号可能导致电路产生错误动作，这在有些情况下是绝对不允许的。为了消除开关的接触抖动，可在机械开关与被驱动电路间接入一个基本 RS 触发器。

**例 12-1**　如图 12-4 所示是数字钟当中的 RS 触发器组成的消除电路抖动原理图，试分析其工作原理。

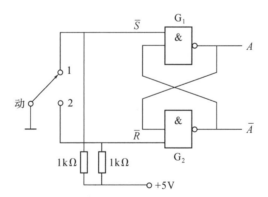

图 12-4　消除机械抖动的 RS 触发器电路

**解**：在图 12-4 电路状态中，$\overline{S}=0$，$\overline{R}=1$，可得出 $A=1$，$\overline{A}=0$。

当按压按键，开关接到位置 2 时，$\overline{S}=1$，$\overline{R}=0$，可得出 $A=0$，$\overline{A}=1$。若由于机械开关的接触抖动，则 $\overline{R}$ 的状态会在 0 和 1 之间变化多次，但因 $\overline{S}=1$，$\overline{R}=1$ 时，$G_1$、$G_2$ 门输出状态是不变，还是输出信号 $A=0$，$\overline{A}=1$，不会对后级电路造成影响。

同理，当松开按键时，$\overline{S}$ 端出现的接触抖动亦不会影响输出状态。因此，图 12-4 所示的电路，每按压开关一次，$A$ 点的输出信号仅发生一次变化。

## 12.2.2　同步 RS 触发器

### 1.电路组成和逻辑符号

在数字系统中，为协调各部分的工作状态，会要求触发器按一定节拍同步动作，这时需要加入一个时钟控制端 $CP$。具有时钟脉冲 $CP$ 控制的触发器称为时钟触发器。时钟触发器可分为同步触发器、边沿触发器和主从触发器。

同步 $RS$ 触发器是在与非门 $G_1$、$G_2$ 组成的基本 $RS$ 触发器基础上增加两个控制门 $G_3$、$G_4$ 及一个控制信号 $CP$，让输入信号经过控制门传送，如图 12-5 所示。图中 $CP$ 为时钟脉冲输入端，简称钟控端或 $CP$ 端，R、S 为信号输入端，$Q$、$\overline{Q}$ 为输出端。

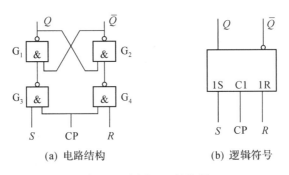

(a) 电路结构　　　　(b) 逻辑符号

图 12-5　同步 $RS$ 触发器

### 2.逻辑功能分析

(1)$CP=0$ 时,不论输入信号 R、S 如何变化,与非门 $G_3$、$G_4$ 被封锁,输出始终为 1,根据基本 $RS$ 触发器逻辑功能可知,触发器状态不变,即 $Q^{n+1}=Q^n$。

(2)$CP=1$ 时,与非门 $G_3$、$G_4$ 被打开,电路输出状态由 R、S 输入信号和电路原有状态决定,则触发器的状态随输入信号 R、S 的不同而不同。因此,同步 $RS$ 触发器的触发有效电平为 $CP$ 的高电平。

根据与非门和基本 $RS$ 触发器的逻辑功能,可列出同步 $RS$ 触发器的功能表(或称特性表),如表 12-2 所示。

表 12-2　同步 $RS$ 触发器功能

| $CP$ | $R$ | $S$ | $Q^n$ | $Q^{n+1}$ | 说明 |
|---|---|---|---|---|---|
| 0 | $\times$ | $\times$ | 0 | 0 | 输入信号封锁触发器保持原状态不变 |
| 0 | $\times$ | $\times$ | 1 | 1 | |
| 1 | 0 | 0 | 0 | 0 | 触发器保持原状态不变 |
| 1 | 0 | 0 | 1 | 1 | |
| 1 | 0 | 1 | 0 | 1 | 触发器置 1 |
| 1 | 0 | 1 | 1 | 1 | |
| 1 | 1 | 0 | 0 | 0 | 触发器置 0 |
| 1 | 1 | 0 | 1 | 0 | |
| 1 | 1 | 1 | 0 | $Q^{n+1}=\overline{Q^{n+1}}=1$ | 触发器不定状态(禁用) |
| 1 | 1 | 1 | 1 | $Q^{n+1}=\overline{Q^{n+1}}=1$ | |

从表 12-2 可以看出,当 $R=S=1$ 时,触发器不定状态,为避免出现这种情况,应使 $RS=0$ (约束条件)。同步触发器的特性方程为

$$\begin{cases} Q^{n+1} = S + \overline{R}Q^n \\ RS = 0 \end{cases} \qquad (CP=1\ 期间有效) \qquad (12\text{-}2)$$

从上述分析可知,在同步 $RS$ 触发器中,$R$、$S$ 端的输入信号决定了电路翻转到什么状态,而时钟脉冲 CP 则决定电路状态翻转的时刻,这样便实现了对电路状态翻转时刻的控制。

注意:同步触发器 CP=1 的脉冲不宜太宽,否则在此期间,$R$、$S$ 端信号可能发生两次及以上变化,触发器输出状态会因此发生多次翻转,这种现象称为空翻,是不允许的。同步触发器只能用于数据锁存。

### 12.2.3 边沿触发器

为了进一步提高触发器的抗干扰能力和可靠性,克服同步触发器的空翻现象,我们希望触发器的输出状态仅仅取决于时钟控制信号 CP 的上沿或下沿时刻的输入信号状态,即触发器是在 CP 的上沿或下沿触发,而在时钟控制信号 CP 的其他状态中,输入信号对触发器无任何影响。具有此特性的触发器就是边沿触发器。

边沿触发器常用于计数器、移位寄存器等电路中。

1. 集成 D 触发器

(1)引脚排列和逻辑符号

目前国内生产的集成 D 触发器主要是维持阻塞型 D 触发器。这种 D 触发器都是在时钟脉冲 CP 的上升沿触发,是属于边沿触发器的类型。常用的集成 D 触发器有 74LS74 双 D 触发器、74LS175 四 D 触发器和 74LS174 六 D 触发器等。74LS74 集成芯片包含有两个具有直接置 1、直接置 0 端的上升沿触发 D 触发器,引脚排列及逻辑符号如图 12-6 所示。如图 12-6(a)所示是所有维持阻塞型 D 触发器的逻辑符号图,图中 D 为信号输入端;$\overline{S_D}$ 为直接置 1 端、$\overline{R_D}$ 为直接置 0 端,$\overline{R_D}$ 与 $\overline{S_D}$ 引线端处的小圆圈表示低电平有效;$Q$ 和 $\overline{Q}$ 是输出端;CP 为触发输入端,引线上端只有"$\wedge$"符号没有小圆圈,表示该 D 触发器在 CP 上升沿时刻接收 D 信号输入、触发器实现相应功能。

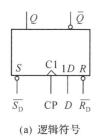
(a) 逻辑符号

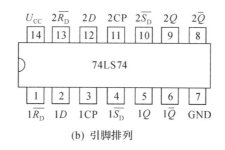
(b) 引脚排列

M12-2 边沿触发器/微课

图 12-6    74LS74 双 D 触发器的引脚排列和逻辑符号

(2)逻辑功能

D 触发器具有保持、置 1、置 0 功能。表 12-3 所示为 74LS74 集成 D 触发器,即维持阻塞型 D 触发器的功能表。从功能表中可知,$\overline{R_D}$ 与 $\overline{S_D}$ 端的信号对触发器的控制作用优先于 CP 信号。

表 12-3　74LS74 集成 D 触发器功能表

| 输入 | | | | 输出 | 说　明 |
|---|---|---|---|---|---|
| $\overline{R}_D$ | $\overline{S}_D$ | CP | D | $Q^{n+1}$ | |
| 0 | 1 | × | × | 0 | 直接置 0 |
| 1 | 0 | × | × | 1 | 直接置 1 |
| 0 | 0 | × | × | 不定 | 触发器状态不定(禁用) |
| 1 | 1 | ↑ | 0 | 0 | 置 0 |
| 1 | 1 | ↑ | 1 | 1 | 置 1 |
| 1 | 1 | ↓ | × | $Q^n$ | |
| 1 | 1 | 0 | × | $Q^n$ | 输入信号封锁触发器保持原状态不变 |
| 1 | 1 | 1 | × | $Q^n$ | |

(3)特性方程

维持阻塞型 D 触发器的特性方程为

$$Q^{n+1}=D \qquad (\text{CP}↑时有效,条件:\overline{R}_D+\overline{S}_D=1) \tag{12-3}$$

**例 12-2**　已知维持阻塞型 D 触发器输入 CP、D 的波形如图 12-7 所示,试画出 $Q$ 端的波形。设触发器初态为 0 态。

**解:**根据维持阻塞型 D 触发器的逻辑功能,可得出 $Q$ 端波形如图 12-7 所示。

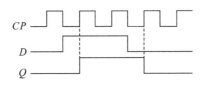

图 12-7　维持阻塞型 D 触发器波形

**2. 集成 JK 触发器**

(1)引脚排列和逻辑符号

常用的集成芯片有 74LS112 双 JK 触发器(下降沿触发)、CC4027 双 JK 触发器(上升沿触发)和 74LS276 四 JK 触发器(共用置 1、置 0 端)等。每片 74LS112 集成芯片包含有两个具有直接置 1、直接置 0 端的下降沿触发的 JK 触发器,引脚排列及逻辑符号如图 12-8 所示,图中 J、K 为信号输入端;$\overline{S}_D$ 为直接置 1 端,$\overline{R}_D$ 为直接置 0 端,低电平有效;$Q$ 和 $\overline{Q}$ 是输出端;CP 为

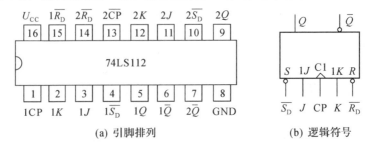

(a) 引脚排列　　　　　　(b) 逻辑符号

图 12-8　74LS112 双 JK 触发器的引脚排列和逻辑符号

触发输入端,引线端有"∧"符号没有小圆圈,表示该 JK 触发器在 CP 下降沿时刻接收 $J$、$K$ 信号输入,触发器实现相应功能。

（2）逻辑功能

JK 触发器具有保持、置 1、置 0、翻转功能。表 12-4 所示为 74LS112 集成 JK 触发器,即下降沿触发型 JK 触发器的功能表。

**表 12-4　74LS112 集成 JK 触发器功能**

| 输入端 | | | | | 输出 | 说明 |
|---|---|---|---|---|---|---|
| $\overline{R_D}$ | $\overline{S_D}$ | $CP$ | $J$ | $K$ | $Q^{n+1}$ | |
| 0 | 1 | × | × | × | 0 | 直接置 0 |
| 1 | 0 | × | × | × | 1 | 直接置 1 |
| 0 | 0 | × | × | × | 不定 | 触发器不定状态(禁用) |
| 1 | 1 | ↓ | 0 | 0 | $Q^n$ | 触发器保持原状态不变 |
| 1 | 1 | ↓ | 0 | 1 | 0 | 置 0 |
| 1 | 1 | ↓ | 1 | 0 | 1 | 置 1 |
| 1 | 1 | ↓ | 1 | 1 | $\overline{Q^n}$ | 触发器状态翻转 |
| 1 | 1 | ↑ | × | × | $Q^n$ | |
| 1 | 1 | 0 | × | × | $Q^n$ | 输入信号封锁触发器保持原状态不变 |
| 1 | 1 | 1 | × | × | $Q^n$ | |

（3）特性方程

下降沿触发型 JK 触发器的特性方程为

$$Q^{n+1} = J\,\overline{Q^n} + \overline{K}Q^n \qquad (\text{CP} \downarrow \text{时有效,条件:} \overline{R}_D + \overline{S}_D = 1) \qquad (12\text{-}4)$$

**例 12-3** 已知图 12-8(b)所示 JK 触发器的直接置 1 端、直接置 0 端为高电平,输入 CP、$J$、$K$ 的电压波形如图 12-9 所示,试画出 $Q$ 端的波形。设触发器初态为 0 态。

**解:** 根据下降沿触发型 JK 触发器的逻辑功能,可得出 $Q$ 端波形如图 12-9 所示。

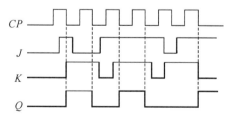

M12-3　触发器/测试

图 12-9　下降沿触发型 JK 触发器波形

# 12.3 时序逻辑电路的分析与设计

## 12.3.1 时序逻辑电路的分析

时序逻辑电路的分析就是根据给定的电路,通过分析,求出电路输出端的变化规律以及电路状态(即电路中各个触发器的状态)的转换规律,从而确定电路的逻辑功能和工作特点。

1. 时序逻辑电路的分析步骤

时序逻辑电路的分析过程一般可按以下步骤进行:

(1)根据给定电路分别写出各个触发器的时钟方程、输出方程和驱动方程。

(2)将驱动方程代入各个触发器的特性方程,得到每一个触发器的次态与输入、现态之间的方程,即电路的状态方程。

(3)假定初态,分别代入状态方程、输出方程进行计算,依次求出在某一状态下的次态和输出,根据计算结果,列相应的状态表。

(4)根据状态表,画状态图或时序图。

(5)用文字描述给定时序逻辑电路的逻辑功能。

2. 时序逻辑电路分析举例

**例 12-4** 试分析图 12-10 所示时序逻辑电路的逻辑功能。

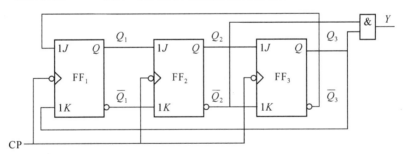

图 12-10 例 12-4 电路

**解**:(1)写方程式。从图 12-10 可知,该电路是同步时序逻辑电路。

时钟方程:

$$CP_3 = CP_2 = CP_1 = CP$$

输出方程:

$$Y = Q_3 \overline{Q_2}$$

驱动方程:

$$J_1 = \overline{Q_3^n}, \quad K_1 = Q_3^n$$

$$J_2 = Q_1^n, \quad K_2 = \overline{Q_1^n}$$

$$J_3 = Q_2^n, \quad K_3 = \overline{Q_2^n}$$

(2)求状态方程。JK 触发器的特性方程为

$$Q^{n+1} = J \overline{Q^n} + \overline{K} Q^n$$

将各触发器的驱动方程分别代入 JK 触发器的特性方程,即得电路的状态方程:

$$Q_1^{n+1} = J_1 \overline{Q_1^n} + \overline{K_1} Q_1^n = \overline{Q_3^n} \cdot \overline{Q_1^n} + \overline{Q_3^n} \cdot Q_1^n = \overline{Q_3^n}$$

$$Q_2^{n+1} = J_2 \overline{Q_2^n} + \overline{K_2} Q_2^n = Q_1^n \cdot \overline{Q_2^n} + Q_1^n \cdot Q_2^n = Q_1^n$$

$$Q_3^{n+1} = J_3 \overline{Q_3^n} + \overline{K_3} Q_3^n = Q_2^n \cdot \overline{Q_3^n} + Q_2^n \cdot Q_3^n = Q_2^n$$

(3)计算并列状态表。

依次假设电路的现态 $Q_3^n Q_2^n Q_1^n$,代入电路的状态方程和输出方程,求出相应的次态 $Q_3^{n+1} Q_2^{n+1} Q_1^{n+1}$ 和输出 $Y$,则可得电路的状态表如表 12-5 所示。

表 12-5　图 12-10 电路的状态

| 现态 | 次态 | 输出 |
|:---:|:---:|:---:|
| $Q_3^n Q_2^n Q_1^n$ | $Q_3^{n+1} Q_2^{n+1} Q_1^{n+1}$ | $Y$ |
| 000 | 001 | 0 |
| 001 | 011 | 0 |
| 010 | 101 | 1 |
| 011 | 111 | 0 |
| 100 | 000 | 0 |
| 101 | 010 | 0 |
| 110 | 100 | 1 |
| 111 | 110 | 0 |

(4)画状态图与时序图。

由状态表可画出电路如图 12-11 所示的状态图。由图 12-11(a)可画出电路时序图如图 12-12 所示。

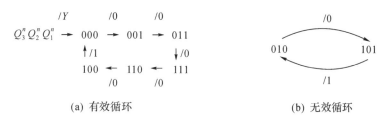

(a) 有效循环　　　　　　　　　(b) 无效循环

图 12-11　状态

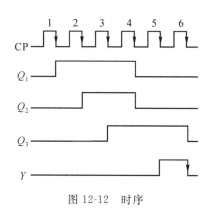

图 12-12　时序

(5)判断电路的逻辑功能。

可见,该电路在时钟脉冲 CP 的作用下,是按 $000\to001\to011\to111\to110\to100\to000\to\cdots$ 这 6 个有效状态进行循环的,当输入第 6 个脉冲时,电路返回到初始状态 000,同时输出端 Y 输出一个负跃变的进位信号。所以,这是一个六进制同步计数器。此电路不能自启动。

在分析同步时序逻辑电路时,时钟方程可省略;而对于异步时序逻辑电路,必须写出各个触发器的时钟方程。

### 12.3.2 时序逻辑电路的设计

时序逻辑电路是根据给定的逻辑功能要求,选择适当的逻辑器件,设计出符合要求的时序逻辑电路。本节仅介绍用触发器及门电路设计同步时序逻辑电路的方法。

1.时序逻辑电路的设计步骤

(1)由给定的逻辑功能求出原始状态图。

具体做法是:首先分析给定的逻辑功能,确定输入变量、输出变量及该电路应包含的状态,并用字母 $S_0$、$S_1$…表示这些状态。然后分别以上述状态为现态,考察在每一个可能的输入组合作用下应转入哪个电路状态及相应的输出,便可得到符合题意的原始状态图。

(2)状态化简,画出最简状态图及状态表。

原始状态图中,凡是在输入组合相同时,次态和输出均相同的状态是等价的。状态化简就是将多个等价状态合并成一个状态,把多余的状态都去掉,从而得到最简状态图。

有时,在画出状态表前,还需要对最简状态图中的每一个状态指定一个二进制代码,先将最简状态图转换为二进制状态图。

(3)选择触发器的类型及个数,求电路的输出方程及各触发器的驱动方程。

(4)画逻辑电路图并检查电路能否自启动。

如果电路存在无效状态,应将无效状态依次代入状态方程进行计算,观察在时钟信号作用下,能否回到有效状态。如果无效状态形成了循环,则所设计的电路不能自启动,应采取措施进行解决。

2.同步时序逻辑电路设计举例

**例 12-5** 设计一个七进制同步加法计数器,计数规则为逢 7 进 1,并产生一个进位输出。

**解:**(1)建立原始状态图。状态图如图 12-13 所示。

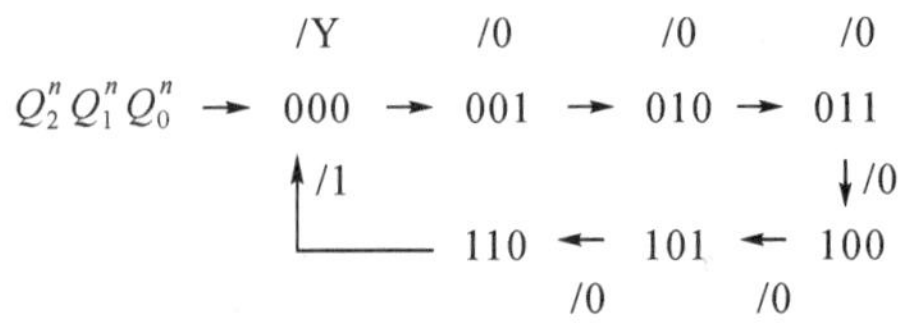

$$Q_2^n Q_1^n Q_0^n \to \begin{array}{cccc} /Y & /0 & /0 & /0 \\ 000 \to 001 \to 010 \to 011 \end{array}$$

图 12-13 例 12-5 的原始状态

图 12-13 中没有等价状态,可见该图已经是最简状态图,同时也已经是二进制状态图。根据图 12-13,可以得到满足题目要求的状态转换表,如表 12-6 所示。

表 12-6　例 12-5 的状态转换关系

| 现态 | | | 次态 | | | 输出 |
|---|---|---|---|---|---|---|
| $Q_2^n$ | $Q_1^n$ | $Q_0^n$ | $Q_2^{n+1}$ | $Q_1^{n+1}$ | $Q_0^{n+1}$ | $Y$ |
| 0 | 0 | 0 | 0 | 0 | 1 | 0 |
| 0 | 0 | 1 | 0 | 1 | 0 | 0 |
| 0 | 1 | 0 | 0 | 1 | 1 | 0 |
| 0 | 1 | 1 | 1 | 0 | 0 | 0 |
| 1 | 0 | 0 | 1 | 0 | 1 | 0 |
| 1 | 0 | 1 | 1 | 1 | 0 | 0 |
| 1 | 1 | 0 | 0 | 0 | 0 | 1 |

（2）选择触发器，求时钟、输出、状态、驱动方程。

因需用 3 位二进制代码，选用 3 个 CP 下降沿触发的 JK 触发器。分别用 $FF_0$、$FF_1$、$FF_2$ 表示。

因题目要求采用同步方案，故时钟方程为 $CP_0 = CP_1 = CP_2 = CP$，

输出方程为 $Y = Q_2^n Q_1^n$。

根据状态转换表，分别选出次态 $Q_0^{n+1}$ 为 1 时对应的初态组合，求出 $Q_0^{n+1}$ 状态方程。

$$Q_0^{n+1} = \overline{Q_2^n} \cdot \overline{Q_1^n} \cdot \overline{Q_0^n} + \overline{Q_2^n} \cdot Q_1^n \cdot \overline{Q_0^n} + Q_2^n \cdot \overline{Q_1^n} \cdot \overline{Q_0^n} = \overline{Q_2^n} \cdot \overline{Q_0^n} + \overline{Q_1^n} \cdot \overline{Q_0^n}$$
$$= \overline{Q_2^n} \cdot \overline{Q_1^n \cdot Q_2^n} + \overline{1} \cdot Q_0^n$$

用同样方法，依次求出 $Q_1^{n+1}$、$Q_2^{n+1}$ 的状态方程。

$$Q_1^{n+1} = \overline{Q_2^n} \cdot \overline{Q_1^n} \cdot Q_0^n + \overline{Q_2^n} \cdot Q_1^n \cdot \overline{Q_0^n} + Q_2^n \cdot \overline{Q_1^n} \cdot Q_0^n = Q_0^n \cdot \overline{Q_1^n} + \overline{Q_0^n} \cdot \overline{Q_2^n} \cdot Q_1^n$$
$$Q_2^{n+1} = \overline{Q_2^n} \cdot Q_1^n \cdot Q_0^n + Q_2^n \cdot \overline{Q_1^n} \cdot \overline{Q_0^n} + Q_2^n \cdot \overline{Q_1^n} \cdot Q_0^n = Q_1^n \cdot Q_0^n \cdot \overline{Q_2^n} + \overline{Q_1^n} \cdot Q_2^n$$

JK 触发器的特性方程为 $Q^{n+1} = J\overline{Q^n} + \overline{K}Q^n$。

将状态方程和 JK 触发器的特性方程比较可得出如下驱动方程：

$$J_0 = \overline{Q_2^n Q_1^n}, \quad K_0 = 1$$
$$J_1 = Q_0^n, \quad K_1 = \overline{\overline{Q_2^n} \cdot \overline{Q_0^n}}$$
$$J_2 = Q_1^n Q_0^n, \quad K_2 = Q_1^n$$

（3）画逻辑电路图并检查电路能否自启动。逻辑电路如图 12-14 所示。

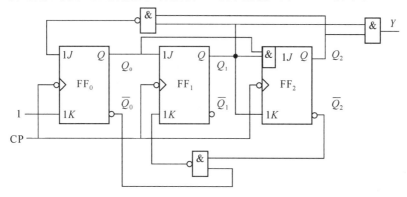

图 12-14　例 12-5 的逻辑电路

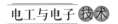

将无效状态 111 代入状态方程计算得

$$Q_0^{n+1} = \overline{Q_2^n \cdot Q_1^n} \cdot \overline{Q_0^n} + \overline{1} \cdot Q_0^n = \overline{1 \cdot 1} \cdot \overline{1} + \overline{1} \cdot 1 = 0$$

$$Q_1^{n+1} = Q_0^n \cdot \overline{Q_1^n} + \overline{Q_2^n} \cdot \overline{Q_0^n} \cdot Q_1^n = 1 \cdot \overline{1} + \overline{1} \cdot \overline{1} \cdot 1 = 0$$

$$Q_2^{n+1} = Q_1^n \cdot Q_0^n \cdot \overline{Q_2^n} + \overline{Q_1^n} \cdot Q_2^n = 1 \cdot 1 \cdot \overline{1} + \overline{1} \cdot 1 = 0$$

可见,111 的次态为有效状态 000,电路能够自启动。

# 12.4 常用时序逻辑功能部件

触发器具有记忆功能,是构成各种时序逻辑功能电路必不可少的基本单元,如计数器、寄存器等。

## 12.4.1 计数器及应用

在数字系统中,常需要对脉冲的个数进行计数,能实现计数功能的电路称为计数器。计数器主要由触发器组成,因此计数器的状态就是其电路内部各触发器的状态。计数器能反映的累计输入脉冲最大数目称为计数器的模,也称步长、计数容量,用 $M$ 表示。

计数器的类型较多,按步长分,有二进制、十进制、$N$ 进制计数器;按计数增减分,有加计数器、减计数器、加/减计数器;按计数器内部各触发器翻转是否同步分,有同步和异步计数器。

1.二进制计数器

二进制计数器就是按二进制规律进行计数的计数器。如图 12-15 所示电路为 4 位异步二进制加法计数器,由 4 个下降沿触发的 JK 触发器构成,可以累计 $2^4 = 16$ 个有效状态,即模 $M = 16$,也称为十六进制计数器。

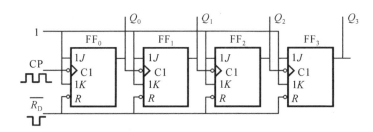

图 12-15 JK 触发器构成的异步二进制加法计数器

(1)工作原理

①开始计数前,给 JK 触发器的直接置 0 端 $\overline{R_D}$ 输入一个负脉冲,对计数器的输出状态进行清零,即 $Q_3 Q_2 Q_1 Q_0$ 从 0000 状态开始。$Q_0$ 反映的是 4 位二进制数的最低位,$Q_3$ 反映的是 4 位二进制数的最高位。

②图中每个 JK 触发器的 $J = K = 1$,根据 JK 触发器逻辑功能可知,在触发输入端接收到下降沿信号时,皆实现翻转功能。

③第 1 个 CP 脉冲(在此称为计数脉冲)出现时,$Q_3 Q_2 Q_1 Q_0 = 0001$;第 2 个 CP 脉冲出现时,$Q_3 Q_2 Q_1 Q_0 = 0010$;第 3 个 CP 脉冲出现时,$Q_3 Q_2 Q_1 Q_0 = 0011$;……;第 9 个 CP 脉冲出现时,$Q_3 Q_2 Q_1 Q_0 = 1001$;……;第 15 个 CP 脉冲出现时,$Q_3 Q_2 Q_1 Q_0 = 1111$;第 16 个 CP 脉冲出现

时,$Q_3Q_2Q_1Q_0=0000$,同时输出一个下降沿的进位脉冲信号,完成一个计数周期的过程。此后,计数器又开始新一轮计数。

(2)集成二进制计数器芯片介绍

 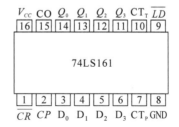

(a) 芯片外形图　　　　　(b) 逻辑功能示意图

图 12-16　74LS161 的引脚排列及逻辑功能示意

集成二进制计数器芯片有许多品种。典型问题中提到的集成计数器芯片 74LS161 是 4 位同步二进制加法计数器,芯片外形如图 12-16(a)所示,图 12-16(b)是其逻辑功能示意图。$\overline{CR}$ 是异步清零端,低电平有效;$\overline{LD}$ 是同步置数端,低电平有效;$D_3$、$D_2$、$D_1$、$D_0$ 是并行置数数据输入端;$CT_P$、$CT_T$ 是工作状态控制端(即使能端),高电平有效;CP 是计数脉冲输入端,上升沿触发;$Q_3$、$Q_2$、$Q_1$、$Q_0$ 是计数状态输出端,$Q_3$ 为最高位,$Q_0$ 为最低位;CO 是进位输出端。74LS161 功能如表 12-7 所示,由表可知,其具有上升沿触发、异步置 0、同步置数、十六进制加法计数、保持等功能。

表 12-7　集成计数器 74LS161 功能

| 输入 | | | | | | | | | 输出 | | | | | 说明 |
|---|---|---|---|---|---|---|---|---|---|---|---|---|---|---|
| $\overline{CR}$ | $\overline{LD}$ | $CT_P$ | $CT_T$ | CP | $D_3$ | $D_2$ | $D_1$ | $D_0$ | $Q_3$ | $Q_2$ | $Q_1$ | $Q_0$ | CO | |
| 0 | × | × | × | × | × | × | × | × | 0 | 0 | 0 | 0 | 0 | 异步置 0 |
| 1 | 0 | × | × | ↑ | $d_3$ | $d_2$ | $d_1$ | $d_0$ | $d_3$ | $d_2$ | $d_1$ | $d_0$ | | $CO=CT_T \cdot Q_3Q_2Q_1Q_0$ |
| 1 | 1 | 1 | 1 | ↑ | × | × | × | × | 计数 | | | | | $CO=Q_3Q_2Q_1Q_0$ |
| 1 | 1 | 0 | × | × | × | × | × | × | 保持 | | | | | $CO=CT_T \cdot Q_3Q_2Q_1Q_0$ |
| 1 | 1 | × | 0 | × | × | × | × | × | 保持 | | | | 0 | |

2.集成十进制计数器芯片介绍

按十进制运算规律进行计数的电路称为十进制计数器,有十进制加法计数器、十进制减法计数器及十进制加/减计数器。这里主要介绍十进制加法计数器。

集成十进制计数器芯片较多,74LS160 芯片就是一种集成十进制同步加法计数器,其逻辑功能示意图如图 12-17 所示。$\overline{CR}$ 是异步清零端,低电平有效;$\overline{LD}$ 是同步置数端,低电平有效;$D_3$、$D_2$、$D_1$、$D_0$ 是并行置数数码输入端;$CT_P$ 和 $CT_T$ 是工作状态控制端,高电平有效;CP 是计数脉冲输入端,上升沿触发;$Q_3$、$Q_2$、$Q_1$、$Q_0$ 是计数状态输出端,$Q_3$ 为最高位,$Q_0$ 为最低位;CO 是进位输出端。

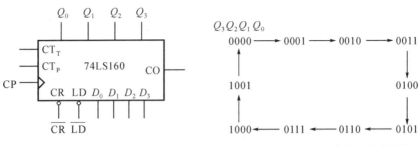

图 12-17　74LS160 逻辑功能示意　　图 12-18　十进制加法计数器状态转换

74LS160 具有上升沿触发、异步置 0、同步置数、十进制加法计数、保持等功能，具体功能如表 12-8 所示。由表 12-8 可知，74LS160 在实现计数功能的过程中，要保持 $CT_P = CT_T = \overline{LD} = \overline{CR} = 1$，其计数状态转换如图 12-18 所示。要注意的是，计数开始前，都要先进行清零，使输出状态 $Q_3 Q_2 Q_1 Q_0 = 0000$。

表 12-8　集成计数器 74LS160 功能

| 输入 | | | | | | | | | 输出 | | | | | 说明 |
| --- | --- | --- | --- | --- | --- | --- | --- | --- | --- | --- | --- | --- | --- | --- |
| $\overline{CR}$ | $\overline{LD}$ | $CT_P$ | $CT_T$ | CP | $D_3$ | $D_2$ | $D_1$ | $D_0$ | $Q_3$ | $Q_2$ | $Q_1$ | $Q_0$ | CO | |
| 0 | × | × | × | × | × | × | × | × | 0 | 0 | 0 | 0 | 0 | 异步置 0 |
| 1 | 0 | × | × | ↑ | $d_3$ | $d_2$ | $d_1$ | $d_0$ | $d_3$ | $d_2$ | $d_1$ | $d_0$ | | $CO = CT_T \cdot Q_3 Q_0$ |
| 1 | 1 | 1 | 1 | ↑ | × | × | × | × | 计数 | | | | | $CO = Q_3 Q_0$ |
| 1 | 1 | 0 | × | × | × | × | × | × | 保持 | | | | | |
| 1 | 1 | × | 0 | × | × | × | × | × | 保持 | | | | 0 | |

**3. 实现 $N$ 进制计数器的方法**

在集成计数器产品中，只有二进制计数器和十进制计数器两大系列，但实际使用中，常要用到其他进制计数，如十二进制计数、二十四进制计数、六十进制计数等。一般将实现二进制、十进制以外的计数电路称为任意进制计数器，也称 $N$ 进制计数器。利用集成计数器芯片的外部不同方式的连接或片间级联，可以很方便地构成 $N$ 进制计数器。本项目典型问题中的计步器所包含的计数电路就属于任意计数器类型。

实现 $N$ 进制计数器的方法有反馈归零法及反馈置数法两类。反馈归零法就是利用芯片的清零端在计数周期内强行中止计数；反馈置数法是先选定芯片计数周期内的某个输出状态为初始计数状态，同时利用芯片的置数端、置数数码输入端，使电路按所需的进制计数。这里结合例题介绍反馈归零法。

**例 12-6**　试用集成芯片 74LS161 构成十二进制计数器。

**解：**设初态为 0000，要用集成芯片 74LS161 构成十二进制计数器，在前 11 个计数脉冲作用下，计数器应按二进制规律正常计数，而当第 12 个计数脉冲到来后，低电平有效的异步清零端 $\overline{CR}$ 要获得一个低电平，使计数器输出强行回到 0000 状态。具体步骤如下：

(1)写出十进制数 12 的二进制代码：$S_{12} = 1100$。

(2)写出反馈归零函数：$\overline{CR} = \overline{Q_3 Q_2}$。

(3)画连接电路图。电路连接方式如图 12-19 所示。

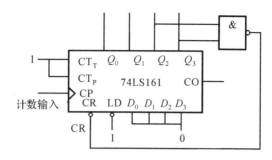

图 12-19　74LS161 构成十二进制计数器

根据这种方法,一片 74LS161 可以方便地构成小于十六进制的计数器。模分别为 $M_1$、$M_2$、$M_3$、…的若干个集成计数器芯片级连后可以构成模 $\leqslant M_1 \times M_2 \times M_3 \times$…的计数电路。

注意:如集成芯片是同步清零功能,则在写二进制代码时要减 1。如 74LS163 是具有异步清零功能的二进制加法计数器集成芯片,在设计十二进制计数电路时,要写 11 的二进制代码 $S_{11} = 1011$。

**例 12-7**　试用集成芯片 74LS160 构成二十四进制计数器。

**解:** 74LS160 是十进制计数器芯片,按十进制递增规律计数,要构成大于十进制的计数,必须用多片组合起来。实现二十四进制计数器,要两个 74LS160 十进制计数器芯片才行,使电路在计数脉冲触发下,输出状态实现 0000 0000→0000 0001→0000 0010→…→0000 1001→0001 0000→…→0010 0010→0010 0011→0000 0000,如此循环往返的计数。具体步骤如下:

(1)写出十进制数 24 的 8421BCD 码: $S_{24} = 0010\ 0100$

(2)写出反馈归零函数: $\overline{CR} = \overline{Q_{1(十位)}Q_{2(个位)}}$

(3)画连接电路图。电路连接方式如图 12-20 所示。

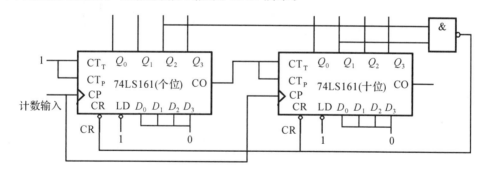

图 12-20　74LS160 构成二十四进制计数器

本项目典型问题中的计步器就包含有计数电路。

### 12.4.2　寄存器及移位寄存器

寄存器是数字系统中一个重要数字部件,具有接收、存放及传送数码的功能。寄存器属于计算机技术中的存储器范畴,但存储器一般用于存储运算结果,存储时间长、容量大,而寄存器一般只用来暂存中间运算结果,存储时间短、容量小。

移位寄存器除了具有存储代码的功能外,还具有移位功能,寄存器存储的代码在移位脉冲作用下能依次左移或右移。所以,移位寄存器不但可以用来寄存代码,还可以用来实现数据的串并行转换、数值运算及数据处理等。

如图 12-21 所示为 4 位双向移位寄存器 74LS194 的逻辑功能示意图。$\overline{CR}$ 是异步清零端，低电平有效；$D_3$、$D_2$、$D_1$、$D_0$ 是并行数码输入端；$D_{SR}$ 是右移串行数码输入端；$D_{SL}$ 是左移串行数码输入端；$M_0$ 和 $M_1$ 是工作方式控制端；CP 是移位脉冲输入端，上升沿触发；$Q_3$、$Q_2$、$Q_1$、$Q_0$ 是数码输出端，$Q_3$ 为最高位，$Q_0$ 为最低位。74LS194 的功能如表 12-9 所示，由表可知，其具有异步清零、并行送数、右移串行送数、左移串行送数、保持的功能。

表 12-9　74LS194 的功能

| 输入 | | | | | | | | | | 输出 | | | | 说明 |
|---|---|---|---|---|---|---|---|---|---|---|---|---|---|---|
| $\overline{CR}$ | $M_1$ | $M_0$ | CP | $D_{SL}$ | $D_{SR}$ | $D_0$ | $D_1$ | $D_2$ | $D_3$ | $Q_0$ | $Q_1$ | $Q_2$ | $Q_3$ | |
| 0 | × | × | × | × | × | × | × | × | × | 0 | 0 | 0 | 0 | 异步置零 |
| 1 | × | × | 0 | × | × | × | × | × | × | 保持 | | | | |
| 1 | 1 | 1 | ↑ | × | × | $d_0$ | $d_1$ | $d_2$ | $d_3$ | $d_0$ | $d_1$ | $d_2$ | $d_3$ | 并行置数 |
| 1 | 0 | 1 | ↑ | × | 1 | × | × | × | × | 1 | $Q_0$ | $Q_1$ | $Q_2$ | 右移输入 1 |
| 1 | 0 | 1 | ↑ | × | 0 | × | × | × | × | 0 | $Q_0$ | $Q_1$ | $Q_2$ | 右移输入 0 |
| 1 | 1 | 0 | ↑ | 1 | × | × | × | × | × | $Q_1$ | $Q_2$ | $Q_3$ | 1 | 左移输入 1 |
| 1 | 1 | 0 | ↑ | 0 | × | × | × | × | × | $Q_1$ | $Q_2$ | $Q_3$ | 0 | 左移输入 0 |
| 1 | 0 | 0 | × | × | × | × | × | × | × | 保持 | | | | |

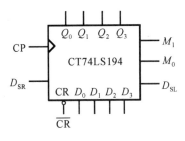

图 12-21　74LS194 的逻辑功能

M12-4　时序逻辑
电路/测试

# 12.5　数字系统一般故障的检查和排除

检查数字系统的故障是很复杂的，这不但要求技术人员有较好的电子电路理论基础，对故障有较强的分析能力，而且还要求掌握检测故障的方法，迅速找出故障，只有经过不断的实践，才能逐步学会运用所学知识分析、检查和排除故障的方法，不断提高解决实际问题的能力。

## 12.5.1　故障检测的方法

### 1. 数字系统的故障

数字系统的故障是指一个或多个电子元器件的损坏、接触不良、导线断裂与短路、虚焊等原因造成功能错误的现象。对于组合逻辑电路，如不能按真值表的要求工作，就可认为电路有故障；对于时序逻辑电路，如不能按状态转移图（或功能表）工作时，就认为存在故障。

**2.查找故障的常用方法**

**(1)直观检查法**

①例行检查。首先应仔细观察导线是否断线或短路、电子元器件是否变色或脱落、型号与参数是否正确,然后还应检查接插件是否松动、电解电容是否漏液或鼓包、焊点是否脱落、集成芯片是否插反、管脚是否断裂或变形等。这些是查找故障的重点线索,也是一种常规检查。实验或实训时,大量的故障都是布线、集成芯片接插等错误造成的,因此,大多数情况下通过此方法可以发现并消除故障。

②静态检查。电路接通电源,仔细观察有无异常现象,如有无因电流过大烧毁电子元器件产生的异味或冒烟等、集成芯片及晶体管等外壳有无过热情况等。发现有不正常现象时,应立即切断电源进行分析检查,直到找出故障为止。

用仪表检查各集成芯片是否均已加上电源。可靠的方法是用万用表直接测量集成芯片电源脚和接地脚之间的电压。

**(2)顺序检查法——缩小故障的怀疑区**

一个数字系统通常由多个子系统或模块组成,所以首先应根据故障现象和检测结果进行分析、判断,将怀疑出现故障的子系统或模块单独进行检查。如其输入信号和控制信号都正常,而输出信号不正常,则故障就是出在该子系统或模块内。

①由输入级向输出级逐级检查。在输入端加入信号,用仪器(组合逻辑电路中一般用万用表或逻辑状态测试笔,时序逻辑电路中一般用示波器)沿信号流向逐级检测各器件输入、输出管脚的电压或波形。如发现某一级电路输出电压或波形不正常或没有输出,则故障就出在该级或上级电路,可将级间连线断开,再进行单独测试,直到找出故障点为止。

②由输出级向输入级逐级检查。从故障级开始逐级向输入级进行检测,直到检测出有正常信号的一级为止,则故障就在信号由正常变为不正常的一级。

**(3)比较法**

为了尽快找出故障,常将故障电路主要测试点的电压、电流等参数与一个工作正常的相同电路对应测试点的参数进行对比,从而查出故障。

**(4)替换法**

当怀疑数字系统某一插件板的电路或元器件有故障时,可在切断电源后,用完全相同的、正常的电路插件板或元器件进行替换,之后再通电以判断被替换的电路插件板或元器件是否有故障。

## 12.5.2 实例分析

**1.1 位数值比较器电路**

**(1)电路组成及工作原理**

如图 12-22 所示为门电路组成的 1 位数值比较器电路。它主要由两个反相器 $G_1$、$G_2$,两个二输入与门电路 $G_3$、$G_4$,一个二输入或非门电路 $G_5$ 及指示电路等组成。其功能为:比较两个 1 位二进制数 A 和 B 的大小(逻辑:高电平为 1,低电平为 0)。比较结果不外乎三种情况,若 A>B,$T_1$ 导通,$T_4$ 红色发光二极管亮;若 A=B,$T_2$ 导通,$T_5$ 黄色发光二极管亮;若 A<B,$T_3$ 导通,$T_6$ 绿色发光二极管亮。

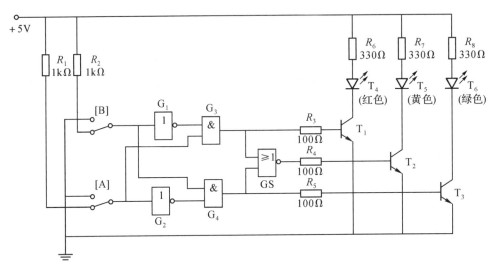

图 12-22  1 位数值比较器电路原理

（2）常见故障现象

①三只发光二极管都不亮；

②A＞B 时，红色发光二极管不亮；

③两只发光二极管同时亮。

（3）常见故障的查找方法与技巧

①三只发光二极管都不亮的故障查找方法与技巧：

（a）查找供电电路。＋5V 电压是否正常，不正常修复。

（b）查指示电路。先用镊子短路 $T_1$、$T_2$、$T_3$ 晶体管的 E、C 极，如发光二极管会发光则说明发光二极管 $T_1$、$T_2$、$T_3$ 和限流电阻 $R_6$、$R_7$、$R_8$ 正常，否则更换损坏元件。

（c）用逻辑测试笔测试各门电路的输入、输出逻辑因果关系，如发现有出错，先测量连接线、焊接点等，如正常，则更换该门电路。

②A＞B 时，红色发光二极管不亮的故障查找方法与技巧：

（a）用镊子短路 $T_1$ 的 E、C 极，判断红色发光二极管的好坏，如损坏，更换即可。

（b）用逻辑测试笔测试，是 A＞B 吗？如正确，就分别测试 $D_1$、$D_3$ 门电路的因果关系，发现故障排除即能修复。

③两只发光二极管同时亮的故障查找方法与技巧：

拨动开关 A、B，判断是否 A、B 在任何状态都是有两只发光二极管亮，如是则可确定是 $T_1$ 晶体管损坏，更换即可；如不是，可按上述第二种方法排查。

### 2. 二十五进制计数电路

计数电路常见故障主要有不计数或计数未达到预期要求、未按规定向高位送出进位信号。下面根据具体电路简要说明计数电路可能出现的故障现象及分析查找的方法。

（1）电路组成

如图 12-23 所示电路为两片集成芯片 74LS160 利用反馈置数法构成的二十五进制计数电路。

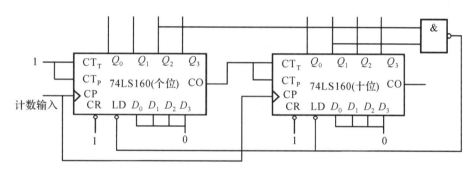

图 12-23  74LS160 构成的二十五进制计数电路

（2）常见故障现象

①电路不工作；

②一个计数周期中有几个数不会出现，即计数不全；

③十位片不能正常计数，个位片正常；

④计数周期大于 25 或小于 25。

（3）常见故障的查找方法与技巧

①故障的原因分析：如整个计数电路不工作，可能电源供电有问题，也可能接线不好；计数芯片、门电路芯片功能故障，可能出现计数不全、十位片不能正常计数的故障现象；接线不好，也可能造成 LD 端悬空、电路出现 100 进制计数，十位片不能正常计数；与非门输入端与计数器芯片输出端的连接错误，可能会造成计数不正确。另外，应考虑计数信号有没有顺利送至集成计数器的 CP 端。

②查找方法与技巧：先直接检测器件的电源，再检查计数信号有没有顺利送至两个集成计数器的 CP 端、$CT_P$ 端、$CT_T$ 端、LD 端、CR 端电平状态是否正确（如果不正确，可能连线错误或门电路器件有问题）；检查数据输入端 $D_0 \sim D_3$ 接地是否良好。如上述检查仍不能解决，应考虑芯片之间的连接是否正确、计数器器件的问题或外接电路的故障所带来的牵制，更正错误或更换器件、检查外电路。

# 模块十二小结

1．时序逻辑电路又称时序电路，它主要由触发器和组合逻辑电路两部分组成，在任何时刻的输出状态不仅取决于当时的输入信号，还取决于电路原来的状态。

2．具有记忆、翻转功能的电路称为触发器，一个触发器能存储 1 位二进制信息。根据电路结构不同，主要有基本 RS 触发器、同步触发器和边沿触发器等。

3．基本 RS 触发器的输出状态直接受输入信号影响；同步触发器只是在需要的时间段接收数据，但有空翻现象；边沿触发器只在时钟信号 CP 的上升沿或下降沿时刻接收输入数据，可靠性及抗干扰能力更强。

4．计数器是快速记录输入脉冲个数的时序逻辑部件，应用十分广泛。用集成计数器芯片可方便地构成 $N$ 进制（任意进制）计数器，主要是利用芯片的清零控制端或置数控制端，使电路跳过某些输出状态而获得。

5．寄存器主要用以存放数码；移位寄存器不但可存放数码，而且还能对数据进行移位操作。

# 模块十二任务实施

### 任务一  探索 RS 触发器的真值表

场地:机房或多媒体教室。

器材:电脑、Multisim 仿真软件。

资讯:1.5 Multisim 电路仿真软件,12.2.1 基本 RS 触发器。

1. Multisim 工作区中搭建如图 12-24 所示电路,设置好元件参数、开关状态控制键。

2. 改变开关状态,分别选择两输入端接收的是 1 或 0 信号,测试输出端与输入信号的对应关系。

3. 自拟表格记录实验数据,总结说明实验电路的逻辑功能。

注意:

1. 触发器(即两个与非门)的二个输入端不能同时为低电平;

2. 灯 X1 反映的是触发器 $Q$ 输出端的状态,灯 X2 反映的是触发器 $\overline{Q}$ 输出端的状态;

3. 灯亮表示为逻辑 1,灯不亮表示逻辑 0。

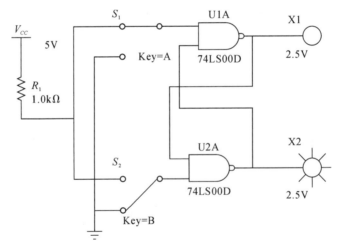

图 12-24  RS 触发器的研究电路

### 任务二  探索边沿 JK 触发器的逻辑分析

场地:机房或多媒体教室。

器材:电脑、Multisim 仿真软件。

资讯:1.5 Multisim 电路仿真系统软件,12.2 常用集成触发器。

1. Multisim 中搭建如下图 12-25 所示电路,设置好元件型号与参数(时钟输入信号参数:方波、50Hz、振幅 3V、上升/下降时间 1ns)。

图中 1PR 为触发器直接置 1 端,即 $\overline{S}_D$ 端;1CLR 为直接置 0 端,即 $\overline{R}_D$ 端;1CLK 为时钟输入端,即 CP 端;1Q 为 $Q$ 输出端,~1Q 为 $\overline{Q}$ 输出端。

2.探索直接置 0 端 1CL、直接置 1 端 1PR 的逻辑功能。

（1）通过开关 S1、S4，使直接置 1 端 1PR 为高电平状态（即逻辑 1）、直接置 0 端 1CLR 为低电平状态（即逻辑 0），观测输出端 $Q$ 灯 X1 及输出端 $\overline{Q}$ 灯 X2 的状态，并记录；

（2）通过开关 S1、S4，使直接置 0 端 1CLR 为高电平状态（即逻辑 1）、直接置 1 端 1PR 为低电平状态（即逻辑 0），观测输出端 $Q$ 灯 X1 及输出端 $\overline{Q}$ 灯 X2 的状态，并记录；

3.设置触发器的初始状态为 0，保持直接置 1 端 1PR 与直接置 0 端 1CLR 都为高电平（即逻辑 1）状态，改变开关 S2、S3 状态，分别选择两输入端 J、K 接收的是 1 或 0 信号，测试输出端 $Q$ 与输入信号 J、K，时钟输入端 1CLK 波形之间的对应关系。

4.自拟表格记录实验数据，总结说明实验芯片 74LS112D 的逻辑功能。

注意：

1.直接置 1 端 1PR（即 $\overline{S}_D$ 端）与直接置 0 端 1CLR（即 $\overline{R}_D$ 端）不能同时都为低电平；

2.灯亮表示为逻辑 1，灯不亮表示逻辑 0。

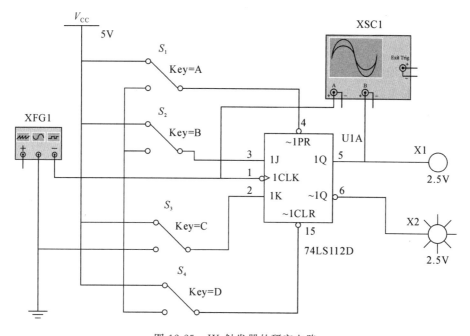

图 12-25　JK 触发器的研究电路

## 任务三　探索 N 进制（任意进制）计数器的设计

场地：机房或多媒体教室。

器材：电脑、Multisim 仿真软件。

资讯：1.5 Multisim 电路仿真系统软件，12.4.1 计数器及应用。

有同学用集成计数器芯片 74LS161 设计出十二进制计数电路，如图 12-26 所示，但不知是否正确，请同学们利用 Multisim 仿真软件验证，如有错误则进行改正。

1.试在 Multisim 中搭建图 12-26 所示电路，设置输入时钟频率参数：方波、$10H_z$，$3V_P$，其他默认。

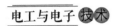

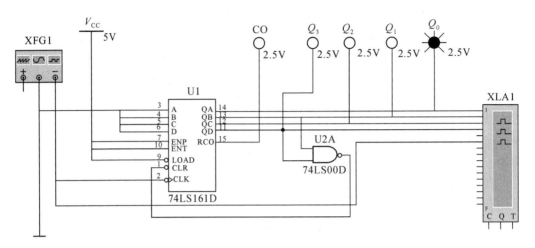

图 12-26　任务三实验电路

2.闭合电源,观测测试灯的状态,判别电路是否能实现十二进制计数。如不能,请查找故障点并排除。

3.在电路正确的情况下,使用逻辑分析仪测试计数脉冲及计数输出 Q3Q2Q1Q0 的波形。

设置逻辑分析仪参数:时钟数/格:2,时钟频率:10HZ,时钟源:内部,其他默认。设置完毕点"接受"按钮。

# 思考与习题十二

12-1　与非门组成的基本 RS 触发器及其输入信号如图 12-27 所示。试画出 $Q$ 端的波形。

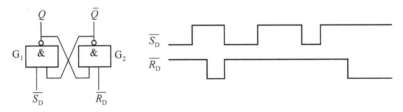

图 12-27　题 12-1 图

12-2　试对应输入波形画出图 12-28 所示 $Q$ 端波形。设同步 RS 触发器的初态为 0。

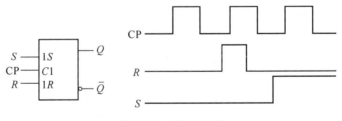

图 12-28　题 12-2 图

12-3　边沿 JK 触发器及输入波形如图 12-29 所示,根据 CP 和 $J$、$K$ 的输入波形画出 $Q$ 的输出波形。设触发器的初态为 0。

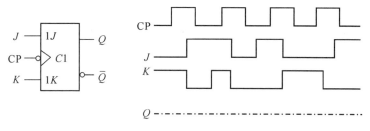

图 12-29　题 12-3 图

12-4　电路及输入波形如图 12-30 所示,根据 CP 和 $D$ 的输入波形画出 $Q$ 的输出波形。设触发器的初态为 0。

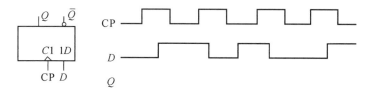

图 12-30　题 12-4 图

12-5　如图 12-31 所示为维持阻塞 D 触发器组成的分频器电路,设触发器初态为 0,试画出 $Q_1$、$Q_2$ 的波形并求其频率。

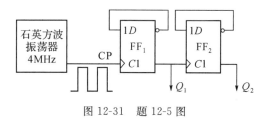

图 12-31　题 12-5 图

12-6　已知一同步时序逻辑电路如图 12-32 所示,试分析其逻辑功能。

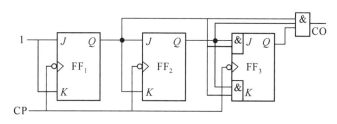

图 12-32　题 12-6 图

12-7　试利用 CT74LS161 的异步清零功能构成下列计数器。

（1）六进制　　　　　　　（2）十进制　　　　　　　（3）二十四进制

12-8　试利用 CT74LS160 的异步清零功能构成下列计数器。

（1）七进制　　　　　　　（2）十二进制　　　　　　（3）六十进制

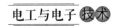

12-9 试利用 CT74LS163 的同步清零功能构成下列计数器。

(1)六进制 　　　　　　(2)十进制 　　　　　　(3)二十四进制

12-10 分析图 12-33 所示电路,说明功能。

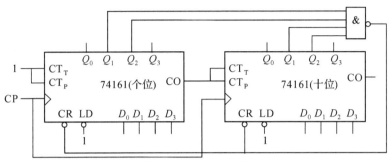

图 12-33　题 12-10 图

# 附　录

## 附录 A　半导体器件命名方法

| 国家 | ① | ② | ③ | ④ | ⑤ |
|---|---|---|---|---|---|
| 日本<br>如<br>2SC5344Y | 2<br>①PN 结数目 | S<br>日本电子工业协会（JEIA）注册标志<br>②S | C<br>NPN 高频<br>③材料、极性、类型 | 5344<br>④注册登记号 | Y<br>⑤改进序列 |
| | 0：光敏器件<br>1：二极管<br>2：三极管<br>3：四电极器件 | S<br>日本电子工业协会（JEIA）注册标志 | A：PNP 高频<br>B：PNP 低频<br>C：NPN 高频<br>D：NPN 低频<br>F：P 极控晶闸管<br>G：N 极控晶闸管<br>H：N 基极单结晶体管<br>J：P 沟道场效应管<br>K：N 沟道场效应管<br>M：双向晶闸管 | 日本电子工业协会（JEIA）注册登记号 | A<br>B<br>C<br>D<br>原型号的改进产品 |
| 美国<br>如<br>1N4148C | ① | 1<br>②电极数目 | N<br>③ 注册标志 | 4148<br>④登记号码 | C<br>⑤分档 |
| | 前面加 JAN（缩写为 J）字样，表示可以作为军用品，什么都不写表示民用。 | 1：一个 PN 结<br>2：二个 PN 结<br>N：n 个 PN 结 | N：美国电子工业协会注册标志 | 美国电子工业协会注册号 | A<br>B<br>C<br>D |
| | | | | | 同一型号划分的不同档次 |
| 欧洲<br>如 BTA26-<br>600B | B<br>①材料 | T<br>②类型/特性 | | A26<br>③登记号 | 600B<br>④分档标记 |
| | A：锗（0.6～1.0电子伏特材料）<br>B：硅（1.0～1.3 电子伏特材料）<br>D：<0.6 电子伏特<br>R：复合材料 | A：检波开关混频二极管<br>B：变容二极管<br>C：低频小功率三极管<br>D：低频大功率三极管<br>G：复合器件，其它 | H：磁敏二极管<br>K：开放磁路霍尔元件<br>L：高频大功率三极管<br>M：开放磁路霍尔元件<br>R：小功率晶闸管<br>S：小功率开关管<br>T：大功率晶闸管<br>U：大功率开关管<br>X：倍增二极管 | 此列可能是字母＋数字（如 A26），也可能是三个数字，三位数字：通用半导体器件 | A<br>B<br>C<br>D<br>按某一参数进行分档 |
| | | 备注：小功率：RTJ>15℃/W，大功率：RTJ<15℃/W | | | |
| 中国如<br>3DD15A | 3<br>①电极数目 | D<br>②材料、极性 | D<br>③类型 | 15<br>④序列号 | A<br>⑤规格 |
| | 2：二极管 | A：N 型锗管<br>B：P 型锗管<br>C：N 型硅管<br>D：P 型硅管<br>E：化合物或合金材料 | P：小信号管　L：整流堆<br>H：混频管　　S：隧道管<br>V：检波管　　K：开关管<br>W：电压调整管或电压基准管　N：噪声管<br>　　　　　　F：限幅管<br>C：变容管　　B：雪崩管<br>Z：整流管　　J：阶跃恢复管 | 用阿拉伯数字表示登记顺序号 | 用汉语拼音字母表示规格号 |
| | 3：三极管 | A：PNP 锗管<br>B：NPN 锗管<br>C：PNP 硅管<br>D：NPN 硅管<br>E：化合物材料 | A：高频大功率（f≥3MHz，Pc≥1W）<br>D：低频大功率（f<3MHz，Pc≥1W）<br>G：高频小功率（f≥3MHz，Pc<1W）<br>X：低频小功率（f<3MHz，Pc<1W）<br>T：晶闸管　Y：体效应管 | | |
| | 备注：大功率—Pc≥1W，中功率—0.5W≤Pc<1W，小功率—Pc<0.5W | | | | |

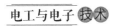

# 附录B　常用半导体器件的参数及部分型号介绍

## B-1　部分国产常用检波与整流二极管的主要参数

| 参数 | | 最大整流电流 | 最大整流电流时正向压降 | 最高反向工作电压 | 最高工作频率 | 用途 |
|---|---|---|---|---|---|---|
| 符号 | | $I_{OM}$ | $U_F$ | $U_{RM}$ | $f_M$ | |
| 单位 | | mA | V | V | kHZ | |
| 型号 | 2AP1 | 16 | | 20 | | 检波及小电流整流 |
| | 2AP2 | 16 | | 30 | | |
| | 2AP3 | 25 | $\leqslant 1.2$ | 30 | $150 \times 10^3$ | |
| | 2AP4 | 16 | | 50 | | |
| | 2AP5 | 16 | | 75 | | |
| | 2AP6 | 12 | | 100 | | |
| | 2AP7 | 12 | | 100 | | |
| | 2CP10 | | | 25 | | 整流 |
| | 2CP11 | | | 50 | | |
| | 2CP12 | | | 100 | | |
| | 2CP13 | | | 150 | | |
| | 2CP14 | | | 200 | | |
| | 2CP15 | | | 250 | | |
| | 2CP16 | 100 | | 300 | | |
| | 2CP17 | | | 350 | | |
| | 2CP18 | | | 400 | | |
| | 2CP19 | | | 500 | 50 | |
| | 2CP20 | | $\leqslant 1.5$ | 600 | | |
| | 2CP21 | 300 | | 100 | | |
| | 2CP21A | 300 | | 50 | | |
| | 2CP22 | 300 | | 200 | | |
| | 2CP31 | 250 | | 25 | | |
| | 2CP31A | 250 | | 50 | | |
| | 2CP31B | 250 | | 100 | | |
| | 2CP31C | 250 | | 150 | | |
| | 2CP31D | 250 | $\leqslant 1$ | 250 | 3 | |
| | 2CZ11A | | | 100 | | 用于频率为 3kHz 以下的电子设备的整流电路中。使用时,2CZ11 管子应加 $60 \times 60 \times 1.5$mm 的铝散热片,2CZ12 型管子应加 $120 \times 120 \times 3$mm 的铝散热片。 |
| | 2CZ11B | | | 200 | | |
| | 2CZ11C | | | 300 | | |
| | 2CZ11D | 1000 | $\leqslant 1$ | 400 | 3 | |
| | 2CZ11E | | | 500 | | |
| | 2CZ11F | | | 600 | | |
| | 2CZ11G | | | 700 | | |
| | 2CZ11H | | | 800 | | |
| | 2CZ12A | | | 50 | | |
| | 2CZ12B | | | 100 | | |
| | 2CZ12C | | | 200 | | |
| | 2CZ12D | 3000 | $\leqslant 0.8$ | 300 | 3 | |
| | 2CZ12E | | | 400 | | |
| | 2CZ12F | | | 500 | | |
| | 2CZ12G | | | 600 | | |

## B-2　部分 1N 系列常用整流二极管的主要参数

| 型号 | 最高反向电压 | 最大整流电流 | 正向不重复浪涌峰值电流 | 正向压降 | 最大反向电流 | 工作频率 | 外形封装 |
|---|---|---|---|---|---|---|---|
| | $U_{RM}/V$ | $I_F/A$ | $I_{FSM}/A$ | $U_F/V$ | $I_R/uA$ | $f/kHz$ | |
| 1N4000 | 25 | | | | | | |
| 1N4001 | 50 | | | | | | |
| 1N4002 | 100 | | | | | | |
| 1N4003 | 200 | | | | | | |
| 1N4004 | 400 | 1 | 30 | ≤1 | <5 | 3 | DO-41 |
| 1N4005 | 600 | | | | | | |
| 1N4006 | 800 | | | | | | |
| 1N4007 | 1000 | | | | | | |
| 1N5100 | 50 | | | | | | |
| 1N5101 | 100 | | | | | | |
| 1N5102 | 200 | | | | | | |
| 1N5103 | 300 | | | | | | |
| 1N5104 | 400 | 1.5 | 75 | ≤1 | <5 | 3 | |
| 1N5105 | 500 | | | | | | |
| 1N5106 | 600 | | | | | | |
| 1N5107 | 800 | | | | | | |
| 1N5108 | 1000 | | | | | | |
| 1N5200 | 50 | | | | | | DO-15 |
| 1N5201 | 100 | | | | | | |
| 1N5202 | 200 | | | | | | |
| 1N5203 | 300 | | | | | | |
| 1N5204 | 400 | 2 | 100 | ≤1 | <10 | 3 | |
| 1N5205 | 500 | | | | | | |
| 1N5206 | 600 | | | | | | |
| 1N5207 | 800 | | | | | | |
| 1N5208 | 1000 | | | | | | |
| 1N5400 | 50 | | | | | | |
| 1N5401 | 100 | | | | | | |
| 1N5402 | 200 | | | | | | |
| 1N5403 | 300 | | | | | | |
| 1N5404 | 400 | 3 | 150 | ≤0.8 | <10 | 3 | DO-27 |
| 1N5405 | 500 | | | | | | |
| 1N5406 | 600 | | | | | | |
| 1N5407 | 800 | | | | | | |
| 1N5408 | 1000 | | | | | | |

## B-3  部分国产稳压二极管与开关二极管主要参数

### 1. 稳压二极管

| 参数 | 稳定电压 | 稳定电流 | 耗散功率 | 最大稳定电流 | 动态电阻 |
|---|---|---|---|---|---|
| 符号 | $U_Z$ | $I_Z$ | $P_Z$ | $I_{ZM}$ | $R_Z$ |
| 单位 | V | mA | mW | mA | Ω |
| 测试条件 | 工作电流等于稳定电流 | 工作电压等于稳压电压 | $-60℃\sim+50℃$ | $-60℃\sim+50℃$ | 工作电流等于稳定电流 |
| 2CW11 | 3.2~4.5 | 10 | | 55 | ≤70 |
| 2CW12 | 4~5.5 | 10 | | 45 | ≤50 |
| 2CW13 | 5~6.5 | 10 | | 38 | ≤30 |
| 2CW14 | 6~7.5 | 10 | | 33 | ≤15 |
| 2CW15 | 7~8.5 | 5 | 250 | 29 | ≤15 |
| 2CW16 | 8~9.5 | 5 | | 26 | ≤20 |
| 2CW17 | 9~10.5 | 5 | | 23 | ≤25 |
| 2CW18 | 10~12 | 5 | | 20 | ≤30 |
| 2CW19 | 11.5~14 | 5 | | 18 | ≤40 |
| 2CW20 | 13.5~17 | 5 | | 15 | ≤50 |
| 2DW7A | 5.8~6.6 | 10 | | 30 | ≤25 |
| 2DW7B | 5.8~6.6 | 10 | 200 | 30 | ≤15 |
| 2DW7C | 6.1~6.5 | 10 | | 30 | ≤10 |

(型号)

### 2. 开关二极管

| 参数 | 反向击穿电压 | 最高反向工作电压 | 反向压降 | 反向恢复时间 | 零偏压电容 | 反向漏电流 | 最大正向电流 | 正向压降 |
|---|---|---|---|---|---|---|---|---|
| 单位 | V | V | V | ns | pF | $\mu$A | mA | V |
| 2AK1 | 30 | 10 | ≧ 10 | ≤200 | | | ≥100 | |
| 2AK2 | 40 | 20 | ≧ 20 | ≤200 | | | ≥150 | |
| 2AK3 | 50 | 30 | ≧ 30 | ≤150 | ≤1 | — | ≥200 | |
| 2AK4 | 55 | 35 | ≧ 35 | ≤150 | | | ≥200 | |
| 2AK5 | 60 | 40 | ≧ 40 | ≤150 | | | ≥200 | |
| 2AK6 | 75 | 50 | ≧ 50 | ≤150 | | | ≥200 | |
| 2CK1 | ≧ 40 | 30 | 30 | | | | | |
| 2CK2 | ≧ 80 | 60 | 60 | | | | | |
| 2CK3 | ≧ 120 | 90 | 90 | ≤150 | ≤30 | ≤1 | 100 | ≤1 |
| 2CK4 | ≧ 150 | 120 | 120 | | | | | |
| 2CK5 | ≧ 180 | 180 | 180 | | | | | |
| 2CK6 | ≧ 210 | 210 | 210 | | | | | |

(型号)

## B-4　部分 1N 系列稳压二极管的主要参数

（注 :@——表示在什么条件下测得,下同）

| 型号 | 稳定电压（中间值） | 稳定电流 $I_Z$ | 动态电阻 $R_Z @ I_Z$ | 反向漏电流 $I_R @ U_R$ | | 最大稳定电流 $I_{ZM}$ |
|------|------|------|------|------|------|------|
| | $U_Z$ | mA | Ω | uA | V | mA |
| 1N746A | 3.3 | 20 | 28 | 10 | 1.0 | 110 |
| 1N747A | 3.6 | 20 | 24 | 30 | 1.0 | 110 |
| 1N748A | 3.9 | 20 | 23 | 30 | 1.0 | 95 |
| 1N749A | 4.3 | 20 | 22 | 30 | 1.0 | 85 |
| 1N750A | 4.7 | 20 | 19 | 30 | 1.0 | 75 |
| 1N751A | 5.1 | 20 | 17 | 30 | 1.0 | 70 |
| 1N752A | 5.6 | 20 | 11 | 20 | 1.0 | 65 |
| 1N753A | 6.2 | 20 | 7.0 | 20 | 1.0 | 60 |
| 1N754A | 6.8 | 20 | 5.0 | 20 | 1.0 | 55 |
| 1N755A | 7.5 | 20 | 6.0 | 20 | 1.0 | 50 |
| 1N756A | 8.2 | 20 | 8.0 | 20 | 1.0 | 45 |
| 1N757A | 9.1 | 20 | 10 | 20 | 1.0 | 40 |
| 1N758A | 10 | 20 | 17 | 20 | 1.0 | 35 |
| 1N759A | 12 | 20 | 30 | 20 | 1.0 | 38 |
| 1N4460 | 6.2 | 40 | 4.0 | 20 | 3.72 | 230 |
| 1N4461 | 6.8 | 37 | 2.5 | 5.0 | 4.08 | 210 |
| 1N4462 | 7.5 | 34 | 2.5 | 1.0 | 4.50 | 191 |
| 1N4463 | 8.2 | 31 | 3.0 | 0.5 | 4.92 | 174 |
| 1N4464 | 9.1 | 28 | 4.0 | 0.3 | 5.46 | 157 |
| 1N4465 | 10 | 25 | 5.0 | 0.5 | 8.00 | 143 |
| 1N4466 | 11 | 23 | 6.0 | 0.3 | 8.80 | 130 |
| 1N4467 | 12 | 21 | 7.0 | 0.2 | 9.60 | 119 |
| 1N4468 | 13 | 19 | 8.0 | 0.1 | 10.40 | 110 |
| 1N4469 | 15 | 17 | 9.0 | 0.05 | 12.00 | 95 |
| 1N4470 | 16 | 15.5 | 10 | 0.05 | 12.80 | 90 |
| 1N4471 | 18 | 14 | 11 | 0.05 | 14.40 | 79 |
| 1N4472 | 20 | 12.5 | 12 | 0.05 | 16.00 | 71 |
| 1N4473 | 22 | 11.5 | 14 | 0.05 | 17.60 | 65 |
| 1N4474 | 24 | 10.5 | 16 | 0.05 | 19.20 | 60 |
| 1N4475 | 27 | 9.5 | 18 | 0.05 | 21.60 | 53 |
| 1N4476 | 30 | 8.5 | 20 | 0.05 | 24.00 | 48 |
| 1N4477 | 33 | 7.5 | 25 | 0.05 | 26.40 | 43 |
| 1N4478 | 36 | 7.0 | 27 | 0.05 | 28.80 | 40 |
| 1N4479 | 39 | 6.5 | 30 | 0.05 | 31.20 | 37 |
| 1N4480 | 43 | 6.0 | 40 | 0.05 | 34.40 | 33 |

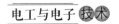
## B-5　部分 2N 系列小信号低噪声放大晶体管

（注：MIN－最小值，MAX－最大值，$\beta$－直流电流放大倍数，

*$\beta$－是信号频率为 1kHz 测得，对应下面打 * 值，另二处同理）

| 型号 | $U_{CBO}$ /V | $U_{CEO}$ /V | $U_{EBO}$ /V | $I_{CBO}@U_{CB}$ | | $\beta$ | | | | $U_{CE(SAT)}@I_C$ | | $C_{ob}$/pF | $f_T$ /MHz | NF /dB |
| | | | | $I_{CBO}$ /nA | $U_{CB}$ /V | *$\beta$ (1kHz) | | @$U_{CE}$ /V | @$I_C$ /mA | $U_{CE(SAT)}$ /V | $I_C$ /mA | *$C_{rb}$ | *TYB | |
| | MIN | MIN | MAX | MAX | | MIN | MAX | | | | | MAX | MIN | MAX |
| 2N2923 | 25 | 25 | 5.0 | 100 | 25 | 90 | 180* | — | — | — | — | 10 | 160* | — |
| 2N2924 | 25 | 25 | 5.0 | 100 | 25 | 150 | 300 | — | — | — | — | 10 | 160* | — |
| 2N2925 | 25 | 25 | 5.0 | 100 | 25 | 235 | 470* | — | — | — | — | 10 | 160* | 2.8 |
| 2N2926 | 25 | 25 | 5.0 | 500 | 18 | 35 | 470* | — | — | — | — | 10 | 120* | 2.8 |
| 2N3391A | 25 | 25 | 5.0 | 100 | 25 | 250 | 500 | 4.50 | 2.0 | — | — | 10 | 120* | 5.0 |
| 2N3392 | 25 | 25 | 5.0 | 100 | 25 | 150 | 300 | 4.50 | 2.0 | — | — | 10 | 120* | |
| 2N3393 | 25 | 25 | 5.0 | 100 | 25 | 90 | 180 | 4.50 | 2.0 | — | — | 10 | 120* | |
| 2N3395 | 25 | 25 | 5.0 | 100 | 25 | 150 | 500 | 4.50 | 2.0 | — | — | 10 | | |
| 2N3396 | 25 | 25 | 5.0 | 100 | 25 | 90 | 500 | 4.50 | 2.0 | — | — | 10 | | |
| 2N3397 | 25 | 25 | 5.0 | 100 | 25 | 55 | 500 | 4.50 | 2.0 | — | — | 10 | | |
| 2N3398 | 25 | 25 | 5.0 | 100 | 25 | 55 | 800 | 4.50 | 2.0 | — | — | 10 | | |
| 2N3415 | 25 | 25 | 5.0 | 100 | 25 | 180 | 540 | 4.50 | 2.0 | 0.30 | 50 | — | | |
| 2N3416 | 50 | 50 | 5.0 | 100 | 25 | 75 | 225 | 4.50 | 2.0 | 0.30 | 50 | — | | |
| 2N3417 | 50 | 50 | 5.0 | 100 | 50 | 180 | 540 | 4.50 | 2.0 | 0.30 | 50 | — | | |
| 2N3707 | 30 | 30 | 6.0 | 100 | 20 | 100 | 400 | 5.0 | 1.0 | 1.0 | 10 | — | | 5.0 |
| 2N3708 | 30 | 30 | 6.0 | 100 | 20 | 45 | 660 | 5.0 | 1.0 | 1.0 | 10 | — | | 5.0 |
| 2N3709 | 30 | 30 | 6.0 | 100 | 20 | 45 | 165 | 5.0 | 1.0 | 1.0 | 10 | — | | 5.0 |
| 2N3710 | 30 | 30 | 6.0 | 100 | 20 | 90 | 330 | 5.0 | 1.0 | 1.0 | 10 | — | | 5.0 |
| 2N3711 | 30 | 30 | 6.0 | 100 | 20 | 180 | 660 | 5.0 | 1.0 | 1.0 | 10 | — | | 5.0 |
| 2N3859A | 60 | 60 | 6.0 | 50 | 60 | 100 | 200 | 4.50 | 2.0 | 0.125 | 10 | 4.0 | — | 5.0 |
| 2N3860 | 30 | 30 | 4.0 | 50 | 30 | 150 | 300 | 4.50 | 2.0 | 0.125 | 10 | 4.0 | 90 | — |
| 2N4058 | 30 | 30 | 6.0 | 100 | 20 | 100 | 400 | 5.0 | 0.10 | 0.70 | 10 | — | | 5.0 |
| 2N4287 | 45 | 45 | 7.0 | 10 | 30 | 150 | 600 | 5.0 | 1.0 | 0.35 | 1.0 | 6.0 | 40 | 5.0 |
| 2N4289 | 60 | 45 | 7.0 | 10 | 45 | 150 | 600 | 0.35 | 1.0 | 0.80 | 1.0 | 8.0 | 40 | 4.0 |
| 2N4410 | 120 | 80 | 5.0 | 10 | 100 | 60 | 400 | 1.0 | 10 | 0.20 | 1.0 | 12 | 60 | — |
| 2N4424 | 60 | 40 | 5.0 | 30 | 40 | 180 | 540 | 0.45 | 0.30 | 50 | — | — | — | — |
| 2N5086 | 50 | 50 | 3.0 | 10 | 10 | 150 | 500 | 5.0 | 0.10 | 0.30 | 10 | 4.0 | 40 | 3.0 |
| 2N5087 | 50 | 50 | 3.0 | 10 | 10 | 250 | 800 | 5.0 | 0.10 | 0.30 | 10 | 4.0 | 40 | 2.0 |
| 2N5088 | 35 | 30 | 4.5 | 50 | 20 | 300 | 900 | 5.0 | 0.10 | 0.50 | 10 | 4.0 | 50 | 3.0 |
| 2N5089 | 30 | 25 | 4.5 | 50 | 15 | 400 | 1,200 | 5.0 | 0.10 | 0.50 | 10 | 4.0 | 50 | 2.0 |
| 2N5172 | 25 | 25 | 5.0 | 100 | 25 | 100 | 500 | 10 | 10 | 0.25 | 10 | 13 | 200* | — |
| 2N5209 | 50 | 50 | 4.5 | 50 | 35 | 100 | 300 | 5.0 | 0.10 | 0.70 | 10 | 4.0 | 30 | 3.0 |
| 2N5210 | 50 | 50 | 4.5 | 50 | 35 | 200 | 600 | 5.0 | 0.10 | 0.70 | 10 | 4.0 | 30 | 2.0 |
| 2N5227 | 30 | 30 | 3.0 | 100 | 10 | 50 | 700 | 10 | 2.0 | 0.40 | 10 | 10 | 100 | — |
| 2N5232A | 70 | 50 | 5.0 | 30 | 50 | 250 | 500 | 5.0 | 2.0 | 0.125 | 10 | 4.0 | — | 5.0 |

## B-6　部分 2N 系列功率放大晶体管

| 型号 | | $I_{\rm C}$/A | $P_{\rm D}$/W | $BU_{\rm CBO}$/V | $BU_{\rm CEO}$/V | $\beta @\, I_{\rm C}$ | | | $U_{\rm CE(SAT)} @\, I_{\rm C}$ | | | $f_{\rm T}$/MHz |
|---|---|---|---|---|---|---|---|---|---|---|---|---|
| | | | | | | | | $@\, I_{\rm C}$/A | $U_{\rm CE(SAT)}$/V | $I_{\rm C}$/A | |
| NPN | PNP | MAX | | MIN | MIN | MIN | MIN | | MAX | | MIN |
| 2N5294 | | 4.0 | 36 | 80 | 70 | 30 | 120 | 0.5 | 1.0 | 0.5 | 0.8 |
| 2N5296 | | 4.0 | 36 | 60 | 40 | 30 | 120 | 1.0 | 1.0 | 1.0 | 0.8 |
| 2N5298 | | 4.0 | 36 | 80 | 60 | 20 | 80 | 1.5 | 1.0 | 1.5 | 0.8 |
| 2N5490 | | 7.0 | 50 | 60 | 40 | 20 | 100 | 2.0 | 1.0 | 2.0 | 0.8 |
| 2N5492 | | 7.0 | 50 | 75 | 55 | 20 | 100 | 2.5 | 1.0 | 2.5 | 0.8 |
| 2N5494 | | 7.0 | 50 | 60 | 40 | 20 | 100 | 3.0 | 1.0 | 3.0 | 0.8 |
| 2N5496 | | 7.0 | 50 | 90 | 70 | 20 | 100 | 3.5 | 1.0 | 35 | 0.8 |
| 2N6043 | 2N6040 | 10 | 75 | 60 | 60 | 1,000 | 20,000 | 4.0 | 2.0 | 4.0 | 4.0 |
| 2N6044 | 2N6041 | 10 | 75 | 80 | 80 | 1,000 | 20,000 | 4.0 | 2.0 | 4.0 | 4.0 |
| 2N6045 | 2N6042 | 10 | 75 | 100 | 100 | 1,000 | 20,000 | 3.0 | 2.0 | 3.0 | 4.0 |
| 2N6099 | | 10 | 75 | 70 | 60 | 20 | 80 | 4.0 | 2.5 | 10 | 5.0 |
| 2N6101 | | 10 | 75 | 80 | 70 | 20 | 80 | 5.0 | 2.5 | 10 | 5.0 |
| 2N6103 | | 16 | 75 | 45 | 40 | 15 | 80 | 8.0 | 2.5 | 16 | 5.0 |
| 2N6121 | 2N6124 | 4.0 | 40 | 45 | 45 | 25 | 100 | 1.5 | 0.6 | 1.5 | 2.5 |
| 2N6122 | 2N6125 | 4.0 | 40 | 60 | 60 | 25 | 100 | 1.5 | 0.6 | 1.5 | 2.5 |
| 2N6123 | 2N6126 | 4.0 | 40 | 80 | 80 | 20 | 80 | 1.5 | 0.6 | 1.5 | 2.5 |
| 2N6129 | 2N6132 | 7.0 | 50 | 40 | 40 | 20 | 100 | 2.5 | 1.4 | 7.0 | 2.5 |
| 2N6130 | 2N6133 | 7.0 | 50 | 60 | 60 | 20 | 100 | 2.5 | 1.4 | 7.0 | 2.5 |
| 2N6131 | 2N6134 | 7.0 | 50 | 80 | 80 | 20 | 100 | 2.5 | 1.8 | 7.0 | 2.5 |
| 2N6288 | 2N6111 | 7.0 | 40 | 40 | 30 | 30 | 150 | 2.0 | 3.5 | 7.0 | 4.0 |
| 2N6290 | 2N6109 | 7.0 | 40 | 60 | 50 | 30 | 150 | 2.5 | 3.5 | 7.0 | 4.0 |
| 2N6292 | 2N6107 | 7.0 | 40 | 80 | 70 | 30 | 150 | 3.0 | 3.5 | 7.0 | 4.0 |
| 2N6386 | 2N6666 | 8.0 | 65 | 40 | 40 | 1,000 | 20,000 | 3.0 | 2.0 | 3.0 | 20 |
| 2N6387 | 2N6667 | 10 | 65 | 60 | 60 | 1,000 | 20,000 | 5.0 | 2.0 | 5.0 | 20 |
| 2N6388 | 2N6668 | 10 | 65 | 80 | 80 | 1,000 | 20,000 | 5.0 | 2.0 | 5.0 | 20 |
| 2N6473 | 2N6475 | 4.0 | 40 | 110 | 100 | 15 | 150 | 1.5 | 1.2 | 1.5 | 4.0 |
| 2N6474 | 2N6476 | 4.0 | 40 | 130 | 120 | 15 | 150 | 1.5 | 1.2 | 1.5 | 4.0 |
| 2N6486 | 2N6489 | 15 | 75 | 50 | 40 | 20 | 150 | 5.0 | 1.3 | 5.0 | 5.0 |
| 2N6487 | 2N6490 | 15 | 75 | 70 | 60 | 20 | 150 | 5.0 | 1.3 | 5.0 | 5.0 |
| 2N6488 | 2N6491 | 15 | 75 | 90 | 80 | 20 | 150 | 5.0 | 1.3 | 5.0 | 5.0 |

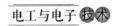

# 附录C 常用电阻阻值系列

**E24电阻系列电阻阻值速查表(常用于精度 5%)**

| E-24 | 1Ω~10Ω | 10Ω~100Ω | 100Ω~1kΩ | 1kΩ~10kΩ | 10kΩ~100kΩ | 100kΩ~1MΩ | 1MΩ~10MΩ |
|---|---|---|---|---|---|---|---|
| 标准值 | 阻值 | 阻值 | 阻值 | 阻值 | 阻值 | 阻值 | 阻值 |
| 1 | 1.0Ω | 10Ω | 100Ω | 1kΩ | 10kΩ | 100kΩ | 1.0MΩ |
| 1.1 | 1.1Ω | 11Ω | 110Ω | 1.1kΩ | 11kΩ | 110kΩ | 1.1MΩ |
| 1.2 | 1.2Ω | 12Ω | 120Ω | 1.2kΩ | 12kΩ | 120kΩ | 1.2MΩ |
| 1.3 | 1.3Ω | 13Ω | 130Ω | 1.3kΩ | 13kΩ | 130kΩ | 1.3MΩ |
| 1.5 | 1.5Ω | 15Ω | 150Ω | 1.5kΩ | 15kΩ | 150kΩ | 1.5MΩ |
| 1.6 | 1.6Ω | 16Ω | 160Ω | 1.6kΩ | 16kΩ | 160kΩ | 1.6MΩ |
| 1.8 | 1.8Ω | 18Ω | 180Ω | 1.8kΩ | 18kΩ | 180kΩ | 1.8MΩ |
| 2 | 2.0Ω | 20Ω | 200Ω | 2.0kΩ | 20kΩ | 200kΩ | 2.0MΩ |
| 2.2 | 2.2Ω | 22Ω | 220Ω | 2.2kΩ | 22kΩ | 220kΩ | 2.2MΩ |
| 2.4 | 2.4Ω | 24Ω | 240Ω | 2.4kΩ | 24kΩ | 240kΩ | 2.4MΩ |
| 2.7 | 2.7Ω | 27Ω | 270Ω | 2.7kΩ | 27kΩ | 270kΩ | 2.7MΩ |
| 3 | 3.0Ω | 30Ω | 300Ω | 3.0kΩ | 30kΩ | 300kΩ | 3.0MΩ |
| 3.3 | 3.3Ω | 33Ω | 330Ω | 3.3kΩ | 33kΩ | 330kΩ | 3.3MΩ |
| 3.6 | 3.6Ω | 36Ω | 360Ω | 3.6kΩ | 36kΩ | 360kΩ | 3.6MΩ |
| 3.9 | 3.9Ω | 39Ω | 390Ω | 3.9kΩ | 39kΩ | 390kΩ | 3.9MΩ |
| 4.3 | 4.3Ω | 43Ω | 430Ω | 4.3kΩ | 43kΩ | 430kΩ | 4.3MΩ |
| 4.7 | 4.7Ω | 47Ω | 470Ω | 4.7kΩ | 47kΩ | 470kΩ | 4.7MΩ |
| 5.1 | 5.1Ω | 51Ω | 510Ω | 5.1kΩ | 51kΩ | 510kΩ | 5.1MΩ |
| 5.6 | 5.6Ω | 56Ω | 560Ω | 5.6kΩ | 56kΩ | 560kΩ | 5.6MΩ |
| 6.2 | 6.2Ω | 62Ω | 620Ω | 6.2kΩ | 62kΩ | 620kΩ | 6.2MΩ |
| 6.8 | 6.8Ω | 68Ω | 680Ω | 6.8kΩ | 68kΩ | 68kΩ | 6.8MΩ |
| 7.5 | 7.5Ω | 75Ω | 750Ω | 7.5kΩ | 75kΩ | 750kΩ | 7.5MΩ |
| 8.2 | 8.2Ω | 82Ω | 820Ω | 8.2kΩ | 82kΩ | 820kΩ | 8.2MΩ |
| 9.1 | 9.1Ω | 91Ω | 910Ω | 9.1kΩ | 91kΩ | 910kΩ | 9.1MΩ |

# 部分习题参考答案

## 模块一

1-8  20mA 8V

1-9  ×1,×10,×100,×10,300

1-10  135,2,270V,27,10,270

1-11  C

1-12  A

1-13  D

1-14  C

## 模块二

2-1  (a)—20W,输出,(b)20W,吸收,(c) 20W,吸收 (d)—20W,输出

2-2  4Ω,10V,0.6A

2-3  —5V

2-4  15V

2-5  48kΩ

2-6  0.04Ω

2-7  80Ω,1A,0.5A,0.5A,60V,20V

2-8  同开:6Ω,1A;同合:0.55Ω,11A

2-9  (b)

2-10  15V,—10V

2-11  40W,65W,15.4W

2-12  2.3V,0.1A,0.23W

2-14  (1)4A,12.5Ω;(2)52V;(3)104A

2-15  2Ω,10Ω,4Ω

2-16  $\frac{51}{19}\Omega$,1.2Ω

2-17  2A

2-18  1.5A

2-20  0,1A

2-21  3A,—1A,2A

2-22  3A,—1A,2A

2-23  —17A,—4V

2-24  3A,—1A,2A

2-25  3A,12V

2-26  $\frac{13}{9}$A,$\frac{10}{9}$A,$\frac{7}{9}$A,$\frac{10}{3}$A

2-29 $3A, -1A, 2A$

2-32 $0.5A$

## 模块三

3-1 (1) $u$: $10\sqrt{2}$V, 10V, 314rad/s, 50Hz, 0.02s, 30°

  $i$: $0.5\sqrt{2}$A, 0.5A, 314rad/s, 0.02s, −60°

  (2) 90°, $u$超前$i$。

3-2 (1) $\dot{I}_1 = 10\angle 60°$ $\dot{I}_2 = 10\angle 120°$

  (2) $i_1 + i_2 = 10\sqrt{6}\sin(\omega t + 90°)$A, $i_1 - i_2 = 10\sqrt{2}\sin\omega t$A

3-3 (1) 311V, 60°; 2A, −90°; 150°

  (2) $u = 311\sin(\omega t + 60°)$V, $i = 2\sin(\omega t - 90°)$A

3-4 $u = 220\sqrt{2}\sin\omega t$V, $i_1 = 5\sqrt{2}\sin(\omega t - 30°)$A, $i_2 = 3\sqrt{2}\sin(\omega t + 90°)$A,

  $\dot{U} = 220\angle 0°$V, $\dot{I}_1 = 5\angle -30°$A, $\dot{I}_2 = 3\angle 90°$A,

3-5 $i = 7.05\sin(\omega t - 30°)$A, 5A, 50W; 均不变

3-6 1.4A, 308.3Var, 均减小一半

3-7 0.14A, 30.8Var, 均增加一倍

3-8 $11\sqrt{2}$A, 11A, 11A, 220V

3-9 $6\sqrt{2}$V, 5A

3-10 4.3Ω, 13.7mH

3-11 0.25A, 151.74V, 132.5V

3-12 $10 + 10j\Omega, \frac{\sqrt{2}}{2}\angle -15°$A, $5\sqrt{2}\angle -15°$A, $\frac{15}{2}\sqrt{2}\angle 75°$V, $\frac{5}{2}\sqrt{2}\angle -105°$V

3-13 (1) 8.5uF, 188, 3.8 (2) 0.4A, 20V, 76V, 76V (3) 不改变

3-14 0.016H, 0.17Ω, 240

3-15 (1) 24497Hz, 0.0016 (2) 1A, 0.0016A, 0.0016A

3-16 12A, 6A, 24A, 20A; 0.6, 容性

3-17 (1) $6 + 8j\Omega$ (2) $30\angle 30°$V, $40\angle 120°$V (3) 0.6, 150W

3-18 (1) 0.5 (2) 0.844

3-19 (1) 40W, 70Var, 80VA, 0.5 (2) 0.12kWh (3) 3.3$\mu$F

3-20 (1) $18\angle -22°\Omega, 1.1\angle 68°$A, $20\angle 46°$V

  (2) 21W, 8.6Var, 22VA

3-21 条件 $Z_L = 2.4\angle 37°\Omega$, $P_{max} = 21.4$W

3-23 19.1A

3-24 217.9V, 2225W

3-25 15V, 40W

3-26 $i = 1.32\sin(\omega t + 53°) + 0.8\sin(2\omega t - 53°)$A

## 模块四

4-1 $u_B = 311\sin(\omega t - 90°)$V, $u_C = 311\sin(\omega t + 150°)$V。

  $u_B = 311\sin(\omega t + 150°)$V, $u_C = 311\sin(\omega t - 90°)$V

4-2 (1) 负载星形连接时: $U_L = 380$V, $U_P = 220$V, $I_P = I_L = 2.2$A, $I_N = 0$

  (2) 负载三角形连接时: $U_L = 380$V, $U_P = 380$V, $I_P = 3.8$A, $I_L = 6.58$A

4-3　$1.52\angle-37°A,1.52\angle-157°A,1.52\angle83°A$

　　　$1.52\sqrt{3}\angle-67°A,1.52\sqrt{3}\angle173°A,1.52\sqrt{3}\angle53°A$

4-4　$U_P=220V,I_P=9.5A,I'_L=16.45A$

　　　$i_a=9.5\sqrt{2}\sin(\omega t+30°)A,i_A=16.45\sqrt{2}\sin\omega tA$

　　　$i_b=9.5\sqrt{2}\sin(\omega t-90°)A,i_B=16.45\sqrt{2}\sin(\omega t-120°)A$

　　　$i_c=9.5\sqrt{2}\sin(\omega t+150°)A,i_C=16.45\sqrt{2}\sin(\omega t+120°)A$

4-5　$22\angle0°A,22\angle150°A,22\angle-150°A,16\angle-180°A$

4-6　$2.5A,0,2.5A$

4-7　(2) $22\angle-37°A,22\angle-157°A,22\angle83°A$

4-8　$220V,\dfrac{22}{3}A,15.4A,\dfrac{19}{3}A,380V$

4-9　(1) $22\sqrt{3}A,11616W$　(2)$22A,11616W$,不矛盾

4-10　$220V,22A,22A,8712W,0.6$

4-11　(1) $220\angle0°V,220\angle-120°V,220\angle120°V,$

　　　　$5.45\angle0°A,5.45\angle-120°A,5.45\angle120°A,0$

　　　(2)$220\angle0°V,220\angle-120°V,220\angle120°V,5.45\angle0°A$

　　　　$2.725\angle-120°A,5.45\angle120°A,5.45\angle60°A$

　　　(3)第(1)题不变,(2)$202\angle9.6°V,176\angle-120°V,202\angle9.6°V$

## 模块五

5-3　$2V,-4.5A$

5-4　$2A,6V$

5-5　$0.1A,2V,6V,0.1A$

5-6　$4.615e^{-3666.67t}V,0.923e^{-3666.67t}A$

5-7　$1.2e^{-50t}A,-6e^{-50t}V$

5-8　$10e^{-200t}V,-2e^{-200t}mA,4e^{-200t}V$

5-9　$0.33(1-e^{-150t})A,4.95e^{-150t}V$

5-10　$1mA$

5-11　$0.02s,0.02s$

5-12　$10A,12A,0.1s$

5-13　$12+6e^{-0.25t}V$

5-14　$4(1-e^{-0.5t})V,2e^{-0.5t}A$

5-15　$12-8e^{-2\times10^5t}V,-8e^{-2\times10^5t}A$

5-16　$2.5(1-e^{-2\times10^{-1}t})mA$

## 模块六

6-8　$1A$

6-10　不能,要保持磁动势平衡

6-11　578 匝,164 匝

6-13　$N_2=180$ 匝$,I_1=0.455A$

6-14　166 只 $I_2=45.3A,I_1=3.02A$

6-15　$Z_1=200\Omega$

6-16　50 匝,21 匝

6-17　0.05W

6-18　$Y/Y$:线电压 230.7V,相电压 133.2V

　　　$Y/\triangle$线电压 230.7V,相电压 230.7V

6-19　1126 匝,45 匝;变比 45;10.4A,260A;1.45T

## 模块七

7-6　970r/min,1000r/min

7-7　磁极数分别为 4(2 对)和 2(1 对);0.04,0.033

7-8　1434r/min

7-9　输入功率 4.6kW,转差率 0.04,效率 87%

7-10　额定电流 19.8A,转差率 0.033

## 模块八

8-4　(a)D 导通,$U_{AO}=-6V$;(b)D 截止,$U_{AO}=-12V$;

　　(c)$D_1$ 导通,$D_2$ 截止,$U_{AO}=0V$;(d)$D_1$、$D_2$ 截止,$U_{AO}=-12V$

8-9　(1)半波整流　$U_2=244.4V,U_{DRM}=345.6V,I_D=2A$,选用 2CZ12G(3A,600V)

　　(2)桥式整流　答:$U'_2=134V,U_{DRM}=190V,I_D=1A$,选用 2CZ12D(3A,300V)

　　(3)全波整流(变压器中心抽头)

　　$U'_2=244.4V,I_2=4.44A$,选用 2CZ12G(3A,600V)

8-10　$R_L=200\Omega$,选择 D:2CP21(300mA,100V),选 C;200$\mu$F,70V

8-11　选 R"300$\Omega$,1w"

8-12　取稳压二极管 2CW17,选择电阻:"900$\Omega$,1W"

8-13　(1)$U_o=3.3V,U_o=5V,U_o=6V$

　　　(2)流过稳压管的电流超过最大值,时间稍长即烧坏。

8-14　$U_o=15V,U_{c2}>15V,U_{c1}>42V,R_L>2k\Omega$

## 模块九

9-9　$I_B=22uA,I_C=2.2mA,U_{CE}=3.2V,A_u=-135.1,U_o=-675.7mV$

9-10　$I_{CQ}=2$ (mA),$I_{BQ}\approx20(\mu A),U_{CEQ}=6$ (V),$\dot{A}_u=-121,r_i\approx1.36$ (k$\Omega$)

　　　$r_o=R_C=3k\Omega$

9-11　$\dot{A}_u\approx-1.3,\dot{A}_{us}\approx-1.2,r_i\approx13.8(k\Omega),r_o=R_C=3k\Omega$

9-12　$I_C=1.15mA,I_B=11.5uA,U_{CE}=5.1V,A_u=-77.5,r_i=2.2k\Omega,r_o=r_C=4k\Omega$

9-15　$I_B=32.3\mu A,I_C=2.58mA,I_E=2.61mA,U_{CE}=7.2V$

　　　当 $R_L=\infty$ 时:$A_u\doteq1,r_i=109.9k\Omega,r_o=38\Omega$

　　　当 $R_L=3k\Omega$ 时:$A_u\doteq1,r_i=76k\Omega,r_o=38\Omega$

9-16　$A_{u1}=-27.3,A_{u2}=-100,A_u=-2730$

9-17　(1)$I_{B1}=8.6\mu A,I_{C1}=0.86mA,I_E\doteq0.86mA,U_{CE1}=3.4V$

　　　$I_{C2}\doteq I_{E2}=2.3mA,I_{B2}=23\mu A,U_{CE2}=5.1V$

　　　$I_{B3}=0.037mA,I_{E3}\doteq I_{C3}=3.7mA,U_{CE3}=4.52V$

　　　(2)$r_{i3}=29.3k\Omega$

　　　$R'_{L2}=1.87k\Omega,r_{i2}=1.21k\Omega$

$R'_{L1}=1.08\text{k}\Omega, r_{i1}=81.78\text{k}\Omega$

$r_{o1}=38.5\Omega, r_{o2}=2\text{k}\Omega, r_{o3}=29.6\Omega$

(3)$A_{u1}\doteq1, A_{u2}=-129.9, A_{u3}\doteq1, A_u=-129.9$

## 模块十

10-8　$u_{01}=-1\text{V}, u_{02}=1.1\text{V}$

10-9　$u_{01}=u_i=-2\text{V}, u_{02}=8\text{V}$

10-10　$u_0=2\dfrac{R_f}{R_1}u_i$，二级均是电压并联负反馈

10-12　(1)反相比例放大器 $R_1=16.7\text{k}\Omega, R_2=12.5\text{k}\Omega$

　　　　(2)反相加法器 $R_{11}=100\text{k}\Omega, R_{12}=500\text{k}\Omega, R_2=45.5\text{k}\Omega$

　　　　(3)同相比例放大器 $R_1=5\text{k}\Omega, R_2=4\text{k}\Omega$

　　　　(4)差分电路 $R_1=R_2=5\text{k}\Omega, R_3=10\text{k}\Omega$

　　　　(5)反相积分器 $R_1=R_2=50\text{k}\Omega$

10-13　$u_0=-\dfrac{R_f}{R_1}U_Z$

10-14　$i_o=\dfrac{U_s}{R}$

10-15　$R_{f1}=1\text{k}\Omega, R_{f2}=9\text{k}\Omega, R_{f3}=40\text{k}\Omega, R_{f4}=50\text{k}\Omega, R_{f5}=400\text{k}\Omega$

## 模块十一

11-1　(1)1100　(2)110011　(3)1100100　(4)10101110

11-2　(1)11　(2)74　(3)236　(4)22

11-3　(1)238　(2)24864　(3)7953

11-5　(1)$Y=1$　(2)$Y=\overline{AB}$　(3)$Y=\overline{A+B}$　(4)$Y=0$

11-8　(1)$Y=\overline{AB}$　(2)$Y=A+B\overline{C}+C\overline{D}+\overline{B}D$　(3)$Y=\overline{C}$　(4)$Y=A+C$　(5)$Y=1$

　　　(6)$Y=A$

11-9　$Y=\overline{ABC}$

11-11　(1)$Y=\overline{A}\overline{B}C+\overline{A}B\overline{C}+A\overline{B}\overline{C}+ABC$　为三位判奇电路,又称奇校验电路

　　　　(2)$Y=\overline{A}\overline{B}\overline{C}+ABC$　为一致判别电路

11-13　$F_0=AC+B\overline{C}$　$F_1=\overline{A}C+\overline{B}\overline{C}$

## 模块十二

12-6　同步八进制加法计数器

12-10　102 进制计数器

# 参考文献

[1] 谢水英.电工基础[M] 北京:机械工业出版社,2013.

[2] 沈国良.电工基础[M].北京:电子工业出版社,2011.

[3] 林平勇,高嵩.电工电子技术(少学时)[M].4版.北京:高等教育出版社,2016.

[4] 李梅.电工基础[M].北京:机械工业出版社,2018.

[5] 胡宴如.模拟电子技术[M].5版.北京:高等教育出版社,2015.

[6] 杨志忠.数字电子技术[M].5版.北京:高等教育出版社,2018.

[7] 沈许龙.电工基础与技能训练[M].2版.北京:电子工业出版社,2015.

[8] 王慧玲.电路基础实验与综合训练[M].2版.北京:高等教育出版社,2008.

[9] 陈海波.常用电工电路与故障检修实例[M].北京:人民邮电出版社,2005.

[10] 沈翃.电工与电子技术项目化教材[M].3版.北京:化学工业出版社,2015.

[11] 曾令琴,罗建学.电工电子技术实验与实训教程[M].北京:人民邮电出版社,2006.

[12] 王秀英.电工基础[M].西安:西安电子科技大学出版社,2004.

[13] 铃木雅臣(日).晶体管电路设计(上、下)[M].周南生译.北京:科学出版社,2019.

[14] Thomas L.Floyd.电子学－从电路分析到器件应用[M].张宝玲等译.北京:科学出版社,2008.

[15] 许翏,王淑英.电气控制与PLC应用[M].4版.北京:机械工业出版社,2017.